アフリカ昆虫学
生物多様性とエスノサイエンス

田付貞洋・佐藤宏明・足達太郎　共編

海游舎

アフリカの国と地域

(作図:佐藤宏明)

本書に登場するアフリカの地名，行政区名

(作図：佐藤宏明)

まえがき

　アフリカが人類発祥の地であることとどのように関連するかはさておき，昆虫の世界でも数々のユニークな存在があることは周知のとおりである．私の中学生時代，雑誌の写真であったか，衝撃を受けたのはアフリカの2種のオオアゲハ，アンティマクスとザルモキシスの姿だった．2種は互いにまったく違う形と色彩をもちながら，いずれもアジアからオセアニア，南米のアゲハチョウによく見られる形と色彩からはかけ離れた独自の翅形と美しくもくすんだ色合いが，まさにミステリアスなアフリカを表していると思った．いまもこれら2種の生態はよくわかっていないらしい．その他枚挙に暇がないが，本書に登場するものをいくつか挙げれば，からからに干からびたまま何年も生存するネムリユスリカ，今世紀になって生きたものが発見されて有名になった生きた化石，カカトアルキ，巨大な大顎をもつ狩りバチなどもアフリカでしか見ることができない珍奇な昆虫であろう．
　さて本書，『アフリカ昆虫学——生物多様性とエスノサイエンス』を語るには10年あまり前に刊行された『アフリカ昆虫学への招待』（日髙敏隆監修　日本ICIPE協会編2007，京都大学学術出版会，以下「招待」）にまず触れておかなければならない．なぜなら本書は「招待」の続編との位置づけで作られることになった本だからである．そして本書の執筆と編集も「招待」の編者であった「日本ICIPE協会」の現在の会員が中心となった．ここで読者のなかには「ICIPE」とは何かと訝る人がいると思うので，次で簡単に説明する．詳しくは本書の第16章をお読みいただきたい．
　ICIPEはInternational Centre of Insect Physiology and Ecologyの略称である．日本語では「国際昆虫生理生態学センター」．アフリカの昆虫にかかわる生理学，生態学の基礎から応用までの第一線の研究を，地域の人たちが中心になって進めることを目的に1970年にケニアの首都ナイロビに開設された国際研究機関である．発足時から日本も欧米とともに研究協力に加わったが，日本のおもな活動は日本学術振興会（学振）から毎年1名，若手の研究者を中心にICIPEに派遣することで，現地の課題を現地で研究することに大きな意味があった．日本ICIPE協会は派遣研究者の選考を主要な業務とする国内の団体で，発足当初は派遣を経験した研究者とICIPEの運営に関わる人たちで構成されていた．この事業は20年あまり継続され，すばらしくかつ多様な成果がたくさん生み出された．にもかかわらず，その後の国の事情により，学振による派遣は2004年度を最後に中断されてしまい，残念なことに再開は難しいようだ．
　前出の「招待」は派遣の中断を機にそれまでの成果をまとめて広く世に出すことで

派遣再開を期す，との意味合いも込めて企画されたようで，派遣された研究者が主として ICIPE で行った多くの興味深い研究成果が魅力的に語られている。

その後 10 年近くが経過し，「招待」で紹介された研究のなかには大きな進歩を見せたものも少なくなく，さらにそれ以外にも日本の研究者によるアフリカの昆虫に関する発見や新たな知見の集積があったので，「招待」以後の研究成果をまとめることの意義はおそらく関係者みんなが感じていたことだろう。

いっぽうで学振による研究者の ICIPE 派遣が中断したことの影響がきわめて大きかったのは言うまでもない。アフリカの昆虫の研究に熱意をもつ研究者 (しばしば「アフリカ病」とささやかれるほどの高熱の患者!) は必死にそのほかのファンドを探し求め，幸運を射止めたものだけがアフリカで研究できる，という状態が続いたのである。

派遣研究者の選考という仕事がなくなったことで日本 ICIPE 協会の先行きにも暗雲がたちこめた。一時は存続の可否まで議論されたが，会員や関係者の熱意が議論を前向きに導き，これまでの実績を生かして ICIPE だけではなく広くアフリカの研究機関との交流や国際共同研究の支援，情報交換など重要な役割を務めようということで存続することになった。

以上のような状況のなかでは「招待」以後の研究成果をまとめて出版するというのは，意義は認められても実際にはとても難しいと思われた。さらに近年の本離れの風潮の強まるなかで出版業界はとくに専門書の出版には慎重になっていたという事情も加わり，出版がほとんど不可能に近いことは明らかだった。

そのようなときに思いがけない恵みの風が吹いた。「招待」の出版から 10 年に合わせるように，アフリカ昆虫学のリーダーの一人として長く活躍され，2013 年に惜しくも逝去された八木繁実さんの夫人，宏子さんから日本 ICIPE 協会にありがたいお申し出があった。それは，故人の遺志として当協会にアフリカ昆虫学の論文集への出版援助金を寄付したい，ということであった。これに対し協会では「招待」の続編として前著で取り上げられた研究トピックの 10 年後の進展を世に問うとともに新たな研究トピックなどを加えた書籍の刊行ができないかを，おもに執筆陣と出版社を念頭に真剣かつ慎重に検討した。既報論文の再録ではなく，書き下ろしの論文集を昨今の厳しい出版情勢のなかで作るということは援助金をいただくにしてもかなり難しいことであった。しかし，関係者が前向きな話し合いを重ねた結果，執筆陣に新鋭と古豪からなる豪華なメンバーが決まり，厳しい出版事情のなかで昆虫学関係の優れた書籍に実績のある海游舎に出版を引き受けていただけることになって，刊行に漕ぎつけることができたのである。

改めて出版の火付け役になってくださった八木宏子さんに厚くお礼申しあげる。宏子さんのお申し出がなければこの本の出版への道が拓かれることがなかっただろう。

まえがき

そしてこよなくアフリカを愛した故八木繁美さんの遺志で出版できた本書の最終章を，繁実さんと共同研究者でやはり故人となられた岸田袈裟さんの共著論文で締めくくらせていただくことになった。

以上，本書が誕生するまでのいきさつをやや詳しく述べた。

ここからはこれから読んでくださる読者のために本書の内容を簡単に紹介しておく。これには，この本の構成上，章ごとに話題が完結していてどの章から読み始めても支障がない，という理由もある (ただし，第1部は全体の導入部分なのではじめに読まれることをお薦めする)。

本書は4部構成である。

第1部「アフリカ昆虫学とは」は3章からなり，アフリカ昆虫学を概説している。1章では生物多様性の観点，2章ではエスノサイエンスとのかかわり，3章では歴史的な観点から，それぞれアフリカ昆虫学の意義が述べられており，三つの章を通読していただけばこの本の概要を把握できるだろう。

第2部は「アフリカで昆虫に出合う」で4章から9章までの六つの章からなり，いずれも前著の「招待」にはなかった新たな視点，新たに登場する昆虫が扱われ，大半が新たな執筆者によっている。4章と5章では本書の副題にも入っている「エスノサイエンス」の視点を重視したフィールドワークが紹介される。6章から9章では，章ごとに特定の種あるいはグループに焦点を当てて，興味深い形態や生態が紹介されるとともに，系統や起源の考察も試みられる。読者には新たな出合いを楽しんでいただけるのではないか。

第3部「アフリカ昆虫学の展開」も10章から15章までの六つの章からなるが，主として前著の「招待」に登場した研究のその後の展開が扱われている。したがって執筆者も大半が前著でも執筆された方々によっており，長年月をかけた成熟した研究に触れることができるだろう。とくに「招待」の読者にはインパクトを与えられた研究のその後は気になるところと思う。

第4部は「アフリカの昆虫学研究機関」で，16章から最終の20章までの五つの章ごとに一つ，計五つの研究機関が紹介されている。そのうちの三つ，ICIPE (16章)，国際熱帯農業研究所 (IITA；17章)，ケニア国立博物館 (NMK；20章) は前著でも扱われていたが，長崎大学熱帯医学研究所ケニアプロジェクト拠点 (18章) とモーリタニア国立バッタ防除センター (19章) は新たな紹介となる。それぞれ歴史，規模，性格，目的が異なるが，いずれもアフリカでは数少ない昆虫学の研究拠点として機能する重要な機関である。

かつての「暗黒大陸」は欧米諸国による長い植民地支配，そして第二次大戦後の各

国の独立を経て，今や開発と工業の発展で繁栄を謳歌しているようにも見える．しかし，いっぽうで過去の歴史と現在の世界 (とくに先進国) が抱える矛盾とがアフリカの人々と自然に対して随所で大きな負の影響を与えている現実がある．これらは「紛争」と「環境破壊」に要約できるだろう．困難ではあるが，これらの改善なくしてはアフリカのユニークな昆虫の研究もおぼつかない．私たちには「アフリカ病」の熱の一部でも「改善」に向けることが大切だと思う．

2018 年 12 月

田付貞洋

（日本 ICIPE 協会会長，東京大学名誉教授）

目　次

地図（アフリカの国と地域　本書に登場するアフリカの地名，行政区名）　　佐藤宏明
まえがき　　田付貞洋

第1部　アフリカ昆虫学とは

1章　生物多様性の観点から見たアフリカ昆虫学の重要性　　佐藤宏明
1. アフリカの昆虫の多様性が研究される理由 …………………………………… 2
2. 本章の構成 ………………………………………………………………………… 4
3. アフリカの地史・気候・生物相 ………………………………………………… 4
4. タマオシコガネ亜科の系統地理とアフリカ熱帯区での多様性 ……………… 8
5. アフリカにおける分類学的研究の現状—チョウ目ホソガ科の場合 ……… 14
6. アフリカ昆虫学の発展のために ………………………………………………… 18

2章　アフリカ昆虫学とエスノサイエンス　　藤岡悠一郎
1. アフリカに暮らす人々と昆虫 …………………………………………………… 21
2. エスノサイエンス ………………………………………………………………… 22
3. 昆虫と人々との関係に関する研究とエスノサイエンス ……………………… 25
4. アフリカ昆虫学へのエスノサイエンス・アプローチ ………………………… 29
5. アフリカ昆虫学の未来に向けて ………………………………………………… 33

3章　アフリカ昆虫学の歴史と展望　　足達太郎
1. アフリカ昆虫学とは ……………………………………………………………… 34
2. アフリカ昆虫学の範囲と系譜 …………………………………………………… 35
3. アフリカ昆虫学史 ………………………………………………………………… 37
4. アフリカ昆虫学への日本の貢献 ………………………………………………… 44
5. アフリカ昆虫学の展望 …………………………………………………………… 48

第2部　アフリカで昆虫に出合う

4章　ナミビア農牧社会における昆虫食をめぐるエスノサイエンス　　藤岡悠一郎
1. フィールドに入るまで …………………………………………………………… 52
2. オバンボの自然資源利用と環境認識 …………………………………………… 55
3. 昆虫利用の変化 …………………………………………………………………… 64
4. まとめと将来展望 ………………………………………………………………… 67

5章　農業と昆虫をめぐるフィールドワークとエスノサイエンス　　足達太郎
1. 初めてのエスノサイエンス体験 ………………………………………………… 71

- 2. 中国での農村調査 ･･･ 75
- 3. アフリカの農業と昆虫をめぐるフィールドワークとエスノサイエンス ･･････ 77
- 4. アフリカ昆虫学におけるエスノサイエンスの意義 ･･････････････････ 81

6 章　日本とアフリカのヤマトシジミ　　　　　　　　　　　岩田大生
- 1. ヤマトシジミの斑紋変異 ･･････････････････････････････････ 89
- 2. ケニアでの調査 ･･ 93
- 3. ケニアのアフリカヤマトシジミ ････････････････････････････ 95

7 章　巨大な大あごをもつ狩りバチが飛ぶカメルーンの森　　坂本洋典
- 1. 特異な狩りバチ *Synagris* とカメルーンへの旅 ････････････････ 102
- 2. ついに見た，*Synagris* の生きる姿 ･････････････････････････ 104
- 3. カメルーンのさまざまな昆虫たち ･･････････････････････････ 110
- 4. カメルーンの人々の暮らし ･･･････････････････････････････ 115

8 章　カカトアルキの発見と分類　　　　　　　　　　　　　東城幸治
- 1. カカトアルキの発見 ････････････････････････････････････ 118
- 2. 南アフリカでの調査 ････････････････････････････････････ 120
- 3. 系統と分類 ･･･ 124
- 4. 今後の展望 ･･･ 130

9 章　アリモドキゾウムシを追ってアフリカへ　　　　　　　立田晴記
- 1. アリモドキゾウムシとアフリカとの関係 ･･･････････････････････ 133
- 2. いざマダガスカルへ ････････････････････････････････････ 137
- 3. アリモドキゾウムシ研究の意義とアフリカの魅力 ･････････････････ 142

第 3 部　アフリカ昆虫学の展開

10 章　ネムリユスリカの驚異的な乾燥耐性とその利用　　　奥田 隆
- 1. 干からびても死なないネムリユスリカ ･････････････････････････ 146
- 2. ネムリユスリカの乾燥耐性機構 ････････････････････････････ 147
- 3. 新種ネムリユスリカの発見 ･･･････････････････････････････ 151
- 4. マンダラネムリユスリカの保護活動 ････････････････････････ 152
- 5. ネムリユスリカの宇宙環境暴露実験 ････････････････････････ 154
- 6. 乾燥保存可能な昆虫培養細胞の構築 ････････････････････････ 156
- 7. アフリカ昆虫学の魅力 ･･････････････････････････････････ 157

11 章　マダニ寄生バチの生態　　　　　　　　　　　　　　高須啓志
- 1. マダニの寄生バチ ･････････････････････････････････････ 159
- 2. 国際昆虫生理生態学センターにおけるマダニ寄生バチの研究 ･････････ 160
- 3. マダニに対するハチの産卵行動 ････････････････････････････ 161
- 4. ハチによる寄主の認識 ･･････････････････････････････････ 162
- 5. マダニ体内での寄生バチの発育 ････････････････････････････ 164
- 6. 成虫の寿命と生涯産卵数 ････････････････････････････････ 166
- 7. 野外における寄生調査 ･･････････････････････････････････ 166

8. 野外におけるマダニトビコバチの生活史 168

12 章　混作と農業害虫—トウモロコシの害虫ズイムシを例として—　　小路晋作
  1. サブサハラアフリカの穀物生産と害虫の問題 170
  2. 生息場所管理技術としての混作 171
  3. 混作が害虫，天敵および作物収量に及ぼす効果 172
  4. プッシュ・プル法 181
  5. 植物を介した混作の直接的作用に関わる要因 182
  6. 天敵を介した混作の間接的作用に関わる要因 184
  7. 混作によるズイムシ防除の発展に向けて 186

13 章　貯穀害虫の生態と管理　　相内大吾
  1. アフリカにおける貯穀害虫とその被害 189
  2. 貯穀害虫の生態 194
  3. 貯穀害虫の防除とトウモロコシの生産性向上 196
  4. アフリカにおける貯穀害虫防除の展望 202

14 章　ヒトマラリア原虫を媒介するハマダラカの生態と蚊帳を使った対策　　皆川 昇
  1. アフリカのマラリアとハマダラカ 205
  2. 蚊帳によるマラリア対策 210
  3. 今後の課題と展望 216

15 章　ネッタイシマカの生態と進化　　二見恭子
  1. イエローフィーバーモスキート 220
  2. タイヤをめぐる冒険—ケニアでの調査 221
  3. ネッタイシマカの基礎知識 223
  4. 世界を旅するネッタイシマカ 229
  5. アフリカのデング熱とネッタイシマカ集団 232
  6. ネッタイシマカに亜種はあるのか 233

第 4 部　アフリカの昆虫学研究機関

16 章　国際昆虫生理生態学センター　　サンデー・エケシ
  1. はじめに 236
  2. 主要研究課題 237
  3. 実施プロジェクト 237
  4. 人材育成と制度開発 (CB&ID) プログラム 240
  5. おわりに 241

17 章　国際熱帯農業研究所　　マヌエレ・タモ
  1. IITA の設立と昆虫学部門 242
  2. キャッサバ害虫の生物的防除 243
  3. SP-IPM 244
  4. 生物多様性標本の収集 244
  5. 生物的リスクの管理 245

18 章　長崎大学熱帯医学研究所ケニアプロジェクト拠点　　　　二見恭子
1. ケニアリサーチステーション ……………………………………… 247
2. ケニア拠点の設立と活動 …………………………………………… 249
3. フィールド研究拠点と現地での研究 ……………………………… 249
4. ケニア拠点が目指すもの …………………………………………… 251

19 章　モーリタニア国立バッタ防除センター　　　　前野ウルド浩太郎
1. サバクトビバッタとは ……………………………………………… 252
2. 国際的な対策 ………………………………………………………… 252
3. 現地での対策 ………………………………………………………… 253

20 章　ケニア国立博物館　　　　足達太郎
1. NMK の沿革 ………………………………………………………… 256
2. リーキー家の人々 …………………………………………………… 257
3. NMK の研究部門 …………………………………………………… 258
4. NMK における昆虫学研究 ………………………………………… 259
5. 生物多様性条約への対応 …………………………………………… 261

補章　アフリカで虫を食べる—栄養源としての昆虫食　　八木繁実・岸田袈裟 …… 264

引用文献 …………………………………………………………………………… 272
あとがきにかえて—八木繁実さんのこと　　足達太郎・佐藤宏明 …… 294
生物分類表　　　　　　　　　　　　　　　　　　　　佐藤宏明 …… 297
事項索引　　　　　　　　　　　　　　　　　　　　　佐藤宏明 …… 308
生物名索引　　　　　　　　　　　　　　　　　　　　佐藤宏明 …… 315

コラム 1　アフリカ探検家リヴィングストンの昆虫標本　　　足達太郎 ……　49
コラム 2　南部アフリカのモパネワーム　　　　　　　　　　藤岡悠一郎 ……　69
コラム 3　シマウマの縞は虫よけのため？　　　　　　　　　足達太郎 ……　87
コラム 4　野外調査の実際—ズイムシと捕食性昆虫類の場合　小路晋作 …… 187
コラム 5　アフリカの昆虫寄生菌　　　　　　　　　　　　　相内大吾 …… 203
コラム 6　蚊帳の経済学　　　　　　　　　　　　　　　　　皆川　昇 …… 218

第 1 部
アフリカ昆虫学とは

トウジンビエを製粉する子供たち (場所：ナミビア北中部, 撮影：藤岡悠一郎)

1章
生物多様性の観点から見たアフリカ昆虫学の重要性

佐藤宏明

1. アフリカの昆虫の多様性が研究される理由

　生物多様性の観点からアフリカの昆虫が研究上重要となるのは，保全の問題を脇に置けば，おもに二つの場合が考えられる。一つはアフリカに固有で，アフリカでのみ放散した分類群を扱う場合，もう一つはアフリカに起源し，世界に分布を広げていった分類群を扱う場合である。前者の例としてチョウ類のコケシジミ亜科 Lipteninae (キララシジミ亜科 Portiinae の1族 Liptenini とすることもある)，後者の例として本章で詳しく取り上げる糞虫のタマオシコガネ亜科 Scarabaeinae (コガネムシ科 Scarabaeidae) や第9章で紹介されているアリモドキゾウムシが挙げられるだろう。

　コケシジミ亜科はチョウ類の既知種数のおよそ3.3%にあたる約600種からなる(Hoskins, online)。チョウ類では珍しく，ほとんどの種の幼虫がその名のとおり地衣類や蘚苔類を餌としている。そして，地衣類や蘚苔類は全世界に普遍的に見られるにもかかわらず，コケシジミ亜科のすべての種がマダガスカル島を除くアフリカ熱帯区(図3D参照)にだけ分布し，しかもアフリカ熱帯区のチョウ類では最大規模の亜科となっている。幼虫の形態は，系統的にまったく離れたガ類のコケガ亜科 Lithosiinae に似ており，各体節に刺毛群隆起をそなえ，それらの刺毛は著しく長い(図1)。コケガ亜科の幼虫も地衣類を餌としていることから，系統とは別の何らかの関係を想起さ

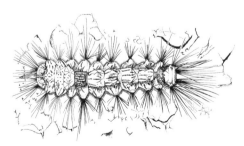

図1　コケシジミ亜科の *Cerautola crowleyi* の5齢幼虫。

せるが，コケガ亜科の分布は汎世界的である．いっぽう，成虫の外観はシロチョウ類や有毒で知られアフリカを中心に放散したホソチョウ類に似ていたり，あるいは南アメリカに多く見られるモルフォチョウ類を思わせる種もいたり，たいへん変化に富む (阪口 1982)．外観だけでなく大きさもたいへんばらつき，開帳 (翅を左右に広げたとき，両方の翅の先端から先端までの長さ) 13 mm の極小種から，シジミチョウ類としては巨大な開帳 65 mm の種までいる．このような特徴をもつコケシジミ亜科はアフリカの昆虫の多様性を研究する意義を十分に示していると思う．

　糞虫とはコガネムシ上科 Scarabaeioidea に属し，獣糞をおもな餌とする甲虫の総称である．タマオシコガネ亜科はそうした糞虫の主要な分類群である．タマオシコガネ亜科は夜行性の種を多く含むが，獣糞を誘引源とするトラップを仕掛けることによって容易に多数の個体を採集できる．そのため世界各地のタマオシコガネ亜科の種組成がかなり明らかとなり，最近では地球規模での種組成の成立史に関心がもたれつつある．形態系統解析と分子系統解析によって祖先的とされる属がアフリカに複数分布することから，タマオシコガネ亜科はアフリカに起源したとする説が有力である (Philips et al. 2004; Monaghan et al. 2007)．さらに分子系統地理解析によって，タマオシコガネ亜科の系統分岐と地理的分断を伴うアフリカからの分散の過程が推定されている (Monaghan et al. 2007; Davis et al. 2016)．これらの研究の詳細はあとに記すが，アフリカを起源とし世界各地へと進出しつつ，放散を遂げた分類群の研究が，アフリカを無視しては成り立たないことは，自明であろう．

　昆虫が生態系で果たしている機能に思いを馳せれば，多様性以外の点でもアフリカ昆虫学が重要であることは容易に理解できる．サバンナにおいて草食哺乳類の糞の分解者として雨季は糞虫が，乾季はシロアリが主要な役割を果たし，これらの昆虫がいなければサバンナは悪臭を放つ糞だらけとなる．顕花植物の多くは昆虫を花粉媒介者として利用しており，これらの昆虫が消えればマンゴー，アボカド，グァバ，パパイヤは市場から姿を消す．恵みを直接与えてくれる昆虫もいる．有翅シロアリやモパネワーム (ヤママユガ科の数種の幼虫；65-67 頁参照) はそのまま食料となり，ミツバチやハリナシバチは蜜や蜜蝋を，ヤママユガやカレハガは生糸をもたらす．いっぽうで，厄災を招く昆虫もいる．ササゲの害虫であるマメノメイガ *Maruca vitrata* やトウモロコシの害虫であるズイムシ類 (おもにツトガ科の *Chilo partellus* とヤガ科の *Busseola fusca*)，時に大発生し作物を食い尽くすサバクトビバッタ *Schistocerca gregaria* は農家にとって大敵である．昆虫の厄災をこうむるのは農家ばかりではない．サシチョウバエ，ハマダラカ *Anopheles* spp.，ネッタイシマカ *Aedes aegypti*，ツェツェバエ *Glossina* spp. はそれぞれリーシュマニア症，マラリア，デング熱，眠り病を媒介し，アフリカの人々の健康を害する共通の敵である．恵みと厄災をもたらすこうした昆虫の研究がアフリカ昆虫学に求められていることは当然である (日本 ICIPE 協会 2007；佐藤 2014；本書各章)．

2. 本章の構成

　本章ではアフリカ昆虫学の重要性をおもに多様性の観点から論考する。まず，アフリカの昆虫の多様性の背景となるアフリカの地史，気候，植生を簡潔に記す。次に，前述した理由から，糞虫の代表的分類群で，アフリカに起源したとみなされるタマオシコガネ亜科を対象として，系統分岐と地理的分断を伴ったアフリカからの分散過程を分子系統地理解析によって推定した研究を解説するとともに，アフリカのタマオシコガネ亜科の多様性について紹介する。さらに，アフリカにおける多様性研究の現状を示す一例として，チョウ目ホソガ科 Gracillariidae の分類学的研究の歴史と現在の状況を取り上げる。最後に，アフリカの昆虫の多様性に関する研究を発展させるためには何が必要かを考える。

3. アフリカの地史・気候・生物相

アフリカ大陸の形成

　現在の大陸は地球表面を覆う厚さ100 kmほどの何枚かのプレートの運動によって形成された。その過程を2億年前から見てみると，およそ次のようになる (Lomolino et al. 2010)。約2億年前，唯一の大陸だったパンゲア超大陸に，プレートの運動によって現在の北アメリカ東岸とアフリカ西岸の間に地溝が形成され始めた。地溝が拡大するにつれ海水が流れ込み，1億8000万年前頃から中部大西洋の形成が始まった。1億5000万年前頃，中部大西洋は太平洋とつながり，パンゲア超大陸を南北に分断した。北側の大陸はローラシア大陸と呼ばれ，その後，複雑な分裂と移動を経て，現在の北アメリカ大陸，ヒマラヤ山脈以北のユーラシア大陸，グリーンランド島，東南アジア諸島へと分かれた。いっぽう，南側の大陸はゴンドワナ大陸と呼ばれ，中部大西洋が太平洋に開口するより早い1億6000万年前頃，東ゴンドワナ大陸と西ゴンドワナ大陸に分裂した。1億3000万年前から1億年前にかけて，東ゴンドワナ大陸はアフリカ大陸と南アメリカ大陸に，西ゴンドワナ大陸はインド亜大陸，マダガスカル陸塊，オーストラリア大陸，南極大陸へと再度分裂，移動を開始した (図2A)。アフリカ大陸は3500万年前頃，アラビア半島を介してユーラシア大陸と陸続きになり，南アメリカ大陸は350万年前頃，パナマ地峡の形成により北アメリカ大陸とつながった。インド亜大陸は北に移動し，5500万年前頃にユーラシア大陸に衝突，その下に潜り込みながらユーラシア大陸を持ち上げ，チベット高原やヒマラヤ山脈の形成が始まった (図2B)。

　大陸のこのような形成過程から，アフリカ大陸は南アメリカ大陸，オーストラリア大陸，インド亜大陸とともにゴンドワナ大陸起源であることがわかる。また，アフリカ大陸は南アメリカ大陸とともに西ゴンドワナ大陸を形成していた時期があり，現在

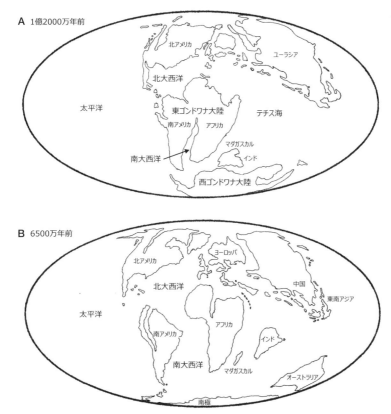

図2 過去の大陸の位置関係。(A) 1億2000万年前。(B) 6500万年前。[Lomolino et al. (2010) より改変]

の位置関係において地理的に近いマダガスカルよりも，遠く離れた南アメリカ大陸と地史的に近いこともわかる。

気　候

　ケッペンの気候区分に従うと，アフリカには熱帯雨林気候 (便宜上，弱い乾季のある熱帯雨林気候も含める)，サバンナ気候，砂漠気候，ステップ気候，地中海性気候，温暖冬季小雨気候，温暖湿潤気候が見られる (図3A)。熱帯雨林気候区はコンゴ盆地を占め，その周辺を取り巻くようにサバンナ気候区が広がる。その北側と東側はスッテプ気候区から砂漠気候区へと推移し，地中海沿岸では地中海性気候区となる。この砂漠気候区はサハラ砂漠と重なる。サバンナ気候区の南側は，温暖冬季小雨気候区からスッテプ気候区へと推移し，その西側は大西洋に沿って砂漠気候区となる。この砂漠

気候区はナミブ砂漠とカラハリ砂漠に一致する．南端部の大西洋側は地中海性気候，太平洋側は温暖湿潤気候を示す．全体的には，アフリカは砂漠気候区とステップ気候区の割合が高く，これにサバンナ気候や温暖冬季小雨気候などの乾季と雨季がある気候区を含めると，大陸の大半が乾燥・半乾燥地域であると言える．ただし，ナミブ砂

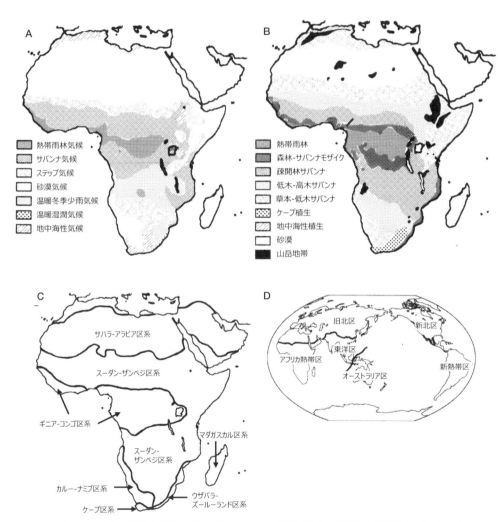

図3 アフリカの気候と生物地理．(A) ケッペンの気候区 (マダガスカルを除く；Peel et al. 2007 より改変)．(B) 植生 (マダガスカルを除く) [Kingdom (1997), Schottocks (2007) より改変]．(C) 植物区系 [Takhtajan (1986) より改変]．(D) 動物地理区 [Lomolino et al. (2010) より改変]．

漠の形成は中新世 (2300 万～530 万年前) まで遡ることができるが，現在のサハラ砂漠の形成は地史的にはつい最近の出来事で，4500～3000 年前頃である (門村 2005).

生物相

図 3B は，おもに相観ないし景観の特徴に基づく植生帯を示している．この図ではアフリカを代表する植生であるサバンナを，植物の背丈や，草本と木本の密度および混在の度合いから，草本-低木サバンナ，低木-高木サバンナ，疎開林サバンナ (ウッドランドサバンナともいう．疎開林とは樹冠が途切れている林のこと)，森林-サバンナモザイクの四つに区分している (図 4)．サバンナ帯は年降水量が 200 mm から 1500 mm の範囲にあり，気候区分でのステップ気候区，サバンナ気候区，温暖冬季小雨気候区にほぼ重なる．熱帯雨林帯は気候区分での熱帯雨林気候区とだいたい一致するが，砂漠帯は気候区分での砂漠気候区よりもかなり狭くなっている．

図 3C は，植物相の違いに基づく植物区系を示している (Takhtajan 1986)．世界の地表は 36 の植物区系に分けられ，そのうちアフリカには地中海区系，サハラ-アラビア区系，スーダン-ザンベジ区系，ギニア-コンゴ区系，ウザンバラ-ズールーランド区系，カルー-ナミブ区系，ケープ区系，マダガスカル区系の 8 区系がある．図 2B と比較すると，熱帯雨林はギニア-コンゴ区系，サバンナはスーダン-ザンベジ区系にほぼ一致することがわかる．マダガスカル島は先に述べた地史を背景とし，独自の区系を形成している．また，アフリカ大陸南端に認められるケープ区系は，わずか 89,000 km^2 の面積であるにもかかわらず，8856 種もの維管束植物が分布し，67.8% にあたる 6007 種が固有種である (Born et al. 2007)．総合的に見てケープ区系は地球上でもっとも高い生物多様性を示す区系であり，その植物学的重要性は計りしれない．

動物相の特徴によって世界の地表を区分した動物地理区は，(1) アフリカ大陸の地中海沿岸部，ヨーロッパからロシア，極東に至る旧北区，(2) 北アメリカ全域の新北区，(3) インド，東南アジアからなる東洋区，(4) 南アメリカ全域の新熱帯区，(5) オーストラリアとニュージーランド，ニューギニアからなるオーストラリア区，(6)

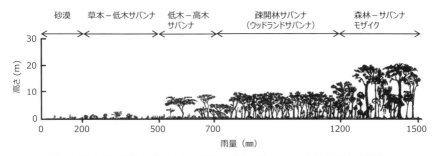

図 4　降水量に応じたサバンナの相観の変化 [Shorrocks (2007) より改変].

サブサハラアフリカ[1]とマダガスカルからなるアフリカ熱帯区 (Afrotropical Region, かつてはエチオピア区と呼ばれていた。日本では旧熱帯区と呼ばれているが，本章では欧米の表記にならいアフリカ熱帯区と呼ぶことにする) に分けられる (図3D)。旧北区と新北区は併せて全北区と呼ばれる。アフリカ大陸は，サハラ砂漠を推移帯として，北側の地中海沿岸部が旧北区に，南側がアフリカ熱帯区となる。これらの地理区の成立には地史的事象が大きくはたらいており，全北区はアフリカの地中海沿岸以外はローラシア大陸起源であり，オーストラリア区と東洋区のおよその境界はゴンドワナ大陸起源の陸塊とローラシア大陸起源の陸塊の間にある。東洋区はゴンドワナ起源のインド亜大陸とローラシア起源の東南アジアからなるが，これはインド亜大陸のローラシア大陸への衝突後に生じた地続きが動物の移動分散を可能にし，動物相の混合が進んだためと考えられる。東洋区と旧北区の境界は，動物の移動を物理的に妨げたであろうヒマラヤ山脈，チベット高原となる。

4. タマオシコガネ亜科の系統地理とアフリカ熱帯区での多様性

　以下で言及している糞虫とはすべてタマオシコガネ亜科の糞虫であることをまずお断りしておく。通常は糞虫とされるコブスジコガネ科 Trogidae，センチコガネ科 Geotrupidae，マグソコガネ亜科 Aphodiinae などは除外している。

動物地理区別の種組成

　図5は動物地理区ごとにまとめた糞虫の族別の属数である (Davis 2009a; Philips 2011)。この図では，全北区を旧北区と新北区に分け，アフリカ熱帯区からマダガスカル区を独立させている。また，通常オーストラリア区に含まれる三つの島をそれぞれ別個に扱い，新熱帯区からカリブ海諸島を分離している。そのうえで，糞虫各族の属数に基づいた動物地理区間の類似度の分析から，これらの動物地理区を (1) アフリカ熱帯区，東洋区，旧北区からなるアフリカ・ユーラシア合区，(2) 新熱帯区，新北区，カリブ海諸島からなるアメリカ合区，(3) その他の地理区からなる東ゴンドワナ合区，の三つにまとめている (合区は私の造語)。東ゴンドワナ合区に含まれる地理区はすべて東ゴンドワナ起源であるため，合区にこの名がついている。樹形図は，糞虫の属の分布に基づく族間の類似度の分析から描いたものである。ただし，ダルマコガネ族 Ateuchini，マメダルマコガネ族 Canthonini，ダイコクコガネ族 Coprini の3族はそれぞれ多系統群[2]であることが形態系統解析と分子系統解析から明らかになっているので，族に分ける意味があまりなく，ひとまとめにしている。

---

[1] アフリカ (大陸と島嶼を含む) のうち、サハラ砂漠より南の地域のこと。国際連合の定義によれば、アフリカからスーダン以外の北アフリカ (アルジェリア・エジプト・リビア・モロッコ・チュニジア・西サハラ) を除いた地域。
[2] 多系統群とは，仮想的な複数の祖先から派生した子孫で構成される種の集まり。

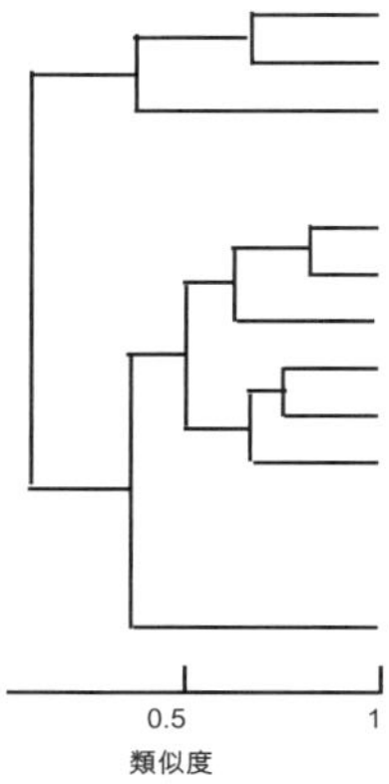

1章　生物多様性の観点から見たアフリカ昆虫学の重要性

族		アフリカ・ユーラシア合区			アメリカ合区			東ゴンドワナ合区				合計	群
		アフリカ熱帯区	東洋区	旧北区	新熱帯区	カリブ海区	新北区	マダガスカル区	オーストラリア区	ニューギニア区	ニュージーランド区		
カゥガタタマオシコガネ族	Eurysternini	0	0	0	1	0	0	0	0	0	0	1	アメリカ群
クモガタタマオシコガネ族	Eucraniini	0	0	0	4	0	0	0	0	0	0	4	
ニジダイコウコガネ族	Phanaeini	0	0	0	12	2	2	0	0	0	0	12	
小計		0	0	0	17	2	2	0	0	0	0	17	
ツノコガネ族	Oniticellini	15	10	4	1	2	1	2	0	0	0	22	アフリカ・ユーラシア群
エンマコガネ族	Onthophagini	32	13	7	1	1	1	1	1	0	0	38	
ヒラタダイコクコガネ族	Onitini	19	2	3	0	0	0	1	1	0	0	20	
タマオシコガネ族	Gymnopleurini	3	4	2	0	0	0	1	0	0	0	4	
	Scarabaeini	3	1	1	0	0	0	1	0	0	0	3	
アシナガタマオシコガネ族	Sisyphini	2	2	1	1	0	0	1	0	0	0	3	
小計		74	32	18	3	3	2	5	2	0	0	90	
マメダルマコガネ族	Canthonini												コスモポリタン群
ダルマコガネ族	Ateuchini	42	13	7	65	9	8	8	22	8	2	154	
ダイコクコガネ族	Coprini	116	45	25	85	14	12	13	24	8	2	261	
属合計		2141	1051	348	1381	60	107	247	443	100	16		
属固有率 (%)		71.6	28.9	8	81.2	14.3	8.3	88.9	91.7	100	100		
種数		—	—	—	—	—	—	—	—	27	16	—	

図 5 タマオシコガネ亜科を構成する族の動物地理区別属数，および属数の分布を用いた族間の類似性に基づく樹形図 [Davis (2009a) より改変。種数のみ Philips (2011) による]。合区は筆者による造語。

図 5 から，タマオシコガネ亜科の族は，分布がアフリカ - ユーラシア合区に偏っているアフリカ - ユーラシア群，アメリカ合区に偏っているアメリカ群，いずれの合区にも偏らないゴンドワナ群，の 3 群に大別されることがわかる．細かく見てみると，アフリカ - ユーラシア群の族はアフリカ熱帯区で，アメリカ群の族は新熱帯区でそれぞれ属数がもっとも多く，またゴンドワナ群はこれら二つの区で属数が多い．さらに，アフリカ熱帯区，新熱帯区，東ゴンドワナ合区それぞれでの属の固有率は 70％を超え，とくに東ゴンドワナ合区に含まれる区での固有率が高い．

分布の成立過程

　族の分布の特徴と大陸の形成過程から，糞虫がどのような過程を経て世界に広がったのか，およその推測ができなくもない (Cambefort 1991；この文献については近 (2006) による解説がある)．たとえば，ゴンドワナ群は，ゴンドワナ大陸が東西に分裂を開始する 1 億 6000 万年前までにある程度分岐が進んでおり，1 億 3000 万年前から始まった東ゴンドワナ大陸のマダガスカル陸塊，オーストラリア大陸への分裂と，西ゴンドワナ大陸のアフリカ大陸と南アメリカ大陸への分裂以降，それぞれの陸塊で独自に分化し，高い固有性を示すに至った，とするのはあながち否定できない．

　しかし，分子系統地理解析はこの推測を支持しない (Monaghan et al 2007；Davis et al. 2016) (図 6)．まず，タマオシコガネ亜科の祖先種の出現はゴンドワナ大陸の分裂期よりずっとあとの 7100 ～ 4400 万年前と見積もられ，その地はアフリカ熱帯区と推定されている．そして，ダルマコガネ族とマメダルマコガネ族の祖先的な種がアフリカで分岐し (図 6 の A，B 群)，一部がオーストラリア区に渡ってダイコクコガネ族の祖先的な種となった (C 群) [先に触れたようにこれら三つの族は単系統群 (本書 125 頁脚注 1 を参照) でないことに注意]．C 群の側系統群 (本書 125 頁脚注 2 を参照) (D～Y 群) は大きな二つのクレード (分岐群．単系統群を指す) に分岐した．いっぽうのクレードはアフリカ熱帯区を中心に分岐を繰り返し (D～F 群)，最終的にアシナガタマオシコガネ族 Sysiphini (G 群)，ヒラタダイコクコガネ族 Onitini (I 群)，ツノコガネ族 Oniticellini (K 群)，エンマコガネ族 Onthphagini (L 群) が派生した．この間，分岐したクレードから次々と糞虫が新熱帯区，マダガスカル区，東洋区，オーストラリア区，全北区へ分散，分化していった．

　もう一つの大きなクレードはさらに二つに分岐し，いっぽうは新熱帯区 (M 群) とオーストラリア区 (N 群) へ渡り，とくにオーストラリア区では独自の糞虫相を形成するに至った．もういっぽうのクレードには，分岐ごとにアフリカ熱帯区から新熱帯区へと進出するクレードが出現し，新熱帯区を代表する族であるクモガタタマオシコガネ族 Eucraniini (R 群)，ニジダイコクコガネ族 Phanaeini (S 群)，カクガタタマオシコガネ族 Eurysternini (U 群) が派生した．これらの族を含むクレードと対をなすクレードにアフリカ熱帯区を代表するタマオシコガネ族 Scarabaeini (P 群) とヒラタタマオシコガネ族 Gymnopleurini (W 群) が位置している．興味深いことは，アフリカ - ユー

ラシア群6族の分岐年代が3200万～2600万年前(置換速度がもっとも遅い推定では5300万～4200万年前)，アメリカ群3族では2400万～2200万年前(同3900万～3600万年前)と推定され，年代が近いことである．この時代に糞虫の分岐と分散に関わる地史的ないし生物的事象があったと考えられるが，不明のようである．

ただし，このような分子系統地理解析に基づく推測では，陸塊が大洋によって互いに隔たっていた始新世から漸新世(5600万～2300万年前)の間に，糞虫のアフリカ大陸から各大陸，陸塊への主要な進出，分散が起きていたことになる．この場合，糞虫

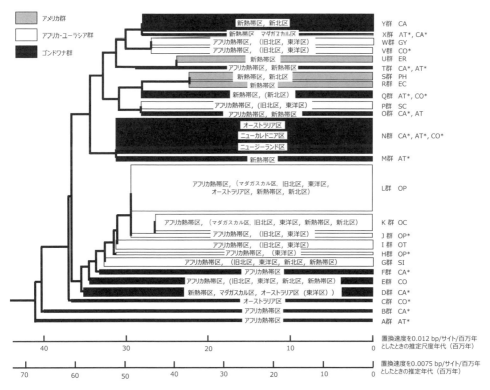

図6 分子系統地理解析によるタマオシコガネ亜科の系統分岐と地理的分断過程［Monaghan et al. (2007), Davis et al. (2016) より改変］．AT：ダルマコガネ族；CA：マメダルマコガネ族；CO：ダイコクコガネ族；EC：クモガタタマオシコガネ族；ER：カクガタタマオシコガネ族；GY：ヒラタマオシコガネ族；OC：ツノコガネ族；OT：ヒラタダイコクコガネ族；OP：エンマコガネ族；PH：ニジダイコクコガネ族；SC：タマオシコガネ族；SI：アシナガタマオシコガネ族．アメリカ群，アフリカ-ユーラシア群，ゴンドワナ群については図5も参照．＊は私見による暫定的族を示す．A～Y群の名称は本文中の説明の便宜を図るため筆者が付け加えた．

がどのようにして大陸・陸塊から海を越えて他の大陸・陸塊へ到達できたのかが問題となる．糞虫の誕生の地がアフリカ熱帯区にあったことは確かだとしても，全地球規模での分布の成立過程については，確定的なことはまだ言えないように思う．

アフリカ熱帯区のタマオシコガネ亜科の多様性

マダガスカルを除くアフリカ熱帯区から116属2141種のタマオシコガネ亜科に属する糞虫が記録されている (Philips 2011) (図5)．この種数は新熱帯区の1.7倍，他の区と比べても2～6倍である．アフリカ熱帯区が豊富な種数をかかえる理由として，まず，糞虫にとって好適な気候と植生である熱帯雨林帯とサバンナ帯が広い面積を占めていることが挙げられる (Davis 2009a)．地史的には，第三紀 (6600万～260万年前) を通じた冷涼化と乾燥化による熱帯雨林の縮小と分断化，サバンナの拡大，そして更新世 (260万～1万1000年前) での氷期と間氷期の繰り返しによる生息適地の隔離とそこからの分散が糞虫の分化を促したと考えられる (Davis 2009b)．

さらに，糞虫のおもな餌資源である哺乳類の糞の質的な多様さが影響しているだろう (Davis et al. 2008)．哺乳類の糞は，食物の種類，消化方法，体の大きさによって，雑食ないし肉食獣 (サル，ネコ科) の臭いが強い小塊状の糞，小・中型草食獣 (齧歯類，アンテロープ類) の粒状の糞，反芻胃をもつ大型草食獣 (キリン，バファロー) の細かな繊維質に富む大きな糞塊，反芻胃をもたない大型草食獣 (ゾウ，サイ，シマウマ) の粗い繊維質を大量に含んだ大きな糞塊，の四つに大別される．アフリカ熱帯区では，そのいずれもが個体数においても種数においても圧倒的な多さを示す哺乳類によって供給されており，このことも糞虫の多様化に寄与したと考えられている．

アフリカの糞虫のすさまじいほどの個体数と種数を示す有名な報告がある．草本 - 低木サバンナが広がるケニアのツァヴォ東国立公園 (Tsavo East National Park) で，1.5 kgのゾウの糞塊を置いたところ，そのほとんどがわずか2時間で糞虫に運び去られ，その数は1万6000個体，乾燥重にして477 gだったという (Anderson and Coe 1974)．この実験が行われたツァヴォ東国立公園では，ゾウの糞塊からだけで87種の糞虫が採集，記録されている (Kingston 1977)．私は，これらの研究が行われた場所から40 kmほど離れたツァヴォ西国立公園の一角でタマオシコガネ (俗称フンコロガシ) の研究をしていたことがある．調査の傍ら私もゾウの糞塊から糞虫の採集を試み，80種を得た (Sato and Cambefort 未発表資料)．このうち50種はツァヴォ東国立公園の記録にはなかった種であり，合わせると117種となる．隣接する2か所で，しかもゾウの糞塊だけから得られた種数であることを思えば，アフリカ熱帯区の糞虫相の豊富さは容易に想像できる．なお，南西諸島を含む日本全土から記録されている種数は45種ほどにすぎない．

アフリカの糞虫は種数だけでなく，大きさや形態，行動も変化に富む．サバンナではアフリカゾウの同一の糞塊で，体長50 mmもあるナンバンダイコクコガネ属 *Heliocopris* (図7C) から3.5 mmたらずのコエンマコガネ属 *Caccobius* に至る大小さまざま

な糞虫が見つかることは稀ではない．しかもその糞塊のなかには，光沢があり，色とりどりで，頭盾と前胸背板に多彩な角や突起をもつ *Proagoderus* 属 (図 7D) が何種も集まっている．いわゆるフンコロガシも，極小の *Sisyphus seminulum* (図 7G) から最大の *Kheper platynotus* (図 7I) までが次々と飛来し，糞球を作り，転がしていく．それらのなかには，赤銅色の輝きを放つ *Gymnopleurus sericeifrons* も混じっている (図

図 7 ケニアのツァヴォ西国立公園でアフリカゾウの糞塊から採集されたタマオシコガネ亜科の糞虫．(A) *Pedaria* の一種 (ダルマコガネ族；図 6 での群は不明)．(B) *Anachalcos convexus* (マメダルマコガネ族；図 6 での T 群)．(C) *Heliocopris* の一種 (ダイコクコガネ族；同 E 群)．(D) *Proagoderus extensus* (エンマコガネ族；同 J 群)．(E) *Aptychonitis anomalus* (ヒラタダイコクコガネ族；同 I 群)．(F) *Cyptochirus trogiformis* (ツノコガネ族；同 K 群)．(G) *Sisyphus seminulum* (アシナガタマオシコガネ族；同 G 群)．(H) *Gymnopleurus sericeifrons* (ヒラタタマオシコガネ族；同 W 群)．(I) *Kheper platynotus* (タマオシコガネ族；同 P 群)．太線は 5 mm を表す．

7H)。*Anachalcos convexus* (図 7B) は飛翔力がきわめて弱いらしく，どこからともなくのそのそと歩いて現れ，糞塊にたどり着き，糞球を作り始める。糞塊をほじくると，背面全体に糞片をまとわりつけ，まるで糞粒が動いているかのように，もぞもぞと這う *Cyptochirus trogiformis* (図 7F) に出くわす。糞塊をどければ，糞をため込むために糞虫が掘ったいくつもの坑道が地面に開口している。アフリカゾウの糞の山は文字どおり糞虫の宝の山である。

　繁殖のための糞虫の造巣行動は，(1) 糞塊の下や脇に坑道を掘って糞を引き込むトンネル型，(2) 糞塊から糞球を作って転がし，地中に埋めるフンコロガシ型，(3) 糞塊内に小塊を作る糞内型，の大きく三つに類型化される (Halffter and Edmonds 1982)。いずれの型もアフリカの糞虫で観察できる。また，ある種がどの型の造巣行動を示すかは，すでに造巣行動がわかっている他の同属種あるいは同族種からの類推で，およそ見当がつく。しかし，アフリカにはトンネル型とフンコロガシ型の両方を示す種がいたり (Sato 1997)，さらに，かつては亜社会性の種はいないとされていた属で亜社会性の種があいついで確認されており (Sato and Imamori 1987; Halffter 1997; Sato 1997)，断定は禁物である。

　タマオシコガネ亜科のほかにも，アフリカに起源し，系統分岐と地理的分断を繰り返しながら他の大陸へ進出，放散するとともに，本拠地アフリカにおいても多様化を遂げた分類群は多数にのぼることは疑いない。ここで取り上げたタマオシコガネ亜科における分類学，分子系統地理学，生態学，行動学に関わる研究は一例にすぎないが，アフリカ昆虫学の重要性を推し量ることはできるだろう。

5. アフリカにおける分類学的研究の現状―チョウ目ホソガ科の場合

　アフリカ熱帯区における多様性研究の現状を示すために，チョウ目ホソガ科の分類学的研究を紹介したい。その理由として，まず，私がこの科の生態を研究しており，なじみがあるということがある。しかしそれ以上に大きな理由がある。すなわち，現在までに記載された本科を構成する全種について，分類学的知見だけでなく国・地域別，そして動物地理区別の分布データが専門の研究者によってインターネット上で公開され，絶えず更新されていることである (De Prins and De Prins, online)。以下，このデータベースをもとにアフリカ熱帯区におけるホソガ科の分類学的研究の歴史と現在の状況を記す。

　ホソガ科は南極以外の全世界に分布し，記載種数は 1966，チョウ目の祖先的二門類 (交尾口と産卵口が独立している鱗翅類で，第 2 腹板の形状から祖先的とされているグループ) 中最大の科の一つである。開帳 5～22 mm ほどの小型のガで，ほぼすべての種の幼虫が葉の中や茎の表層に潜って摂食する，いわゆる潜葉性昆虫である。数年前までは帰属のはっきりしないグループも含め暫定的に 4 亜科に分けられていたが (久万田・佐藤 2011)，2017 年になって分子系統解析によって明瞭に 8 亜科に分類さ

表1　ホソガ科の動物地理区別種数[1]

動物地理区	種数	%
アフリカ熱帯区	278	13.9
東洋区	501	25.1
全北区	954	47.8
日本 (内数)	229	11.5
新熱帯区	187	9.4
オーストラリア区	256	12.8
既知種合計	1,996	

1) De Prins J and De Prins (online) の資料をもとに集計した。参考のため日本の種数も載せている。同一種が複数の動物地理区から記録されているので，動物地理区別種数の合計は既知種合計に一致しない。

れ，亜科間の系統関係も明確になった (Kawahara et al. 2017)。

　動物地理区別の種数を表1に示した。参考のため日本の種数も載せた。亜科別に種数を載せることはもちろん可能であるが，あえてしていない。なぜなら，これから述べていくように，現時点では学術上の意味がまったくないからである。表から明らかなように，ホソガ科はタマオシコガネ亜科とはまったく異なった生物地理的分布を示し，全北区での種数が新熱帯区，東洋区，そしてアフリカ熱帯区を大きく上回っている。しかも日本には全北区の25%，世界的には10%もの種が分布し，アフリカ熱帯区に相当する豊富さである。日本はホソガ科の宝庫と言っても過言ではない…。

　お気づきのように，もちろんこれは真実ではない。ホソガ科のたいていの種は寄主植物の範囲が狭く，いわゆる単食性ないし狭食性を示す (久万田・佐藤 2011)。これを踏まえてアフリカ熱帯区の植物相の豊富さと植生の多様性を念頭に置けば，アフリカ熱帯区の種数278は，日本の229と比べるまでもなく，あまりにも少なすぎると思うのではないだろうか。そうであるならば，アフリカ熱帯区のホソガ科の種類相はほとんどわかっていない，と容易に想像できるだろう。

　日本の種数に限って言えば，ひとえに碩学，久万田敏夫先生 (私の恩師なので，敬称を付けさせていただく) の功績による。久万田先生は日本から記録されている229種のうち，129種を新種記載 (連名も含む) し，コハモグリガ亜科 Phyllocnistinae を除くほとんどの種を載録した亜科 (あるいはグループ) 別の総説を著し，国外でしか知られていなかった種を日本から記録，報告した。日本に産する未記載種の数は，コハモグリガ亜科を除けば，おそらく20種にも満たないのではないだろうか。このことから，生物地理区別の種数は採集努力量と研究者の数に大きく左右されていることがうかがえる。このことをアフリカ熱帯区で確証してみる。

　アフリカの国・地域別に種数を見てみると (図8)，南アフリカが154種で圧倒的多さを示し，その隣国であるナミビア (38種) とジンバブエ (37種) がついで多い。東アフリカ3か国—ケニア (26種)，タンザニア (10種)，ウガンダ (15種) —の多さも目を引く。いっぽう，ホソガ科の記録を欠く国と地域が18もある。このなかには，一

般に生物多様性が高いとみなさている熱帯雨林を有するリベリア，コートジボワール，赤道ギニア，ガボン，アンゴラが含まれている．熱帯雨林を有し，ホソガ科の記録のある国であっても，ナイジェリアで22種，コンゴ民主共和国で16種にすぎず，コンゴ共和国，カメルーン，中央アフリカでは10種にも満たない．アフリカ熱帯区でのこうした種数の分布が，自然の状況を反映していないことは，直感として受け入れられるだろう．次にこの直感を，既知種，新種問わず最初にアフリカ熱帯区から報告された年代ごとの種数と，それらの種の命名者別種数から検討してみる．

　ホソガ科のアフリカ熱帯区からの初めての報告は1908年，エドワード・メイリック (Edward Meyrick：1854-1938) による3種の新種の記載に始まる．その後の年代別報告種数の推移を見ると (図9A)，1910年代，1960年代，2010年代にピークがあり，それぞれ39種，118種，41種である．アフリカ熱帯区から記録のある種の命名者は17名 (連名の場合は，筆頭者のみ) であるが，ラジョス・ヴァリ (Lajos Vári：1916-2011)，メイリック，ジュラート・デ・プリンス (Jurate De Prins) のわずか3名

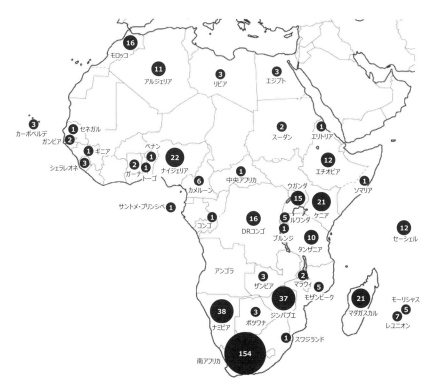

図8　アフリカにおける国・地域別のホソガ科種数．

1章　生物多様性の観点から見たアフリカ昆虫学の重要性　　　　　　　　　　　　　　17

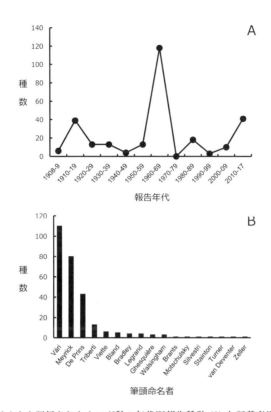

図9　アフリカから記録されたホソガ科の年代別報告種数 (A) と記載者別種数 (B)。

によって全体の83%にあたる233種が新種記載されている (図9B)。詳しく見てみると，年代別報告種数の三つのピークは，1910年代はメイリック，1960年代はヴァリ，2010年代はデ・プリンスの寄与がそれぞれ大きいことがわかった。

　メイリックは，小蛾類の研究者なら一度ならず目にする伝説的分類学者であり，生涯で2万種を超える種を新種として記載した (Hill 1939)。彼自身がアフリカ熱帯区を模式産地として新種記載したホソガ科の種数は66種で，そのほとんどの模式産地は南アフリカとその隣国である。

　いっぽうヴァリは，1961年，それまで南アフリカとその隣国で採集された標本と自身が採集した標本を詳細に検討し，157種 (うち既知種52種，新種105種) を含む本文238頁，図版112枚からなる総説を著した (Vári 1961)。載録された種数はその時点でアフリカ熱帯区から報告のある193種の80%強にあたる。彼が果たしたホソガ科の分類学的研究への貢献は，南アフリカ地域にとどまるものではもちろんない。彼が創

設した属 *Cryptolectica*, *Spulerina*, *Callicercops*, *Systoloneura* の新種が日本からも久万田先生によって記載されている。

　デ・プリンスはホソガ亜科 Gracillariinae を対象に，世界各国の研究機関に収蔵されている標本と，自身が採集した標本に基づき，アフリカ熱帯区から26種の新種を記載すると同時に，それまでアフリカ熱帯区から報告された全既知種40種を加えた総説を著した (De Prins and Kawahara 2012)。カメルーン，コンゴ民主共和国，ケニア，タンザニアの種数の多さは彼女の研究にほとんどよっている。もっとも，彼女は私が本章を書くにあたって参照しているデータベース (De Prins and De Prins, online) の作成者の一人なので，別格な存在ではあるのだが。

　このように，アフリカ熱帯区に分布するホソガ科の分類学的研究の大半は，わずか数名の研究者によってなされ，調査地域もごく限られていることがわかる。さらに，アフリカ熱帯区から記録されている種の産地を見ると，局所的であったり，隔離的な分布を示していたりする。ホソガ科の記録がまったくない国と地域が18もあることも考慮すれば，アフリカ熱帯区のホソガ科の分類学的研究には，なおいっそうの現地調査が必要であることに疑念の余地はない (De Prins et al. 2015)。

　結論として，表1に示した生物地理区別の種数や，図8に示したアフリカ熱帯区の国・地域別の種数は研究努力量ないし研究者数という人為的影響の結果であり，決して自然の状態を反映したものではない。ホソガ科というわずか1科に関する分類学的研究の現状ではあるが，アフリカ熱帯区の他の分類群においても多様性研究の現状は似たり寄ったりであると言ったら，言いすぎだろうか。

6. アフリカ昆虫学の発展のために

　当然であるが，昆虫の分類学的研究を本格的に進めるには，昆虫の外部形態だけでなく，解剖して微細構造や内部形態を観察し，交尾器などのスライド標本も作製しなくてはならない。そのためには高性能の実体顕微鏡と透過型顕微鏡は必需品である。さらに，極細で剛健かつ弾力性に富むピンセットをはじめとするこまごまとした標本作製用具，エチルアルコールや各種有機溶媒，封入剤などの試薬類，それらを保存する適切な容器もまた必須である。しかし，ケニアやコンゴ民主共和国，(アフリカではないが) インドネシアでのわずかな経験からではあるものの，このような機器，用具，試薬類が完備している研究機関は，アフリカではおそらく南アフリカ以外にはないのではないだろうか。顕微鏡はあったとしてもたいてい旧式で，デジタル撮影カメラを装着できなかったり，維持管理が不適切で，レンズにカビが生えていたり，鏡筒を上下するつまみに不具合があったりする。標本製作用具は使い勝手が悪く，よくぞこの道具で，と感心するくらいである。試薬類は近くに大都市があれば入手可能であるが，ガラス容器類の品ぞろえはいかんともしがたい。

　ケニア国立博物館はアフリカ有数の規模を誇る博物館である (本書20章参照)。

ウェブサイトを見ると，無脊椎動物部門に所属する 10 名の研究者と技術職員のうち 9 名が昆虫を研究材料としている (2018 年 8 月 2 日閲覧)．彼らはケニア国内はもとより欧米そして日本 (ウェブサイトでは筑波大学の名がある) など国外の研究機関と協力しつつ，昆虫の生態や分類など多様性に関する研究を進めている．しかし，彼らが公表した原著論文を Google で検索してみると，彼らが筆頭著者となっている論文はほとんど見当たらなかった．このことは，共同研究において彼らは主導的役割を果たしていないことをうかがわせる．

　このように見てくると，多様性研究の発展のためには職業的昆虫生態学者や分類学者の養成が早期に求められる，と皆さんは思われるかもしれない．しかし，その要求はアフリカの実情にそぐわない．アフリカ昆虫学に求められているのは，本章冒頭で触れたように多様性の研究にとどまらず，農業害虫や感染症媒介昆虫の防除，昆虫の産業利用など多岐にわたる．先進諸国以上に予算と人材が限られているアフリカ諸国において，国民に社会的，経済的利益を直接もたらさない多様性の研究にお金と人を振り向ける余裕はないのが実情である．

　アフリカでの昆虫分類学とその周辺領域の発展のためには，月並みな考えではあるが，私たちはこれまで以上に現地の研究機関と強固な協力関係を築き，長期にわたって共同研究を継続するしかないように思う．そして，共同研究を通じて，大学院生や技術職員を実地に鍛えるなり，留学生として受け入れるなりし，人材を育てるのである．共同研究が数年で終わってしまっては，早晩，導入した研究機器は維持管理がなされず大型ゴミと化すか，散逸し，育てた人材は出世に伴い現場から離れ，後継者も育たないことは目に見えている．アフリカではないがインドネシアでは，京都大学や北海道大学などの研究者が中心となって，インドネシア科学院動物部門と 1980 年代から入れ替わり立ち替わり共同研究が続けられてきた．しかし，主導してきた研究者の退職に伴い，近年は共同研究が尻つぼみのように見受けられる．これを思うと，多様性の研究に限らず，本書で触れられている現在進行中の共同研究が次世代に受け継がれることを願ってやまない．

トピックガイド

　アフリカの気候や植生，地形など自然地理に関する概要を知るには『アフリカ自然学』(水野編 2005, 古今書院) を参照するとよい．刊行が十数年も前であるが，その学問の性格上，内容は古びていない．アフリカの昆虫に思いを馳せるには，他の章でも紹介されている『図説 世界の昆虫 6 アフリカ編』(阪口 1982, 保育社) を開くとよい．カラー写真だけでなく，昆虫の分類から生態，応用に関するさまざまな主題を扱った解説文は一読に値する．英語の書籍としては，*African Insect Life* (Skaife 1979, Cornelis Struik Publishers) を薦めたい．今となっては古典となってしまったが，分類や形態に関する記述だけでなく，おのおのの昆虫の生態が人との関わりも含め平易な文体と多数の写真で描写されている．*Forest Entomology in East Africa* (Schabel 2006,

Springer) はアフリカ昆虫学のひとつの到達点を示しているかもしれない。タンザニアの森林をおもな対象とし，応用分野にやや偏っているが，アフリカで何の研究をしたらよいか悩んでいる若い人がいたら，きっと参考になる。アフリカの糞虫に限ると，当然，日本語での書籍はなく，*The African Dung Beetle Genera* (Davis et al. 2008, Protea Book House) を挙げるしかない。写真がシャープで，解説も充実している。難点を挙げれば，最新の成果が系統関係に反映されていないことであるが，出版年を考えればこれは無い物ねだりである。

2章
アフリカ昆虫学とエスノサイエンス

藤岡悠一郎

1. アフリカに暮らす人々と昆虫

　本章は，アフリカに暮らす人々と昆虫との関係に関する研究を整理し，エスノサイエンスという視点からアフリカ昆虫学の展望を述べることを目的としている。多くの読者にとって，エスノサイエンス (ethnoscience) という用語は聞きなれないものかもしれない。「エスノ (ethno-)」は「民族」を表す接頭辞であり，「サイエンス (science)」は「科学」を意味することから，字義としては「民族の科学」という意味になる。西欧近代科学としてのサイエンスに対し，それぞれの民族や人々の集団が有する固有の科学のことである。アフリカの人々と昆虫との関係に関する研究において，エスノサイエンスの視点がどのように取り入れられ，また，その視点がアフリカ昆虫学に今後何をもたらしうるのか，順を追って説明していきたい。

　本書が掲げる"アフリカ昆虫学"とはどのような学問なのだろうか。本書第3章や『アフリカ昆虫学への招待』(日本ICIPE協会編2007)，足達 (2018) を参照すると，文字どおり"アフリカにおける昆虫学"であり，「アフリカに生息する昆虫にかんする知識の総体」(足達2018) と定義されている。その「知識の総体」は，単に研究者や科学者が有する科学的な知識にとどまるものではない。アフリカに暮らす人々が，日常生活のなかで接する昆虫についての知識 (民族の科学) も当然ながらその射程に含まれる。さらに言えば，アフリカ以外の地域に暮らす人たちが，アフリカの昆虫や，それらの利用について有している知識も含まれるであろう。

　アフリカ昆虫学の系譜を紐解くと，アフリカに近代科学としての昆虫学が持ち込まれたのは18世紀後半であり，生物の分類体系を確立したスウェーデンのカール・フォン・リンネ (Carl von Linné : 1707-1778) を始祖とするヨーロッパ流の博物学がその源流であった (足達2018)。他方で，ヨーロッパ流の博物学の発展には，ヨーロッパ諸民族のエスノサイエンスの存在がその土台にあったと考えられる。

　近代科学としての昆虫学は，昆虫の形態や分類，生理，遺伝など，昆虫に関する基礎的諸問題を扱う基礎昆虫学 (fundamental entomology) と人間の生活への意義・応用の観点から昆虫に関する諸問題を扱う応用昆虫学 (applied entomology) に大別さ

れ，両者は車の両輪のような互いに相補う領域である (松本 1995)。あとで詳しく述べるが，近代科学としてのエスノサイエンスにおいても，ある地域の人間集団が有する在来の知識を解明するような基礎科学と，人間の生活への意義・応用の観点から在来の知識を扱う応用科学の両面が存在する。学問の系譜や射程において，昆虫学とエスノサイエンスは相互に影響を及ぼして発達してきたものであり，また将来的なアフリカ昆虫学の発展を考える際，両者の相互補完のあり方は一つの重要な鍵になるであろう。

　他地域と同様に，アフリカにおいても昆虫と人間との関係のなかで，取り組まなければならない喫緊の課題はたくさんある。昆虫による作物や家畜への被害や疾病の媒介など，人間の生活を脅かすような関係については，改善のための方策を考えることが研究や実践上の重要な課題であり，また，希少種の保全や外来種による生態系の撹乱など，生物多様性保全上の課題などの取り組むべき重要なテーマもある。このような課題の解決に向けた方策として，昆虫側に軸足を置いた昆虫学からの取り組みも重要であるが，多くの課題は，現地の人々の生活や生業，文化や社会制度が密接に絡み合っているため，他の学問領域との連携が不可欠である。また，地域の問題解決に向けては，研究者と住民など異なる立場の人々との間で十分な意思疎通をはかることが必要となる。そうした際に，エスノサイエンスという視点は何らかの有効な視座を与えてくれるかもしれない。

　本章ではまず，エスノサイエンスとはどのような学問領域であるのかについて紹介し，アフリカに暮らす人々と昆虫との関係について既存の研究を振り返る。そして，エスノサイエンスの視点がアフリカ昆虫学にどのような貢献をしうるのかについて考えてみたい。

2. エスノサイエンス

エスノサイエンスとは

　『文化人類学事典』(石川ら編 1994，弘文堂) では，エスノサイエンスを次のように定義している。「エスノ・サイエンスは，それぞれの土地の人々が集積している，いろいろな分野についての知識の総体，もしくはそれについての分析的，記述的研究を意味する」(松井 1994)。すなわち，エスノサイエンスという語が，民族の科学としての知識の総体を指す場合と，分析や研究手法などの方法論を指す場合があることに留意する必要がある。以下では，民族の科学という対象としてのエスノサイエンスと，方法論としてのエスノサイエンスを区別しながら紹介する。

　人間は，日常の生活のなかで，周囲の環境や社会，出来事を観察し，さまざまな知識や解釈を蓄え，それらを日々活用しながら生きている。このような知識や実践の総体が比喩的にエスノサイエンス，すなわち"民族の科学"と呼ばれ，研究の対象とされてきた。このような知識は近代科学 (サイエンス) に勝るとも劣らない。ただし，後

述するように，サイエンスとエスノサイエンスとの関係や両者の差異が問われ続けている。

民族の科学としてのエスノサイエンスは，扱う知識の対象によってさらに区分されてきた。ある地域の生物全般についての知識を対象とするエスノバイオロジー (ethnobiology, 民族生物学)，植物を対象とするエスノボタニー (ethnobotany, 民族植物学)，魚類を対象とするエスノイクティオロジー (ethnoichthyology, 民族魚類学) などがあり，昆虫を対象とする分野は，エスノエントモロジー (ethnoentomology, 民族昆虫学) と呼ばれてきた。また，ある地域の人々が有する地形や土壌，季節区分や暦など，生物以外の自然環境に関する知識を対象とする領域も幅広く存在する。研究史から見ると，19世紀末に民族植物学や土着植物学 (native botany) という用語から植物知識に関する研究が進められ，それらの成果を普遍化・抽象化し，エスノサイエンスが構想されてきた (松井 1994)。

方法論としてのエスノサイエンスとその見直し

エスノサイエンスは，方法論の点からも発展してきた。1950年代から60年代にかけて，知識の記載方法に対する科学的客観性の欠如が問題視され，言語学の方法を借用した民族誌 (ethnography) の記述が行われるようになり，新しい分析方法が確立された。当時，エスノサイエンスは，"新民族誌"（ニュー・エスノグラフィー）のための方法論として脚光を浴びたのである (詳しくは，寺嶋 2002 を参照)。

しかし，他方で，新民族誌としてのエスノサイエンスは，地域の人々が行っているさまざまな対象の分類の記載と分析に集中し，分類自体が目的化された研究が量産されていった。ある知識や語彙を科学的手法によって分類することが，エスノサイエンスにおけるサイエンスであると限定的に捉え，その背景にある人々の世界観や文化，社会様式などに目を向けない考え方に対し，多くの批判がなされた。たとえば，松井 (1989) は，琉球を対象とした新民族誌のなかで，このような見方が認識人類学の理論的射程を狭めてしまったと指摘している。

このように，方法論としてのエスノサイエンスに対する批判はあるが，民族の科学としてのエスノサイエンスが否定されたわけでは決してない。むしろ，研究が蓄積されるなかで，在来知識の精密さや膨大さが明らかになり，エスノサイエンスが有する意味が見直されてきた。とくに，民族の知識や実践の見方を大きく変えた研究が，第二次大戦後，フィリピンのミンドロ島南部において焼畑農耕民ハヌノーの植物利用や植物分類を明らかにしたハロルド・コンクリン (Harold Colyar Conklin：1926-2016) の学位論文であった (Conklin 1954)。コンクリンは，ハヌノーの人々が植物部位に関する名称を150以上有し，地域の1625種もの植物を識別し，その94％が食用や道具の素材などに利用されていることを明らかにした。また，フランスの人類学者クロード・レヴィ=ストロース (Claude Lévi-Strauss：1908-2009) は，西洋から見て辺境の地に暮らす人々が，西洋の科学者と変わらない科学的な精神態度や好奇心，知識欲を有

していることを『野生の思考』(レヴィ=ストロース 1976) に描き出した。その後，エスノサイエンスの研究は，地域の人々の知識やその構造，機能を明らかにし，比喩や象徴表現，説明論理などを分析し，それらを彼らの生活のなかに位置づけることが研究の目標とされ，今に至っている。

　世界各地において，地域の人々が有する膨大な知識が明らかになるにつれて，エスノサイエンスと近代科学との関係に関する議論がしばしば起きるようになる。コンクリンやレヴィ=ストロースが描いたように，エスノサイエンスが近代科学に「優るとも劣らぬもの」であることは多くの研究が示すとおりである。しかし，近代科学との比較でエスノサイエンスの優劣を語ることや，近代科学とエスノサイエンスを同一視することは誤りである。なぜならば，エスノサイエンスが対象としているのは生活世界全般であり，そこに文化的意味が付随しているのに対し，近代科学は普遍性の追究を目指すことで現象や条件を限定しており，同じ土俵の上で比べられない (服部 2014) ためである。また，多くの文化事象のように，エスノサイエンスは常に全体との関連が問われるものであるため，その一部分だけを取り出して，妥当性を議論することは避けなければならない (寺嶋 2002)。

エスノサイエンスに関する研究の展開

　近年のエスノサイエンスに関する研究は，民族分類に限らず，利用や実践，環境との相互作用など，幅広い領域や視点を対象に進められている。人類学者の寺嶋秀明は，「エスノ・サイエンスは，日々，自然と密接に接触しながら観察と試行を繰り返し，相互に情報交換をおこない，よりよき実践と価値を求めて生きていく人びとの暮らしの中にある。文化の中に埋め込まれた，そういった経験の束そのものがエスノ・サイエンスなのである」(寺嶋 2002) と述べている。

　アフリカにおいては，先に紹介したように民族昆虫学に関する研究も見られるが，民族動物学や民族植物学の分野に関する研究も蓄積されてきた。たとえば，民族動物学については，霊長類学者であり生態人類学者でもあった伊谷純一郎 (1926-2001) がタンザニアの焼畑農耕民トングウェを対象に実施した研究があり，彼らの動物に関する分類や狩猟法，利用法など，詳細な知識や動物観の全体像を描き出した (伊谷 1977)。また，福井 (1991) は，エチオピア南西部に暮らす牧畜民ボディがウシをどのように認識，識別しているのかについて研究を行い，彼らの色彩や幾何学模様に関する認識がウシの毛色の区別や畜群の管理と強く結び付いていることを明らかにした。民族植物学に関する研究は，熱帯雨林において多くの研究が行われた。前述の寺嶋や市川らは，旧ザイール (現コンゴ民主共和国) のイトゥリと呼ばれる森に暮らすピグミー系狩猟採集民の民族植物学研究を行い，彼らの植物認識や植物利用方法を詳細に明らかにした (Terashima et al. 1988 など)。また，安渓貴子はコンゴ民主共和国の農耕民ソンゴーラの植物分類や男女別の植物利用法について，豊富なイラストとともに記録している (安渓 2009)。

3. 昆虫と人々との関係に関する研究とエスノサイエンス

昆虫と人々との関係に関する研究

　これまで，昆虫と人々との関係について，どのような研究がなされ，エスノサイエンスの視点はどのように位置づけられてきたのだろうか。まずは，アフリカに対象を絞らず，これまでの研究史をおおまかに振り返ってみたい。

　昆虫と人々との関係に関する研究は，それを専門とする特定の学問分野や領域が確立されているわけではなく，農学や文化人類学，生物学，地理学など，さまざまな学問分野において取り組まれてきた。また，各地の探検記や民族誌，行政記録などの文章中に，発見した昆虫や人々による昆虫の利用などに関する記述および記録が含まれている場合も多い。さらに，1980年代以降，このような記録を整理した体系的な研究が行われるようになった。野中 (2005) は，それらの研究を (1) 応用昆虫学，(2) 文化昆虫学，(3) 民族昆虫学の三つの枠組みに整理している。

　先にも述べたように，昆虫学は基礎昆虫学と応用昆虫学に大別される。田付 (2009) は，近代昆虫学が成立してきた背景には，人類の健康と食料生産に脅威となる害虫をいかに抑制するかという重要な課題があり，昆虫と人の関わりのうち，人にとって好ましい側面を拡大し好ましくない側面を克服することが常に重要なテーマであり続け，ここに応用昆虫学の存在理由があると述べている。松本 (1995) は，昆虫と人間の生活との関わりについて，健康・衛生，食糧，衣料，住居，嗜好・化粧，交通・通信，エネルギー科学・芸術・教育，スポーツという人間の生活活動要素ごとに整理し，病気を媒介する衛生害虫や花粉を媒介する昆虫，絹糸を提供するカイコや作物を食べる農業害虫，造巣による電力障害，教育材料，釣りの餌など，昆虫が我々の生活と深く関わっていることを提示した。このような多岐にわたる関係のなかで，応用昆虫学がとくに対象とするのは，いわゆる害虫と益虫であるが，狭い意味での害虫学・益虫学ではないとしている (松本 1995)。

　文化昆虫学 (cultural entomology) は，アメリカの昆虫学者チャールズ・ホーグ (Charles Leonard Hogue：1935-1992) によって提唱された (Hogue 1980, 1981, 1987)。彼は，文化昆虫学を文学や言語，音楽，美術，歴史，宗教，娯楽などの人間性に関わる昆虫利用を扱う領域であると定義し，これまで研究がされてきた民族昆虫学は「未開社会」における昆虫と人間との相互関係を扱う領域であるとして文化昆虫学の一分野として扱った。食としての昆虫利用については，生活の範疇に含まれる内容は取り扱わず，儀礼や娯楽などとして食されるものに限定して扱うとした。そのため，彼が提唱した文化昆虫学の"文化"の定義や対象領域は限定的なものであった。日本においては，三橋 (2000) や小西 (2003, 2007)，高田 (2010, 2013)，三橋・小西 (2014) などによって文化昆虫学が取り上げられ，昆虫をモチーフとした絵画 (高田 2015) や日本のサブカルチャーと昆虫とのつながり (保科 2013) などを対象とした研究が行わ

れている。

　民族昆虫学という用語は，当初，昆虫に対する民族分類を明らかにする研究のなかで用いられてきた。地球上の生物は，近代科学の方法論を基に，形態や遺伝情報などによって種や属，科などの単位やグループに分類することができるが，このような分類体系とは別に，人間の集団の多くが生物を区別する独自の分類体系である民族分類を発達させてきた。それは，先の分類体系と類似する部分もあるが異なる部分もあり，また人間の集団によっても異なるものである。

　昆虫の民族分類を明らかにする研究は，たとえばアメリカのナバホを対象とした研究 (Wyman and Bailey 1964) やブラジル中部のカヤポ (Posey 1978)，ブラジルバヒア州における研究 (Costa-Neto 1998) などが見られる。Posey (1986) は，民族昆虫学が扱うべきトピックや課題に関する提案を行い，仮説検証型の科学としての発展や地域の昆虫の利用に関する社会生態システムへの注目が必要であると指摘した。日本では，世界各地における人間と昆虫との関係を明らかにした，野中健一による一連の研究がある (野中 2005, 2007)。野中は，"民族昆虫学"の語を使用する理由として，「昆虫を利用する (関わる) という人間の行動が，さまざまな状況のなかで引き起こされる，相互関係のなかで理解されうると考えるからである」と述べている (野中 2005)。そして，人々の昆虫との関係がどのような要素と結び付いて成り立つのかを，民族性や環境，地域性を鍵として解明していくことが民族昆虫学の中心課題となりうると指

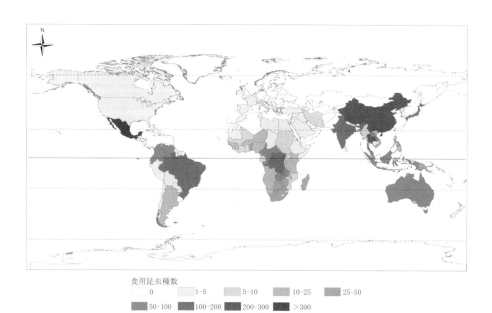

図1　国別に見た食用昆虫の種数 [van Huis et al. (2013) を基に筆者作成]。

摘している。

　人間と昆虫との関係に関する研究のなかで，とくに研究蓄積が多い題材は，人間の役に立つ昆虫，とくに昆虫の食としての利用であった。昆虫を食料として利用すること (昆虫食) は，英語で entomophagy という用語で表現される。昆虫食については，世界各地で食される昆虫種やその利用方法，在来知や文化，商業活動，産業化など多岐にわたる研究が見られる。

　世界各地の昆虫食は，探検記や民族誌などにも断片的に記述されてきた。そのような記録を収集し，あるいは昆虫食に焦点を絞った独自の調査により，世界の昆虫食を網羅的に紹介した著書が継続的に出版されてきた。19 世紀末には，イギリスで『昆虫食はいかが？』(ホールト 1996) が出版された。20 世紀半ばには，シモン・ボーデンハイマー (Shimon Fritz Bodenheimer：1897-1959) が *Insects as Human Food: A Chapter of the Ecology of Man* を出版し，昆虫の栄養価や昆虫食の歴史，世界各地の食用昆虫やその調理方法などをまとめた (Bodenheimer 1951)。近年では，オランダのワーゲニンゲン大学の研究グループが論文や文献などに記載のある世界各国の食用昆虫リストを作成し，2012 年時点で約 1900 種にのぼることを報告している (Jongema, online)。国別，地域別に見ると，メキシコや中国で食用昆虫種が多く，東南アジアや南米，サブサハラアフリカでも種数が多い傾向が認められる (van Huis et al. 2013) (図 1)。

エスノサイエンスの視点

　エスノサイエンスの視点は，昆虫と人間との関係に関する研究史において，どのように位置づけられるのだろうか。前項で，昆虫と人間との関係に関する研究を，応用昆虫学，文化昆虫学，民族昆虫学の三つの枠組みに沿って紹介したが，エスノサイエンスは，これらの枠組みから独立して存在するわけではなく，いずれにも関わりうる視点である。言語学の方法論を援用し，昆虫の民族分類を行う"方法論としての"エスノサイエンスは民族昆虫学の一部として位置づけられてきた。他方，ある地域の人々が有する"民族の科学"としてのエスノサイエンスは，人間が介在する限り，あらゆる地域に存在する。しかしながら，人間の知識や文化を扱えば，それがすべてエスノサイエンスの研究であるというわけではない。人間と昆虫との関係をどのように見るのかという点が，学問分野や研究の視点によって大きく異なることは，これまでの研究を見ても明らかであろう。

　また，昆虫学が基礎昆虫学と応用昆虫学に大別できるように，エスノサイエンスにおいても，ある社会の知識の総体を解明することを目的とするような基礎研究と，ある社会が有する在来の知識を別の目的のために活用する応用研究が実施されている。

　それでは，エスノサイエンスという視点は，どこにその特徴があるのだろうか。第一に，人間と昆虫との関係を地域に暮らす人々の認識や彼らの論理という点から取り扱い，研究者の認識や論理として描くわけではないという点である。これは，文化人類学において発達したエミック (emic)/エティック (etic) という古典的な対概念に通

じる見方である．エミックな視点とは，ある個別の社会において，現地の人々自身が物事に対して抱いている概念や分類・識別の基準を基に彼らの認識や論理を描き出す手法である．いわば，文化の内側からのアプローチである．他方，このような個別社会の事象を比較分析し，研究者がそれらを統合的に理解するための分類や解釈を行う方法がエティックな視点に立つ方法論である．これは，個別記述を超えて，文化の一般論に寄与しようとする立場である (詳しくは，吉田 1994，寺嶋 1995 を参照)．当然ながら，両者は補完的な関係にあるが，民族の科学としてのエスノサイエンスの特徴は，エミックな視点の重視であり，エティックな視点との区別を意識する点にある．アフリカ昆虫学の発展を模索するうえでは，両者をいかにすり合わせるのかという点が課題となる．

　第二に，エスノサイエンスが扱う人間と昆虫との関係は，人間にとって直接的に利害がある関係だけを扱うわけではないという点である．応用昆虫学の研究が，人間の生活への応用を目的として人間と昆虫との関係を限定的に扱う傾向があるのに対し，エスノサイエンスの視点は，ある地域の人々や社会を限定し，その地域における人間と昆虫との関係の総体を明らかにしようとする点で，両者は大きく異なる．また，この点は，知識と利用 (実用性) をめぐる誤解とも関連する．それは，「ある地域に暮らす人々が身の回りに生息する昆虫や生育する植物に関する豊富な知識を有するのは，それらを生活のうえで利用する/あるいは危険なものとして忌避するからである」という，"利用を目的とした知識"という因果関係の理解である．ある資源に関する知識が，その資源を利用することを通じて豊富に蓄積されるという関係は当然ありうるが，人々は日常的な生活や生業における経験や伝聞などから身の回りの自然に関する知識を蓄積し，それは必ずしも実用性と直結しているわけではない．そのような人間の「役に立たない」昆虫の知識については，応用昆虫学などの領域ではあまり扱われてこなかった．もっとも，エスノサイエンスの研究においても，人間にとって役に立つ自然物にとりわけ注目が集まり，その知識を研究対象とする傾向は認められる．しかし，エスノサイエンスを扱ううえでの基本的な姿勢としては，ある地域の人々が有する知識の総体を念頭におく場合が多い．

　第三に，エスノサイエンスの研究は，ある地域や人々の集団を限定し，その場所に暮らす人々の知識を対象とするため，人間と昆虫との関係を地域の文脈に即して明らかにしようとする傾向がある．これは，複数の地域における断片的な知識の総体として人間と昆虫との関係を明らかにしようとする研究と大きく異なる．ただし，エスノサイエンスの研究が地域間比較の研究を実施してこなかったわけではもちろんなく，複数の地域や集団における知識や環境利用の違いを描き出すことは，むしろさかんに行われてきた．その場合においても，断片的な知識の切り取りではなく，地域の文脈に即した地域間比較を行う点に特徴が見られる．

4. アフリカ昆虫学へのエスノサイエンス・アプローチ

アフリカにおける昆虫と人々の関わりに関する研究

　昆虫と人々の関わりに関する研究は，アフリカにおいても多岐の分野で実施されてきた．応用昆虫学の領域では，作物や家畜を害虫から守る防除に関する研究や，感染症を媒介する昆虫や疾患に関する研究のなかで，現地の人々の農業活動や行動様式が注目されてきた．

　アフリカに暮らす人々による昆虫の利用や昆虫に関する文化は，各地の民族誌や探検記のなかで紹介されてきた．とりわけ，昆虫食はアフリカ各地に分布し（図2），多くの記録や報告が認められる．たとえば，狩猟採集民ムブティ・ピグミーの研究を行った生態人類学者の市川光雄は，シロアリ塚から飛び立つシロアリの一種バンドンゲ (bandonge) やオオゾウムシの一種の幼虫ショーレア (sholewa)，カミキリムシの一

図2　(A) アンゴラの市場で販売されていたカミキリムシの一種の幼虫．(B) ジンバブエの農家で採集されたシロアリの一種．(C) 市場で販売するヤママユガ科幼虫 (*Heniocha* sp.) を採集した女性 (ナミビア)．(D) モパネワーム (ヤママユガ科幼虫 *Gynanisa maja*) のスープ (ナミビア)．

種の幼虫ペーラ (pela) などの採集や利用方法などを報告し，栄養価の観点からその意味を検討している (市川 1982)。カラハリ砂漠の狩猟採集民ブッシュマンの民族誌をまとめた田中二郎は，彼らが弓矢猟を行う際，矢毒としてハムシの1種 *Diamphidia simplex* (peringuey) の幼虫を用いることを報告している (田中 1971)。ザンビアに住む農耕民ベンバの食事調査を実施した杉山祐子は，昆虫が雨季の副食の数十パーセントをも占めることを報告し，動物性タンパク質の重要な供給源であることを述べている (Sugiyama 1987)。また，タンザニアの農耕民ニイハによるサンブラス (samburasu, アフリカチャイロヤママユガ *Bunaea alcinoe* の幼虫) やインヴェヴェ (inveve, 複数種のシロアリ類) などの昆虫利用 (山本 2013)，ガボンの狩猟採集民バボンゴ・ピグミーによるゾウムシの一種の幼虫利用 (松浦 2012) など，各地の生業や食事に関する調査のなかで昆虫に関する報告が認められる。

　アフリカの広域を対象として，昆虫と人々との関係を主題とした研究も数多く実施されてきた。van Huis (1996) は，アフリカの18か国を対象とした調査から，昆虫を含む無脊椎動物の利用について，食用や昆虫製品，害虫駆除，薬用，宗教，芸術，音楽，神話などさまざまな項目について整理し，昆虫と人々との間に多様な関係があることを報告した。昆虫食については，アフリカ各地で利用されている昆虫種や調理法を網羅的に調べた研究が見られる。たとえば，Bodehheimer (1951) は探検家の記録や文献を基に，シロアリや甲虫類，バッタ類などの食用に関する多様性について紹介した。前出の三橋も世界各地の昆虫食を整理した多くの著作 (三橋 1984, 1997, 2008, 2012) のなかで，世界の昆虫食の一部としてアフリカの状況について報告している。これらの報告から，アフリカではイモムシ類やシロアリ類，バッタ類が広域的に食用に用いられているという地域性が読み取れる。

　アフリカの特定の地域を対象に，昆虫の利用方法や地域の生業・生活様式との関係などを詳細に調査した研究も行われている。八木 (1997a) や八木・岸田 (2000) は，ケニアにおけるクンビクンビ (シロアリ類) を中心とした昆虫の利用方法や栄養価などについて報告した (本書264頁補章参照)。野中は，従来の自然資源利用の研究において用いられてきたエネルギー収支や採集活動時間などの量的側面に注目する分析手法では，量的な貢献が少ない昆虫利用の重要性が正当に評価されない点を問題視した。そして，ボツワナに暮らすブッシュマンの昆虫食に関する自身の研究を事例に，昆虫の利用を捕獲から食用までの一連のプロセスとして捉え，それぞれの行為に対する詳細な分析から，人間と昆虫との関係を描き出す方法を提示した (野中 1997, 2001)。人間と昆虫との関係において，日常の生活行動のなかで得られる点，特別な技術や技能を必要としない点，利用種類の習性や生息条件を知識としてもっている点などを重視し，その関係を「馴染み」という言葉で表現している (Nonaka 1996; 野中 2001, 2005)。また，野中 (2005) は，南部アフリカにおける昆虫利用とその地域差についても紹介している。

　アフリカの多くの社会において牧畜や農業などさまざまな生業が変容を遂げている

のと同様に，昆虫の利用についても多くの地域でさまざまな変化が認められる。なかでも，昆虫利用に大きな変化を与えた要因として，市場の発達が指摘されている。杉山 (1997) は，ベンバの村でチプミ (ヤママユガ科) が大発生した際に，村人がそれらを大量に採集した事例を示し，それらを買い付けにくる商人との間で，チプミと商品との交換を行ったことを報告している。このような事例は，市場の発達に伴い，採集した昆虫が現金獲得を目的とした商品になるという，きわめて大きな変化を示している。また，杉山は別稿で，食用イモムシがある種の地域通貨として，地域内で流通していると指摘している (杉山 2007)。いっぽう，野中 (2005) は，南アフリカ共和国ハウテン州ツワイン地域においては，昆虫食が減衰しつつあることを指摘している。ナミビア北部に暮らす農牧民オバンボの社会で昆虫食の変化を調べた藤岡は，昆虫によって利用がさかんになってきた種と衰退しつつある種があることを報告し，その要因として市場の発達やキャトルポストと呼ばれる私設放牧地の設置などの土地利用の変化があることを述べた (藤岡 2006, 2016a, b；本書第 4 章)。

以上のように，アフリカにおける昆虫と人々との関係については，さまざまな学問分野や関心から研究が取り組まれ，多くの成果が蓄積されてきた。

エスノサイエンスの視点によるアプローチ

冒頭でも述べたように，昆虫と人々の関係について，取り組むべき課題は多い。それらの研究課題のなかには，先行研究から連綿と続けられてきたものが含まれると同時に，社会経済や自然環境の変化のなかで，新たに生じている課題や深刻化する問題なども多数含まれる。市場の発達とともに大規模化・産業化する昆虫の利用，人の移動のグローバル化に伴う外来種の侵入や拡大，害虫の増大 (図 3)，在来種・固有種の減少など，多岐にわたる。なかには，早急に手を打たなければならない喫緊の課題も

図 3 作物の害虫となるイモムシの大発生 (ナミビア)。

ある。このような課題は，アフリカだけが特別に多いというわけではなく，各地域の自然環境や社会経済背景のなかで地域独自の問題が数多く見られる。

　このような課題に対し，エスノサイエンスの視点によるアプローチから，どのような貢献ができるのだろうか。繰り返しになるが，ある地域や民族のエスノサイエンスを明らかにすること自体，重要かつ興味深い研究である。それを前提としたうえで，昆虫と人々の関係に関する課題や研究をさらに深めるような，他領域とエスノサイエンスとの接合について，考慮すべき点とともに考えてみたい。

　一点目は，近代科学 (サイエンス) とエスノサイエンスとの「適切な」接合である。前節でも述べたとおり，エスノサイエンスという呼称は，ある土地の人々が，近代科学に勝るとも劣らない膨大な知識を有することから，比喩的に与えられたものであった。そのため，エスノサイエンスと近代科学の比較は抑えがたい誘惑でもあり，時に，近代科学との比較でエスノサイエンスの優劣が語られることがある (寺嶋 2002)。しかし，そのような目的や意図でエスノサイエンスと近代科学を並べることは不毛であり，「つまらないこと」(篠原 1990) であるだけでなく，エスノサイエンスの重要性やその意味を見失わせることにもなりかねない。ネパールの山地民マガール社会において藪林利用の持続性について研究した南 (2002) は，しばしば研究者がエミックな視点 (地域の人々がある物事に対して有している認識) とエティックな視点 (研究者の解釈) を混同することを指摘し，「在来の知識と実践それ自体の理解に近づくためには，エティックな視点とエミックな視点を往還することによって，両者を混同ではなく，すりあわせていく必要があろう」と指摘する。上記の指摘は，エスノサイエンスが他領域の研究とどのように接合するべきかを考えるうえで示唆に富むものであろう。

　二点目は，地域や社会の全体性に目を向けることの重要性である。多くの先行研究が示すように，昆虫はアフリカの多くの社会で人々に利用され，作物に被害を与える厄介者であり，病気を媒介する危険な存在でもある。しかし，忘れてはならないのは，昆虫はあくまで地域の人々を取り巻く自然の一部であるということである。地域の人々の暮らしや自然に対する認識の全体像を把握しなければ，昆虫の位置づけや重要性の理解も中途半端なものになる。社会や経済活動の変化のなかで，昆虫と人々との関係も当然移り変わっていくが，そうした側面を理解するうえでも地域の人々の生業や生活の全体像に目を向ける必要があるだろう。

　三点目は，地域で生じている具体的な課題の解決に向けて，研究者や現地住民，技術者や農業普及員などの多様なステークホルダー (利害関係者) が協働していく際に，主要なステークホルダーである住民の認識や在来知を汲み取るためのアプローチになりうる点である。一般的に，地域で生じている課題の解決方法や農村開発を模索する際，研究者や技術者，政府関係者は，自らの考えや研究内容を発表する機会が多く，そうした声が主流となってしまい，住民の意見が反映されないことが問題視されてきた。住民が有する在来知や認識，彼らの論理を明らかにしようとするエスノサイエンスのアプローチがこのような場面で果たす役割は大きい。開発の現場では，参加型村

落調査法 (participatory rural appraisal) や住民参加型ワークショップの開催など，さまざまな新しい技術やツールが生み出されている．そのような試みのなかには，結論ありきの予定調和的なものも少なくない．現実の課題に対処していくためには，複数のステークホルダーによる協働が不可欠である．

5. アフリカ昆虫学の未来に向けて

　重田 (1998) は，アフリカ農民が研究者よりもはるかに豊富な農業知識を有することがあるとして，農民こそが長年にわたって「実験」を積み重ね，経験を通して作物の特性や地域の環境を知っていることを指摘した．そして，個人の経験の束を基本にして組み立てられた農業に関わる知識のまとまりと，その知識を相互に交換して共有する人々の信念や信仰，世界観を含むような，"在来農業科学"という概念を提唱した．在来農業科学は，通常の科学とはまったく異なり，科学者と農民の相互的な交渉を通して初めて双方に意識化され，具体的なものとして浮かび上がってくるという．アフリカ昆虫学におけるエスノサイエンスと近代科学との接合は，そのような相互交渉の過程に見いだされるべきであろう．そのような研究の取り組みは増えており，たとえば，足達 (2006) は，混作やチテメネ農法などアフリカの在来農法を化学生態学や土壌学の観点から捉え，こうした農法には害虫から作物を守る保護機能や環境保全機能が内在していることを指摘している．

　冒頭でも述べたとおり，アフリカにおける昆虫と人々との関係については，現実的に取り組むべき喫緊の課題も多く，同時に，昆虫には将来的な資源としての潜在力に期待が集まっている．民族の科学としてのエスノサイエンスは，それ自体が非常に興味深い研究の対象であることは間違いないが，同時に，他分野との共同により，アフリカ昆虫学のさらなる発展に寄与する可能性があるだろう．

トピックガイド

　エスノサイエンスの概念や研究についてさらに知りたい方は，『講座生態人類学7　エスノ・サイエンス』(寺嶋・篠原編 2002, 京都大学学術出版会) がお薦め．冒頭で研究史や用語の意味がわかりやすくまとめられており，他章には植物や家畜などを対象とした研究事例が収録されている．

　地域の自然環境とそこに暮らす人々との相互作用，あるいは人々による自然資源の利用については，生態人類学の分野で多くの研究蓄積がある．入門書として，『生態人類学を学ぶ人のために』(秋道ら編 1995, 世界思想社) がお薦め．

　昆虫と人間の関係については，『文化昆虫学事始め』(三橋・小西編 2014, 創森社) に多面的な関係が紹介されている．また，『民族昆虫学』(野中 2005, 東京大学出版会) には，研究史が詳しくまとめられ，世界各地の昆虫食の事例が収録されている．

3 章
アフリカ昆虫学の歴史と展望

足達太郎

1. アフリカ昆虫学とは

　昆虫は種の多様性がきわめて高く，海洋面を含む地球上のあらゆる環境に適応している[1]。人間生活との接点も多く，古来より世界各地の人々が少なからぬ関心を昆虫にはらってきた。近代になって，生物科学の一分野として昆虫学 (entomology) が成立したが，その内容にはなおも地域的な特色を残していた。たとえば，ミツバチ *Apis* spp. とその利用に関する養蜂学は，昆虫学の一部門であるが，おもにヨーロッパやアメリカで培われた養蜂に関する知識が基盤となっている。同じように，生糸 (絹) を作るためにカイコ *Bombyx mori* の飼養がさかんだった中国や日本では，養蚕学が大きく発展した。

　本章では，アフリカの昆虫に関して人類がもつ知識の体系を総称して「アフリカ昆虫学」と呼ぶことにする。この定義に従えば，アフリカに住む普通の人たちがもつ知識から，世界中の研究者による成果にいたるまで，アフリカに生息する昆虫に関するものであれば，すべてアフリカ昆虫学である。

　地域としてのアフリカは，大陸と周辺の島嶼を含み，面積にして約 3000 万 km^2。熱帯から温帯までのさまざまな気候区分 (本書 1 章図 3 参照) のなかに，平地のほか高山や砂漠など多様な地形が見られる。そこはまた人類発祥の地でもあり，言語や文化の異なる十数億人の人々が暮らしている地域である。したがって，アフリカにおいて人類が昆虫と関わってきた歴史は非常に長く，その関係のありかたもまた多様である。

　「アフリカ昆虫学」という言葉が日本語の書物に掲載されたのは，2007 年に出版された『アフリカ昆虫学への招待』(日本 ICIPE 協会編 2007) が最初である。外国語では，「African entomology」(英語) や「entomologie africaine」(仏語) などという用語は古くからあるが，これはおもにヨーロッパとアフリカの関係における歴史的要因が大きい。しかし近年，グローバル化に伴って人的・物的な交流がさかんになるにつれ，日本においてもアフリカの存在感が増してきている。あまり知られていないこと

---

[1] ウミアメンボ属 *Halobates* spp. (カメムシ目アメンボ科) の数種は，太平洋・大西洋・インド洋など外洋の海表面に生息している (Ikawa et al. 1998)。

だが，日本および日本人研究者のアフリカ昆虫学への貢献には 50 年以上の歴史と実績がある．

そこで本章では，アフリカ昆虫学の系譜と歴史的な変遷をたどるとともに，この分野で日本が果たしてきた役割を振り返り，今後の展望を試みたい[2]．

2. アフリカ昆虫学の範囲と系譜

エスノサイエンスとしてのアフリカ昆虫学

エスノサイエンス (ethnoscience) とは，第 2 章にも詳しく述べられているとおり，地球上の各民族集団や文化圏に属する人々が，独自の自然観に基づいて打ちたてた知識体系のことである．とくに狩猟・採集や農耕，牧畜など，自然環境と密接に関わる生業を営む人々の間では，動植物などに関する多くの知識が蓄えられ，集積された知識は各集団で独特の使われ方をしてきた．エスノサイエンスとしての昆虫学，すなわちエスノエントモロジー (ethnoentomology, 民族昆虫学) を昆虫学の一部と考えるならば，アフリカはこの分野がもっとも展開を見せている地域の一つである．

人間と昆虫との関わりにおいても，個人的な知見ではなく，集団に共有されている知識であれば，民族昆虫学の対象となる．たとえば，南部アフリカにおける人間と昆虫の関わりの実例として，食用や病気治療，狩猟用の矢毒などへの利用が挙げられるほか，さまざまな日用品や子供の遊び道具などにも昆虫は広く利用されている (野中 2005)．

人間の食料としての昆虫の利用については，Bodenheimer (1951) の総説がバイブル的な文献となっており，アフリカの食用昆虫についても 1 章がさかれている．日本語の文献では，三橋 (2012) がアフリカの諸民族の昆虫食について広範な事例を紹介している．同書では，先史時代に生活していた初期人類の昆虫食についても触れられている．たとえば，180～100 万年前にアウストラロピテクスが使用したと思われる，動物の骨でできた道具が南アフリカで出土している．この道具は，食用とするシロアリの巣を壊すのに使ったものと推定されている (Backwell and d'Errico 2001)．

現代においても，アフリカの人々の暮らしと昆虫には密接な関わりがある．アフリカ南部のカラハリ砂漠に住む狩猟採集民族であるサン人 (Sān，いわゆるブッシュマン) は，食用となる昆虫を 18 種類に分類している (Nonaka 1996)．またケニア西部のエンザロ村では，全食事量の 1/4～1/3 をシロアリ食が占めることがあるという．シロアリの有翅虫 (羽アリ) が群飛を行うのは，ちょうどトウモロコシの収穫前の時期と重なっており，高タンパク・高脂肪の食物としてシロアリは地域の人々にとって重要な栄養源となっている (八木 2007; 八木・岸田 2000)．

2013 年に国連食糧農業機関 (FAO) は，食糧安全保障と地球環境保全の観点から，

---

[2] 本章は，『生物科学』(日本生物科学者協会編集，農山漁村文化協会発行) に掲載された論文 (足達 2018) の内容に新たな論考を加えて書き改めたものである．

人間の食料や家畜の飼料として，昆虫を積極的に活用すべきであるという内容の報告書を発表した (van Huis et al. 2013)。こうした昆虫の利用を促進するためには，アフリカの人々がもつ民族昆虫学的な知識が不可欠であろう。

近代科学としてのアフリカ昆虫学

近代科学としての昆虫学は，18世紀前半にスウェーデンのカール・フォン・リンネ (Carl von Linné: 1707-1778) が生物の分類体系を確立したことに始まる。アフリカに近代昆虫学が持ち込まれたのは，後述するように，リンネの弟子たちがアフリカに生息する昆虫を初めて記載・分類した18世紀後半といってよいだろう。したがって，アフリカ昆虫学の源流はリンネを始祖とするヨーロッパ流の博物学 (natural history) ということになる。この源流はその後，分類学や体系学として発展し，動物行動学や保全生態学などを含む生態学の諸分野を派生しながら現在に至っている。

いっぽう，人間生活に重大な影響を及ぼす昆虫について，その生物学的特性を明らかにし，必要な対策をとるために，二つの分野がアフリカにおいて発展した。医療昆虫学 (medical entomology) と農業昆虫学 (agricultural entomology) である。前者は人間や家畜の感染症を媒介する昆虫について研究する分野であり，公衆衛生および医学・獣医学と密接な関連がある。後者は農作物を加害する害虫に関する分野であり，食料生産や農学とつながりがある。両者は「応用昆虫学」と総称され，20世紀以降は昆虫生理学や生化学，分子生物学，個体群生態学，化学生態学，総合的害虫管理学などといったさまざまな研究分野に広がり，今世紀に入ってますますさかんになっている。

近代以降のアフリカ昆虫学の系譜を図1にまとめたので参照してほしい。以下の節では，アフリカ昆虫学におけるこれら3本の「支流」について，時代を追いながらそ

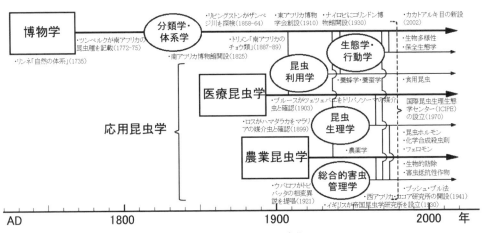

図1 アフリカ昆虫学の系譜。

の流れを概観する。

3. アフリカ昆虫学史

源流としての博物学—分類学から生態学へ

上述のリンネには、「使徒」と呼ばれる有能な弟子たちがいたことが知られている (西村1989)。このうち、スウェーデンのカール・トゥーンベリ（「ツンベルク」とも表記される。Carl Peter Thunberg: 1743-1828) とアンデシュ・スパルマン (Anders Erikson Sparrman: 1748-1820) は、18世紀後半に南アフリカに滞在していた (Giliomee 2013)。当時南アフリカでは、おもにオランダ系の移民たちがケープ植民地 (Cape Colony) に入植していた。トゥーンベリとスパルマンは、一般にはおもに植物の記載で知られているが、南アフリカでは昆虫採集もかなり行なっている。このうちトゥーンベリは、鎖国期の日本を訪れ、当時の蘭学の発展に寄与したことでも知られている。彼は 1772～1775 年に南アフリカで933種の昆虫を採集・記載しており (Muller and Rookmaaker: 1991-1992)、アフリカ昆虫学の初期の発展に重要な役割を果たした。

リンネの使徒たちが滞在した南アフリカでは、ヨーロッパにおけるフランス革命とその後のナポレオン戦争の影響で、1814年にケープ植民地がイギリス領となる。以後、南アフリカにはイギリス系の科学者が集まり、アフリカ昆虫学の一大拠点となった。1825年にケープタウン (Cape Town) に設立された南アフリカ博物館 [South African Museum、現在のイジコ南アフリカ博物館 (Iziko South African Museum)] の館長を務めたイギリス生まれのローランド・トリメン (Roland Trimen: 1840-1916) は、チャールズ・ダーウィン (Charles Robert Darwin: 1809-1882) とも親交があった昆虫学者である。トリメンはダーウィンから支援を受けながら、南アフリカのチョウ類に関するモノグラフを出版した (Trimen 1887a, b, 1889)。

しかし、南アフリカ以外の地域では、19世紀終盤までアフリカ昆虫学の成果はあまり見られなかった。19世紀初頭以降のアフリカは、ヨーロッパ人による探検の時代であった。しかし、探検の目的はおもに大河川の流路の探索など地理学的な調査であり、昆虫を含む本格的な博物学の調査がアフリカで行われた事例はあまりない。イギリスのアルフレッド・ウォーレス (Alfred Russel Wallace: 1823-1913) とヘンリー・ベイツ (Henry Walter Bates: 1825-1892) が、この時期に東南アジアや南アメリカで進化論の土台となる重要な調査を実施したのに比べると、対照的である。ビーグル号で世界を周航したダーウィンも、周辺の島嶼と南アフリカのケープタウンに短期間立ち寄ったにすぎない。

19世紀のアフリカで昆虫学が停滞していた一つの証拠として、昆虫の記載種数を見てみよう。図2は昆虫分類群なかでも種の探索が比較的進んでいるシャクガ科の累積記載種数の推移を地域別に表したものである。アフリカ（サブサハラアフリカとマダガスカル）以外の地域では、記載種数が現在の50%に達したのは1900年代だった

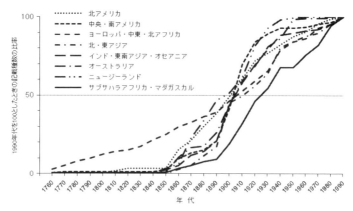

図 2 各地域におけるシャクガ科昆虫の記載種数の推移。Gaston et al. (1995) を基に作図。

のに対し，アフリカはそれよりも 20 年ほど遅れている。1800 年以降の約 100 年の間に，記載種数がほかの地域から大きく水をあけられたことがわかる。

　この時代，ヨーロッパ人がアフリカ奥地を旅行する際には，マラリアや黄熱などの感染症が大きな障壁となっていた。アフリカの内陸部で本格的な博物学的調査が進まなかったのは，こうしたことも一因だったと考えられる。

　これに続く 19 世紀後半からのヨーロッパ列強による植民地化の時代，アフリカにおける博物学を担ったのは，おもに各植民地の官僚や入植者など，比較的裕福な植民地人たちであった。1896 年にウガンダ鉄道の敷設が着工されると，ヨーロッパ人たちは東アフリカの内陸部へ容易に到達できるようになった。入植者や旅行者たちの多くは，内陸の森林やサバンナに当時は無数に生息していた野生動物を狩猟する娯楽に熱中した。こうした狩猟ブームはやがて野生動物の減少を招き，アフリカで最初の野生動物保護法である東アフリカ猟獣規制法 (East Africa Game Regulations) の制定 (1900 年) へとつながっていく。

　そうした風潮のなか，アフリカの自然や野生動植物に興味をもつ植民地人たちが集まって，各地の博物館などを拠点とした博物学会が結成された。たとえば，鳥類学者で東アフリカ・ウガンダ博物学協会 (East Africa and Uganda Natural History Society) の会長に選出されたフレデリック・ジャクソン (Frederick John Jackson: 1860-1929) は，ウガンダ植民地政庁の官僚であり，後にウガンダ総督を務めた。またケニア総督のロバート・コリンドン (Robert Thorne Coryndon: 1870-1925) の遺志によって，コリンドン博物館が整備された。後にここを拠点として活躍した古人類学者のルイス・リーキー (Louis Seymour Bazett Leakey: 1903-1972) も，この時代にイギリスからケニアに入植した宣教師の息子である。この博物館は後にケニア国立博物館 (National Museums of Kenya) となり，その傘下にある生物多様性センター (Centre for Biodiversity) では現在，昆虫を含む保全生態学の研究が進められている (本書 20 章も参照)．

医療昆虫学——植民地の感染症対策

　植民地化にさきがけての「探検」の時代には，前述したようにヨーロッパ人たちの内陸への進入をはばむ大きな障壁として，感染症の脅威があった．探検隊の人員とその交通手段である馬が風土病に苦しみ，著名なアフリカ探検家たちの多くがマラリアなどによって命をおとした．

　マラリアは，ハマダラカ *Anopheles* spp. が単細胞生物であるマラリア原虫 *Plasmodium* spp. を媒介することによってヒトに感染し，発症すると間歇的な高熱にみまわれる．アフリカに多い熱帯熱マラリアの場合，重篤化すると原虫が寄生した赤血球が脳内の血管をつまらせ，意識低下からやがて昏睡状態に陥って死に至る．しかし，当時はそうしたマラリアの感染や発症のメカニズムは不明だった．

　1898 年，イギリスの医学者ロナルド・ロス (Ronald Ross：1857-1932) は，インドでマラリア患者から実験的に吸血させたハマダラカの胃に，マラリア原虫が存在することを突きとめた．翌年，西アフリカのシエラレオネに渡ったロスは，そこで採集した野生のハマダラカの体内から同じ種類の原虫を発見し，ハマダラカがマラリアを媒介することを証明した (Bockarie et al. 1999)．

　いっぽう，アフリカ睡眠病 (いわゆる眠り病) と呼ばれる風土病は，ツェツェバエ *Glossina* spp. が媒介する寄生性原虫であるトリパノソーマ *Trypanosoma* spp. によって引き起こされる人獣共通感染症である．ヒトに感染して病状が進行した場合，睡眠周期がみだれて意識朦朧とした状態になり，昏睡から絶命に至る．

　イギリスの病理学者デヴィッド・ブルース (David Bruce：1855-1931) は，1895～1897 年に南アフリカのズールーランド (Zululand) に滞在し，ズールー人の間でナガナ (nagana) と呼ばれる家畜の死病について研究を行い，ツェツェバエが媒介する原虫 *Trypanosoma brucei* がこの病気の原因であることを発見した．さらにブルースは，イギリス領ウガンダ植民地で現地の風土病であった睡眠病について調査した結果，ヒトの睡眠病もナガナ病と同様にツェツェバエが媒介する *T. gambiense* の感染によって引き起こされることを明らかにした (Steverding 2008)．

　アフリカにおける 2 大感染症の原因を解明したロスとブルースは，それぞれノーベル生理学・医学賞 (1902 年) および微生物学の最高栄誉であるレーウェンフック・メダル (1915 年) を受賞している．アフリカの公衆衛生に貢献した 2 人がいずれも軍医としての経歴をもつことは，時代背景から見て興味深い．

　1880 年代以降アフリカでは，各宗主国が植民地経営の強化にのりだした．そのためにまず手がけたのは，公衆衛生の向上であった．しかし，植民地を支配する宗主国の庇護のもとに実施された研究が，支配される側のアフリカ人たちに本当に恩恵をもたらしたのかどうかは，研究の目的も含めて，あらためて検証されるべきであ

ろう。

　1910 年，イギリス議会下院では，アフリカ植民地における感染症対策をめぐって，当時内務大臣だったウィンストン・チャーチル (Winston Leonard Spencer-Churchill：1874-1965) と議員との間で以下のようなやりとりがあった。

　　　チャーチル内相　　この委員会 (後述する昆虫学研究委員会のこと，引用者注) を新たに立ち上げることによって，比較的少ない予算で，海外で奉仕するわが同胞たちだけでなく，彼らの管理に身を委ねている膨大な数の原住民たちにとっても，金銭に換算できないほどの利益をもたらす重要な一歩を踏み出すことになるだろう。

　　　アディソン議員　　熱帯病研究への助成がわずか 1000 ポンドで，ソマリランドの治安対策には 20 万ポンドも拠出するというのは，いかがなものか。熱帯病研究のためにさらに 19 万 9000 ポンド拠出すれば，大英帝国を強大にするためにもっと多くのことができるのではないか。

　　　　　　　　　　　　　　　　　　　　　［UK Parliament (online) より筆者試訳］

農業昆虫学 ─ 商品作物の生産向上と食糧増産

　農業に関わる昆虫の研究も，アフリカ各地の植民地経営を強化する目的で，20 世紀初頭以降に発展した。

　アフリカの代表的な農業害虫として，トビバッタ (飛蝗，locust) 類が挙げられる。サバクトビバッタ *Schistocerca gregaria* やトノサマバッタ *Locusta migratoria* などのトビバッタは有史以来，アフリカ大陸の広い範囲で不定期的に大発生してきた。とくに北アフリカを中心に発生するサバクトビバッタは，農業生産に対して現在も深刻な脅威となっている (田中 2007, 2015; 前野 2012, 2017; 本書 19 章も参照)。

　フランスの昆虫学者ジュール・キュンケル=デルキューレ (Philippe Alexandre Jules Künckel d'Herculais：1843-1918) は，はやくも 1888 年にアルジェリアに赴き，トビバッタについての研究を行っている。1932 年にはアルジェ (Algiers) にトビバッタ研究委員会 (Comité d'Etudes de la Biologie des Acridiens) が設立され，フランス領アフリカ諸地域におけるトビバッタの研究が進められた (Buj Buj 1995)。

　同じ頃，ロシアのボリス・ウヴァロフ (Boris Petrovitch Uvarov：1889-1970) は，北コーカサス地方 (Ciscaucasia) でトビバッタについて研究を行った。それまで，同地方で大発生する群飛を行うバッタは，通常見られる群飛しないバッタとは別種と考えられていた。ウヴァロフはこれらが同一種のトノサマバッタであることを明らかにし，幼虫期の成育密度によって孤独相から群生相へと相 (phase，姿形や生活上の特性) が変わるという相変異説を提唱した (Uvarov 1921)。その後，ロシアからイギリスに亡命したウヴァロフはこの説を発展させ，トビバッタ対策の基礎を確立した。繁殖地を見つけて農薬を散布し，トビバッタが高密度で成育するのを防ぐという防除方法は，21 世紀の現在も基本的には変わっていない。

ここで，アフリカ植民地の宗主国における農業害虫の研究機関について，イギリスの例を見てみよう。前項のチャーチルの演説によって植民地省の所管で設置された昆虫学研究委員会 (Entomological Research Committee) は，1910 年より *Bulletin of Entomological Research* (昆虫学研究紀要) の発行を開始した。同誌は国際的な学術誌として，現在も刊行が続いている。同委員会は 1913 年に帝国昆虫学局 (Imperial Bureau of Entomology) となる (Blight 2011)。ここからは，植民地を含む世界中の研究成果を抄録した *Review of Applied Entomology* (応用昆虫学抄録) が発行された。この抄録誌はその後 1990 年に *Review of Agricultural Entomology* (農業昆虫学抄録) および *Review of Medical and Veterinary Entomology* (医療・獣医昆虫学抄録) というタイトルの異なる 2 誌に分かれ，現在は CAB Abstracts というデータベースの一部としてオンラインでも提供されている。

帝国昆虫学局は 1930 年に帝国昆虫学研究所 (Imperial Institute of Entomology, IIE) となる。IIE はその後帝国農業局 (Imperial Agricultural Bureaux, IAB) の傘下に入り，IAB は 1947 年に英連邦農業局 (Commonwealth Agricultural Bureaux, CAB) となる。CAB はその傘下にあった連邦生物的防除研究所 (Commonwealth Institute of Biological Control) や国際昆虫学研究所 (International Institute of Entomology) などとともに，サッチャー政権下の 1986 年に民営化されて，CAB インターナショナル (CAB International, CABI) となった (Blight 2011)。現在は CABI の略称はそのままで，Centre for Agriculture and Biosciences International と名のり，国際的な非営利組織 (NPO) として活動している。

前述のウヴァロフは，十月革命 (1917 年) 後にロシアからイギリスに亡命し，IIE に所属して研究を継続していた (小西 2007)。彼が率いる研究チームは 1945 年にトビバッタ対策研究センター (Anti-Locust Research Centre, ALRC) として独立し，アフリカにおける農業害虫対策に大きく貢献した。1970 年代に ALRC は海外害虫研究センター (Centre for Overseas Pest Research) に再編され，海外開発天然資源研究所 (Overseas Development Natural Resources Institute) を経て，1992 年にはグリニッジ大学の附置研究所である天然資源研究所 (Natural Resources Institute) となった (Blight 2011)。

イギリスやフランスなど宗主国の研究機関は，各植民地に設立された現地の研究機関や教育機関と緊密な連携をとっており，こうした現地機関の多くは，アフリカ諸国の独立後，各国の国立研究機関となって現在に至っている。

たとえば西アフリカでは，イギリス領ゴールドコースト (Gold Coast) 植民地 (現在のガーナ共和国の一部) の政庁が，1922 年に商業都市であるクマシ (Kumasi) 郊外のクヮダソ (Kwadaso) に農学校を設立した。アフリカ人農業技術者の養成が目的である。西アフリカでは 19 世紀後半からカカオノキ (cocoa tree，アオギリ科) の栽培がさかんになり，カカオ豆 (cocoa beans，発酵・乾燥させた種子) をイギリス本国などに輸出していた。農学校の開校にあたっては，カカオ加工業最大手のキャドバリー (Cadbury) 社が出資した (Kwadaso Agricultural College, online)。

ところが，1930年代にカカオ枝腫病 (cacao swollen shoot disease) と呼ばれる病害が大発生し，西アフリカのカカオ生産は壊滅的な打撃を受けた。この病気はカカオの新芽を吸汁するコナカイガラムシ科の *Planococcoides njalensis* がカカオ枝腫ウイルス cacao swollen shoot virus を媒介することによって感染するものである (Strickland 1947; Padi and den Hollander 1996)。

この病気の流行がきっかけとなり，植民地政庁は1938年，カカオ生産の中心地であるタフォ (Tafo) にカカオ研究所 (Cocoa Research Station) を開設した。この研究所は植物学・昆虫学・植物病理学・育種学などの部門からなる総合的な研究機関であった。昆虫学部門ではイギリス本国から昆虫学者を招聘し，病原を媒介するコナカイガラムシや吸汁害を引き起こすカスミカメムシ類の防除法について研究が行われた。1941年，同研究所は西アフリカ・カカオ研究所 (West African Cocoa Research Institute) の本部となり，ゴールドコーストだけでなく，ガンビア・ナイジェリア・シエラレオネなど，西アフリカのイギリス植民地におけるカカオ生産に関する研究拠点として発展した (Cocoa Research Institute of Ghana 2011)。

第二次世界大戦後の1949年には，食糧増産を推進するため，上述の農学校があったクゥダソに中央農業局 (Central Agricultural Station) が設立された。ここでは，おもにトウモロコシ・ササゲ・ヤムイモ・キャッサバなどの食用作物の栽培に関わる試験研究が実施された。中央農業局はその後，昆虫学部門を擁する作物研究所 (Crops Research Institute) と土壌研究所 (Soil Research Institute) という二つの研究所に分かれて現在も存続している。

1957年のガーナ独立にともなって，これらの研究所は農業省の傘下となった。その後国家研究評議会 (National Research Council)，さらにガーナ科学アカデミー (Ghana Academy of Science) と所管が替わり，1968年以降は科学・産業研究評議会 (Council for Scientific and Industrial Research) の傘下にある (Crops Research Institute 未公開資料)。

いっぽう，タフォにあった西アフリカ・カカオ研究所本部は，独立後にガーナ・カカオ研究所 (Cocoa Research Institute of Ghana) となった。その後同研究所は国家研究評議会，ガーナ科学アカデミー，科学・産業研究評議会へと移管され，1973年にはカカオ市場委員会 (Cocoa Marketing Board，後にガーナ・カカオ委員会 Ghana Cocoa Board) の傘下となった。

カカオ市場委員会は，カカオの国内市場価格を決定する政府機関である。アフリカ諸国の多くでは，独立後も国内生産や輸出が特定の一次産品に大きく依存する，いわゆるモノカルチャー経済と呼ばれる産業構造が残った。そのような国では，実学である農学はもちろん，昆虫学のような自然科学に関わる学術行政でさえも経済政策の影響を受けてしまう。そのことをガーナの事例は象徴的に示していると言えよう。

総合的なアフリカ昆虫学研究機関の設立―ICIPEの役割と日本の関与

多くの植民地が次々と独立し，「アフリカの年」と呼ばれた1960年代以降，政治に

も経済にも拘束されない学術研究機関をアフリカに創設しようという機運が高まった。1967 年にスウェーデンのロンネビュー (Ronneby) で開催された第 17 回パグウォッシュ会議 (Pugwash Conferences on Science and World Affairs) において，総合的なアフリカ昆虫学研究機関を設立することが提案された。パグウォッシュ会議とは，1957 年に創設された科学と世界の諸問題に関する科学者たちによる賢人会議である。1967 年の会議では，先進国と開発途上国の間の科学技術の格差が議題として取り上げられた。問題解決のため，第三世界に学術研究の場を作り，国際的な研究コミュニティーを形成し，研究者を養成していくことが提案された (日髙 2007)。

その候補地として選ばれたのが，その 4 年前に独立を達成し，政情が比較的安定していたケニアだった。イギリスに留学して昆虫ホルモンに関する研究で業績を挙げたケニア人研究者のトーマス・オディアンボ (Thomas Risley Odhiambo：1931–2003) を所長に迎え，1970 年に国際昆虫生理生態学センター (International Centre of Insect Physiology and Ecology, ICIPE) が首都のナイロビに設立された。

この ICIPE には，設立当初より日本が深く関与している。ICIPE を運営する国際委

表 1 学振事業による ICIPE 派遣研究者 (1973〜2005 年)

期間 (年)	派遣研究者	ICIPE での研究内容
1973-74	高橋正三	シロアリの一種 *Hodotermes mossambicus* の道しるべフェロモンの化学分析
1974-76	久保 勲	昆虫フェロモンの化学分析
1976-77	福士 尹	シロアリの視覚および学習機構
1977-79	遠藤克彦	ツェツェバエの繁殖と休眠にかんする生理学的研究
1979-80	八木繁実	昆虫の休眠と相変異にかんする内分泌学的研究
1981	安部琢也	ケニアのサバンナ生態系におけるシロアリの生態学的研究
1981-82	須藤千春	マダニの寄生に対する獲得抵抗性
1983	東 正剛	ズイムシ類にかんする個体群生態学
1983-84	八木繁実	トビバッタ類の相変異におよぼす幼若ホルモンの影響
1984-85	千種雄一	トリパノソーマを媒介するツェツェバエの生理学的研究
1986-88	吾妻 健	宿主-寄生者関係からみたツェツェバエとトリパノソーマのアイソザイムにかんする生化学的遺伝学
1988-89	奥田 隆	ズイムシ類の一種 *Busseola fusca* の休眠にかんする生化学的研究
1989-90	一盛和世	ツェツェバエの防除のための嗅覚トラップの効果
1990-91	佐藤宏明	マメノメイガの個体群動態
1991-92	倉持勝久	ツェツェバエの繁殖生物学と防除法
1992-93	佐々木均	野生ハエ類の吸血源動物
1993-94	針山孝彦	ツェツェバエの視覚受容
1994-95	高須啓志	ズイムシ類の卵寄生蜂 *Trichogramma boumieri* の寄主探索機構
1995-96	菅 栄子	リーシュマニアを媒介するサシチョウバエの行動生態学
1996-97	広吉 聡	サバクトビバッタのオスの生殖発育にかんする研究
1997-99	皆川 昇	ケニア西部におけるハマダラカの生態
1999-00	足達太郎	熱帯アフリカの在来農業における作物害虫とその防除に対する農民の認識
2000-01	足達太郎	熱帯アフリカにおける農牧害虫の総合的管理技術の開発
2001-02	吉田尚生	オオタバコガに寄生するヤドリバエ類の生態
2002-03	大崎直太	チョウの擬態にかんする進化生態学的研究
2003-04	高須啓志	マダニの寄生蜂の生活史と寄主探索行動
2004-05	小路晋作	トウモロコシ害虫の防除法としてのプッシュ・プル法の効果の検証

出典：日本 ICIPE 協会内部資料。

員会 (現 ICIPE 理事会) の委員や理事に, 石井象二郎 (1915-2004, 昆虫生理学)・中西香爾 (1925-, 有機化学)・日髙敏隆 (1930-2009, 動物行動学) ら学界の重鎮が代々就任した。さらに, 日本昆虫学会・日本動物学会・日本衛生動物学会・日本応用動物昆虫学会という昆虫学関連 4 学会の合意により, ICIPE の研究活動を支援するため, 日本 ICIPE 協会が結成された。

こうした動きを背景として, 日本学術振興会が ICIPE への日本人研究者を毎年 1 名, 10～12 か月派遣する事業を開始した。派遣されたのはおもに若手の昆虫学研究者である。1973 年から 2005 年までに 20 余名がケニアに渡航してさまざまなテーマで研究を行った (表 1)。

それにしても, これほど多くの昆虫学者がなぜ, 日本から遠く離れたアフリカへ向かったのだろうか。その問いに答えるためには, 日本の昆虫学の特徴を理解する必要がある。次節では, 日本の昆虫学の歴史とアフリカ昆虫学における日本人研究者の貢献について見てみよう。

4. アフリカ昆虫学への日本の貢献

日本の昆虫学の歴史

リンネ以降の近代生物学が導入されるよりもはるか以前から, 日本には本草学（ほんぞう）という学問があった。本草学はもともと生薬などの利用を目的として動植物や鉱物などを研究するもので, 奈良時代に中国より伝わった。江戸時代には, 貝原益軒 (1630-1714) の著作などを通じて, 博物学的な興味をもつ町人や商人, 武士たちの間に広まった。旗本の武蔵石壽 (1766-1861) が作製した昆虫標本は, 日本最古のものとされている (田付 1995)。

明治維新後に政府の主導によってヨーロッパ流の近代科学が導入されるなか, 昆虫学はおもに農学の一部として研究・教育が行われた。札幌農学校 (現北海道大学) の松村松年 (1872-1960) や駒場農学校 (現東京大学) の佐々木忠次郎 (1857-1938) は, それぞれの学校で昆虫学教室を立ち上げた (小西 2007)。

いっぽう日本の昆虫学には, 大学や公的な研究機関とは別に, いわゆるアマチュア愛好家の貢献が大きいという特徴がある。その筆頭ともいうべき人物が名和靖 (1857-1926) である。岐阜県出身でギフチョウ *Luehdorfia japonica* の和名の命名者としても知られる名和は, 自ら名和昆虫研究所を設立し, 1897 年には『昆蟲世界』の刊行を開始した。この月刊誌は昆虫学の専門家だけでなく, 地方の農家や教育者など多彩な執筆者が論考をよせるユニークな雑誌だった (瀬戸口 2009)。

明治維新以降は「富国強兵」と「殖産興業」, アジア太平洋戦争敗戦後は「戦後復興」や「経済成長」の合言葉のもと, 日本は国力の増強や産業の発展に邁進してきた。そんななかで昆虫学は, 農業や製糸業における技術革新や公衆衛生の普及に貢献するものとして期待された。近代日本における昆虫学は, おもに研究・教育行政の制

度的な枠組みのなかで発達してきた。しかしいっぽうで，そうした枠組みの外でも，自然に親しむ国民性と多数の昆虫愛好家たちによる精力的な活動が，日本の昆虫学の発展をささえてきたのである。

日本からアフリカへの学術調査

アジア太平洋戦争とその敗戦による中断をはさんで，1950 年代には国外での学術調査が再開された。1956 年に始まり，国家的な事業となった南極観測を皮切りに，各大学でもさまざまな海外学術調査が企画された。

1961 年，文部省科学研究費による初めてのアフリカへの学術調査隊である京都大学アフリカ類人猿調査隊が組織され，タンガニーカ (現タンザニア) 西部で調査を開始した (梅棹 1971)。このときに採集されたチョウ類のモノグラフが刊行されている (Carcasson 1966)。

同じ頃，東京農業大学はアフリカ縦断動植物学術調査 (1961 年)，マダガスカル動植物学術調査 (第 1～4 次：1964～1968 年) と立て続けに調査隊を派遣し，井上寛・水野辰司・前波鉄也ら昆虫研究者が参加した。このときの採集標本は現在，財団法人進化生物学研究所の昆虫コレクションの基礎となっている (進化生物学研究所 2011)。

いっぽう，大瀬貴光と加納六郎は 1968 年にエチオピアなどのアフリカ諸国でハエ類の調査を行った。このときに採集された 24 属 81 種のうち，19 種はエチオピアにおける未記録種であった (Shinonaga 2001)。

1964 年に日本学術振興会 (学振) は，ケニアのナイロビにアフリカ地域研究センターと称する在外事務所を設置した。この事務所はその後，学振ナイロビ研究連絡センターとなり，東アフリカにおける日本人研究者の学術調査の拠点として，なくてはならない存在となっている (白石 2013)。このセンターには，駐在員 (センター長) として，フィールド調査を行う研究者が派遣されており，歴代の駐在員には昆虫学者も含まれている。

日本人によるアフリカ昆虫学研究

1980 年代以降の日本人によるアフリカでの昆虫学研究については佐藤 (2014) の総説に詳しいので，これを参考に述べることにしたい。

ノミ類の研究者で，チョウ類や甲虫類などの収集家でもある阪口浩平は 1982 年に，それまで日本ではあまり知られていなかったアフリカに生息する昆虫の図説を出版し，珍しい形態や生態を豊富なカラー図版とともに紹介した (阪口 1982)。この図説を読んで，アフリカの昆虫に対する関心を喚起された昆虫愛好者も少なくない。

昆虫分類学におけるトピックとして，2002 年に昆虫綱の新しい目であるカカトアルキ目 Mantophasmatodea が設けられた。これは琥珀の中から発見された昆虫化石と，タンザニアなどで 20 世紀初頭に採集されていた標本の記載がもととなっており，当初は生きた個体は見つかっていなかった。その後，日本からも東城幸治と町田龍一郎

が参加した国際調査隊が，南アフリカで多種多数の生きたカカトアルキを発見した (東城・町田 2003; 東城ら 2005; 本書 8 章も参照)．また，真下雄太は最近，ケニアで採集されたジュズヒゲムシの新種 *Zorotypus asymmetristernum* を記載した (Mashimo et al. 2018)．ジュズヒゲムシ目 Zoraptera の昆虫は日本からは知られていない．昆虫綱には約 30 の目があるが，そのうち日本から発見されていない目はカカトアルキ目とジュズヒゲムシ目だけである．

　昆虫生態学の興味深い対象として，タマオシコガネがいる．フンコロガシとも呼ばれるこの昆虫のなかには，アフリカゾウの糞からソフトボール大の糞玉を作る種もいる．佐藤宏明は，ケニアのツァヴォ西国立公園でタマオシコガネの 1 種 *Kheper platynotus* の繁殖行動を調査した．そこでは，メスが産卵後も巣にとどまり，糞玉の世話をすることが観察された．タマオシコガネ類でこうした亜社会性が確認された例はきわめて少なく，昆虫における亜社会性の進化を検討するうえで重要な知見である (佐藤・今森 1987; Sato and Imamori 1987)．

　昆虫生理学の分野では，クリプトビオシス (cryptobiosis) と呼ばれる不思議な現象が知られている．ネムリユスリカ *Polypedilum vulanderplanki* はアフリカの半乾燥地帯の岩盤にできた水たまりに生息し，乾季に水が蒸発して完全に干からびても，水があれば吸水して生き返る．クリプトビオシスの状態にある個体は無代謝で，外見上は生死の境にいるような状態だが，さまざまな環境に対して強い耐性をもつ．実験的に酷寒や放射線に曝露したり，宇宙空間の微小重力下においても，給水さえすれば再生する．奥田隆らはこの現象にトレハロースと LEA タンパク質が関与していることを明らかにした (黄川田・奥田 2007)．さらに，ネムリユスリカのゲノムを解読し，極限的な乾燥耐性をもたらす遺伝子領域を特定した (Gusev et al. 2014; 本書 10 章も参照)．

　チョウには，メスのみが擬態する種，メス・オスともに擬態する種，メス・オスいずれも擬態しない種がいる．こうした擬態の進化については，ダーウィンをはじめとする研究者によって過去にいくつかの仮説が提唱されたものの，解明には至らなかった．大崎直太はケニアの熱帯林での調査から，擬態に伴う生理的コスト，鳥による捕食圧の性による違い，メスの体サイズに応じた高い捕食圧の三つの要因によって擬態の進化を説明できるとする有力な仮説を提唱した (大崎 2007, 2009)．

　農業昆虫学では，ICIPE においてトビバッタ類に関する研究プロジェクトが推進され，日本人研究者もこれに参加した．田中誠二はサバクトビバッタやトノサマバッタの相変異に伴う体色変化のメカニズムを生化学的に解明した (田中 2007, 2015)．近年では，前野ウルド浩太郎がサバクトビバッタの発生地であるモーリタニアに滞在し，群生相のトビバッタを間近で詳細に観察する機会を得た．前野はこの経験を，調査が実現に至るまでの苦労話とともに，魅力に富んだ文体で一般向けに書きおろした．この著書は新書版で出版され，好評を博した (前野 2012, 2017; 本書 19 章も参照)．

　アフリカでは多様な食用作物が栽培されており，作物を加害する害虫もまた多様である．そうした害虫に対しては，かつてはおもに化学農薬の施用が推奨されていた

が，多くの農民にとって農薬の入手が困難であることや，生態系保全の観点から，近年では化学農薬のみに頼らない総合的な害虫管理技術の開発が求められている。

たとえばケニアでは，トウモロコシ害虫であるツトガ科の *Chilo partellus* を防除するための研究が行われた。その成果として，害虫を誘引するおとり作物と忌避作物をトウモロコシと組み合わせて混作するプッシュ・プル法が考案された。小路晋作はこの方法について，個体群生態学的手法によりその効果を検証した (小路 2007; Koji et al. 2007; 本書 12 章も参照)。また，ササゲを加害するマメノメイガ *Maruca vitrata* について，足達太郎はこの害虫に対する総合的管理技術の開発に取り組み，フェロモントラップなどを活用して，本種の生態に関する調査を東アフリカのケニアと西アフリカのナイジェリア・ベナンで実施した (足達 2007; Adati et al. 2007)。

医療昆虫学の分野では，皆川昇がケニアのヴィクトリア湖畔でマラリアを媒介するハマダラカの繁殖場所を調査し，伐採地の水たまりや放牧家畜の足跡など，人間活動による直接・間接的な繁殖地の増加が，ハマダラカの防除を困難にしていることを実証した (Minakawa et al. 1999; 皆川・二見 2007; 本書 14 章も参照)。また，二見恭子らはデング熱を媒介するネッタイシマカ *Aedes aegypti* の生態調査をケニアやモザンビークなどで行っている (本書 15 章を参照)。

ツェツェバエは，前述のとおり人獣共通感染性をもつトリパノソーマ原虫を媒介することによって，ヒトの睡眠病やウシなどの家畜のナガナ病を引き起こすことが知られている。針山孝彦は，ツェツェバエが特定の色と臭いに誘引されることを応用したトラップの改良に取り組み，アフリカの代表的な感染症の予防法の開発に寄与した (Hariyama and Saini 2001; 針山 2007)。ツェツェバエは野生動物からも吸血しているが，ハエの吸血源を明らかにすることは疫学上重要である。佐々木均は，ケニアの森林とサバンナでツェツェバエを採集し，ELISA 法により分析した結果，ブッシュバック・ダチョウ・アフリカゾウ・アフリカスイギュウ・イボイノシシなどが吸血源であることがわかった (Sasaki et al. 1995; 佐々木 2007)。

サシチョウバエ (亜科) Phlebotominae の一部は，カラアザールなどとして知られるヒトの感染症の病原となるリーシュマニア原虫を媒介する。菅栄子は，ケニアのサバンナ地帯でトラップを用いた野外調査を行い，これまでほとんど知られていなかったサシチョウバエ類の夜間飛翔活動について明らかにした (Kan et al. 2004; 菅 2007)。

民族昆虫学についても，日本人研究者の貢献は小さくない。八木繁実と岸田袈裟は，西ケニアに居住するルヒヤ人 (Luhya) のシロアリ食について，シロアリの捕獲法や料理法を調査するいっぽう，前述した昆虫食の栄養学的評価を行った (八木・岸田 2000，本書 264 頁以降に補章として収録)。八木はさらに，現地ではシロアリの巣 (アリ塚) から生えるキノコを食用にすることや，アリ塚の土をおもに妊婦が栄養補給のため食べることを報告した (八木 2007)。

野中健一は，ボツワナの中央カラハリ砂漠に暮らすサン人の昆虫食について研究した。サン人はシロアリやバッタ，スズメガ科やヤママユガ科などの幼虫を食用とする。

これらの昆虫は，風味を楽しんだり，毎日の食卓を豊かなものにするのに役立っているという (野中 1997; 本書 4 章も参照)。

5. アフリカ昆虫学の展望

アフリカ昆虫学の普及と継承

　前節で述べた学振の派遣事業によって，ICIPE で在外研究を行った若手研究者たちは，帰国後にアフリカでの研究成果を報告した。この報告会を毎年開催したのは，前述の日本 ICIPE 協会である。帰国した研究者は同協会に入会し，これからアフリカへ派遣される予定研究者に助言などを行った。こうして，日本 ICIPE 協会はさながら日本におけるアフリカ昆虫学のコミュニティーとしての役割を果たすようになった。しかしながら，学振による派遣事業は，国家財政の悪化による事業見直しの対象となり，2005 年の派遣を最後に廃止された。

　学問の普及には研究コミュニティーの形成だけでなく，一般社会への発信も不可欠である。先述したように，日本ではもともと昆虫に対する人々の関心が高く，『昆蟲世界』のような昆虫専門の雑誌がかつては何誌も出版されていた。そんな雑誌の一つに『インセクタリゥム』という月刊誌があった。

　この雑誌は，多摩動物公園昆虫愛好会の会誌として財団法人東京動物園協会が発行していたもので，1964 年に創刊された。さまざまな昆虫について専門の研究者により平易な文体で書かれた記事が毎号掲載され，多くの読者に受け入れられた。前述したアフリカ昆虫学の成果のなかにも，この雑誌に寄稿されたものが少なくない。しかし，発行者の財政上の理由により，2000 年に休刊 (事実上の廃刊) となった。

　『インセクタリゥム』以外にも，『自然』(中央公論社，1984 年休刊)，『アニマ』(平凡社，1993 年休刊)，『サイアス』(旧誌名『科学朝日』朝日新聞社，2000 年休刊) といった一般向けの科学雑誌が 1980 年代以降次々と廃刊になった。出版不況とはいえ，自然や生きもの全般への興味を若い世代に喚起してきたこれらの雑誌が消えてしまったのは，まことに残念である。現在の若者たちに見られる「理科離れ」や「虫嫌い」の傾向は，こうした科学雑誌の廃刊が一因であるように思われてならない。

今後の課題

　本章で取り上げたように，アフリカにはカカトアルキなどのように現存するものとしては固有の分類群や，ネムリユスリカのように特異的な生理・生態をもつ種が，ほかにもまだ多数存在すると推測される。そうした未知種の探索を進めることも重要だが，その前にアフリカにおける昆虫生息地の多くが，開発によって消滅しつつある状況を何とかしなくてはならない。かといって，アフリカが食糧難や貧困にあえいでいる現在，昆虫やそのほかの生物を保全するために，開発を完全にとめてしまうことは不可能であろう。

3章　アフリカ昆虫学の歴史と展望

このことは，アフリカ以外の地域においても同様である．人類の現在の繁栄は，生態系からの多大な恩恵のたまものである．そうした恩恵を将来にわたって持続的に受け続けるためには，多様な昆虫たちといかに共存していくかが大きな課題となるだろう．

アフリカが地域として発展していく一助として，環境・農業・医療などに関わる領域で，昆虫と人間との関係を見直すために，アフリカ昆虫学は今後とも大きな役割を果たすのではないだろうか．

トピックガイド

本章でも述べたとおり，「アフリカ昆虫学」という日本語は『アフリカ昆虫学への招待』(日本 ICIPE 協会編 2007, 京都大学学術出版会) で初登場した．同書には 2000 年代前半までの日本人研究者による成果が幅広く収録されている．

『新版アフリカを知る事典』(小田ら監修 2010, 平凡社) はアフリカの自然・民族・歴史・現状を網羅したコンパクトな百科事典で，小項目のほかに総論やコラムも楽しめるが，ちょっと高価．

アフリカに生息する昆虫を調べるのに便利なデータベースがいくつかある．EPPO Global Database [https://gd.eppo.int/] (2018 年 8 月 27 日閲覧) は，農林業・畜産業・医療などに関わる世界の害虫約 7 万 8000 種の種名を学名と英名などから無料で検索できるデータベース．このうち 1650 種の害虫については，写真や分布域の地図，寄主植物，各国の検疫情報などが参照できる．

より詳しい情報 (生態，天敵，参考文献など) を含む同様のデータベースとして，本章に出てくるイギリスの CABI が提供している Crop Protection Compendium [https://www.cabi.org/cpc/] (2018 年 8 月 27 日閲覧) があるが，こちらは有料である．

コラム 1　アフリカ探検家リヴィングストンの昆虫標本

イギリスの探検家デイヴィッド・リヴィングストン (David Livingstone : 1813 - 1873) は，ヨーロッパ人として初めてアフリカ大陸を横断した人物として有名である．そのリヴィングストンがアフリカで採集した昆虫標本のコレクションが最近，90 年ぶりにロンドン自然史博物館 (Natural History Museum) で見つかった (Clark 2014)．

2014 年のある日，同館の上級学芸員で昆虫類担当のマックス・バークレイ (Max Barclay) 氏は，昆虫標本のオンライン・データベースを作成していた．その際古い汚れた標本箱の中に，昆虫針で止められた 20 頭のコウチュウ目の標本とともに，「ザンベジ，リヴィングストンにより採集」とタイプされたラベルがあるのを見つけたのだった．

リヴィングストンが1858〜1864年にアフリカ南部の大河であるザンベジ川を探検したことはよく知られている。この探検はイギリス政府の財政的支援によるもので，海岸から内陸部への交易ルートを開くためのものだった。だが結局，当初の目的は達成されなかった。そればかりか，リヴィングストンの妻を含む探検隊員の多くがマラリアなどで死亡したことから，当時の新聞，雑誌で探検は失敗だったと酷評された。

　にもかかわらず，この探検隊は学術的に重要な多くの資料を本国に持ち帰っている。哺乳類や爬虫類，鳥類などの標本のなかには新種として記載されたものもある。しかし昆虫に関しては，リヴィングストンが150年前に採集し，今回見つかったこの標本が唯一のものである。

　この昆虫標本は，ある収集家が探検隊員から直接購入したものと見られ，1924年に同館に寄贈された。しかしその後，コウチュウ目だけで1000万個体，標本箱にして約2万2000箱という同館の膨大な収蔵標本のなかに埋もれたままとなっていた。

　標本のなかには，オサムシ科の1種 *Thermophilum alternatum* やカミキリムシ科の *Tragocephala variegate*，*Phantasis avernica* など12種が含まれている。このうち11種は近年実施されたザンベジ川流域の学術調査でも採集されたという。「150年前と同じ種が現在も生息しているということは，自然環境の変化は意外と小さかったのかもしれない。だが，見つからなかった1種は，森林の消失によって個体数が激減したか，地域から絶滅した可能性がある。昆虫というのは"炭坑のカナリア"のようなもので，私たちが容易には気づかない環境の変化を知らせる重要な指標なのだ」とバークレイ氏は語っている。

　ザンベジ川の探索は，リヴィングストンの生涯で二度目のアフリカ探検だった。彼は三たびアフリカにいどみ，そのさなかの1873年，マラリアのため現在のザンビアで死亡した。

　その2年前，アメリカの新聞記者ヘンリー・モートン・スタンリー (Henry Morton Stanley) が，アフリカで消息不明となっていたリヴィングストンの捜索に向かった。現在のタンザニアにあるウジジ (Ujiji) という町で，医師でもある老探検家を発見したスタンリーは，「ひょっとして，リヴィングストン博士ですか？」(Dr. Livingstone, I presume?) と声をかけた。この言葉はスタンリー自身の手記によって有名になり，イギリスではその後，思いがけない人と出会ったときの慣用句となった。

　それにちなんで，今回昆虫標本の発見を報じた日刊紙 *The Independent* (2014年9月19日付) の記事には，以下のような見出しが付けられた。――「ひょっとして，リヴィングストン博士の標本ですか？」(Dr. Livingstone's, I presume?)

(足達太郎)

第2部
アフリカで昆虫に出合う

マダガスカル・ズンビツェ-ヴィバシ (Zombitse-Vohibasia) 国立公園での調査風景
(撮影：立田晴記)

4 章
ナミビア農牧社会における昆虫食をめぐるエスノサイエンス

藤岡悠一郎

1. フィールドに入るまで

オバンボの昆虫食への興味

　フィールド (調査地) で，人々と昆虫との関係について調査をしたいと思うようになった印象深い出来事がある。私は，修士論文の調査のために，2002 年 9 月から南部アフリカに位置するナミビア共和国北部のウウクワングラ村に滞在していた。ナミビア北部は降水量が少ない半乾燥地で，低木が点在するサバンナの風景が広がっている。村の人々はオバンボという農牧民で，農業と牧畜を主生業としている。当時，その地域に暮らす人々の自然資源利用についての調査をしていた私は，彼らが昆虫を食材として利用する文化があることを断片的に知っていた。村に滞在して数か月が経過し，村の人たちともだいぶ仲が良くなってきた頃，昆虫食に関する聞き取り調査を行いたいと思うようになった。

　ある日，私はウウクワングラ村生まれのアセリさん (60 歳前後) という女性の家を訪ねた。アセリさんは学校から帰ってきた子供たちと一緒に木陰で休んでいた。私が"役にも立たないこと"を調べていることを知っているので，その日も「今日は何が知りたいの？」と招いてくれた。私はすかさず「食べられる虫について知りたい。オバンボの人たちはどんな虫を食べるのですか？」という疑問を投げかけてみた。するとどうだろう，アセリさんとその周りにいた子供たちが大笑いしたのである。ちょっとした緊張につつまれていたその場が一気に和やかなものとなったのは幸いだった。しかし，私はなぜ笑われたのか，その意味がわからなかった。というのも，今まで他の質問をした際にはそんな反応が返ってきたことがなかったからである。その後，アセリさんは私の質問に丁寧に答えてくれたので，そのときはその「笑い」に対してとくに深く考えることはなかった。しかし，そのほかの家で尋ねたときも，同じような反応にでくわすことがしばしばあった。その理由は定かではないが，一つには私のような外国人が現地のきわめて地方色の強い食文化に興味をもっていることに違和感があったのかもしれない。あるいは，地域の人にとって，昆虫を食べることは，何か特別なことであったのだろうか。このことをきっかけに，地域の人々と昆虫との関係

4 章　ナミビア農牧社会における昆虫食をめぐるエスノサイエンス　　53

調べてみたいと強く思うようになった。

　アフリカに暮らす人々と昆虫との関係というと，皆さんはどのようなことを想像するだろうか。高校生や大学生に授業を行う際にそのような質問をすると，バッタの大発生による農作物の被害や病気を媒介するハエやカなどとともに，食文化としての昆虫食が挙げられた。近年では，インターネットやテレビ番組などを通じて，外国の暮らしや生活に関する情報に以前よりも接する機会が増えている。しかし，昆虫に関しては，「あんなものを食べる」という断片的な情報が面白おかしく切り取られることが多く，また貧困で苦しむ人たちが栄養摂取のために仕方なく食べているという見方が依然として大勢を占めているように感じられる。他方，アフリカの多くの農村社会では，昆虫食が食文化の一角を成し，昆虫採集が農業や牧畜などとともに日常的な生業活動のなかに組み込まれている。都市に住んでいても昆虫とまったく無縁で生活することがありえないように，アフリカの農村においても人々は昆虫と多面的で多様な関わりをもって暮らしている。

　本章では，ナミビアのオバンボ社会を事例に，人々と昆虫との多様な関係について紹介する。このような研究は，フィールドの人々との関係構築が調査を成功させる鍵となる。ここでは，研究の結果だけを報告するのではなく，調査の過程や方法なども含め，フィールドでどのように昆虫や人々と出合い，情報を得たのかについて紹介したい。

フィールドを探す

　ウウクワングラ村を初めて訪れたのは 2002 年のことである。学生時代，乾燥地の植物に興味があり，アフリカで砂漠化の研究をしてみたいと漠然と考え，京都大学の大学院に入学した。とくに，アフリカに暮らす人々が植物をどのように利用し，その結果として，地域の自然環境がどのように変化しているのか知りたかった。指導教員の勧めもあり，ナミビアで研究することに決めた。ヤシ科のドームヤシ *Hyphaene petersiana* やウルシ科のマルーラ *Sclerocarya birrea* という樹木が点在する，ちょっと変わった景観が広がる北中部地域にひかれ，フィールドにしたいと考えた。しかし，問題となったのは滞在先である。とくにツテがあるわけでもなく，具体的な地域のアテもなかった。私がやりたいと思っている研究を進めるためには，人々の生業や生活についての詳細な情報が必要となる。そのためには，村に住まわせてもらう方法が最善である。大学の先生や先輩方は実際にそのような調査方法で多くの研究成果を出している。

　しかし，現実はなかなか厳しいものであった。途方に暮れながら，自転車を買って村々を訪ね，村長さんなどに「調査をさせてくれないか」と尋ねて回った。当時は英語や現地語であるオバンボ語 (oshiwambo) をそれほど話せるわけでもなかったので，なかなか説明もうまくいかず，受け入れてくれる人もいなかったが，数週間が過ぎた頃，ふと立ち寄った酒場で出会った男性，ロト氏が「うちに来い」と言ってくれた。彼はザンビアの大学で学んだ経験があり，研究に対して理解があった。そして滞在す

ることになったのが，ウウクワングラ村である。

　ナミビアは1990年に南アフリカ共和国から独立した，比較的新しい国家である。国の北部には，北に隣接するアンゴラ共和国から流下するクベライ水系の氾濫原が広がり，雨季にだけ水が流れる季節河川が網の目状に分布している (図1)。年間降水量は400〜500 mm程度であり，12月〜3月の雨季に集中して雨が降る。昆虫の発生は，植物が葉や花をつけるこの時期に多くなる。ただし，他の乾燥地と同じように，降雨は年による変動が大きく，雨が極端に少ない干魃年や極端に多い洪水年があり，その年がどうなるかはわからない。本地域の植生はマメ科のモパネ *Colophospermum mopane* という樹木が優占するモパネ植生帯である (Mendelsohn et al. 2000)。モパネ植生帯は南部アフリカの中緯度帯に帯状に分布し，構成樹種の大部分をモパネが占める純林を形成する特徴をもつ。しかし，人口密度が高い場所では，低木層にアカシアの1種 *Acacia arenaria* が優占し，中・高木層には前述のマルーラとドームヤシが優占する植生が形成される (図2)。

　この地域に暮らす人々の大部分は，農耕と牧畜を主生業とするオバンボの人々である。人口密度は決して高くないが，洪水の押し寄せる季節河川は農業には利用しないため，人々は住居を地形的に若干高くなった中州上の台地の上に建て，住居の周囲に畑を開いている。彼らは，トウジンビエを主作物とする農耕とウシやヤギ，ヒツジを飼養する牧畜を中心に，季節河川での漁撈，植物や食用昆虫の採集などを組み合わせた複合生業を営んでいる。天水に依存した農業を行い，まとまった雨の降り出す12月初旬〜中旬頃に彼らの主食であるトウジンビエを中心に播種し，5月中頃に収穫す

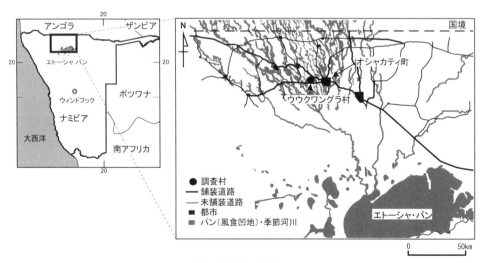

図1　調査地の位置。

図2　ドローンで撮影した村の風景。

る。かつて，彼らはウシの季節的な移動放牧を行い，乾季の終わりから雨季の初めにかけて村から南に数十キロメートル離れた場所で放牧を行っていた。また，契約労働と呼ばれる都市部での賃労働も昔から行われてきたが，近年では農村に住みながら地方都市で職をもつ人の数も増加し，村内の経済格差が拡大している。

　オバンボは，共通の始祖から分派したクワニャマやンドンガ，クワンビなどの複数の集団を含む民族の総称である (Williams 1991)。オバンボを構成するいくつかの集団では，王を頂点とする王制が成立し，王国が築かれてきた。オバンボがこの地に移住してきたのは16世紀頃と考えられており，遅くとも17世紀には王制が成立していたと言われる。王制は，19世紀前半から始まった南アフリカによる支配のもとで崩壊したが，旧来の制度は植民地統治に利用され，独立後も土地の分配や資源利用などの側面で王制の名残が存続している。本章で対象とするのは，3番目に人口が多いクワンビである。クワンビも，ウウクワングラ村を含む氾濫原の中流域にかつては王国を築いていた。

2. オバンボの自然資源利用と環境認識

エスノサイエンス・アプローチ

　アフリカ農村社会の研究では，アフリカで生業を営む人々の特徴として，単一の生業のみに特化したスペシャリストではなく，複数の生業を組み合わせるジェネラリストと指摘されてきた (掛谷1998)。農村に暮らす人々は，農耕や牧畜など，生計の基盤となる生業に力を注ぎつつも，身近な自然環境に生育する野草や食用昆虫を採集したり，雨季に魚を捕ったりと多様な自然資源を利用する。それぞれの生業は，互いに

独立して営まれるというよりも，さまざまな点で結び付きがあり，互いに関連した総体として彼らの生活を支えている。そのため，植物や昆虫などが人々の生活にとってどのような意味があるのかを理解するためには，彼らの自然資源利用の全体像を把握し，さらにその活動を支えている自然環境に関する知識を知る必要がある。

　アフリカに限られたことではないが，ある地域に暮らす人々は，日常生活のなかで自然や社会環境を自ら観察し，それに関する豊富な知識や独自の理解体系を発達させ，日々の生活のなかでそれらの知識を活用している。そのような知識や実践の総体は，"民族の科学"，すなわち"エスノサイエンス"と呼ばれてきた (寺嶋 2002；服部 2014；本書第 2 章など)。

　オバンボの自然資源利用やその背景にある知識の総体を理解したいという試みは，言い換えれば，彼らの"民族の科学"を明らかにすることである。とはいうものの，彼らが有する膨大な知識や経験の束をすべて明らかにしようとすることは無謀な試みである。外部の研究者が明らかに出来ることはわずかしかないが，先行研究にならい，まずは人々の生業や生活の参与観察を行い，身の回りに生息する動植物の現地語名を尋ねることから始めた。植物については，葉や花，果実を採集し，複数の人々にその名前を聞いて回った。昆虫についても，日本から持参した捕虫網を使い，見つけた昆虫を採集した。もちろん，事前にナミビアの環境省から調査許可証を取得し，植物と昆虫の採集許可を得たうえである。大型の動物や魚などについては，見かけたものについてはその場で名前を尋ねた。そして，各動植物を彼らがどのようにして利用するのか，またどのような場所にそれらが生息するのかについて，情報を集めて回った。採集した植物と昆虫の一部については，学名を知るため，ナミビアの首都ウィントフックにある国立植物研究所 (National Botanical Research Institute) とナミビア国立博物館 (National Museum of Namibia) に標本を持ち込み，同定を依頼した。

　場所や環境に関する知識も重要である。私たちが山や谷，丘，川などを呼び分けるように，彼らも身の回りの自然環境を地形や植生，土壌などの特徴に応じて区別して認識している。その名称を聞き，彼らの自然環境に対する知識を把握した。また，村人とともに GPS 受信機を持って歩き，現地語で呼び分けられた場所の範囲について，緯度・経度を記録した。遠方の場合，一緒に車に乗って移動し，同様の調査を実施した。GPS 受信機による記録があれば，研究室に戻ったあとに，衛星画像や空中写真と重ね合わせることで，現地の地図を作成することが可能となる。

　聞き取りのなかで，とりわけ解釈が難しいのは，同一の生物種や場所に対する名称などが，人によって異なっている場合である。そのような事例は，個々人の経験の違いや単純な勘違いなどのさまざまな要因によって頻繁に生じるが，その都度再確認し，それでも意見が分かれる場合は，複数の人々に集まってもらって議論を行った。このような地道な調査のなかで，不完全ではあるものの，彼らの自然環境に対する認識や自然資源の利用法についてある程度の理解が得られた。場所に関する知識と彼らが利用する自然資源について，その概要を以下に紹介する［詳しくは藤岡

(2016a)〕。

　まず，地域の自然環境の区分についてである。図3は，村の周辺および村人が季節的に利用していた場所を地図に示したものである。村内の環境および土地利用の区分では，エピャ (epya, 畑)，オシャナ (oshana, 季節河川) をはじめ，エプタ (eputa, 低木林)，オンドンベ (ondombe, 季節性小湿地・池沼)，ロンズィ (lonzi, 丈の高い草が生育する季節性小湿地) などがある。エプタは，オシャナ以外の微高地であり，住居が立地する付近のアカシアが生育する植生を指す。村の南端からさらに南方に広がる草地はオンブガ (ombuga) と呼ばれる。オンブガの範囲は広く，村から数十キロメートル離れた場所やかつての放牧キャンプが設けられた場所もオンブガにある。オンブガは不毛な土地と認識され，英語では desert (砂漠) と訳される。オンブガのさらに南に位置するモパネ群落は，木の多い場所 (森) を意味するオクティ (okuti) と呼ばれる。ウウクワングラ村住民にとって日常的になじみのある景観はエピャ (畑) やエプタ (低木林) であり，オンブガやオクティは村から離れた非日常の環境であると捉えられている。

オバンボによる自然資源の利用

　次に，自然資源の利用について紹介する。彼らが利用するおもな自然資源は表1のとおりであり，用途によって建材，燃材，道具の材料，飲食物の原料に大別できる。

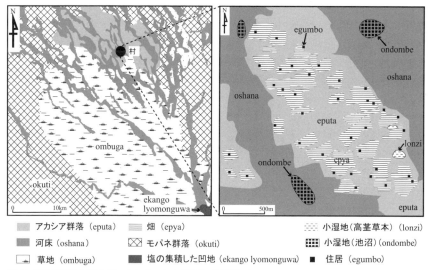

注1) 広域の植生分布は Mendelsohn et al. (2000) を参照した。
注2) 村周辺の土地利用図は GPS 受信機を用いた現地調査によって把握した。

図3 ウウクワングラ村周辺の植生・地形名称。

表1 ウウクワンゲラ村住民が利用するおもな自然資源

利用方法	分類	名前	部位/成長段階など	現地語名	学名	1970年代 頻度[1]	1970年代 おもな採集場所[2]	2002年代 頻度[1]	2002年代 おもな採集場所[2]
小屋・屋敷囲い・家畜囲い	建材	モパネ	幹	omusati	Colophospermum mopane	1	ok	0	ok, oh
壁・屋敷囲い・家畜囲い		コンブレタム	幹	—	Combretum imberbe	1	ok	0	ok, oh
壁・屋敷囲い・家畜囲い	植物	ドームヤシ	葉柄	oshipokolo	Hyphaene petersiana	0	ep, epy	3	ep, epy
小屋・家畜囲い		ドームヤシ	茎	omulunga	Hyphaene petersiana	0	—	1	ep, epy
壁・家畜囲い		作物	茎	oshihenguti	—	0	epy	3	epy, oh
屋根		草本	茎・葉	omwidhi	—	1	lo, om, os	1	lo, om, oh
脱穀小屋の床	昆虫	シロアリ塚	シロアリ塚	oshaanda	—	1	ep, epy	1	ep, epy
		モパネ	幹・根	omusati	Colophospermum mopane	0	ok	4	ok, oh
		アカシアの1種	茎	omano	Acacia arenaria	5	ep	5	ep
燃材	植物	ドームヤシ	葉柄・根	oshipokolo	Hyphaene petersiana	3	ep, epy	5	ep, epy
		ドームヤシ	種子	shakulenge	Hyphaene petersiana	0	ep, epy	4	ep, epy
		ドームヤシ	葉柄	epakululu	Hyphaene petersiana	3	ep, epy	4	ep, epy
		ドームヤシ	花穂	eshila	Hyphaene petersiana	3	ep, epy	4	ep, epy
		マルーラ	幹	omugongo	Sclerocarya birrea	0	—	3	ep, epy
	その他	ウシ	糞	omapumba	Bos taurus	0	os, ep, epy	5	os, ep, epy
		作物	種子	—	Cleome gynandra	5	epy	5	epy, oh
		フウチョウソウ	葉	omboga	Cleome gynandra	3	epy	3	epy
		ミルスベリヒユ属の1種	葉	omdjulu	Sesuvium sesuvioides	3	epy	3	epy
		アマランサス	葉	ekwakwa	Amalanthus thunbergii	3	epy	3	epy
食用・飲料など	植物	スイレン属の1種	塊根	omavo	Nymphaea nouchali	2	os, on	2	os, on
		ドームヤシ	果実	ondunga	Hyphaene petersiana	3	ep, epy	3	ep, epy
		マルーラ	果実	ongongo	Sclerocarya birrea	3	ep, epy	3	ep, epy
		エジプトイチジク	果実	onkuyu	Ficus sycomorus	3	ep, epy	2	ep, epy
		クロウメモドキ属の1種（バードプラム）	果実	eembe	Berchemia discolor	3	ep, epy	3	ep, epy
		カキノキ属の1種（ジャッカルベリー）	果実	omuwandi	Diospyros mespiliformis	3	ep, epy	2	ep, epy

4章　ナミビア農牧社会における昆虫食をめぐるエスノサイエンス

表 1 （続き）

利用方法		分類	名前	部位／成長段階など	現地語名	学名	1970年代 頻度[1]	1970年代 おもな採集場所[2]	2002年代 頻度[1]	2002年代 おもな採集場所[2]
食用・飲料など	食用	動物	家畜	–	–	–	4	–	4	–
			ホロホロチョウ	–	onkanga	Numida meleagris	2	ok	2	ok
			その他野鳥	–	–	–	2	om, ok	2	om, ok, oh
			ケープハリネズミ	–	okanikitha	Atelerix frontalis	3	om, ep	2	ok, ep
			野生動物	–	–	–	2	om, ok	2	om, ok, oh
		昆虫	サイカブト属の1種	幼虫	endangali	Oryctes boas	3	ep, epy	3	oh
			イラガ科の1種	幼虫	okanangole	Coenobasis amoena	3	ep	0	–
			ヤママユガ科の一種	幼虫	okatalashe	Heniocha sp.	0	–	3	ok, oh
			フトタマムシ科の1種	成虫	engo	Sternocera orissa	2	ep	0	ep
			ノコギリカメムシ科の1種	ニンフ・成虫	onkili	Coridius viduatus	3	epy	3	epy
			スズメガ科の1種	成虫	enbulunyenye	Platypleura lindiana	2	ep	0	–
			ニニイニイゼミ属の1種	幼虫	enanpalo	Celerio liaeata	2	os, om	2	os, om
			ヤママユガ科の1種（モパネワーム）	幼虫	egungu	Imbrasia belina	0	–	3	ok, oh
			ヤママユガ科の1種（モパネワーム）	幼虫	ehonkowe	Gynanisa maja	0	–	3	ok, oh
		魚	ヒレナマズ		eeshi	Clarias sp.	3	os, on	3	os, on
	酒	植物	ドームヤシ	果実	ondunga	Hyphaene petersiana	3	ep, epy	3	ep, epy
			マルーラ	果実	ongongo	Sclerocarya birrea	3	ep, epy	3	ep, epy
			モロコシ	種子	iigya	Sorghum bicolor	3	epy	3	epy
	油	植物	マルーラ	仁	efuku	Sclerocarya birrea	3	ep, epy	3	ep, epy
	その他		塩		omongwa		1	om	1	om
道具	バスケット	植物	ドームヤシ	葉身	oshihale	Hyphaene petersiana	3	ep, epy	3	ep, epy
	穀物庫	植物	モパネ	茎	omusati	Colophospermum mopane	1	ok	0	–
	ポット	その他	粘土				2	on	2	on

1) （頻度）0: ほとんど利用されていない，1: 数年に一度利用，2: 1年のある時期に稀に利用，3: 1年のある時期に頻繁に利用，4: 通年にわたり稀に利用，5: 通年にわたり頻繁に利用．
2) （おもな採集場所）ok: okuti (茶), epy: epya (畑), ep: eputa (低木林), os: oshana (季節河川), om: ombuga (草地), on: ondombe (季節性小湿地), lo: lonzi (高茎草本の生育する季節性小湿地), oh: ohambo (キャトルポスト)．

注1) 1970年代の利用状況は年長者への聞き取りから把握した．
注2) 2004年10月〜2005年4月までに活用いられた自然資源を対象とした．30世帯を対象とする聞き取りと観察, 4世帯を対象とした食事調査から把握した．

建材や燃材利用については，村人はモパネを建材として重宝し，住居や家畜囲い，柵に利用してきた．ヤシの葉柄や幹，トウジンビエの茎も建材となる．屋根葺き材にはイネ科の高茎草本 *Eragrostis* sp. が用いられ，ロンズィから採集される．調理の際などに用いられる燃材は，おもにモパネやアカシア，マルーラの幹や根，ヤシの葉柄や種子，ウシの糞である．

食材として利用される生物には哺乳類・鳥類・魚類・爬虫類・両生類・昆虫類が含まれる．哺乳類では，クーズーやスプリングボックなどのアンテロープ類が狩猟の対象とされてきた．採集には弓矢が用いられてきたが，近年では銃を使う人が増えている．また，稀に家畜を襲いにきたライオンなどの肉食獣が捕殺されることもある．村の周囲にはハリネズミやネズミなどの小動物が生息し，これらを捕まえて食用にすることもある．

村の住民が食用とする野鳥は，ホロホロチョウや雨季にやってくる大型の渡り鳥，村周辺で見られる小型の鳥である．村の周囲で小型の鳥をゴムを使った小型の投石器で捕獲し，大型の渡り鳥はオンブガやオクティで銃を用いて捕獲する場合がある．

魚は村周辺のオシャナやオンドンベで捕獲される．オシャナで捕れる魚の種類は少なく，圧倒的にヒレナマズが多い．雨季の初めはヒレナマズの産卵期にあたり，オシャナの水の増加とともに稚魚がオシャナ中に散らばっていく．そして，それらがある程度大きくなる雨季の半ばから後半になると，女性と子供はこぞって魚捕りに出かける．両生類では，雨季の初め，大雨のあとに湿地であるロンズィやオンドンベに現れるカエルを食用にする．爬虫類ではリクガメが食用とされるが，頻度は少ない．村周辺でも稀に採集されるが，多くはオクティで採集される．

食材として利用される植物は，畑に生える草本の葉や樹木の果実，スイレンの根茎などである．葉を食用とする野草は3種類あり，雨季の初めに採集される．採集場所はこれらの草本が多い畑の内部である．食用として利用される果実には，ドームヤシ

表2　オバンボ

目名	学名	現地語名	和名
コウチュウ目	*Sternocera orissa*	engo	フトタマムシ属の1種
	Orictes boas	endangali	サイカブト属の1種
カメムシ目	*Coridius viduatus*	enkili	ノコギリカメムシ属の1種
	Coridius sp.	uutandapuka	ノコギリカメムシ属の一種
	Platypleura lindiana	enblunyenye	ニイニイゼミ属の1種
シロアリ目	*Macrotermes* sp.	eethakulatha	オオキノコシロアリ属の一種
チョウ目	*Celerio liaeata*	enampalo	スズメガ科の1種
	Imbrasia belina	egungu	ヤママユガ属の1種
	Gynanisa maja	ehonkowe	ヤママユガ属の1種
	Heniocha sp.	okatalashe	ヤママユガ属の一種
	Coenobasis amoena	okanangole	イラガ科の1種

オバンボによる昆虫の利用

　村の暮らしのなかで出合う昆虫は多岐にわたる。この地域を訪れる前は，乾燥地であることから昆虫の種類は少ないのではないかというイメージを抱いていたが，想像以上に多くの昆虫種に出合った。毎日，夕方や朝方には，家にいてもカやハエに悩まされる。食べ物を置いておくと，やたら攻撃的なアリやゴキブリなどがやってくる。村を歩いていると，チョウやトンボ，クモやテントウムシ，ハチ，フトタマムシ，ハナムグリなどに出合う。乾季の終わりに近づくと，セミの鳴き声が村のあちらこちらから聞こえ，雨季の始まりを告げる大雨が降ると，翅の生えたシロアリやコガネムシが大発生し，道の上には大きなヤスデが歩くようになる。農業が始まると，畑でバッタやカメムシ，イナゴ，カマキリなどを見かけるようになり，家畜囲いの中ではカブトムシが羽化し，飛び立つようになる。アーミーワーム (armyworm) と呼ばれる小さなイモムシやイナゴなどは作物を食べるため，人々は畑で見つけるとそれらを駆除する。雨が多く，洪水がやってくるような年には，乾燥地には似つかわしくない，タガメやゲンゴロウ，ミズカマキリ，タイコウチなどの水生昆虫を水たまりで見かけるようになり，夜になるとホタルが飛ぶこともある。このような昆虫のうち，いくつかの種については，人々は食材としての有用性を見いだし，食用にしていた。

　オバンボの人々が食用とする昆虫を表2にまとめた。コウチュウ目2種，カメムシ目3種，シロアリ目1種，チョウ目5種の計11種であった (藤岡 2006)。これらの昆

の食用昆虫

食用とされる成長段階	発生場所	発生時期	発生状況
成虫	アカシア群落・モパネ群落 (数種の樹木)	12-4月	継続的
幼虫	家畜囲いの土中	12-3月	継続的
成虫	畑 (カボチャ・スイカの葉)	1-4月	継続的
ニンフ (若虫)	畑 (カボチャ・スイカの葉)	12-2月	継続的
成虫	アカシア群落・モパネ群落 (数種の樹木)	9-12月	継続的
成虫	シロアリ塚	11-12月	散発的
幼虫	季節河川の河床 (草本)	12-2月	集中的
幼虫	モパネ群落 (モパネの木)	12月, 2-3月	集中的
幼虫	モパネ群落 (モパネの木)	12月, 2-3月	集中的
幼虫	低木帯	1-2月	集中的
幼虫	アカシア群落 (*Acacia arenaria* の木)	12-4月	集中的

虫は，餌となる葉の植物種が限られているため，昆虫種ごとに生息範囲に偏りが見られる。食用昆虫のなかで，村の周辺に生息するものは，フトタマムシ，サイカブトの幼虫，2種のノコギリカメムシ，ニイニイゼミ，オオキノコシロアリ，スズメガの幼虫，イラガの幼虫である。ヤママユガの幼虫 (3種) はオクティ (森) に現れるため，ウウクワングラ村周辺には生息しない。

　フトタマムシは成虫が食用とされ，マメ科の *Dichrostachys cinerea* など，周囲の優占種であるアカシアとは異なる中低木によく見られる。人々は止まっているところを手づかみ，あるいは投石などによって採集する。この種は雨季が本格的に訪れる12月頃から村の中のエプタ (低木林) で目撃されるようになり，雨季後半まで見られる。サイカブト幼虫は，雨季に家畜囲いに堆積している有機物に富む土中に発生し，雨季の初めから終わりまで住民は継続的に利用することができる。採集する際は，鍬で家畜囲いの土を掘り返し，見つけたものを手づかみで集める (図4)。ノコギリカメムシは成虫と若虫 (不完全変態をする昆虫の幼虫) でそれぞれ呼び名が異なり，別の虫として扱う人もいる。成虫と若虫は味に対する評価も異なり，「甘く軟らかい」と評価される若虫に対して，成虫は塩っぽい味と評され，一般に若虫のほうが好まれる。両者とも「スイカやカボチャの葉が餌である」と言われ，それらが栽培されるエピャ (畑) で採集される。

　ニイニイゼミは成虫が食用とされ，乾季半ばから雨季の初めにかけてエプタのアカシアの木などに発生する。採集はおもに手づかみで行われる。シロアリは，乾季終盤に降る大雨の後に，シロアリ塚から飛び立つ有翅虫が集められ，食用とされる。スズメガ幼虫とイラガ幼虫はいわゆるイモムシであり，現地語でこのような形態のものはエズィニョ (ezinyo) と分類される。エナンパロ (enanpalo) と呼ばれるスズメガの幼虫

図4 家畜囲いでサイカブトの幼虫を採集する子供たち。

は，季節河川オシャナに生える草本を食草とし，イラガ幼虫はオカナンゴレ (okanan-gole) と呼ばれ，エプタの優占種であるアカシアの葉を食草とする。どちらも雨季の前半から後半にかけて一定期間発生が続き，その間に手づかみで採集される。

ヤママユガ幼虫3種のうち，エグング (egungu) とエホンコエ (ehonkowe) はモパネの葉を食草とするため，英名でモパネワーム (mopane worm) と総称される。また，もう1種のオカタラシェ (okatalashe) は，村から 200 km ほど南方のオクティに発生する。

オバンボの人々は，トウジンビエを主食にしているが，昆虫は副食 (おかず) の一品として用いられる。おかずは現地語でオムウェレロ (omwelelo) と呼ばれ，肉や魚，酸乳，野草などが含まれる。表2に示した11種の食用昆虫は，一部を除いてほぼすべて調理した後に食べられる。ごく稀に，一部の人々は火を通す前のイモムシをそのままつまみ食いしていた。また，イラガの蛹については，繭のまま口に入れ，外側の殻をかみ砕いて殻だけ吐き出し，中身の蛹をそのまま食べることもあった。

昆虫を調理する場合，まず下ごしらえから始まる。硬い殻をもつフトタマムシや翅をもつニイニイゼミは，翅・肢・頭部などが除かれる。また，大型のヤママユガ幼虫 (エグング，エホンコエ) とサイカブト幼虫のエンダンガリ (endangali) は内臓が除かれる。内臓を除去するのは「昆虫の糞を一緒に食べるのを防ぐため」と説明されるが，これら2種以外の小型のイモムシ (エナンパロ，オカタラシェ，オカナンゴレ) は「糞が詰まっていないため」に内臓が除去されることはない。

ノコギリカメムシ，イモムシ類，サイカブト幼虫の調理は，素焼きの壺の中で少量の水，塩とともに煮る方法が一般的で，水が完全になくなるまで加熱される (図5, 6)。水が蒸発し，完全に乾燥した段階で調理終了である。これらの昆虫はこの状態で

図5　サイカブト幼虫の調理。

図6　市場で販売されていたカメムシ。

おもに食されるが，エグング，エホンコエ，オカタラシェ，エナンパロなどのイモムシ類に関しては，水・塩・油・市販のスープの素などと一緒に再び煮立て，少量のスープが残った状態で食べる場合もある。また，フトタマムシ，ニイニイゼミは火力の収まった熾火で焼いて調理する。異なる昆虫どうしを混ぜて調理することはあまりなく，多くは1種ごとに調理する。

3. 昆虫利用の変化

幻のオカナンゴレ

　食文化が，社会経済状況や人々の生活様式の変化とともに移り変わっていくのと同じように，昆虫食もまた時間とともに移り変わっていく。オバンボの社会においても，年長者に話を聞くと，調査を実施したときと数十年前とでは昆虫の利用方法などが異なっていることがわかってきた。

　オバンボの昆虫食に関する聞き取りのなかで特徴的だったのが，イラガ幼虫オカナンゴレの利用であった(図7)。イラガ幼虫は，体長3～4 cmとヤママユガ幼虫などに比べると小ぶりで，毛が生えているのが特徴である。その毛が採集の際に手につくと痒くなるそうだが，それにもかかわらず手づかみで採集された。

　本種は，その味が高く評価されていた。軟らかく脂肪分が多い点が好まれていたようで，ある男性は「肉や魚よりもうまい」と述べていた。ある人は，本種をスープと一緒に食べたときのことを思い出し，「軟らかく，とろけるような味」と表現していた。また，別の男性は，「オカナンゴレを煮ているときに牛乳の脂肪分を少しいれると，香ばしい香りがするんだ」と述べ，そのイモムシがいかにおいしいものであった

図7 採集されたイラガ幼虫 (オカナンゴレ)。

か，話してくれた。このように，イラガ幼虫は味に対する評価が高く，昆虫のなかではもっとも多く利用されていた種のようである。

イラガ幼虫は住居周辺のアカシアの広がるエプタで採集された。当時は，畑が少なく，アカシア林が現在よりもはるかに広い範囲を覆っていたという。ある男性は，「発生する量も多く，オカナンゴレが現れたときには村のアカシアが丸坊主になり，ヤギの餌がなくなってしまう」と話していた。しかし，「ここ10年ほどはまったく見られなくなってしまった」という。その理由としては，「人が多くなり，アカシアを切って畑にしてしまったので，オカナンゴレがいなくなった」と指摘する人もいた。

2000年代にウウクワングラ村を訪れた際には，オカナンゴレを何度となく探した。このイモムシが食草とするアカシアが多数生育する場所を中心にいくつかの村を訪れた。探し回るうちに，稀ではあるが，木の枝についた繭に出合えたことがあった。しかし，それらの多くはハチが寄生するなど，きちんと育っているものは見ることができなかった。小学生くらいの子供たちのなかにはその姿を見たことがない者も多く，オカナンゴレの存在は昔話のように語られ，もはや忘れ去られかけていた。一度だけ，だいぶ離れた村で乾燥状態のオカナンゴレを見たことがあった。しかし，生きている状態のこのイモムシを探し出すことはきわめて困難であり，その後は諦めてしまった。オカナンゴレは「幻のイモムシ」になってしまったのだ。

販売されるモパネワーム

本地域の昆虫食の変化をもたらした一つの要因は，村の南方に広がる地域において，キャトルポストや新村が拡大したことであった。オバンボは，集団ごとに資源を

利用する領域を緩やかに定めており，クワンビの場合，かつての王国の南側に広がる場所がその領域にあたる。このような場所は，ウウクワングラ村が位置する王国の中心部とは異なり，人がほとんど住んでいない空間がかつては広がっていた (Williams 1991)。また，自然環境で見ると，オンブガ (草地) やオクティ (森) と呼ばれるような，村とは異なる植生や土壌環境が広がっている。そのため，王国中心部では得ることができない自然資源を採集することが可能な場所でもある。

以前は，ウウクワングラ村南方のオンブガやオクティには狩猟採集民がまばらに暮らし，乾季の間に家畜に水や餌を与えるための季節的な放牧地として利用されていたが，住居を構える人はいなかった。しかし，1970年頃から，王国中心部の村々からこの地域に移住する人が現れ，新村が形成され始めた。近年では，多くの村が立地し，人口密度も徐々に増加している。新村での聞き取りによると，移住の理由として挙げられたのは，王国中心部における土地の不足や独立闘争からの避難であった。こうして形成された新村の住民が，その周辺の資源を利用するようになったため，ウウクワングラ村など王国中心部に暮らす他村の住民がこの場所で資源を自由に利用することが難しくなったという。

また，1980年代になると，かつて乾季に一時的に設置されていた放牧キャンプが，年間を通じて設置されるキャトルポストへと変わり始めた (藤岡 2007)。キャトルポストとは，柵で囲まれた私設放牧地のことであり，なかには数十ヘクタールの広大な土地が個人のキャトルポストとして囲い込まれている。キャトルポストには，雇用された牧夫が1年を通じて滞在し，家畜の放牧などを彼らが行う。他村にいるキャトルポストの所有者は，週末などに車で訪れ，家畜の様子を確認し，この地域でしか入手できない資源を採集して村に持ち帰る。ウウクワングラ村にもキャトルポストを設置する世帯が1983年から現れ始めた。キャトルポストを設置し，維持するためには高額の資金が必要となるため，設置できるのは村の富裕者に限られる。柵で囲まれたキャトルポストでは，他世帯の人などがその場所の資源を利用することが困難になる。すなわち，経済的な格差によって利用できる資源の入手可能性に差が生じている。そのため，稀にキャトルポストの所有者と新村住民との摩擦を引き起こすこともある。

オクティやオンブガでは，これまで乾季の一時期しか人が滞在していなかったが，新村の形成やキャトルポストの設置によって雨季にも人が常駐するようになった。その結果，雨季に発生する自然資源が利用されるようになった。その代表的な自然資源がヤママユガの幼虫2種 (モパネワーム) である。

一部のキャトルポストでは，雇用されている牧夫が大量のモパネワームを採集し，キャトルポストの所有者がそれらを販売する事例が見られた。あるキャトルポストでは2人の牧夫が働いているが，彼らは放牧の合間に付近のモパネの木からモパネワームを大量に採集していた。2006年3月11日にこのキャトルポストに蓄えられていたモパネワームの乾燥重量は67 kgであった。これはモパネワーム約6万5000個体に

相当する。このときには計量したもの以外にもモパネワームがキャトルポスト内一面に日干しされていたため，実際に採集された個体数はさらに多くなる。所有者の男性(アムテニャ氏) が訪れたこの日，モパネワームの30％が所有者の取り分として渡され，残りの70％は牧夫の分とされた。そして，アムテニャ氏がモパネワームを村に持ち帰り，酒場や町の市場で販売し，牧夫の分の売り上げは後日彼らに手渡された。これらの昆虫の値段に注目すると，モパネワームは比較的高額で取引されていた。副食1回分の量としておおまかに比較すると，牛肉に匹敵する値段であった。先の牧夫が採集したモパネワームの場合，27.5 kgが700 ナミビアドル (約7000円) で販売された。この額は牧夫の月給400 ナミビアドルを上回っている。このようにモパネワームは高額で売れることから，キャトルポストの牧夫は精力的に採集し，販売する傾向が見られる。

4. まとめと将来展望

昆虫と人々の関係の変化

　これまで見てきたように，オバンボの人々は身の回りの自然環境や動植物に関する豊富な知識を有し，その知識を日常の生業活動のなかで活用していた。人々は，食べられる/食べられないにかかわらず，場所や時期に応じて発生するたくさんの昆虫種を認識しており，季節や年降雨量などを判断する指標としている。他方，人々が名前を知らない昆虫種のほうがはるかに多く，昆虫の側は畑や人為植生など人が作り出した環境を自分たちの生息の場として勝手に利用して暮らしている。そうした昆虫と人々が日常に出合うなかで，時には人が食材として利用したり，時には作物を守るために駆除するなどの関わりが生まれ，昆虫と人々との多面的で多様な関係が生じているのである。

　そのような関係は固定化されたものではなく，さまざまな要因により変化してきた。1990年に独立してから28年が経ったナミビアでは，遠隔地においても地方都市が発達し，人々の生業や生活様式は大きく移り変わっている。ウウクワングラ村から10 kmほど離れた地方都市オシャカティには，南アフリカ資本のスーパーマーケットが並び，村人もしばしば食材を買いに行く。私が初めて村を訪れた2002年と比べても，若者の多くが携帯電話を持つようになり，車を所有できるような富裕者の数も増えている。そうしたなかで，食文化も変化し，村人の食卓にはスーパーで買ったパンや米などの食材が目に付くようになった。そのような社会の変化のなかで，聞き取りをした少年のなかには，「昆虫を食べたことがない」と話す者もいた。若い人の間では，昆虫食は次第に失われつつある食文化なのかもしれない。しかし，そのいっぽうで，多くの村人の間で昆虫を食する文化は連綿と続いており，食用昆虫を採集して食べることを雨季の楽しみとして待ちわびている人もいる。また，キャトルポストの設置により，牧夫が採集した昆虫が村にもたらされた結果，利用が拡大した種も存在す

る。村人と昆虫との関係は，一方的に衰退する，あるいは一方的に拡大するものではなく，生業や社会の大きな変動のなかで時々刻々と変化していくものなのである。

昆虫利用の持続性

　エスノサイエンスという視点から研究に取り組むことの意義の一つは，自然と人間との関係に関する固定的な見方を解きほぐし，地域に暮らす人々と身の回りの自然との豊かで多面的な関係性を理解することにある。それは，広い意味で，彼らの文化を理解することであり，それ自体が簡単には成し遂げられない，重要な研究目的となりうるものである。他方で，自然科学の分野からこの地域における人々と昆虫との関係を見ると，人口増加や土地利用の変化に伴う生態系の変化や商品化に伴う昆虫利用の持続性，イラガ幼虫が発生しなくなった原因など，異なる側面での研究課題が見えてくる。民族の科学であるエスノサイエンスは，これまでの研究史のなかで，近代科学との安易な「比較」や近代科学と比して優劣をつけるような試みが行われ，それに対する批判を受けてきた。寺嶋 (2002) が指摘するように，人々が有する民族の科学は，近代科学の代用品として存在するわけではなく，ましてや近代や普遍に対抗するために民族の科学があるわけではない。他方で，自然科学や他の研究領域との協働の可能性が否定されているわけでも決してない。むしろ，先に挙げたような多くの明らかにすべき課題を考えるためには，"昆虫側"の生態や暮らしを明らかにするための別の領域からの研究が不可欠であろう。

　最後に，イラガ幼虫に関する後日譚を報告しておきたい。先に記述したように，イラガ幼虫オカナンゴレは1990年頃に発生があったあと，私が調査していた2000年代にはほぼ発生しなくなってしまった。オカナンゴレの存在は昔話のように語られ，もはや忘れ去られかけていた。そんななか，雨季になってもほとんど雨が降らず記録的な大干魃となった2013年，突如としてオカナンゴレが大発生したのである。雨季の後半である4月頃に村を訪れると，作物の収穫が少ないことを人々が嘆くいっぽう，オカナンゴレの発生に沸き立っていた。昆虫利用の持続性や資源量の推定が簡単ではないことを痛感させられた。それと同時に，継続的なフィールドワークの重要性を再認識させられた事例でもあった。これからもウウクワングラ村での調査を行い，昆虫と人々の関係の変化を見つめていきたい。

トピックガイド

　アフリカの昆虫食について，網羅的に知りたい方は，『虫を食べる人びと』(三橋編 1997, 平凡社) や『世界昆虫食大全』(三橋 2008, 八坂書房) がお薦め。アフリカだけに限らず，世界各地で食べられている昆虫の種類や食べ方が紹介されている。

　ある地域の昆虫食について詳細に知りたい方には，カラハリの狩猟採集民ブッシュマンの昆虫食を紹介した『民族昆虫学』(野中 2005, 東京大学出版会) の第2章が興味深い。

ナミビアに興味がある方は,『ナミビアを知るための53章』(水野・永原編 2016, 明石書店),オバンボ社会の自然資源利用については,『サバンナ農地林の社会生態誌』(藤岡 2016, 昭和堂)を参照。

コラム2　南部アフリカのモパネワーム

　南部アフリカで,ひときわ有名なイモムシがいる。"モパネワーム"(mopane worm)である(モパニと発音する地域もある)。ナミビア共和国の首都ウイントフックを訪れたときのこと,観光客も多数訪れるお洒落なレストランのメニューのなかに,"モパネワームのトマトソース和え"があるのを見つけ,注文してみたことがある。きれいなお皿に盛りつけられて出てきたのは,トマトソースに浸った丸々と太ったイモムシであった。知らずに頼んだらさぞかしびっくりするだろうが,味はなかなかのものである。

　モパネワームとは,マメ科の樹木モパネ *Colophospermum mopane* の葉を好んで食べるイモムシのことである。モパネはアフリカ大陸の南緯20度付近に帯状に分布する樹木で,モパネ植生帯と呼ばれる特徴的な植生帯を形成する。モパネ植生帯は,南アフリカやナミビア,ボツワナ,ザンビア,アンゴラ,ジンバブエなど,南部アフリカの複数の国々にまたがって存在し,南部アフリカにしか見られない。モパネワームはヤママユガ科の幼虫で,*Gynanisa maja* や *Imbrasia belina* など,複数の種が含まれていることが知られている。いずれも

写真1　モパネの葉を食べるモパネワーム。

写真2 モパネワームの天日干し。

大型のイモムシで,雨季の中盤に局所的に大発生する。

　モパネ植生帯に暮らす人々の多くは,これらのイモムシを食材として利用する食文化を有している。たとえば,南アフリカ北東部のソト人の社会では,雨季の半ばに当たる3月頃になると,モパネワームの発生場所に関する情報が村々を駆け巡り,発生した場所に人々が殺到する。時には,柵で囲まれた商業農場の中で大量のモパネワームが発生することもあり,その場合には土地の所有者に少額のお金を支払い,採集させてもらう。村の共有地では,村人が優先的に採集することができ,所有権が明確ではない土地では早い者勝ちで採集競争が繰り広げられる。採集したモパネワームは,手でしごいて内臓を出し,天日で乾かして"乾燥イモムシ"にする。乾燥状態になると数か月にわたって保存することが可能となる。

　モパネワームは都市の市場などで販売され,比較的高額で取引される。現金を稼ぐために,専門的に採集する人が現れ,仲買人や国境を越えてモパネワームを運ぶ商人がいる。村のなかでは,物々交換の交換財として用いられることもある。

　南部アフリカでは,雨季になると,多くの人々がモパネワームの大発生を待ち望んでいるのである。

(藤岡悠一郎)

5章
農業と昆虫をめぐるフィールドワークとエスノサイエンス

足達太郎

1. 初めてのエスノサイエンス体験

　第2章で詳しく説明されているとおり，エスノサイエンス (ethnoscience) とは世界各地の人々がそれぞれの価値観や自然観に基づいて打ちたてた独自の知識体系のことであり，ある特定の地域やコミュニティーに属する人々に共有されているものである。もしもそのような知識に直接触れようと思ったら，まずはフィールド (現地) に行ってみなければならない。さらにそれが現地の人々に共有された知識であるかどうかを確かめるためには，ある程度の期間そこに滞在する必要があるだろう。
　私はおもに農業に関わる昆虫の生態を研究している。エスノサイエンスを専門にしているわけではないが，アジアやアフリカの農村へ調査に出かけ，現地の人たちと過ごすうちに，彼らがもっている価値観や自然観に触れる機会がよくあった。そんななか，彼らのもつ知識の豊かさに目を見はることがあるいっぽうで，私がこれまでに受けてきた教育や経験から得た知識に照らして，どうにも理解できない話や出来事もあった。大学では農学科で学んでいたので，昆虫学のほかにも作物学や園芸学など農学に関するひととおりの教育を受けてきた。しかしそこで得た知識からすると，現地の人たちから聞く話には違和感を覚えることも少なくなかった。いま思えば，そのような違和感こそが，エスノサイエンスの世界への扉を開く鍵だったように思う。
　本章では，私が過去のフィールドワーク (野外研究/調査) で出会った各地の人々が，農業や昆虫とどのように向き合っていたのかを，彼ら自身の語りをとおして顧みるとともに，アフリカ昆虫学におけるエスノサイエンスの意義について考えてみたい。

ガーナのヤシ酒

　私が初めて長期間滞在した外国は，西アフリカのガーナだった。青年海外協力隊員として1989年から3年近くそこで暮らした。南部のアシャンティー州 (Ashanti Region) のマンポン (Mampong) という町に，小学校の教員だった人たちにセカンダリースクール (日本の中高一貫校にほぼ相当) の教員資格を授けるカレッジ (短期大学に相当) があった。私はそこで農学系の科目を教えていた。

図1　ガーナ南部での葬式の参列者たち。

　ガーナ南部では金曜日は「葬式の日」である。葬式は，故人をたたえてあの世への旅立ちを祝福するおめでたい行事とここでは捉えられている。だから葬式では，飲んで歌って踊るのが定番だ。毎週金曜日になると，朝から葬式のハシゴをして，夕方になるとへべれけになっている人を町のあちこちで見かける。普段は町はずれにあるキャンパス内の宿舎で起居している教員や学生たちも，金曜日の午後には町へと繰り出し，よく葬式に参加していた (図1)。

　葬式で出される飲み物はビールが多かったが，ヤシ酒がふるまわれることもあった。ヤシ酒はうすく白濁していて，飲むとすっきりとした甘さだった。居合わせた人に，どうやって造るのかと聞いてみると，「ヤシの樹を切り倒して樹液をとる」という。えっ，それだけ？　私はややあきれて，「日本の酒は，専門の職人がひと冬かけて，丹念にコメを発酵させて造るのだけれど，ヤシ酒というのは随分簡単ですね」と感想を述べた。

　しかし翌週，学校で学生たち (とはいっても本来は小学校の先生なので全員私より年上だったが) にこの話をしたところ，次のようなことを教えてくれた。——ヤシ酒には2種類ある。一つはンサ・フフオ (nsa-fufuo) と言い，アブラヤシ *Elaeis guineensis* を切り倒して樹皮に傷をつけ，そこからしみ出てくる樹液を集める。もう一つはオドカ (odoka) と言って，ラフィアヤシ *Raphia* spp. を切らずに樹の上部にある葉柄の基部に穴を開け，樹液を容器に集める (図2)。このうちンサ・フフオのほうは，樹が倒された瞬間から樹液の発酵が始まるので，樹液の味とアルコール濃度は毎日少しずつ変わっていく。そこで"ヤシ酒通"の人たちは，ヤシ酒売りにまず樹を切ってからの日数を聞き，自分の好みにあった日数のものであればそれを買う。そのため，ンサ・フフオには樹を切ってからの日数に応じた独特の呼び名があるという。

図2 ラフィアヤシからヤシ酒 (オドカ) をとる。アブラヤシから採れるンサ・フフオと同様, 半日ほどかけて樹液が容器にたまるあいだにアルコール発酵が進む。たまった樹液はヤシ酒としてすぐ売りに出される。

　これを聞いて，私はすっかり感心するとともに，ヤシ酒に対して見くびった態度をとったことを恥ずかしく思った。当時はそんな言葉や分野があることさえ知らなかったが，アフリカのエスノサイエンスに初めて触れる機会となった。

つくばでのセミナー

　協力隊の任期を終えた私は，将来アフリカでフィールドワークを行うことを志し，1993年に大学院の博士課程に入学した。しかし博士論文のテーマに選んだのは，ガの性フェロモンに関する分析的な研究だった。くる日もくる日も暗室に閉じこもって夜行性であるガの行動を観察するのだが，よい実験結果がなかなか得られず，鬱々とした毎日を過ごしていた。

　そんなある日，つくばにある国際農林水産業研究センター (JIRCAS) で，「アフリカの暮らしと昆虫」という題名のセミナーが開催されることを知った。JIRCAS には知り合いの研究者が何人かいたこともあって，久しぶりにアフリカの話題が聞けると思い，意気揚々と出かけた (図3)。

　セミナーの前半は，ブユ，ツェツェバエ，マダニ，バッタ，シロアリなどについての発表だった。これらはいずれもアフリカの農業や牧畜に関わりのある昆虫である。発表者はどなたも応用昆虫学や医動物学の専門家で，昆虫の面白い生態に関する話もあり，昆虫学のセミナーとしてまずは順当な内容だった。ところが後半に入ると趣が変わり，演題も「類人猿の昆虫食」や「食用昆虫」などという"正統的"な昆虫学からはややはずれた語句が含まれるものになった。

　食用昆虫について発表したのは文化人類学者の杉山祐子さん (弘前大学) だった。

図3 JIRCAS で開催されたセミナーのポスター (1994 年 3 月)。

　内容は，ザンビアに住むベンバ人 (Babemba) が食用にする，チプミ (cipumi) と呼ばれるヤママユガ科の幼虫 (イモムシ) に関するものだった。この話は 2 章でも引用されているので，そちらを参照していただきたい。

　発表の途中で杉山さんは，ザンビアから持ち帰ってきた乾燥チプミを試食用にと回してくれた。会場からは「まずい！」という声があがりながらも，ビニール袋に入ったチプミはあっという間になくなった。昆虫食については今でこそ国際連合食糧農業機関 (FAO) が推奨したり，"虫グルメ"が話題になったりするなど，ちょっとしたブームであるが，当時は世間的にはゲテモノ扱いされることが多かった。しかし日本にも，イナゴやスズメバチ，ザザムシなど，伝統的な昆虫食がある。セミナー参加者の多くは，こうした昆虫食のことをよく知る昆虫学者たちである。「まずい」という声は，筋金入りの虫グルメからの厳しい評価だったのかもしれない。

　それにしても，「アフリカ昆虫学」という言葉もまだなかった頃に，農林水産業の研究所でなぜこのようなセミナーが開かれたのだろうか。詳しいいきさつはわからないが，セミナー発表者のなかに当時 JIRCAS の主任研究官だった八木繁実さんがいた。八木さんはケニアでの在外研究の経験があり，その頃は日本 ICIPE 協会の事務局長も務めていた。当時としては画期的な，昆虫学と人類学・霊長類学が融合したセミナーが実現したのは，八木さんの人脈と日本 ICIPE 協会という組織の存在が大き

5章 農業と昆虫をめぐるフィールドワークとエスノサイエンス　　　75

かったのではないかと思われる．そして何よりも，将来アフリカでのフィールドワークを夢みていた私にとって，このセミナーはこのうえもない刺激となった．

2. 中国での農村調査

　学位を取るのに時間がかかってしまい，実験室での仕事にしびれをきらしていた私は，博士論文の審査が終わるとすぐ調査に出かけた．とは言っても，アフリカへは簡単に行けないので，まずは近い所から始めることにした．中国は日本の隣国だが，広大な国土は多様な気候帯からなり，南部は熱帯ないし亜熱帯に属する．中国を訪れるのは初めてである．せっかく行くのなら，なるべく奥地がよいだろう．そこで中国の最南部で農村調査を行うことにした．1997年2月から3月にかけてのことである．
　当時，研究室の仲間で，東京大学大学院の博士課程に留学していた黄勇平さん(現在，中国科学院上海生命科学研究院)の前の勤務先が湖南省の株州にある中南林学院(現在は長沙市に移転して中国林業科技大学)だった．彼に紹介してもらって中南林学院を訪ね，さらにそこの副学長に頼んで，広西チワン族自治区の首府・南寧市にある広西林業科学研究院の副所長あてに紹介状を書いてもらった．
　株州から南寧までは寝台列車で約20時間かけて移動した．到着するとさっそく林業科学研究院を訪ね，副所長に会って農村調査の実施について相談した．彼は旧知の間柄らしい副学長からの紹介状にしばらく目をとおしていたが，やがて申し訳なさそうに，「外国人が農村に泊まり込みで滞在することは，自治区政府が許可しないでしょう」と言った．当時の中国は，改革開放政策がかなり進んでいる段階だったが，農村地帯への外国人の旅行は現在ほど自由ではなかった．
　私が途方にくれていると，中南林学院から付き添ってきてくれていた若い助手の先生が，自治区所管の亜熱帯作物研究所に知人がいるという．そこで研究所にTさんという研究員を訪ね，農村に泊まり込んで農業害虫について聞き取り調査をしたいという希望を伝えた．Tさんは，私が調査の目的を説明するのをだまって聞いていたが，やがて「村の住民たちは，あなたが泊まるのを歓迎するでしょう．彼らはきっと，近代的な日本の農業の話が聞きたいはずだ．私が村まで案内しましょう」と言った．不思議に思っていると，「村に着いたら，あなたを見失ったことにしましょう．私は仕事のためすぐに帰らなくてはなりませんので，1週間後に迎えに来ましょう」と言った．私は彼の親切に感謝するとともに，地方公務員らしからぬ度量の広さに感銘をうけた．

フィールド調査の作法

　調査を行ったのは，南寧の市街地から北東に120 kmほど離れた80戸ほどの小さな農村だった．水田では二期作が行われているが，訪れたのは2月でちょうど一期目の代掻きを始めているところだった．田んぼにイネがないので害虫を直接観察することは不可能である．そこでTさんにも説明したように，農民からの聞き取りを行うこ

とにした。だが問題は，どうやって話を聞くかである。

　日本を出発する前に一応中国語の勉強はしていたのだが，それは「普通話」(プゥトンホア)と呼ばれる漢語標準語である。だがこの村で日常的に使われている言語は，おもに「土話」(トゥホア)と呼ばれる漢語方言と「壮話」(チュアンホア)と呼ばれるチワン語方言である。私にはまったく理解できなかった。ところが何と，これについてもTさんが手をうってくれていた。近隣の村の出身で，短大を卒業したばかりの若い女性を通訳として手配しておいてくれたのである。彼女の母語はチワン語であり，普通話と壮話を英語に通訳することができた。土話については，Tさんの友人で村で私が下宿させてもらったお宅の主人が町でトラックの運転手をしており，普通話への通訳ができた。今にして思えばぜいたくなことだが，こうして同時に三つの言語に対応できる通訳2人による調査態勢が整った。

　聞き取りに際しては，年齢や家族構成，作付面積など，話し手の属性に関する質問のあと，水稲栽培で問題となる病害虫の種類とその防除手段について尋ねた。定型の質問も用意したが，質問表のような形で画一的な質問をするのではなく，話し手がなるべく自由な形で回答できるよう心がけた。聞き取った害虫名を実物で確認することは不可能だったので，南寧の町で購入した農業普及員用のハンドブック(《植保員手冊》編绘组編1992)に収録されていた作物害虫のカラー図版を話し手に見せた。

イネの害虫とその防除法

　調査は順調に進み，村で稲作に従事している約50世帯のうち42世帯から回答を得ることができた。その結果，イネを加害する害虫については钻心虫(チャンシンチョン)(ズイムシ類)，巻叶虫(チュアンイェチョン)(コブノメイガ *Cnaphalocrocis medinalis*)，稻飞虱(タオフェイシュ)(イネウンカ類)，稻蝽象(タオチュンシァン)(カメムシ類)，稻瘿蚊(タオユンウェン)(イネノシントメタマバエ *Orseolia oryzae*)など多くの害虫名を聞き取ることができた。これらはいずれも漢語標準語による名称だが，漢語方言でバッタ類を意味する mongmaa や，チワン語方言でカメムシ類を意味する ngan などを挙げる人もいた (足達2003)。

　これらの害虫に対する防除手段については，回答したすべての人が「農薬散布」を挙げたほか，「害虫の捕殺」や「灯火による誘殺」などと答えた人もいた。使用したことがある殺虫剤については，「杀虫双」(シャアチョンシュアン)，「甲胺磷」(チアアンリン)，「乐果」(ルーグォ)などを挙げる人が多かった。それぞれ，ジメハイポ(ネライストキシン系殺虫剤)，メタミドホス(有機リン系殺虫剤)，ジメエート(同)の漢語名である。

　なお，このうちメタミドホスについては毒性が強く，日本ではかねてより使用が禁止されている。中国でもその後2007年に販売・使用が全面的に禁止された。しかし，禁止となった直後に中国から日本に輸入された冷凍餃子にメタミドホスが混入するという事件が発生し，この農薬名はいちやく世間の注目を集めることになった。

　中国南部で農薬がさかんに使用されていることは，輸入食品の問題以外にも，日本に大きな影響がある。調査のなかで回答にあがったイネウンカ類の1種であるトビイ

ロウンカ Nilaparvata lugens は，東南アジアから東アジアにかけて広く分布しており，日本では「享保の飢饉」(1732 年) のような歴史的な大凶作の原因ともなった。

本種は季節風にのって日本まで長距離移動してくるが，その飛来源の一つがこの中国南部である。化学合成殺虫剤を多量に施用し続けると，害虫は殺虫剤に対する抵抗性を獲得する。殺虫剤抵抗性をもったウンカが飛来すれば，日本の稲作にとって大きな脅威となる。害虫に薬剤抵抗性を発達させない対策をたてるためには，飛来源である中国や東南アジア諸国との国際的な研究協力が不可欠である。

3. アフリカの農業と昆虫をめぐるフィールドワークとエスノサイエンス

文化人類学者からフィールドワークを学ぶ

博士課程を修了してから 1 年後の 1998 年，ようやくアフリカに行く機会がめぐってきた。日本学術振興会は，ケニアの首都ナイロビ (Nairobi) に研究連絡センターをおいている。そこに駐在員として派遣されることになったのである。学振駐在員のおもな仕事は，日本から調査に訪れる研究者を支援することだったが，業務の合間に自分の研究を行うことも許されていた。

センターを訪れる研究者には，文化人類学者や民族学者が多かった。私はこれらの人たちから，フィールド調査におけるさまざまな仕事の流儀を教わった。なかでも影響を受けたのは，「シニア駐在員」としてセンターに派遣されていた山口県立大学の安渓遊地さんである。当時のセンターは駐在員 2 名体制で，私のようなポスドク (博士研究員) クラスの若手は「ジュニア駐在員」と呼ばれ，1 年間をつうじてケニアに滞在するのに対し，教授クラスのシニア駐在員は 1 年のうち 4〜6 か月間滞在することになっていた。

安渓さんは家族を伴っての滞在だった。遊地さんは文化人類学，夫人の貴子さんは生態学や食文化の研究者であり，2 人ともフィールドワークの経験が豊富だった。私は安渓さんたちが調査に行く際に運転手の役をかって出て，ケニア・タンザニア・ウガンダなど東アフリカの各地を訪問した。文化人類学者は調査で出会った人たちとの会話を詳しく書きとめておく。こうした聞き書きという研究手法は，それまであまり見たことがなかったので，非常に参考になった。

畑作害虫に対する農民の認識

安渓さんたちが駐在員の任期を終えて帰国したあと，私は自分の調査にとりかかった。調査地はケニア東部のキトゥイ県 (Kitui District) の農村で，畑作における害虫被害の実態と，害虫とその管理に対する農民の認識について調べることにした。キトゥイ県の住民の多くはカンバ人 (Akamba) である。彼らの居住地はウカンバニ (Ukambani) と呼ばれ，年間をとおして雨が少なく，必ずしも農耕に適した環境とは言えな

図4 ケニア・キトゥイ県の畑。干魃によりインゲンマメが立ち枯れてしまった。

い土地柄である。それでも人々は熱心に土地を耕していた (図4)。

　調査ではまず，畑作で見られる害虫の名前を聞いてまわった。聞き取りの相手と一緒に虫が見られるとよいのだが，限られた時間ではなかなか見つからないことも多いので，虫の写真や標本を用意していった。しかし，静止した画像や死んだ標本を見せただけでは，それが野外に生息している虫と同じかどうかを見分けることは，案外難しかった。

　なかには，ツチハンミョウのような捕食性の昆虫を害虫だという人もいた。ササゲやキマメの花の中にいるのを見かけたという。聞き取った昆虫の地方名 (現地での呼称，vernacular name) を列挙すると，分類学上の種や属の違いまで区別していることは稀で，かろうじて科や目のレベルで認識していることがうかがわれた (表1)。

　植物については，アフリカの農耕民や牧畜民がその種類を細かく区別しているという事例が数多く報告されている。カンバ人についても，私の調査よりおよそ10年前に，ほぼ同じ地域で樹木と草本を含む植物の地方名を聞き取ったリストがある (Hayashi and Gachathi 1998)。それによると，植物分類学上の種まで同定された103種の植物にそれぞれ地方名があった。そのうち，別の2種が同じ名称で呼ばれている事例が3件 (うち2件は同属の植物)，3種が同じ名称で呼ばれている事例が1件 (同属) あった以外，すべて異なる名称で呼び分けられていた。このことは，カンバの人々の植物分類に関する知識が現代の植物学とほぼ同等であることを示している。

　このように，植物の場合は種のレベルまで非常によく分類されているのに比べ，害虫に対してはかなり大雑把なとらえかたとなるのはどうしてだろうか。昆虫の場合は数ある生物群のなかでも種数がとび抜けて多く，また種内変異の大きな種もいるため，よほどの昆虫マニアか専門家でなければ，種まで同定するのは難しいという事情もあるだろう。彼らにとってはそもそも，害虫を種まで分類する必要がないのかもしれない。しかし害虫ではなく，食用昆虫のような益虫になると，話はまた違ってくる。

　前述したベンバ人たちは，チプミ以外にも11種の食用イモムシを区別しており (杉山 1997)，ケニア西部に居住するルヒヤ人 (Luhya) たちは，食用となるシロアリを属

表1 ケニア・キトゥイ県で発生した畑作害虫リスト (1998～1999年)[1]

学名 (和名) および分類	地方名	加害作物	加害部位など
バッタ目			
バッタ科			
Abisares viridipennis	mbandi	トウモロコシ・ササゲ・キマメ	葉
Humbe tenuicornis	mbandi	トウモロコシ・ササゲ・キマメ	葉
カメムシ目			
ヨコバイ亜目			
コナジラミ科			
Bemisia tabaci (タバコナジラミ)	wiuu	ササゲ・キマメ	葉
アブラムシ科			
Aphis sp.	wiuu	ササゲ・キマメ	茎・葉・莢
ヨコバイ科			
Empoasca sp.	wiuu	ササゲ・キマメ	葉
カメムシ亜目			
ヘリカメムシ科			
Acanthomia sp.	ivivi	ササゲ・キマメ	莢
アザミウマ目			
アザミウマ科			
Megarlurothrips sp.	wiuu	ササゲ, キマメ	花
コウチュウ目			
ゴミムシダマシ科			
Tribolium castaneum (コクヌストモドキ)	ngulu, ngulukulu	トウモロコシ	貯穀
ツチハンミョウ科			
Coryna apicicornis	kangata	ササゲ, キマメ	花
ハムシ科			
Callosobruchus maculatus (ヨツモンマメゾウムシ)	ngulu, ngulukulu	ササゲ	貯穀
ミツギリゾウムシ科			
Apion pullus 成虫	kangata	ササゲ	茎・葉・莢
Apion pullus 幼虫	kiinyu	ササゲ	莢
ゾウムシ科			
Alcidodes leucogrammus	kingata	ササゲ	茎・葉
Sitophilus zeamais (コクゾウムシ)	ngulu, ngulukulu	トウモロコシ	貯穀
チョウ目			
ツトガ科			
Maruca vitrata (マメノメイガ) 幼虫	kiinyu	ササゲ	花・莢
ヤガ科			
Busseola fusca 幼虫	kitili	トウモロコシ	茎
Busseola fusca 蛹	ngaluka	トウモロコシ	茎 (見つかる部位)
Helicoverpa armigera (オオタバコガ) 幼虫	kingalyu	キマメ	花・莢

1) 実際の食性にかかわらず，ある程度以上の数の回答者に害虫と認識されているものをすべてリストアップした。
出典：足達・中村 (2001) の発表データより改変。

のレベルまで認識している (八木 2007)。キトゥイでは益虫についての本格的な聞き取りは行わなかったが，日常的な会話からは，多くの人々が食用昆虫に少なからぬ興味をもっていることがうかがわれた。

農薬への信奉と調査地被害

　キトゥイ農民の害虫観について，もう一つ気になったのは，害虫の生態についての認識である。彼らはどの虫がどの作物のどの部位を食害するのかという加害様式については比較的よく知っており，関心も高かった。だがその反面，害虫と天敵の捕食-被食関係，すなわち"食う-食われる"の関係についてはほとんど無関心であった。これはたとえば，農耕民族である日本人が，トンボが害虫を捕食することを古くから認識していたのとは対照的である。

　さらに，害虫防除の手段については，ほとんどの人が「殺虫剤散布」が効果的だと考えていることがわかった。しかし，実際に化学農薬を使用している人は回答者の約半数で，散布をしなかった理由としては経済的事情を挙げる人が多かった。また，農薬散布の有無を聞いたうえで，各戸におけるトウモロコシやインゲンマメの収量を調べたところ，収量に及ぼす薬剤散布の効果はほとんど見られなかった。にもかかわらず，多くの人々は高い収量を得るためには農薬の散布が必要だと思い込んでいるようであった。

　キトゥイ県での調査でわかったことは，ここまでだった。この調査結果を私は学振の研究連絡センターで開催されたセミナーで報告した (足達 1999)。セミナー参加者のなかに，ケニア人の人類学者でナイロビ大学アフリカ研究所 (Institute of African Studies) 所長のシミュ・ワンディバ (Simiyu Wandibba) 教授がいた。彼とはセンターの業務を通じて旧知の間柄だったが，発表のあとで「きみは昆虫学者だと聞いていたけれど，いつから人類学者になったのかね？」と言われた。つたない発表をほめられたのは満更でもなかったが，この調査にはいろいろと心残りな点が多かった。

　もっとも大きな心残りは，農民たちから虫の名前や害虫防除の方法を聞くことに，どんな意義があるのかということだった。フィールドワークの師匠である (と私が勝手にきめた) 安渓さんはよく，「調査地被害」という話をしていた。フィールド調査の現場では，多くの研究者が「学術」を名目にしながら，地元の人々に対して非常に多くの迷惑行為を行なっているというのである (宮本・安渓 2008)。

　学術調査の成果というのは多くの場合，調査される側にとってはほとんど直接的な利益をもたらさない。いっぽう研究者のほうは，その調査で上げた業績によって就職したり，地位が昇格したりするなど"利益"を得ているのである。

　キトゥイの調査では，できるだけ地元の人たちの迷惑にならないように心がけたつもりだった。しかし当時の私はまだポスドクで定職についておらず，とにかく研究成果を上げたいという気持ちがあったのも事実である。快く調査に協力してくれた地元の人たちとって，私がやってきたフィールドワークは，いったい何の役に立つのだろ

うか。そうした思いは，駐在員の任期を終えてケニアを離れてからも，消えることはなかった。

4. アフリカ昆虫学におけるエスノサイエンスの意義

焼畑と混作

キトゥイの農民たちが見せたような化学農薬に対する信奉は，アフリカやアジアのほかの地域で調査した際にも，いたるところで見られた。農薬を積極的に使うのは，おもに常畑で食用作物や野菜，工芸作物などの単作を行っている人たちである。常畑とは，一定の場所で永続的に耕作を行う定着式農耕の畑のことである。これに対し，1回または数回耕作するごとに畑を放棄して別の場所に移るのが移動式農耕である。この耕作方法では，新たな場所に畑を切り開く際にしばしば森林への火入れを伴うことから，このようにして作られる畑のことを，焼畑と呼んでいる。

焼畑は，現在でもおもに熱帯地域などで見られるが，そこで害虫が問題となっているという事例は少ない。火入れによる加熱が害虫の繁殖を抑えるのに役立っているという指摘もあれば，あまりにも粗放な農法なのでそもそも害虫などは問題にならないという見方もある。

いっぽう，単作 (sole cropping/monoculture) というのは，一つの畑で1種類の作物のみを耕作することをいう。これに対して，一つの畑に複数の作物を同時に耕作することを混作 (mixed cropping) あるいは間作 (intercropping) という。アフリカの農村を歩くと混作の畑をよく目にする。なかには「これが畑？」と驚くようなものもある。ムギならムギ，ダイコンならダイコンと，畝や区画ごとに植え付ける作物が決まっている日本の畑とは，かなり様相が異なるからである (図5)。

常畑や単作は，作業効率や生産性の面でメリットが多いことから，近代農法 (mod-

図5　モロコシとササゲの間作 (ナイジェリア)。

ern farming) とみなされるのに対し，焼畑や混作は在来農法 (indigenous farming) などと呼ばれてきた。近代農法に慣らされた目で見れば，在来農法は粗放であり，生産性が低く，改良されるべき「遅れた技術」に見える。実際，植民地時代以降のアフリカにおける農業政策は，こうした在来農法を"改善"し，近代農法を導入することが主眼であった。しかし近年，こうした見方に対して多くの異論があがってきている。

　イギリスの人類学者で，西アフリカで在来農法を調査したポール・リチャーズ (Paul Richards) は，混作は単作よりも多様な作目を安定かつ省力的に生産でき，病害虫や雑草を抑制できるなど，数々の利点があることを指摘した (Richards 1985)。リチャーズはまた，現地の自然環境や社会事情にうとい科学者が，近代農法のほうがより"合理的"であると決めつけ，現地に押し付けている現状を批判した。さらに，アフリカの小規模農民たちが収量や生育期間，草型 (直立型，匍匐型，つる性などの作物地上部の形態的特性) の異なる作物品種を個々の必要に応じて選択したり，独自の判断で害虫防除を行っている事実を示しながら，科学者と農民の協力による「農民参加型研究」(farmer participatory research) の実施を提唱した。

環境保全型農業

　いっぽう，「進んだ技術」であるはずの近代農法も，近年は大規模灌漑による塩類集積，化学肥料・化学農薬の多用による土壌や水質の汚染と生態系への影響など数多くの問題が指摘されるようになった。そのため，近代農法の"お膝元"である欧米や，1960年代に「緑の革命」を達成した東南アジアなどでも，「環境保全型農業」への移行が始まっている。

　たとえば，アメリカでは典型的だった大面積の農場を，あえてこまかく区分けして異なる作物を植える「景観管理」(landscape management) が行われている。また，ベトナムでは水田の畔にたくさん花を植える「生態工学」(ecological engineering) が実践されている。これらはいずれも，圃場周辺の植生を多様化することによって，害虫抑制効果を期待したものである。そしてその"お手本"となっているのは，これまで述べてきたような在来農法にほかならない。つまり，環境保全型農業の最新技術は，現代科学がエスノサイエンスから学んだものなのである。

プッシュ・プル法

　現代科学とエスノサイエンスの融合をアフリカで実践した事例として，プッシュ・プル法 (push-pull method) がある。

　プッシュ・プル法とは，本書の12章でも詳しく説明されているとおり，昆虫の行動を制御する「刺激因子」(stimulant) と「抑制因子」(deterrent) を組み合わせて害虫による被害を抑制する手法のことである。国際昆虫生理生態学センター (ICIPE) のゼヤウール・カーン (Zeyaur Khan) らは，ケニアにおいてこのような因子をもつ植物を探索し，トウモロコシ畑に混作して，*Chilo partellus* などのズイムシ類による被害を

抑制することに成功した (Khan et al. 1997a)。この方法は現在，ケニア西部を中心とする7万戸あまりの農家で実施されている。

プッシュ・プル法が東アフリカでこれほど急速に普及したのは，在来農法としての混作の下地があった地域に，この方法がうまく適合したことが大きい。害虫に対する忌避作物として植えられるデスモディウム (マメ科) や，害虫を誘引するおとり作物となるネピアグラス (イネ科) は，いずれも牧草であり，ウシなどの家畜の飼料となる。

農民たちはこれら多年生の牧草を適宜刈り取って，自分たちが飼っているウシのために自家消費したり，市場で売って現金収入を得たりしている。農民たちにとっては，ズイムシの防除という当初の目的よりも，むしろ家畜の餌や現金収入といった副次的なメリットのほうが，重要なモチベーションとなっているのである (Ishihara 2008)。

農法の進化と創意工夫

世界各地で現在見られるさまざまな在来農法は，生物の進化と同様に，各地域で試行錯誤された手法のなかで，その地域の環境にもっとも適応したものが現在まで受け継がれてきたと考えられる。ダニエル・リーバーマン (Daniel E. Lieberman) によれば，自然選択による生物の進化では，新しい遺伝子はランダムな突然変異を通じて偶発的に生じるのに対し，人間の文化では創意工夫によって意図的に変異が生み出されるという (Lieberman 2013)。

創意工夫とは，今までだれも思いつかなかったことを考えだすこと，すなわち「思いつき」である。生物進化の例で，生物の変異にあたる在来農法の改良型は，もとはといえば，誰かの思いつきによってもたらされたのではないだろうか。

2015年にマラウイで野菜の病虫害調査を行なった際，野菜栽培の新たな技法を次々と生み出すことで地元では評判のKさんという人に出会った。彼の畑を見せてもらったところ，ピーマンとスイカを間作しており，その脇ではトマトを作っていた。トマトは別の小さな畑で育てた苗をより大きな区画に移植したばかりだったが，植え付けのやりかたが，見たことのないものだった。

粘土質の表土に壺状に穴を掘り，根を堆肥で包んだトマト苗を植え付けていた。そんなことをしたら，水はけが悪くなるだろうし，苗の根に肥料を直接触れさせるのはよくない，と学生時代に農学科で教わった記憶がある。Kさんに尋ねると，「トマトにとって，穴は"水瓶"，堆肥は"ご飯"のようなものだ。これで栄養と水分をしっかりと確保できる」という。あまりのユニークさに私は驚いてしまった。いっぽう，ピーマンとスイカの間作については，「間作をしたつもりはない。たまたま畝が隣り合わせになっていただけだ」という。これもまた意表をつく返事だった。

研究者というのは職業柄，とかく"科学的"な説明を求めがちである。しかし，そのような科学的な言説は，農民たちの言い分とかみあわないことがしばしばある。た

とえば混作は,「害虫の餌資源を分断し,天敵を活性化することによって,害虫の発生を抑制する」という科学的な説明が可能である (Root 1973)。しかし,アフリカでもアジアでも,混作にそのような効果を期待している農民はほとんどいなかった。混作する理由を聞いてみると,「昔からやっているから」,「みんながそうしているから」という答えが圧倒的に多かった。

こうしてみると,エスノサイエンスを現代科学で解釈することは,一筋縄ではいかないことがわかる。個人的な思いつきでなく,地域の人々に共有された知識であっても,その体系は彼らの世界の中だけで完結していることが多い。外部の人間がいくら「科学では解釈できない」とか,「その知識は間違っている」などと言っても意味がない。エスノサイエンスとは元来そういうものである。

在来農法というのは非常に長いあいだ受け継がれてきたものであり,その農法の本来の意義や来歴については,忘れさられているのが普通である。農学者や人類学者が,在来農法が環境に適応しているという根拠を,その農法を実践している当の農民から聞くことは,現実にはそうあることではないだろう。もしもタイムマシンがあったら,過去の時代にさかのぼり,そんな農法をなぜ思いついたのか,聞いてみたいものである。

ツマジロクサヨトウのアフリカ侵入

ツマジロクサヨトウ *Spodoptera frugiperda* (チョウ目ヤガ科) は元来,南北アメリカ大陸およびその島嶼部に生息し,トウモロコシやワタなど多くの種類の作物を加害する農業害虫である。広大なアメリカの農地で秋口にしばしば幼虫が大発生し,作物を食い尽くすことから,人々はこの害虫を「fall armyworm」と呼び,その破壊的なイメージを脳裏に刻みつけた (図 6)。

2016 年になって,この害虫がナイジェリアのトウモロコシ畑で発見された。アフリカ大陸への初の侵入報告である (Goergen et al. 2016)。その後 2018 年初頭の時点で,サブサハラアフリカの 40 か国以上で本種の発生が報告されている (*The Economist* 2018 年 1 月 24 日)。

本種がアフリカ大陸に侵入したというニュースは,アフリカ内外の報道媒体によって扇情的に報道された。アフリカではきわめて多くの人口がイネ科作物に依存しており,食糧安全保障上の影響が大きいことから,各国政府や国際機関は高い関心をもって事態を注視している。

しかし,報道ではあまり取り上げられていないことだが,アフリカにはもともと本種と近縁のアフリカシロナヨトウ *Spodoptera exempta* のほか,*Busseola fusca* (ヤガ科) などの土着種,あるいはアジアからの侵入害虫で,半世紀以上前から定着している *Chilo partellus* (ツトガ科) など,イネ科作物を加害する害虫が多数生息している。ツマジロクサヨトウはこれらの土着害虫よりも,加害する作物の範囲が広いとされるが,それはアメリカでの大発生時の記録に基づくものであり,実際にアフリカでどれ

図6 ツマジロクサヨトウの成虫 (A) とトウモロコシを加害する幼虫 (B)。© G. Goergen, International Institute of Tropical Agriculture。

ほどの被害が生じるかは推測の域を出ていない。

「歴史的大害虫がアフリカへ侵入」などと大見出しを掲げるような報道の過熱ぶりもあって，本種に対する対策がすでにいくつか提案されている。だがその多くは，アメリカでの事例をもとに策定されたものであり，化学農薬の散布や天敵の導入，遺伝子組換え作物を含む害虫抵抗性作物の導入などが主体となっている。このような計画は，圃場生態系の撹乱や種子供給の外部依存を助長し，アフリカ農業の持続可能性を脅かすおそれがある。

アフリカではこれまで，上に挙げたような土着害虫によって壊滅的な被害を受けたという事例は少ない。そのような害虫による被害は，在来農法によってまがりなりにも克服されてきたのである。ただし，アメリカの一部地域で殺虫剤に対する抵抗性を獲得したツマジロクサヨトウの存在が確認されており，それがアフリカに侵入すれば新たな脅威となるという指摘もある。

うたれづよい農業とエスノサイエンス

学振ICIPE派遣研究者としてケニア西部のムビタ (Mbita) に滞在した小路晋作は，トウモロコシとギニアグラス(牧草)混作区と，トウモロコシの単作区を作り，それぞれの区で捕食性天敵を人為的に除去したとき，害虫 (ツトガ科の *Chilo partellus*) の個体数がどのように変化するかを調査した。その結果，天敵を除去しなければ混作区と単作区の間で害虫密度に有意な差はなかったのに対し，天敵を除去すると単作区では混作区と比べて害虫密度が有意に高まった (Koji et al. 2007)。その理由は明らかではないが，混作によって人為的撹乱に対する圃場生態系の強靭性が増したと解釈することもできる。

上の実験では，天敵を吸虫管や手で取り除いたが，もし殺虫剤抵抗性害虫がいる畑に殺虫剤を散布すると仮定すれば，天敵は殺虫剤で除去されることになる。そのような状況のもとでは，前記の実験結果から，単作の畑では害虫の発生が助長されるのに対し，混作区ではたとえ抵抗性をもった害虫がいても，天敵の減少による害虫密度への影響は小さいと予想される。

　生態系が撹乱を受けたあと，元に戻る速さのことをレジリエンス (resilience) という。「復元力」や「強靭性」，「耐久性」などとも訳される。もともとは生態学用語だが，近年では社会科学の分野でも，地域社会が自然災害や社会的混乱によって突発的な損害を受けたあと，すみやかに安定状態に戻る特性を指す意味で使われることが多い。混作をはじめとする在来農法のもとでは，これまで何度となく干魃や害虫などによる被害に見舞われながらも，やがて生態系は回復して，人々へ食料の供給が続けられてきた。アフリカの自然環境や社会環境に適応した在来農法による農業は，「うたれづよい農業」と言えるかもしれない。

　エスノサイエンスの産物である混作を，現代科学の一つの到達点とも言える単作と比較するとき，効率を重視するのか，レジリエンスを評価するのかといった，さまざまな見方があるだろう。ただ言えるのは，現代科学にのみ頼っていたのでは，今後，人口増加や食糧危機といった地球的規模の難局を乗り越えることはできないかもしれないということである。混迷のなかにいる21世紀の人類が進むべき道を，エスノサイエンスが示してくれるのではないだろうか。

トピックガイド

　エスノサイエンスとしてのアフリカ昆虫学のなかでも，昆虫食は面白いテーマである。最近は新書などでも多数の"昆虫食本"が出版されているが，とくに1冊を挙げるとすれば，『昆虫食古今東西』(三橋 2012, オーム社)。アフリカでは23か国の食用昆虫が取り上げられている。

　『焼畑の潜在力―アフリカ熱帯雨林の農業生態誌』(四方 2013, 昭和堂) は現在に生きる在来農法の実態を，詳細なデータに基づいて明らかにした良書である。エスノサイエンスの視点も随所に見られる。各章末に収録されたコラム「バナナ日記」を読むと，現地の人々の生き生きとした日常生活のありようが著者のフィールドワークを通して追体験できる。

　本章でも取り上げた調査地被害の実例については，『調査されるという迷惑―フィールドに出る前に読んでおく本』(宮本・安渓 2008, みずのわ出版) に詳しく書かれている。「旅する巨人」と呼ばれた民俗学者・宮本常一の言葉をひきながら，調査者がフィールドで心がけるべき指針が示されている。フィールドワークを志す人にはぜひ読んでほしい。

コラム3　シマウマの縞は虫よけのため？

アフリカで「サファリ」と呼ばれる野生動物観光ツアー (スワヒリ語で「旅」を意味する safari からきている) に参加すると，シマウマはひときわ目にすることの多い動物である。これはシマウマが群れをなし，数が多いこともあるが，黒と白のよく目立つあの縞模様のせいもあるだろう。しかし，草食動物である彼らにとって，「よく目立つ」というのは大問題だ。ライオンやハイエナなど，彼らを捕食する肉食獣に見つかりやすいからである。

シマウマ自身にとって縞模様が何の役に立っているのかという問題は，生物学上の大きな謎だった。チャールズ・ダーウィン (Charles Darwin：1809-1882) やアルフレッド・ウォーレス (Alfred Russel Wallace：1823-1913) を皮切りに，多くの研究者たちが，この謎を解くべく論争を繰り広げてきた。これまでに提起された主要な仮説には，天敵である肉食獣に対して隠蔽色 (カムフラージュ，いわゆる迷彩色) もしくは警告色 (襲うと危険であることを天敵に知らせる表徴) としての効果があるというもの，群れ社会における個体間の相互認識を高めるとするもの，光の反射率の違いによって高温対策になるというもの，病気を媒介する昆虫類に対して忌避効果があるとするものなどがある。

カリフォルニア大学デービス校のティム・キャロ (Tim Caro) 教授 (動物行動生態学) らは，統計学的な手法を用いてこれらの仮説を検証した。シマウマにはいくつかの亜種やすでに絶滅した近縁種があり，たとえばグレビーシマウマは，ほかのシマウマよりも縞が細くて数が多い。そこで各亜種や近縁種がもつ

写真　よく目立つシマウマの群れ (2017 年 3 月，ナイロビ国立公園にて)。

縞模様の幅や本数が，それぞれの生息域における大型肉食獣の有無，感染症媒介昆虫の分布，気温，植生などによって異なるかを調べた．

その結果，絶滅種を含む 7 種 (亜種を含む) のシマウマの生息域は，すべてツェツェバエ *Glossina* spp. および吸血性アブ類 (アブ科 Tabanidae) の分布域と大きく重なっていることがわかった．いっぽう縞のない野生ロバや野生ウマの生息域には，これらの昆虫類はほとんど分布していなかった．さらに，アブ類の分布域に生息するシマウマの種や亜種では顔，首，脇腹，尻にある縞の数が多く，ツェツェバエの分布域に生息するものでは，腹と肢にある縞の数が多かった (Caro et al. 2014)．

ツェツェバエやアブ科の昆虫が黒と白の縞模様を避けることは，これまでにも報告があった．ジンバブエで，白・黒・灰色の各単色と幅 5 cm の黒と白の縦縞および横縞模様のトラップに誘引されるツェツェバエの数を比較したところ，黒と白の縦縞模様への捕獲数がもっとも少なかった (Gibson 1992)．

野生および家畜のウマ科動物を死に至らしめる伝染病のナガナ病は，ツェツェバエによって媒介される．また，馬伝染性貧血やアフリカ馬疫，炭疽などの感染症はアブ科の昆虫が媒介する．しかし，シマウマがこれらの伝染病に感染するのは稀であるという．また，野外で採集したツェツェバエの体内にある血液を分析して吸血された動物を特定したところ，イボイノシシやブッシュバックがおもな吸血源であり，シマウマから吸血する頻度は少ないことがわかった (Clausen et al. 1998)．

ライオンやブチハイエナなどの肉食獣の視覚は，機能的にシマウマの縞模様を認識することができない．日中でも 50 m 以上離れると，同じくらいの大きさのほかの偶蹄類と区別がつかないらしいことが，最近の研究で明らかになっている (Melin et al. 2016)．人間にとってはよく目立つあの縞模様も，肉食獣に対しては隠蔽色や警告色としての機能はないということになる．

以上の研究結果からみて，シマウマの縞模様は致命的な病気の感染をのがれるべく進化したらしい．見るからにアフリカをイメージさせるあの模様が，小さな昆虫によって形づくられたとは，何とも意外な結論である．

(足達太郎)

6章
日本とアフリカのヤマトシジミ

岩田大生

1. ヤマトシジミの斑紋変異

ヤマトシジミって貝じゃないの？

　ヤマトシジミの研究をしていると言うと，「どうやって調理したらいいですかね？」と聞かれることがたまにある。どうやら貝のことと勘違いされるようだ。ヤマトシジミという名の貝は実在するが，私が研究しているのはチョウのほうである。学部生だった2008年10月頃よりこのチョウの翅の模様に関する研究を行っている。ヤマトシジミ *Zizeeria maha* (図1A) は日本の本州以南に広く分布している (白水2006; 猪又ら2010)。その近縁種がアフリカにもいて，アフリカヤマトシジミ *Zizeeria knysna* (別名アフリカハマヤマトシジミ) という (Larsen 1991; 仁坂 2000; 岩田 2013)。2013年8月から1年間ケニアに滞在し，その折このアフリカヤマトシジミについて研究する機会を幸運にも得た。
　本章では，日本のヤマトシジミの斑紋変異に関する研究，ケニアに行くことになった経緯，さらにそこで行ったアフリカヤマトシジミの飼育実験とこの種を用いた環境評価への利用について述べる。

ヤマトシジミの研究を始めた理由

　2011年3月の東京電力福島第一原子力発電所事故に伴う放射能汚染の生物学的影響に関する研究 (Hiyama et al. 2012b) により，このチョウはいちやく有名となった。これは当時私が所属していた琉球大学の大瀧丈二准教授の研究室により実施されたものである。福島でのフィールド調査および飼育実験により，ヤマトシジミにおける形態異常や生存率などのデータを評価した結果，放射能汚染によって本種が生理的・遺伝的損傷を受けているだろうというのが，この研究の結論であった。しかし，この結論はチョウに関するものであり，人間や他の生きものに対する放射能汚染の影響はこの研究からはわからない。
　冒頭の話の続きで，「あなた，昆虫食愛好家ですか」と私が少しボケてから，「貝じゃなくて，チョウのほうのヤマトシジミですよ」と言うと，「ああ，原発のやつね」

という答えが返ってくることが多い。このチョウについては，福島原発事故以前から研究しているのだが，そのことを知る人はあまりいない。むしろ，原発事故をきっかけにヤマトシジミの研究を始めたように理解されていることが少なくない。

そもそも大瀧研究室でのヤマトシジミの研究は，翅の色模様形成(斑紋形成)の発生と進化のメカニズムを解明するために始まった(大瀧 2013 a, b)。とくにこの種の斑紋進化に注目するようになった理由の一つは，2002年から2004年にかけて，ヤマトシジミの生息域の北限である青森県深浦町で，翅の模様が変化したヤマトシジミ(以降，本章では変化型と呼ぶ)が大発生したことである(図1B〜D)(Otaki et al. 2010)。

変化型大発生のメカニズム

ヤマトシジミのように年2回以上発生するチョウには，季節によって形態が異なることがあり，これを「季節型」という(白水 2006)。一般的に，こうした季節型の決定には日長・温度などの環境要因(環境刺激)が関与していると言われている(遠藤 1990; Kato 1994)。ヤマトシジミにも夏型(高温期型)(図1A)と晩秋型(低温期型)が存在し(白水 2006)，日長や温度がこのチョウの季節型の決定要因として知られてい

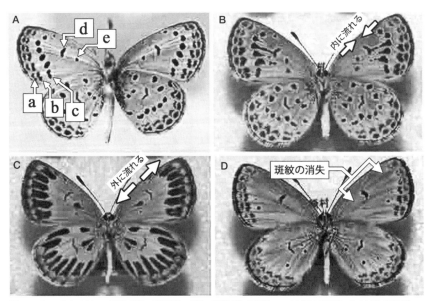

図1 ヤマトシジミの正常型と変化型。(A) 正常型(夏型)。aは第1斑列，bは第2斑列，cは第3斑列，dは中央斑点，eは第4斑列を示す。(B) 内流れ型。中央斑点に向かって第3斑列と第4斑列が流れる変化型である。(C) 外流れ型。中央斑点から遠ざかるように第3斑列と第4斑列が流れる変化型である。(D) 消失型。おもに第3斑列が小さくなる，あるいは消える斑紋変異変化型である。Hiyama et al. (2012a) より改変。

る (鈴木 1966; 福田ら 1984; 浜 2003; 西村 2008)。

こうした季節型とは異なる斑紋を示すヤマトシジミが 2002 年から 2004 年の夏に青森県深浦町で大発生 (個体群の 10〜15% ほど) したことが報告されており，そうした斑紋変化個体は，内流れ型 (inward type)，外流れ型 (outward type)，消失型 (reduction type) の三つに大きく分けることができる (図 1B〜D) (Otaki et al. 2010)。

私も共著者の 1 人である Otaki et al. (2010) において，このヤマトシジミの変化型に関しては室内実験によって以下のことがわかった。約 25℃ で飼っていた個体を，蛹化後 10 時間以内に約 4℃ の低温に長期間 (15 日間) さらす処理 (冷却処理) を施すことにより，内流れ型，外流れ型，消失型の 3 タイプの変化型を再現できた。しかし，冷却処理を施せばすべての個体が変化型になるわけではなく，そこには正常型も現れた。また，蛹化してから 6〜12 時間以内に，−2℃ で 3 日間の冷却処理を施すことによって，(短い処理日数で) 外流れ型が多く現れることが判明した。

そこで，沖縄県のヤマトシジミを用いて，この条件 (−2℃, 3 日) で現れた外流れ型どうしを毎世代交配させてみた。具体的には，冷却処理によって作出した外流れ型どうしの交配により得られた子の一部に対しては，次の外流れ型どうしの交配用に蛹に冷却処理が施され，いっぽう，残りの個体に対しては冷却処理せずに約 25℃ で成虫になるまで飼育した (図 2, 3)。これにより，環境刺激がなくても次世代に変化型が現れるかを毎世代確認した。そうしたところ，最初の世代では冷却処理を施さないと正常型しか現れなかったが，そのうち冷却処理を施さなくとも外流れ型が現れるようになり，10 世代目には約半分の割合で外流れ型が現れるようになった (図 2)。この現象はおおまかに次のように解釈できる。

外流れ型はこれまで環境の変化が起きた際に，集団の一部にのみ現れる形質であった。しかし，その形質が何世代にもわたって環境刺激により誘導され，さらに選抜さ

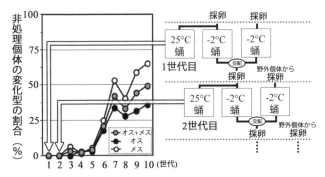

図 2　冷却処理によって誘導されたヤマトシジミ外流れ型の選抜実験。蛹の一部を冷却処理実験に用い，残りは非処理個体の変化型 (外流れ型) の割合を確認するため，冷却処理を施さないで羽化させるという二つの操作を毎世代繰り返し行った。図中の「交配」は，冷却処理によって誘導された外流れ型どうしの交配を意味する。Otaki et al. (2010) より改変。

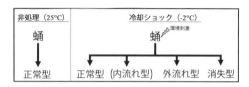

図3 冷却処理後に現れるヤマトシジミの斑紋の種類。蛹は25℃だとすべて正常型になるが，蛹に冷却処理 (-2℃) を施すと，正常型，内流れ型，外流れ型，消失型のいずれかになる。図2の選抜実験では，冷却処理後に外流れ型のみを毎世代選んで交配に用いた。Otaki et al. (2010) では，-2℃，3日の冷却処理で内流れ型は現れていないため括弧でくくった。

れるという過程を経たことで，特定の環境刺激がない環境においても発現するようになった。こうした一連の過程や現象は「遺伝的同化 (genetic assimilation)」と呼ばれており，環境変化によって誘導される表現型が何世代にもわたり「選択」され続けることで，遺伝的に固定されうると考えられている (Waddington 1953; Hiyama et al. 2012a; Gilbert 2014)。おそらく遺伝的同化が野外で起きた結果 (あるいは進行中の遺伝的同化により)，夏の青森県深浦町でヤマトシジミの変化型が大発生したのではないかと，私は考えている。

しかしながら，いまだに多くの情報が不足している。たとえば，内流れ型と消失型においても遺伝的同化が起きるのか，他の地域における3タイプの変化型の割合と温度の関係はどうなっているのか，同じ変化型どうしがそもそも野外で交配 (同類交配) するのか，野外環境だと冷却刺激を受けない時期 (世代) もあるが，本当にそれでも遺伝的同化が起きるのかなどである。このように課題は山積みであるが，現在は変化型のうち外流れ型に注目して，外流れ型どうしの交配が頻繁に起きるのかについて調べているほか，外流れ型を引き起こす遺伝子に関しても探索している。

ここまで読んで，これらの変化型を突然変異で引き起こすことはできないのだろうかと考えた方もおられるだろう。私もそう思い，突然変異誘発物質であるメタンスルホン酸エチル (ethyl methanesulfonate, EMS) を用いて突然変異を人為的に引き起こした結果，図1Dのように斑紋が消えたり，小さくなったりするような変化と，図1Bのように斑紋が内側に伸びる変化は見られた (厳密には冷却処理で誘導した内流れ型とは微妙に違う)。しかし，図1Cのように外側に伸びるという変化は見られなかった (Iwata et al. 2013)。

原発事故の影響

以上のように，福島の原発事故が起きる以前から，私たちはヤマトシジミの研究を行っていた。とくに低温という東北地方に共通する環境要因が本種にどのような影響を及ぼすかについては，かなりの知見を得ることができた。その東北地方で原発事故発生という事態にあたり，これまでの研究成果が役立つのではないかと考え，大瀧研

究室では福島での調査に着手したのである。

　私たちは福島でヤマトシジミの異常個体を見つけてやろうと思って調査に臨んだわけでは決してなかった。むしろ、そんな個体が見つからないことを望んでいた。しかし、異常個体が見つかってしまった (Hiyama et al. 2012b)。前述したように、この結果からはヒトに対する影響はわからないが、安全だということでもない。2013年春の調査では福島県において異常個体の割合が正常な値にまで戻っていると判明したが、それでも安全かどうかは不明である (Hiyama et al. 2015)。

　福島県の復興を考える際に、こうした調査結果を判断材料として提供していくことは今後も重要であると思われる。

2. ケニアでの調査

東北からケニアへ

　東日本大震災が起きた2011年当時、私の実家は宮城県の名取市にあった。さいわい実家は津波による被害をまぬがれたが、精神的には深刻な影響を受けた。そのため、福島県での初期のフィールド調査 (Hiyama et al. 2012b) に同行できる状態ではなかった。それでも、もしヤマトシジミの異常個体がいた場合、私のデータが何かしら参考になるのではと思い、EMSによるヤマトシジミの突然変異誘発実験を室内で継続した (Iwata et al. 2013)。実際にHiyama et al. (2013) には、私のデータが生かされている。また、ヤマトシジミの突然変異に関しては、当時の大瀧研のメンバーのなかでは比較的詳しかったため、変異の掛け合わせの仕方や、ヤマトシジミの形態異常に関して多少の助言もした。

　EMSによるヤマトシジミの突然変異誘発実験 (Iwata et al. 2013) を終えた私は、2012年5月にようやく、東北地方でのヤマトシジミの採集調査に参加した。採集調査で東北地方を巡る間に、ここに住んでいる人たちはどのような生活をしているのだろうとも思った。チョウの研究だけでは見えないものがあると感じたのである。そこで、原発事故関連の取材をしている有限会社タキシーズ (現株式会社タキオンジャパン) の映画監督「稲塚秀孝氏」にお願いし、インターンシップ (記録映画制作の手伝い) という形で福島県南相馬市への取材に同行し、居酒屋、病院、保育園、学校などへ足を運び、多くの人たちの話を聞いた。この取材を通して、原発や復興に対する考え方は人それぞれ違っており、簡単に解決できる問題ではないことがよくわかった。

　原発事故後も福島に住む人たちの記録をとりながら、私は漠然と、他の国々でこの話はどう扱われているのであろうか、また、他の国の人々は原発に関してどのように考えているのかということが気になり始めた。そんな折、映画制作の帰り道で青年海外協力隊の募集広告を見かけた。広告を見ながら、「いずれは発展途上国にも原発がたくさん建つのだろうか」、「福島原発事故のことをアフリカの人は知っているのだろうか」と思った。同時に、もしこうした途上国にこれから原発が建設されるのなら、事

故が起きることを想定して，生物学的なフィールド調査をしておくべきだと思った。

　2012年度に行われた協力隊の選考に通り，派遣先はマラウイと決まった。指導教員であった大瀧先生からアフリカヤマトシジミの話を聞いたのは，その頃だった。ヤマトシジミに近縁であるのなら，遺伝的同化に関しての研究をこの種でも行えると考えた。また，産業発展や森林破壊などに伴う環境問題が懸念されているアフリカのいくつかの国において (Clausnitzer 2004; Nweke and Sanders 2009)，このチョウを環境指標生物として使えるかもしれない。

　アフリカヤマトシジミのことを知った私は，文献調査と人脈作りを開始した。アフリカで調査している研究者が琉球大学にいないか探してみたところ，松本晶子教授がいた。善は急げと早速会いに行くと，快くアフリカでの研究の話をしてくれた。先生はチンパンジーやヒヒなどの霊長類の生態を研究している。そして驚いたことに後日，先生からアヌビスヒヒ *Papio anubis* の調査の研究協力者としてケニアに行きませんかとの誘いを受けた。2, 3日考えた末，協力隊員は辞退して，ケニアに行くことにした。

ケニアで昆虫学者に出会う

　2013年8月22日，東京 (羽田空港) を発ちドバイ経由でケニアへと向かった。降り立ったのはケニアの首都ナイロビにあるジョモ・ケニヤッタ国際空港。私にとって初めての海外である。その2週間ほど前にこの空港で大規模火災が発生したため，入国審査場は滑走路脇に設けられていた。旅慣れている松本先生が一緒だったので，それほど不安もなく無事に入国することができた。

　ケニアに到着した私たちは，ケニアの国家技術革新評議会 (National Commission for Science Technology and Innovation, NACOSTI) に申請した調査許可書を受け取るため，日本学術振興会ナイロビ研究連絡センター (学振センター) に立ち寄った。アヌビスヒヒの調査のかたわら，チョウの研究をやろうと思っていた私は，『アフリカ昆虫学への招待』(日本ICIPE協会編 2007) という本を持って行くつもりだった。荷物の重量制限のため結局断念したのだが，松本先生が，その本ならこの学振センターにあるかもしれないという。そこで本棚を探していたところ，たまたまセンターを訪れていた2人の日本人研究者から思いがけない言葉が発せられた。「著者です」と。私が驚いていると，彼らは「その本，ここにあったと思いますよ」と教えてくれた。

　なんという偶然であろうか。念願の本がここで手に入ると同時に，この本の著者に会うこともできたのだ。もらった名刺の名前を目次にある著者名と照らし合わせた。すると確かに，「足達太郎」と「小路晋作」という名前があった。先ほどまで著者の目の前でその本の良さを力説していたことを思い返し，なんとも言えない恥ずかしさに襲われつつ，「すみません，顔まで把握していませんでした」と急いで謝った。

　このとき出会った2人の昆虫学者に，その日のうちにメールを送った。2人とも私の拙いメールに対して丁寧に答えてくれたが，このうち東京農業大学の足達さんから

は思いがけないメールをいただいた．日本 ICIPE 協会に入会しませんか，というお誘いであった．私はこの誘いに応え，さっそく入会した．ある日，この協会が発行している「ICIPE News」に寄稿していただけませんか，という依頼もいただいた．もちろんこの依頼も引き受け，ケニアに行くこととなった経緯や，ヤマトシジミとアフリカヤマトシジミの研究に関する話を書いた［本章は，その内容をもとに書いている (岩田 2013)］．

足達さんとはその後も連絡を取り続け，ポスドクとしての受け入れをお願いしたところ，快く承諾してくれた．その後，日本学術振興会特別研究員 (PD) に採用され，東京農業大学に籍をおくことになった．縁があったのだろうと思う．

ケニアは危険？

私が研究協力者としてケニアで 1 年間働いていた研究施設は，ムパラ研究センター (Mpala Research Centre, MRC) である．ライキピア郡 (Laikipia County) にあるその研究施設は，ナイロビから車で 4 時間ほど，北へ 250 km ほどの道のりである．研究施設に行く途中で赤道を通過する．ナイロビは南半球，研究センターは北半球にあるのだ．街の上空を飛ぶ巨大な鳥アフリカハゲコウの恐竜っぽさと，信号機がまるでないことに興奮する．信号機がないのによく交通事故が起きないなと思ったが，事故は結構頻繁に起きているらしい．

私がケニアに滞在していた期間に，ナイロビでショッピングモールへの襲撃事件 (2013 年 9 月 21 日) が起き，ケニアにある日本大使館から注意勧告のメールが頻繁に届いた．私のいた研究施設は，危険地帯からは比較的離れていたため，危険を肌で感じることはあまりなかったが，こうした情報を積極的に仕入れる努力をして，自分の身は自分で守るしかないのだと思った．

2014 年にはエボラ出血熱の流行が世界中で報道された．これはギニア，リベリアなどの西アフリカがおもな流行地域であった (植木 2015)．ケニアでは，これらの国からの入国制限を設けていたので，エボラ出血熱の流行は報告されていなかった．しかし，日本に帰国してから，「エボラ出血熱はどうだった？」などと，アフリカで起きた事件に私がすべて巻き込まれているかのような質問をよくされた．現地に行ったことがある人と，ない人とでは現状認識に差があるようだ．アフリカに研究しに行く日本人があまり多くない原因には，このような偏見も含まれているのではないだろうか．

3. ケニアのアフリカヤマトシジミ

アフリカヤマトシジミに出合う

日本でヤマトシジミを採集していたときの経験からすると，深い森林地帯や標高が高い所でこの種を見かけることはあまりない．そのため，ヤマトシジミが標高 1400〜1800 m ほどの山岳地帯にいた場合，これはヤマトシジミの食草であるカタバミが人為

的に運ばれた結果ではないか，と考察されることもある (福田ら 1984)。そのため，MRC が標高 1700〜2000 m の高所に位置しているというのは，私にとって残念な情報だった。大瀧先生も，そんな標高にはアフリカヤマトシジミはいないのではないかと言っていた。しかし，Woodhall (2005) によれば，アフリカヤマトシジミはヤマトシジミとは違って，標高の高い山にも普通に生息しているという。だが，文献を頼りに現地に行ってみたら，その生きものがまるでいなかったというのはよくある話だ。

　不安と期待とが交錯するなか MRC に到着した私は，松本先生とともにこれからお世話になる研究施設の職員の人たちに挨拶をしに事務所へと向かった。事務所の脇で，ハート型の葉の植物を見かけた。先生が挨拶している間，横目でしばらく観察していると，その植物に小型のチョウが飛来した。目が悪くてよく見えなかったが，あれはカタバミとアフリカヤマトシジミに違いないと思った。すぐさま確認したかったが，挨拶の最中に突然チョウを追いかけるのも失礼なので，じっくり観察することを断念し，前翅長 1 cm ほどの小さなチョウを視界の隅で追うだけにとどめた。

　屋根と柱で作られたダイニングホールには視界を遮る壁はなく，目の前にはケニアの自然が広がっていた。そこで遅めの昼食をとったあと，辺りを散策することにした。これまでの経験から，多少日陰で水場に近い所にカタバミが多く生えていることを知っていたので，そんな所を重点的に探すことにした。先ほどは気がつかなかったが，ダイニングホールのすぐ脇に手洗い用のポリタンクが置いてあった。そこはほどよく日陰になっており，予想どおり大量のカタバミが一面に生えていた。シジミチョウ科だろうと思われる小型のチョウも飛んでいたが，なかなか葉などに止まってくれず，その日は種の同定をすることができなかった。前述のとおり，今回はアヌビスヒヒの調査の研究協力者としてケニアに来たのである。本業をおろそかにしてチョウの観察に時間を割くわけにはいかなかった。

　それでも，ヒヒの調査の合間に，いくつかの図鑑や文献を頼りに分布・成虫の形態・食草などを調べた結果，MRC の施設内にアフリカヤマトシジミが生息していることがわかった。

アフリカヤマトシジミを飼う

　チョウの飼育なんて簡単だろうと思う方もおられるだろうが，種によって難易度がだいぶ異なる。たとえば，タテハチョウ科のアオタテハモドキ *Junonia orithya* の成虫は，飼育ケージ内で交尾することはめったにないため，遺伝学実験がまるで行えない。また，シジミチョウにおいても，幼虫の時期に葉をほとんど食べず，花や蕾をおもに食べる種もいる (福田ら 1984)。こうした種の場合，恒常的な餌の入手と保存が難しい。そのためうまく育てることができず，1 頭も成虫にならないこともある。飼育が必須な実験を行う場合，こういった点は制約となる。そこで，アフリカヤマトシジミの研究を始めるにあたり，まず簡易な設備で飼育可能かという基礎的な点から検討することにした (Iwata et al. 2018)。

ヤマトシジミの幼虫は単食性であり，一般的にはカタバミをおもな食草とする (福田ら 1984; 白水 2006)。いっぽう，アフリカヤマトシジミの食草は，Larsen (1991) によると，カタバミ属 *Oxalis* (カタバミ科 Oxalidaceae) のほかアマランサス属 *Amaranthus* (ヒユ科 Amaranthaceae)，トウダイグサ属 *Euphorbia* (トウダイグサ科 Euphorbiaceae)，マメ科 Fabaceae などであり，かなり広食性であると言える。しかし，文献の情報が正しいかどうかは実際に試してみないとわからない。というのも，卵を産んでいたという目撃情報だけで食草とされたりすることもしばしばあり，文献に食草として記載されている植物を幼虫に与えてもまるで育たないこともある。そこで私は，研究施設内で容易に入手でき，日本のヤマトシジミの食草でもあることから，ひとまずカタバミでアフリカヤマトシジミを育ててみることにした (図 4A) (Iwata et al. 2018)。

研究施設内の寝泊まりしている部屋の近くの屋外に，カタバミの鉢を入れた 30 cm 立方の飼育ケージ (図 4B) を設置し，そこにアフリカヤマトシジミを放ってみると，30 分もしないうちに交尾をした。翌日には卵がカタバミに産み付けられているのを確認した。さらに 1 週間ほどすると，幼虫も姿を現した。孵化した幼虫はとくに大量死することもなく順調に成長し，無事に成虫となった (Iwata et al. 2018)。これは私たちが開発した日本のヤマトシジミの基本的な飼育方法 (Hiyama et al. 2010) が，幸運にもアフリカヤマトシジミにも適用できたからである。こう書くといとも簡単に飼育できたかのようだが，実際の飼育ではアフリカならではの，以下のような苦労もあった。

日本でヤマトシジミを飼っているときは，メタルハライドランプの 10000 K・70 W をおもに用いて成虫の飼育をしていた。この照明下だと，室内でもじつにスムーズにヤマトシジミは交尾と産卵をするのだが，荷物になるためケニアに持ってくることができなかった。こうした照明器具がないと，成虫の交尾行動や産卵行動が野外でのようにはなされないのである。

そこで，屋外に設置したケージ内でアフリカヤマトシジミの成虫を飼うことにした。

図 4 チョウの飼育。(A) アフリカヤマトシジミ。(B) アフリカヤマトシジミの成虫飼育用のケージ。

屋外で飼って交尾しない種もいるが，アフリカヤマトシジミでは幸運なことに1時間もしないうちに交尾を見ることができた。しかし日本のヤマトシジミでは，このあとすぐに産卵行動が見られるのだが，アフリカヤマトシジミでは見られなかった。

前述したように，結果だけみれば文献どおりカタバミはアフリカヤマトシジミの食草で間違いなかったが，文献に食草と記載されている植物を用いてもうまくかないこともある。そのため，実験をリアルタイムで行っていた当時は，もしかしたらカタバミは食草ではないのかなと思い，急いで食草と考えられている他の植物を探した。結局その日は見つけることができなかったが，翌日には飼育ケージ内に卵を見つけることができ安堵した。

室内の温度は22〜28℃であったが，日中に外に出るとかなり暑く，屋外に置いてある成虫の飼育ケージ内の温度計は50℃前後を示した。この暑さのせいか，飼育ケージ内のカタバミと吸蜜用に入れておいたキク科の花は枯れかけていた。このままだと卵から幼虫がかえる前に完全に枯れてしまうだろう。そこで発泡スチロール板を飼育ケージの上半分に乗せて日陰を作ると，ケージ内の温度は34℃まで下がった。

これで大丈夫だろうと，ヒヒの調査に出かけたのだが，帰ってくると，なぜか飼育ケージが横転していた。しかたなくカタバミを植え直し，ケージをいったん部屋の中に避難させたあと(図4B)，部屋のベッドメイキングなどをしてくれている，話の通じるメイドさんに，「この飼育ケージには触れないように」と伝えた。産卵には十分な光が必要なため，ケージを再び屋外に設置し直し，さらに注意書きの張り紙もした。ところが，それでも私のいないうちに横転していた。そこで，話の通じない相手を疑った。つまり研究施設内にいる野生動物である。

ここにはハイラックスのほか，サバンナモンキー(図5A)やディクディク(図5B)も生息していた。サバンナモンキーは悪戯好きではあるが，私の住んでいる部屋の辺りで姿を見たことはなかった。扉を開けてすぐ目と鼻の先に居座っているディクディクが疑わしかった。あまり力のある動物にも思えなかったので，発泡スチロール板の上に乗せる石の数を増やし，さらに紐で軽く飼育ケージを固定することにした。ディク

図5 研究施設内に生息している野生生物。(A) サバンナモンキー。(B) ディクディク。

6 章　日本とアフリカのヤマトシジミ

ディクが犯人であったかどうかはいまだに不明ではあるが，その日を境に屋外に置いたケージが横転することはなくなった．

アフリカヤマトシジミで何を研究するのか

　このような問題に直面しつつも，アフリカヤマトシジミの飼育系の確立は上述したようにおおむね達成された．では，この種を使ってどのような研究ができるのであろうか．

　第一に，環境調査への利用である．日本のヤマトシジミは前述の原発事故後の環境調査だけでなく (Hiyama et al. 2012b)，遺伝子組換えトウモロコシの生物学的な影響を調査する際にも用いられている (Shirai and Takahashi 2005)．ヤマトシジミにおいてすでに確立している調査方法をアフリカヤマトシジミに適用できれば，アフリカにおいて環境調査に使うことができるかもしれない．これはアフリカヤマトシジミがアフリカの多くの国々に分布しており (Larsen 1991; Fiedler and Hagemann 1995)，人間の居住地周辺に生息していることや (Woodhall 2005)，南アフリカやケニアなどにおいて，遺伝子組換え作物の圃場試験や栽培が行われていることを考慮に入れると (James 2015)，よい考えであるように思われる．野外での生息密度に影響する環境要因を解析するにはさまざまな条件を制御して飼育できる飼育系の確立が不可欠であるため，こうした飼育系の確立は欠かせないのである．

　第二に，生物の進化と発生に関わる研究材料としての利用である．*Endless Forms Most Beautiful* (Carroll 2005) でも注目されているように，生物の進化・発生のメカニズムを研究する際に，チョウの翅の模様はよく用いられている (たとえば，Sekimura and Nijhout 2017 など)．

　本章で先に取り上げたように，遺伝的同化の研究においてもチョウの翅の模様は注目されている (Gilbert 2014)．従来の遺伝的同化の研究では，温度のような一つの要因だけがおもに取り上げられている．しかし，チョウの翅の模様は温度以外の要因，たとえば餌によっても変化すると考えられる．実際に，私が卒業研究で行った実験で，乾燥させたカタバミを使った人工飼料をヤマトシジミの幼虫に与えてみたところ，半数ほどが異常な斑紋を示したのである (Hiyama et al. 2010)．このように温度以外の要因も斑紋変化に関わっており，こうした環境要因が複合的に組み合わさった結果，チョウの斑紋変化と進化が生じるのではないかと考えている．

　アフリカヤマトシジミは広食性であり，単食性であるヤマトシジミの食草であるカタバミでも育つ (Larsen 1991; Iwata et al. 2018)．つまり，アフリカヤマトシジミでは，食草と温度という二つの要素から遺伝的同化の研究が可能である．これは生理学と進化学を組み合わせた学問分野であるのだから，「生理進化学」あるいは「進化生理学」と呼べるのではないだろうか．

　第三に，日本のヤマトシジミがどこからやって来たかに関してである．ヤマトシジミの食草であるカタバミが中国大陸から日本列島に入って来た史前帰化植物と考えら

れていることを踏まえると (前川 1943, 1980; 前川ら 1981)，ヤマトシジミも日本列島の外から来た可能性が考えられる．つまり，餌の移動に乗っかる形でこのチョウも日本にすみ始めたという仮説である．これと同様の考えを西村 (2008) も述べており，帰化昆虫の可能性を指摘している．

　では，中国大陸から日本へやってきたとされるカタバミの原産地はどこであろうか．厳密には不明であるが，カタバミの原産地はヨーロッパ南部ではないかと考えられている (Chung 1999)．このことからも，カタバミを餌とするヤマトシジミが日本の外から来たことが推測できるが，どこでどのようにして分岐，分化したかは不明である．これを探るためには，ヤマトシジミのほかに，アフリカヤマトシジミやハマヤマトシジミ Zizeeria karsandra などの近縁種 (Yago et al. 2008) を用いて生物系統地理学的な視点から研究する必要がある．

　私は，日本のヤマトシジミの誕生にはこの種の食草であるカタバミが大きな役割を担っていると考えている．いくつかの文献 (福田ら 1984; Larsen 1991; Grund 1999; Robinson et al. 2001 など) を参考にすると，カタバミ属 (とくにカタバミ) を幼虫の餌として利用するシジミチョウはヤマトシジミのほかアフリカヤマトシジミ，*Freyeria trochylus*，*Lucia limbaria* ぐらいしかおらず，アフリカヤマトシジミ，ハマヤマトシジミ，*F. trochylus* を含む多くのシジミチョウがマメ科植物を食草として利用している．

　また，原書は入手できなかったが，Robinson et al. (2001) に引用されている *Manuscript List of Butterfly Hostplants in the Western Ghats and Southern India* (Gaonkar 2000) というインドのチョウの食草に関する文献には，ヤマトシジミの食草として，マメ科の *Tephrosia pauciflora* やキツネノマゴ科の *Nelsonia canescens* などが記載されているらしい．そのため，マメ科を利用するシジミチョウの一群からカタバミ属をも利用する集団が現れ，それが日本のヤマトシジミの祖先となったのかもしれない．

　西口 (2006) にも，こうした食草に関連したヤマトシジミの進化と分布拡大の話が書かれており，同書を含むいくつかの書籍においても，カタバミの分布拡大には人間の活動が関与していることが示唆されている (前川 1943, 1980; 前川ら 1981; 福田ら 1984)．もしこれが事実だとすると，カタバミを餌とするヤマトシジミの分布拡大や進化には，人間が関与している可能性が高い．将来的にはチョウの歴史から人類の歴史を，また逆に人類の歴史からチョウの歴史を紐解いていけるような研究ができればよいと思っている．そのときにはやはり，人類誕生の地と考えられているアフリカ (海部 2013) での調査が不可欠となるだろう．この分野を私は「人類蝶類学」と呼びたいと思っている．

謝　辞

　琉球大学の大瀧丈二准教授，松本晶子教授，そして東京大学の矢後勝也助教，日本チョウ類保全協会の檜山充樹博士には本章の執筆時にいろいろとご助言をいただいた．松本教授にはケニアでの研究・生活に関しても多大なるご協力をしていただい

た．また，研究ではないが稲塚秀孝監督には記録映画の制作を通じて，新しいことに挑戦し続けることの大切さを学ばせていただいた．これまでお世話になったこうした多くの方々に，この場を借りて御礼を申し上げる．本章で紹介したケニアでの研究は一部，JSPS 科研費 JP23405016 (代表：松本晶子) による支援を受けて行われたものである．

トピックガイド

ケニアのチョウに関する本では *The Butterflies of Kenya and Their Natural History* (Larsen TB 1991, Oxford University Press) が有名であるが，これはすでに絶版であるうえ，近くの図書館に置いていない可能性が高い．そこで，身近な日本のチョウから接してみてはいかがだろう．

まず，種を識別する際のポイントが写真入りでかなりわかりやすく書かれている『フィールドガイド 日本のチョウ (増補改訂版)』(日本チョウ類保全協会編 2019, 誠文堂新光社) を片手に外に出て，身の回りのチョウに目を向けてもらいたい．野外で観察していれば，チョウに関していろいろな疑問をもつようになるだろう．そんなときには『チョウの生物学』(本田・加藤編 2005, 東京大学出版会) を読んでみよう．発生や生理，生態などいろいろな視点からチョウという生きものについてアプローチしている．もしも，チョウの翅の色模様に興味をもったのなら，*The Development and Evolution of Butterfly Wing Patterns* (Nijhout HF 1991, Smithsonian Institution Press) を読むことをお薦めする．

また，私が滞在していたケニアの研究施設 Mpala Research Centre に興味がある方は，ホームページ http://www.mpala.org/ にアクセスするとよいだろう．研究施設に関する情報が写真付きで載っている．さらに，この研究施設の周りに生息しているチョウの情報も Flora and Fauna of Mpala というページの "Butterflies" をクリックすれば閲覧できる．

7章
巨大な大あごをもつ狩りバチが飛ぶカメルーンの森

坂本洋典

1. 特異な狩りバチ Synagris とカメルーンへの旅

Synagris 属の狩りバチとは

　Synagris 属の狩りバチの姿が日本に初めて紹介されたのは，1982 年に出版された阪口浩平氏の『図説世界の昆虫』のアフリカ編であったろうか。ノミやシラミから，巨大なクワガタムシまで昆虫なら何でも紹介されたこの稀代の昆虫図鑑の 1 頁に「クワガタムシの発達した大あごと同じように，オスにだけ巨大な大あごが発達したハチ」の標本写真が示されていた (阪口 1982)。しかし残念ながら，あまりにも数多くの魅力的な昆虫たちが掲載されたこの図鑑を初めて見た幼き日の私には，大きなインパクトを与えることはなかったようだ。このハチについての興味が膨れ上がってきたのは，社会性昆虫，とくにアリやハチなどの社会性ハチ目昆虫の生態についてある程度学んでからである。

　社会性ハチ目昆虫は，基本的に倍数体であるメスが社会の中心となり，半数体であるオスは交尾以外何も仕事をしない怠け者である。そんなオスが巨大な大あごをもち，メスを巡って大喧嘩をするなどとは信じられない習性である。一度はこの目で生きた姿を見たいハチであったが，何しろ遠くアフリカに暮らすハチ。なかなか情報も入ってこない。それがカメルーンで観察できるという確度の高い情報が入ってきた。これは行くしかないと，急遽準備を始めたのであった。

カメルーン行きの準備

　アフリカへの旅行を計画する際，もっとも入念に準備する必要があるのが疾病の予防である。なかでも野口英世が命を落とした黄熱病は，いまだにもっとも警戒すべき疫病である。アフリカの多くの国では，黄熱病の予防接種を受けた証明書であるイエローカードが必須となる。かつては，イエローカードの有効期限は接種後 10 年とされていた。それが，2016 年に出された WHO の勧告により，1 回の接種で生涯有効となった。ところが，カメルーンを含めたいくつかの国ではいまだに 10 年間しか有効期限が認められない。せっかくの渡航のチャンスを失うことがないように，あらかじ

め大使館などに確認してほしい。さらに今回焦ったのが、パスポートに貼り付けておいたはずのイエローカードがその場に見当たらなかったことだった (以前、スキャナーでコピーを取ってそのまま置き忘れていたことに気がついたのは帰国後である)。こうした事例は少ないかと思うが、じつはイエローカードは再発行可能である。再発行の申請には、黄熱病の予防注射をしてもらった病院に接種日を連絡し、接種の事実確認をしてもらったうえで、再発行の書類と郵送費を送るという手順をとる。かなり面倒であったが、黄熱病のワクチンを再度接種しようと思うと、注射を受ける機会は月1度程度しかないうえ、値段がばか高くついてしまう。それに比べればと、イエローカードを再び手にした瞬間にはほっと息をついた。

　さて続いては、マラリアの予防薬を準備する必要がある。カメルーンで罹患する可能性のあるマラリアは熱帯熱マラリア、もっとも致死性の高いマラリアのなかのマラリアである。これはちゃんと予防する必要があるだろうということで、国立国際医療研究センター病院のトラベルクリニックを訪ねた。治療薬を処方してもらうだけなのだが、こちらのトラベルクリニックは予約を入れたうえで平日に受診する必要があり、スケジュール調整が一苦労となる。初診のために健康保険証を出すと、いらないと手を振られる。マラリア予防薬は保険適用外だということだ。何種類かの予防薬から選択できるとのことで、いちばん副作用が少ないと聞くマラロン (Malarone) を処方してもらうことにした。アフリカに行く前日から飲み始めて、血中濃度を高めておくとのことだが、1錠570円。1日1錠飲まないといけないので、結構な額だ。さすが保険適用外である…。ちなみに、マラリア予防薬は脳にマラリア原虫が入ることを防ぐため、脳に影響を及ぼすというが、マラロンを服用している間は普段見ないさまざまな夢を見ることができた。それはある意味楽しみでもあったが。

まだ謎が多い、カメルーンの首都ヤウンデ

　今回、Synagris 属の狩りバチの生息情報を得られたエボゴ (Ebogo) という地域は、カメルーンの首都ヤウンデ (Yaoundé) から車で2時間程度の距離だという。早速、ヤウンデに向けての航空券を手配するのだが、フランス経由で行くと到着時刻は深夜となる。困ったことに、カメルーンでは空港をはじめ、軍事的に意味がある場所では写真を撮ることが禁止されており (国道などでも場所によっては憲兵隊に捕まる危険性があり、カメラを持ち歩くことには危険が伴う)、当然ヤウンデの空港の情報も皆無である。一応、現地のガイドが空港に迎えに来てくれることになっていたが、本当に会えるのか、会えなかったらどうしようかと珍しく不安な気分になりつつ、花の都パリでカメルーン行きの飛行機を待った。そこから10時間の飛行機での長旅を経てたどり着いたヤウンデの空港は非常に小さく、ある意味とても安心できるものであった (出国のときには別の顔を見せるのだが)。簡略な荷物検査を受けてから何の問題もなく、黒人にしてはやや色白なガイドのダバラ氏と出会うことができた。

　4輪駆動の車に荷物を積み込み、一路エボゴへと向かう。少しはヤウンデの街を見

たいとも思ったが，深夜に出歩くわけにもいかない。帰りもヤウンデからの出発は夜であったため，私にとってヤウンデは謎の街として残っている。車で走るのは国道であるが，夜になると道の両脇がジャングルだと辛うじて樹木の影からわかる以外，何も見えない。これでは早くエボゴについてくれないと何もできない，などと気が落ち着かないでいると，ダバラ氏が楽しそうに「現地についたら楽しい人に会えるよ」と言ってくれた。疑問符が頭にわきながらも，車は夜道を飛ばしていく。未舗装の道になってきたなと思ったら，大きなゲートがあり，その鍵を開ける。ついにエボゴに着いたのだ。

ゲートの向こうが，エボゴの宿泊施設だという。いくつかのコテージがあり，そこの1棟が今日からの宿になる。車を降りて荷物を取り出そうとすると，ダバラ氏が横のコテージの扉をがんがん叩く。夜に迷惑で怒られないかと思ったところ，出てきたのは旧知の昆虫愛好家である栗山定さんだった。カメラマンの柳瀬雅史さんも一緒におり，なんと *Synagris* 属を含めた狩りバチの生態をテレビ番組として制作するために来たのだという。私が泊まる予定の部屋は，それまで著名な昆虫写真家の海野和男氏が泊まっていた縁起のいい場所だと聞かされて，驚くやら嬉しいやらであった。さらに生きものの嬉しい出迎えがロッジの入り口へと続く黒い道のようなアリの行軍である。アフリカ大陸を代表する，1億個体以上からなるコロニーを誇るサスライアリ *Dorylus* sp. の採餌行列だ。これを見るだけで疲れがとれていくのを感じながら，ロッジに入った。

しかしロッジの中はなかなか疲れをいやせる環境ではない。カメルーンの電気事情は悪く，電気がつくとは限らない。また，シャワーの水もすでに止まっている。念のために持ち込んだ携帯用ランタンで明かりをとり，用意していただいたナマズの炭焼きを食べるが，ここで力尽きて深い眠りについた。

2. ついに見た，*Synagris* の生きる姿

Synagris 属のハチの生態と進化

ここで *Synagris* 属のハチの生態について述べておこう。とは言え，ジャングルの中で営巣する狩りバチの生態など，わかっていることのほうが圧倒的に少ないのだが。生態が知られている種では，メスは土を練った巣を地上に造り，一つの巣房の中に1卵を産み付ける。そして孵化してくる幼虫は，メスが採集してきたチョウ目の幼虫（イモムシ）を餌にする。興味深いことに，このメスによる幼虫の世話が，種によって大きく異なる。阪口 (1982) や Longair (2004) によると，*Synagris spiniventris* では，母バチが十分な数のイモムシを子のために採集することができたなら，イモムシと卵が入った巣房の出入り口を土で塞ぐ。ところが，もし野外において母バチが採取できた獲物の量が，幼虫のために十分でないとみると，すでに1卵を産み付けた巣房の入り口の封鎖をやめてしまう。そして，餌となるイモムシを見つけしだい，次々とそれを巣に運び込む。この途中で卵は孵化して幼虫になる。すなわち，巣内では母親と次世

代の幼虫とがともに生活する社会性の初期段階となる。

　こうした社会性は，*S. calida* においてはより固定しており，餌の捕れ方にかかわらず随時給餌を 3 齢幼虫まで続ける。そしてここカメルーンにすむオオキバドロバチ *S. cornuta* においては，同属の他種以上に幼虫の世話が高度になる。たとえば，餌となるイモムシを麻痺させるだけでなく，それをかみ砕いて肉団子として幼虫に与える。これはアシナガバチ *Polistes* spp. やスズメバチ *Vespa* spp. など，社会性のスズメバチ科 Vespidae の昆虫と同様の習性である。しかし，社会性のスズメバチ科のハチでは，*Synagris* 属とその近縁の *Paragris* 属 (*Synagris* 属の亜属とする場合もある) のハチを除いて，巨大な大あごをもつオスなど存在せず，オスどうしの闘争の話など聞いたこともない。アフリカという大陸で独自の進化を遂げたのであろう。

ついに見たオオキバドロバチの巣!!

　翌日の朝，朝食をとろうとロッジのレストランへと向かうと，ちょうど栗山さんらとお会いすることができた。タイミングが良いことに，彼らが 1 か月以上経過観察中のオオキバドロバチの巣をこれから撮影に行くのだという。一緒に来ないかという誘いに一も二もなく飛びついた。

　朝食は簡素なパンとオムレツだが，これがなかなか美味しい。ちなみに朝の挨拶は「ボンボン・キリ」。それに対して「キリンボン」と返す。秘密の合言葉のような，なかなかユーモラスな挨拶で，頭の中に刻み込まれた。ところがこの挨拶はカメルーン全体の言葉でなくエボゴという狭い地域独特のもので，使う人間は数百人に足りないようだ。なかなか，滅多に学べないものを学ぶ機会であったのかもしれない。

　さてさて，早速にオオキバドロバチの巣へと向かう。カメルーンにくる前の準備として，近年唯一の *Synagris* 属の行動調査の論文を残しているロバート・ロンガー (Robert W. Longair) 教授にメールを送ったところ，教授の研究を継続して野外において同属のハチを観察しているハンス・ケルストラップ (Hans Kelstrup) 博士と連絡をとることができ，助言をいただいていた。彼はガーナにある国際ハリナシバチセンター (International Stingless Bee Centre) においてオオキバドロバチの研究を行ってきたが，営巣場所は植物の大きな葉の下で，野外で見つけることは困難だという。ところが栗山さんによると，ここでは建築中の家の材木にオオキバドロバチが営巣し，オスが巣を守っているという。その家に車で連れて行ってもらう。驚いたことには，庭に簡単なライトトラップのセットがある。家のご主人が，昆虫採集を観光に取り入れているのだという。

　母屋から離れて新しく建築中の家にその巣があるという。材木による大枠がすでに組まれているところに，足音を潜めながら歩いて行く。「あそこですよ」。栗山さんが指さす所に視線を移すと，柱の天井付近に日本のドロバチの巣のような泥で練られた巣が複数ある (図 1)。その上に止まっている大きなハチ。その顔からレモンイエローの「大牙」が突き出しているのが，遠くからでもわかるオスである (図 2)。地球の裏

図1 民家の屋根の梁に見られるオオキバドロバチの巣。巣の高さは地表から3m前後。細かく練り固められた泥によって造られている。

図2 巣を守るオオキバドロバチのオス。前方に長く突き出たキバは、鮮烈なレモンイエローをしており、遠くからでも目立つ。

側まで来て、ついにオオキバドロバチに出合えたのだ。

　オオキバドロバチを唖然としながら眺めていると、栗山さんから「この巣の素材がわかりますか」と問われた。泥で造られたオオキバドロバチの巣だが、どこから採取してきたものでもよいわけではないらしい。栗山さんらが、メスが「泥」を採集するところを観察した場所は3か所あった。一つ目は柱の特定の部分に付着している泥、二つ目はアリが作った蟻道の壁、そして三つ目は樹上営巣性のシロアリの塚であった。栗山さんらは、社会性昆虫が分泌する抗菌物質など特別な物質とのつながりを推測していたようだが、残念ながら蟻道の外側などではそうした物質の可能性は低いだろう。あえて3か所の「泥」の共通点を見いだすならば、泥としての粒子の細かさではないだろうか。粒子の細かい土を運び、水と練り合わせることによって頑丈な巣を造ることができる。オオキバドロバチは左官屋としても優秀だと考えられる。また、メスが泥を採取していた3地点はいずれも巣から歩いて1分もかからない場所であった。このことは、森林においてオオキバドロバチの巣を探すときに、シロアリの巣などを目印に探すという手法が有効であることを示唆している。

　こうした狩りバチの巣は、分類群ごとに個性があって面白い。カメルーンではほかに、日本にも分布するルリジガバチ *Chalybion japonicum* によく似る種が観察できた。ルリジガバチはクモを狩り、オオキバドロバチと同じように泥の巣房の中に隠す（時にはオオキバドロバチの古い巣房をも利用する）が、巣房の入り口は真っ白いもので塗り固めた蓋をされている。日本のルリジガバチでは、この白いものは鳥の糞であることが知られている。おそらくは、カメルーンのルリジガバチでも同様だと思われるが、遠くからでも目立ってしまう鳥の糞をあえて選ぶ理由は何なのだろう。狩りバチの生態は非常に魅惑的であるが、どうしても長期間の観察が必要となるために不明な点が多い。『ファーブル昆虫記』においてファーブルが成し遂げた狩りバチの観察が

いまだに魅力的なわけである。

オスどうしの戦いと，オスが防衛する巣の中に潜んでいた"モノ"

　オオキバドロバチのオスの行動をよく観察すると，巣口が閉じた巣に止まり，その場所を警戒している。巣口が閉じた巣は，メスによる随時給餌がすでに終了し，幼虫が大きくなっていることを示している。残念ながら，私が訪れたときにはすでにシーズンの終了寸前であり，オスの数がだいぶ少なくなっているようだったが，栗山さんらが訪れた3月上旬頃には多数のオスが巣に止まり，大あごを用いた激しい戦いを観察できたようである。巣から羽化してくるメスを待つ場所をめぐるオスどうしの闘争である。

　私の観察と，栗山さんらの話をまとめると，オオキバドロバチのオスは大あごを用いて，他個体を投げ飛ばす，あたかもクワガタムシのような激しい戦いをする。これは，大あごが大きいオスには降伏するなどという，形式的な闘争とはまったく異なるものである。ただし，クワガタムシとは異なり，飛翔能力が発達したハチの仲間で「投げ飛ばす」という技がどの程度有効なのかを疑問に思っていたら，実際に何度も投げ飛ばされてもしつこく戻ってくるオスもいる。複数の個体が争っている間に，割り込もうとしてくるオスもいて，ある意味体力勝負の側面もある。また，オスは常に特定の巣に執着するわけでもなく，複数の巣を行き来する場合も多い。これは，各巣からメスが羽化してくる時期を調べていると考えられる。

　では，オスはどのようにして巣の中にいるのがメスであり，羽化してくるのが近いと知るのだろう。初めは，メスが出す性フェロモンのような化学物質によるものではないかと考えた。これは，メスが羽化してくる巣には，その直前に多くのオスバチが集まってくることを観察したことによる。羽化時に何らかの化学物質をメスが出すのであれば，このような誘引は効果的に行われるだろう。しかし，別の理由を示唆する興味深い観察をすることができた。じつは，オオキバドロバチの巣の周りには，多数の寄生バチが待機しており，オオキバドロバチが巣から離れるのを常に狙っている。オスが集まり，今にもメスが出てきそうだという巣房から飛び出してきたのが，この寄生バチだったのだ。オスを誘引するのが，もしメスが放出する化学物質によるものであれば，寄生バチも同じ作用をもつ物質を分泌しなければ話が合わない。アリの巣内で暮らす「好蟻性昆虫」と呼ばれる昆虫では，こうした化学物質を盗用した「化学擬態」を用いてアリの社会に侵入する種が広い分類群で観察される。しかし，このオオキバドロバチの場合においては羽化時にオスを呼び寄せることは寄生バチにとって何の利益ももたらさないだろう。

　そこで考えられるのが，羽化直前の蛹の動き，すなわち振動が巣の土壁から伝わり，それをオスバチは感知しているのではないか，ということである。先に述べたように，オオキバドロバチの巣は粒子が細かい土を硬く練って造られており，振動を伝えるには適した基質であると推測できる。また，種特異的な振動ではなく，羽化時の

図3 オオキバドロバチに寄生するハチ。オオキバドロバチのメスが留守にすると，柱の上を歩き，オオキバドロバチの巣へと移動する。触角の先で巣をつつき，中の様子を把握してから産卵管で産卵する。

振動 (ないし巣房の蓋を大あごで破ろうとする振動) だとすると，似ても似つかぬ寄生バチに対してもオスが反応する理由の推測がつく。この仮説が正しいならば，オスたちは時にはオスが羽化する巣房についても奪い合いをするはずである。我々のカメルーンの短い観察では，その場面を見ることはできなかったが，今後ぜひ観察を行ってみたい。

これらの観察を通じて，オオキバドロバチが巣造りの材料として，粒度が細かい泥にこだわるのは寄生に対する対策の意味が大きいのではないかと考えた。何種類もの(おそらくは属も異なる) 寄生バチがオオキバドロバチの巣に飛来するのを観察したが，そのすべてが長い産卵管を備えていた (図3)。実際に，産卵活動に入るのを確認した際には，産卵管を巣房の土壁に差し込み，中にいる幼虫に卵を産み付けようとしていた。巣を構成する土の粒度が荒いと，結果として巣壁の強度に差ができ，産卵管を刺し込みやすい間隙が生じるのではないだろうか。オオキバドロバチは，敵対する寄生者とともに生きている。

オオキバドロバチのメスの子育てに戦略はあるのか

さて，随時給餌するというオオキバドロバチのメスは日常的にどのような行動をとるのだろう。営巣地である，作りかけの民家の庭には数種類の花があり，イノコズチのような実をつける植物の花へと飛来するメスをよく見ることができた。いっぽうで，巣の近辺でメスが獲物であるイモムシを狩っているところは調査中，一度も観察することができなかった。

メスが狩りに飛び立つ様子を見ると，少し離れたジャングルへと一直線に飛び立っていく。たいていの場合，1時間程度で戻ってくるが，餌をくわえてこない場合も多いので，巣に不在の時間をなるべく短くし，寄生バチに狙われないようにしているのだろう (図4)。この間，寄生者が巣内に侵入するのを見ることはなく，何らかの防虫成分を入り口近辺に塗っている可能性は否定できないが，特異的な行動を観察するこ

とはなかった。

　いっぽうで，メスは狩りと狩りの間は，時には1日中顔を外に向けたまま巣にとどまり，寄生バチなどの外敵を警戒する姿勢を見せた(図5)。また，営巣地の周りにはトゲアリやシリアゲアリの仲間を中心として，多種類のアリを見たが，オオキバドロバチの巣の付近においてはこうしたアリたちを見ることは稀であった。これに関しては，アリが好む場所よりもかなり乾燥したところを営巣地に選んでいる感じがした。しかし，随時給餌する生態から，営巣地を選ぶ条件として餌の豊富さを重要視していると考えていたので，これも意外ではあった。オオキバドロバチの一つの巣における巣房の数は，平均して4個程度であり，子を寄生者から守ることが，少なく産んで大きな子にすることより重要なのかもしれない(図6)。

　今回，メスの行動のなかでもとくに興味をもったのは，随時給餌における母親メスの戦略である。というのは，オスどうしの闘争の勝者を決めるのは大あごの長さと身体の大きさであるが，それを決める栄養源はメスが運んでくる餌の量である。そして興味深いことに，餌を十分にもらえなかったであろう「大あごが非常に小さい」オスが存在することも知られている。これはあたかも，クワガタムシにおける大あごの多型によく似ている。大あごが小さいオスは，他のオスとの闘争では勝つことができない。そこで，大きなオスが交尾したあとのメスを奪い取ることを狙っているものと考えられている。前述のケルストラップ博士によると，オオキバドロバチの交尾は，巣房から羽化した直後のメスを，闘争に勝ったオスが抱きかかえるように地面に落とし，行われるという。そして交尾が終了するとメスは飛び立っていくが，その飛び立ったメスを他のオスが狙って追いかけていく。このような場合には，飛翔の邪魔に

図4　狩りを終えて巣に戻ってきたオオキバドロバチのメス。狩りを終えて戻ると，一目散に巣穴に入り，中の幼虫を確認する。稀に，1日以上戻らないときもあった。

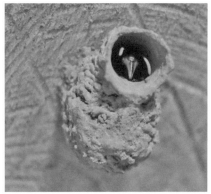

図5　巣の内側に滞在するオオキバドロバチのメス。顔を外側に向け，外敵を警戒する。雨などのときは，終日とどまり続ける。

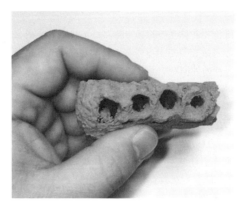

図6 オオキバドロバチの巣。使われなくなった古い巣を下したもの。四つの巣房から成る。

なる大あごが小さいオスのほうが有利だと推測される。

　こうした多型が存在する場合，周りの巣の発育状況を見ながら，母親が息子の餌の量を調整しているのだろうか。私は，メスが子の成長速度を制御するため，餌の量の微調整が可能な，餌となるイモムシの個体数が豊富な場所の近くを営巣地として選ぶのだろうと考えていた。しかし，私が観察した限りにおいては，メスは餌を狩るのにたいへん苦労しているようであった。また，観察場所の民家においてはオオキバドロバチの複数の巣が存在し，お互いが認識できるのにもかかわらず，巣の主のメスが採餌に出ている間に，他の巣のメスが発育状況を調べにくるような行動も観察できなかった。いつか長期的に，幼虫が小さな時期からの継時観察をして，この仮説をより深く検証してみたい。

3. カメルーンのさまざまな昆虫たち

カメルーンの多様なチョウ目

　オオキバドロバチのメスバチの狩りがなかなかうまくいかないと聞いて，カメルーンのチョウ目の密度は低いと思う人がいるかもしれないが，全然そんなことはなかった。森林の中を少し歩くと，足元をボカシタテハ属 *Euphaedra* sp. のチョウが飛翔する。面白いことに，カメルーンの森林では足元から膝下ぐらいまでの高さを飛ぶチョウが多い。飛んでいるところを見ると，1種類にしか見えないのだが，捕虫網に入れて観察すると何種類ものチョウが混じっていることに気づく。チョウに詳しい栗山さんに見分けてもらうのだが，この仲間は属内の多様性が高く，同定に大変苦労する種も多いという。

　ほかにも，アフリカに行くからにはぜひ見てみたかったチョウの仲間であるコケシ

7章 巨大な大あごをもつ狩りバチが飛ぶカメルーンの森　　111

ジミ亜科 Lipteninae のチョウにも普通に出合うことができた (図7)。コケシジミとは何者かというと，名前のとおり幼虫時代にコケを食べて生きているシジミチョウのグループで，アフリカ特産である (本書2頁参照)。大きさは日本のシジミチョウと変わらず，これもジャングルの暗いところをひらりひらりと飛ぶ。不思議な光景として，

図7　カメルーンのチョウ。左がコケシジミの一種，右がホソチョウの一種。採集すると翅型の違いでわかるが，飛んでいるときはまったく区別がつかない。有毒のホソチョウに対するベイツ型擬態か，もしくは両種とも有毒なミュラー型擬態か。

図8　カメルーンのガ。(A) 大型のヤママユガの一種。(B) マダラガの一種。(C) クワコの仲間。灯火には多くの種類が飛来する。

いろいろな植物の茎に止まり，どこかに飛んでいってもまた戻ってくる場面を多く見た．警戒心が強く，なかなか近づけないことから，何をやっているのかわからなかったが，柳瀬カメラマンがそれを映像で捉えると，植物の花外蜜腺に口吻を伸ばしているのが鮮明な映像で映し出された．まさに百聞は一見にしかずであり，プロでなくてはとうてい買えないであろう高価な撮影機材に羨ましさを覚えた．

いっぽうで，先述したライトトラップの周りに朝方訪れると，大きなヤママユガの仲間やクワコの仲間，シャクガ類など多様なガが止まっていて，我々の目を楽しませてくれた (図8)．アフリカのチョウやガはじつに多様であるが，南米の煌びやかなチョウたちと異なり，どこまでが同種かなかなかわからないぐらい斑紋が類似している種類が多い．毒のあるチョウも多いが，それに擬態しているチョウは数しれない．一筋縄ではいかないのが，カメルーンのチョウ目である．

サスライアリと空飛ぶソーセージ

さて，ほかに印象に残ったカメルーンの昆虫について記しておくと，その一つは間違いなくサスライアリの仲間である．子供向きの絵本などに，ジャングルでは人を襲う軍隊アリがいると描かれている．分類学的には，アジア，南米，そしてアフリカと，グンタイアリ亜科のアリたちが進化しているのだが，そのなかでもっとも強大な，絵本のイメージに沿った「軍隊アリ」こそアフリカのサスライアリ属のアリたちである．一つの巣にいるアリの数が，1億というのだから，まさに別次元ではないだろうか．ちなみに，侵入地で個体数が著しく増える特定外来生物であるヒアリ *Solenopsis invicta* の1巣当たりの個体数はおよそ20万とされている．サスライアリの行列を見ることができる日がたまにあり，数百メートルを超えるその行列は時に車道へと続き，行列の道幅が太いために遠くからでもわかる．こうした行列には，狩りのための行列と，巣の移動のための行列がある．興味深いことに，巣の移動の行列には，サスライアリの巣にすむ他の生きものの姿も見ることができる．狩りの行列においても，運がよければハネカクシなどが一緒に走る (サスライアリは非常に早く動き，常に走っているようである) 姿を観察することができる (図9)．ただし，10分に1個体程度の頻度でしか現れず，しかも動きを止めないその姿を見逃さず認識する必要がある．

そして，「空飛ぶソーセージ」と呼ばれるアフリカ名物の昆虫が，じつはサスライアリのオスアリである (図10)．サスライアリのオスアリは腹部が膨れ，体長が3 cmを超えて非常に大きく，これが灯火によく飛んでくるのだ．文献でその姿を知ってはいたものの，やはり実際に見ると感動した．しかし，じつはこの空飛ぶソーセージが，サスライアリ属のどの種なのか同定するのは非常に困難なのである．サスライアリは女王が1個体しかおらず，オスアリの姿も巣内で見ることはきわめて稀である．そのため，どのオスアリがどの種のものなのか，対応関係がつきにくいのである．実際に滞在中，少なくとも3種類の明らかに異なる「ソーセージ」を見ることができたが，

これらはそれぞれ別種のオスアリなのだろう。飛来したオスアリがサスライアリの行列に出合うと、サスライアリの働きアリはオスアリの翅を大あごで切り落とし、世話をする。そしてコロニーに新女王が羽化すると、働きアリはその交尾相手として、オスアリを供するというが (Hölldobler and Wilson 1990)、私はいまだにその姿を見たことがない。モデル生物として簡便に飼育できる生物がもてはやされるなか、交配することも、また十分な餌を与えて飼育することも困難な「飼えない」アリには絶えて久しいロマンを感じさせられる。

ツムギアリとハタオリアリとハタオリアリグモ

　サスライアリのほかに、アジアとアフリカにおいて生態的な違いが面白かったアリについて述べておく。ツムギアリ *Oecophylla smaragdina* は東南アジアにおいていちばん有名なアリの1種である。その名前が葉を「紡いで」造る巣に由来する、樹上性のアリなのだ。問題はその攻撃的な性格にある。自分たちの巣がある樹に近づく人間

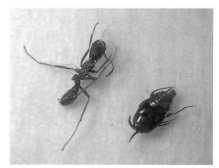

図9　サスライアリと好蟻性ハネカクシ。左がサスライアリ、右が好蟻性ハネカクシ。アリの巣の中で暮らす昆虫は、それに合わせて特殊な体型となっている。

図10　サスライアリのオスアリ。「空飛ぶソーセージ(フライングソーセージ)」の異名どおり、寸胴型の太い体型。灯火には多くが飛来する。

には，上から降ってきて攻撃を仕掛けてくる。彼らは毒針こそもたないものの，かみついたのちに腹部から蟻酸を降りかけるという，「泣き面に蜂」そのものの攻撃技術をもつ。ちなみに2017年にヒアリが侵入したときに，東南アジアで大きな赤黒い「ヒアリ」に刺された経験があるという人の声が報道されることもあったが，話を聞く限りその多くがツムギアリの誤認と思われる。

アフリカに分布するハタオリアリ（アフリカツムギアリ）*Oecophylla longinoda* はアジアに生息するツムギアリの兄弟分と言えるが，こちらは日本人にはあまりなじみがないアリである。2010年に，奈良女子大学の佐藤宏明先生にご案内いただいてケニアを訪れた際，同行した北海道大学の東正剛先生の指示のもと，アフリカツムギアリの巣がないかとナイロビ（Nairobi），カカメガ（Kakamega）などでこのアリを探した。ずいぶん頑張り，遠くから見てそれらしいものはあったものの，実際に生きているハタオリアリを見ることはできなかったので，心残りになっていた。

それがカメルーンでは，宿泊所のすぐ近くで普通に観察できた。民家の横のハイビスカスなどの葉を紡いで造られた巣の隙間からのぞくハタオリアリの姿は，ツムギアリの寸を少しだけ詰めたように見える。わかりやすくいうと，8頭身が6頭身になったような感じで，素朴なというか少しだけ泥臭い姿なのだ（図11）。面白いことに，ハタオリアリはツムギアリに比べて攻撃性が低い。もちろん，巣に近づくと攻撃をしてくるが，ツムギアリのように「とにかくしつこい，粘着質」という感じではないのだ。まあこのくらいにしておいてやるか的な感じが強い。

そのハタオリアリの巣をじっくりと観察すると，ある面白い生きものがかなりの頻度でいることに気がついた。アリに似ているがアリではない，脚が8本の，いわゆるアリグモの一種 *Mrymorachne* sp. で，とにかくハタオリアリにそっくりで，"ハタオリアリクモ"とでも和名を付けたいところである。ツムギアリには擬態したアリグモが同所的に暮らし，地域により変化するツムギアリの体色に合わせてアリグモの色も変化することが知られているが，ハタオリアリにも同様のアリグモがいるのである。興

図11 ハタオリアリ（アフリカツムギアリ）。(A) 女王アリ。(B) 働きアリ。

図12 ハタオリアリグモの巣。ハタオリアリの巣を造る葉の1枚に,糸を張って巣を造る。内側に卵塊を産み,その内外で餌を探す。

味深いことにハタオリアリの巣の外側に小さな巣を造り,内側で卵を育てるメスを3例も観察することができた(図12)。

巣から出たクモがハタオリアリと出合った場合は,すぐにこの自分の巣の中に潜ると,ハタオリアリは追撃してこない。こうした暮らしは,ハタオリアリの巣が安全な空間であることを示しているとともに,ツムギアリより攻撃性が低いハタオリアリだからこそクモの安全性が保たれているように思えた。アジアとアフリカに生息する姉妹のような2種のアリだが,性格は全然異なるところが面白い。

4. カメルーンの人々の暮らし

カメルーンの食事と人々と

カメルーンでは食事はどうだったかと,よく聞かれる。結論を言えば,美味しい。しかも他のアフリカ諸国に比べて,かなり美味しいのではないかというのが私の感想だ。これは,カメルーンでは米に不自由しないところが大きい。長期滞在になると,主食が大切になる。また,主菜に魚の炭火焼きが多いのも,消化を助けてくれてたいへん助かった。他の料理についても,しっかりと火が通ったものを出してもらえ,非常に気持ちよく食べることができた。

食事は我々が先に食べ,残った分を現地で調査を手伝ってくれる人々に食べてもらった。ちなみに,地元の人によると肉の値段は,牛がいちばん高く,その次が鶏で,魚は近くの川で捕れるからいちばん安いという。だが,川で釣れたてのナマズを炭火で香ばしく焼いた味は絶品だった。カメルーン特有の,独特の風味を伴った辛みがあるトウガラシ類を加えて食べると,非常に深みのある味になる。いっぽうで不思議なことに,トマトを食べると外国人は腹を壊すからやめておけとダバラ氏に言われ,トマトは残させられた。あれは何に起因するものだったのだろう。

図 13 カメルーンの人々と。村の人総出で調査に協力していただいた。前列左の日本人が栗山定氏，中央が柳瀬雅史氏，右端が筆者。

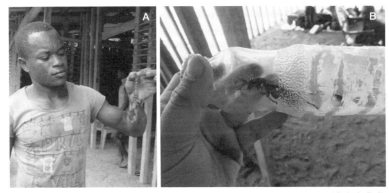

図 14 村人が採集してくれた生きもの。(A) サソリ。(B) ベッコウバチ。両方とも非常に巨大。

　また，私が行った4月は季節的にカなどの吸血性昆虫が非常に少なかったのも幸いであった。熱帯でいちばん怖いのは感染症であり，それを媒介する吸血性昆虫に出合わないことは，この時期のカメルーンの魅力と言えるだろう（もちろん毎年こうであるか注意が必要だが）。ただし，今回は小さな村から出なかったが，治安が悪い地域も多いことは肝に銘じておかなくてはならない。一度，少しだけ大きな町に行ったときには，車の窓ガラス越しに中をのぞかれ，やや恐怖感を覚えたときもあった。あまり油断しすぎずに，よい距離感を保ちながら滞在したいものだ。

村の人々はみな協力的で，子供たちもいっぱい集まってきてくれた (図 13)。時には，巨大なサソリやベッコウバチを採集してくれて驚かされたりもした (図 14)。ただ，いちばん最後に「置き土産」として何でも欲しがられたときはちょっと困惑した。ボールペンやノートなどは渡したが，私が着ていたTシャツはむしろ容赦なく剥ぎ取られた。さらには靴まで，欲しい欲しいと群がってくる。「分け合う文化」というものなのだろうか。今となっては，楽しい思い出以外の何物でもないのだが。

さらばカメルーン，そしてまたくる日まで

　さて，十分な目的を果たしたとは言い難いが，日本に帰るときはやってくる。今後カメルーンに行く人のために記しておくと，カメルーンは出国時のチェックが厳しい国の一つである。今回はガイドを通したから問題なかったものの，預け入れ荷物の中身をチェックされることもあるという。ただし，手荷物の中身を細かく見られ，カメラなどの有無を確認された。じっくりと，なかなか見られると怖いものだ。先に述べたように，写真撮影禁止の地域が多いことも原因としてあるのだろう。そんな最後の関門を突破して，フランス行きの飛行機に乗るときにはすでにぐったりとしていた。ここからが本当の長旅だったのだが …。

トピックガイド

　本章で紹介した *Synagris* 属の狩りバチについては，やはり『図説 世界の昆虫 6 アフリカ編』(阪口 1982, 保育社) を見ていただきたい。ハチやアリなど，社会性昆虫の総説としては『社会性昆虫の進化生物学』(東・辻 編 2011, 海游舎) を読めば深く学ぶことができる。ファーブルの狩りバチの観察については，『ファーブル昆虫記 2 狩りをするハチ』(奥本訳 1996, 集英社) を参照されたい。サスライアリやさまざまな好蟻性昆虫について最新の話を知りたい人は，『アリの社会：小さな虫の大きな知恵』(坂本ら 2015, 東海大学出版部) が必読であろう。カメルーンで出会った栗山定，柳瀬雅史両氏によるオオキバドロバチの映像は，『ワイルドライフ』(NHK)「第 263 回 アフリカ カメルーン 巨大なキバで戦う狩りバチに迫る！」(2017 年 5 月 29 日放送) に収録されるとともに，人気を博して『ダーウィンが来た！ 生き物新伝説』(NHK)「第 538 回 キバで戦う！ クワガタバチ」(2018 年 1 月 28 日放送) としても紹介された，いずれも見所満載である。

8章
カカトアルキの発見と分類

東城幸治

1. カカトアルキの発見

88年ぶりとなる新昆虫目の発見

　2002年4月，昆虫学の世界のみならず，世界中のメディアが昆虫の新しい「目」の設立を報じた。昆虫類は約30の「目」に分類されるが，トンボ目やバッタ目，ハサミムシ目，チョウ目，ハチ目などのように，昆虫学を専門にしない一般の方々にも「〇〇の仲間」のような括りで理解される単位が「目」に相当する。20世紀の初頭，フィリッポ・シルベストリ(Filippo Silvestri)が1907年と1913年にそれぞれカマアシムシ目ProturaとジュズヒゲムシEl Zorapteraを設立し，1914年にエドモンド・マートン・ウォーカー(Edmund Murton Walker)がガロアムシ目 Grylloblattodeaを設立してから，88年ぶりとなる新目の設立となった。もちろん，この間には数多くの昆虫の新種が発見され，記載されてきたわけだが，これらの新種発見は，すべて既存の目に配属されるようなものであった。

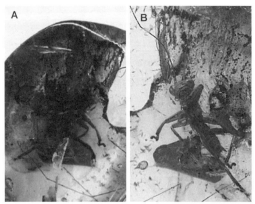

図1　4500万年前のバルト琥珀化石(ムカシカカトアルキの仲間 *Raptophasma* sp., 信州大学自然科学館所蔵)。

8章 カカトアルキの発見と分類

　世界的なメジャー科学誌である Science に公表された新目 Mantophasmatodea は，カマキリ目 Mantodea とナナフシ目 Phasmatodea をつなぎ合わせたような学名で，論文に掲載された写真を見る限り，確かに両目の特徴をモザイク的に持ち合わせたような昆虫であった (Klass et al. 2002)。驚かされたのは，永らく博物館に眠っていた，たった3体の標本に基づき新目が設立されたことである。それらは4500万年前のバルト琥珀化石 (図1)，1909年にナミビアで採集された標本，1950年にタンザニアで採集された標本である。この発表後，「本当に新目の扱いでよいのか」という懐疑の声 (Tilgner 2002) と，これに対する反論として固有派生的な形態形質をもつことを詳説する応答が同じ Science 誌に同時掲載され，論争が繰り広げられた (Klass 2002)。翅をもたないカカトアルキ類が，系統的に有翅昆虫類に所属することについては，腹部の内部構造の比較形態から支持され，腹部気門における筋肉系組織とメスの産卵管の形態などから，新翅類 Neoptera に属することは疑いないとされた (Klass 2002)。すなわち，カカトアルキにおける翅の退化は，このグループの共通祖先で獲得された形質と考えられる。またこの段階では，新翅類のどのグループと近縁であるのか，すなわち姉妹群を推定することは困難であった。いくつかの多新翅類 Polyneoptera の特徴をモザイク的に持ち合わせたような昆虫として捉えられていた (Klass et al. 2003)。

　この世紀の大発見は，アフリカの昆虫学者を激しく刺激した。その1人，ケープタ

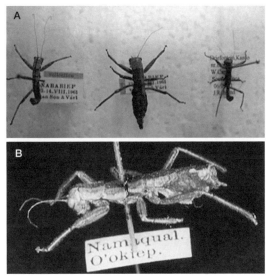

図2 イジコ南アフリカ博物館に所蔵されていた標本。上の写真の左と中の標本は1961年採集，右は2001年採集。下の写真は琥珀化石を除く最古の標本で，1890年にナマカランドのオオキップ O'okiep で採集された個体。

ウン大学のマイク・ピッカー (Mike Picker) は，頻繁に通っていた西ケープ州のフィールドで，よく似た昆虫を観察していたことを思い出した．当時は，バッタ目に近い昆虫の幼虫と考えていたのだが，この論文により事の重大性に気づかされたピッカーは，すぐさま手持ちの標本や南アフリカ国内に所蔵されている所属不明の昆虫類の標本を見直し，同じグループに所属すると考えられる 29 個体の標本が保管されていることを確認した (図 2)．これらの標本のなかには 21 世紀に入ってから採集された個体も含まれており，ラベルには詳細な産地も明記されていた．これで生きた個体を採集できると確信したピッカーは，すぐさま記載論文の筆頭著者であるドイツ・ドレスデン博物館のクラウス・ディエター・クラス (Klaus-Dieter Klass) に一報を入れた．この情報が確かなものであると確信したクラスは，標本ラベルの情報をもとに，8〜9 月が採集時期として適当であると判断し，南アフリカへの調査隊の組織を企てた．

2. 南アフリカでの調査

カカトアルキ共同研究の始まり

　南アフリカでの調査に際し，クラスはさまざまな分野の研究者に協力を求めていた．このような経緯で，比較発生学的な手法により昆虫類の基本体制を追究し，「系統進化において形態形質がどのように変遷してきたのか」という課題に取り組んでいた町田龍一郎教授 (筑波大学) のもとに，クラスから協力要請の連絡が入った．*Science* 誌上で新目が設立されてから，およそ 2 か月後のことである．世界的話題の昆虫に関する国際プロジェクトへの誘いとあって，興味は尽きないものの，時期も差し迫っており，遠く離れた南アフリカの地で，生きた個体を採集できるという確証もなかった．そこで，町田研究室の卒業生であり，当時，科学技術振興機構 (JST) の科学技術特別研究員 (PD) の身分で，時間的な自由度の高かった私が現地へ向かうこととなった．

生きたカカトアルキの確保

　2002 年 8〜9 月における南アフリカでの現地調査では，クラスと分子系統学者でデンマーク・コペンハーゲン大学のヤコブ・ダムガルド (Jakob Damgaard)，そして私の 3 名がケープタウン大学のピッカーのもとに集結した．確かに過去に採集された標本は保管されているものの，ピッカーの記憶では，そう頻繁に目にするような昆虫ではないという．そこで，ケープタウン大学の多くの大学院生・学部生の協力を得ることにした．いわゆる人海戦術での採集を試みたのである．

　じつは，日本とは季節が真逆となる南アフリカで，8〜9 月の調査というのがよく理解できずにいた．冬が終わる季節に昆虫のサンプリングというのが当時はピンとこなかったのである．過去に採集されていたのは，ナマカランド (Namaqualand) として世界的によく知られる西ケープ州 (Western Cape Province) の半砂漠地域で，特殊な生

8章 カカトアルキの発見と分類   121

図3 カカトアルキの典型的な生息地 (西ケープ州ナマカランド)。

物相で知られる地でもある。この地での夏季の乾燥はあまりに厳しく，動植物の生息・生育には不向きで，わずかに雨の降る冬の終わりから早春にかけての短い期間が，動植物が成長 (生育) できる唯一の季節であることを現地を訪れて初めて知ることとなった。種子として乾燥に耐えた一年生草本は，わずか3週間ほどの短期間で発芽・成長し，一気に開花する。厳しい乾季に入る前に結実させなければならない。このため，この地に生きる草本のほとんどは背丈が低く，独特の形態をもつ。わずかな期間で，砂漠から一面のお花畑へと変貌する景観は圧巻である (図3)。このほか，多年生の草本類はいずれも多肉植物で，乾燥に適応した特異かつ固有種が多いという。

このような特殊な地域に生息する昆虫にも特異かつ固有種が多い。限られた期間のなかで生活史を全うすることが不可避であり，さまざまな分類群において，小型で無翅となるような特殊化が，複数の分類群で並行的に進化したようである。カマキリ類，ナナフシ類，バッタ類などでも無翅型が多い。実際に，ナマカランドでの調査が始まると，採取される昆虫類があまりに奇異な形態をしたものが多く，とても新鮮であった。

いっぽう，目的の昆虫はなかなか採集できず，不安な日々を過ごした。採集のスタイルとしては，半砂漠に生育する一年生草本や多肉植物のスウィーピング (sweeping，捕虫網によるすくい捕り) であるが，多肉植物の場合はもはや「スウィープ」という

図 4 カカトアルキの歩行 (A) と交尾 (B) の様子。常に跗節の先が持ち上がっている。

ようなものではなく，あまりに植物が硬く乾いているため，ビーティング (beating，植物体を棒で叩き，落ちてくる虫を枠に張った布などで受け取って採集する方法) に近いようなものであった。採集用ネットとして日本から持参したネットでは，とても太刀打ちできず，寒冷紗のような頑丈なビニール製ネットを袋状に加工し，頑健なフレームに固定した特殊ネットが必須であった。振り回すにも力が必要で，力任せのフィールドワークには自信をもっていたつもりであったが，毎日網を振り回す腕や肩がパンパンに張ったものであった。

そうこうしているうちに，生きたカカトアルキがポツポツと採集され始め，採集場所の微生息場所情報が蓄積するとともに，より効率的な採集ができるようになった (Picker et al. 2002)。この地域固有の単子葉植物サンアソウ科 Restionacea 植物をはじめ，イネ科やカヤツリグサ科植物の根元で採集されることが多いことがわかると，闇雲に植生をたたいて歩き回るのではなく，ある程度，狙いを定めた採集もできるようになってきた。シーズンの終盤には，雌雄が交尾をする様子なども観察された (図 4) (Tojo et al. 2004; 東城ら 2005)。

現地調査の初年ながら，何とかそれなりの成果を上げることができた。研究グループ全体としては，まず食性や行動などの生態学的なユニークスを明確にすることができ，このグループを特徴づける外見からもわかりやすい形質として，すべての脚の先 (跗節) の独特な形態と，それゆえの他に例をみない歩行スタイルに着目した (図 4)。そして，この特異的歩行スタイルから，"heel walker" という英名が相応しいという結論に至った。和名においても，この特徴にちなみ，「カカトアルキ目 (踵行目)」という和名を提唱した (東城・町田 2003)。また，生きた個体 (良質の標本) を得られたことの意義はとても大きく，さまざまな方面への研究の展開を可能とした。外部形態のみならず，体内のさまざまな器官における形態形質情報が得られたほか，生理学・組織学的研究や分子系統解析への展開も可能となった。

このプロジェクトに参画する我々日本の研究グループの役割としては，類縁性が示

唆される昆虫目(もく)との発生プロセス(形態形成)の比較を行うことであった。すなわち,受精卵から1齢幼虫の形態が形成されるまでの卵内で進行する胚発生過程や,孵化してから成虫に至るまでの後胚発生過程を追究することであるが,とくに胚発生を重要視していた。そのため,現地調査における最重要課題となったのは受精卵を確保することであり,その受精卵がきちんと発生してくれることが重要であった。

じつは,現地調査の当初,この使命はとても重く感じられた。たとえば,分子系統解析を担当する研究者ならば,幼虫や成虫のステージを問わず,オスやメスの性も問わず,採集さえできればそれでよい。採集後,アルコール標本にしてしまえば,遺伝子解析の試料としては十分である。対して,私に課された課題は,受精卵の確保であったので,野外で交尾済みのメスを採集して産卵させることや,採集したオスとメスを交尾させて受精卵を産卵させること,あるいは野外に産み付けられた受精卵を採集することが必須であったが,どうにか初年から一定の成果を持ち帰ることができた。そして,しっかりと乾燥対策がなされた卵塊が,そう深くない土中に産み付けられることも明らかとなった。一つ一つの卵は,厚く複数の層から構成される頑丈な卵殻をもつことに加え,数から十数卵が砂粒で厚く頑丈に固められた状態の卵塊であった。

さまざまな分野の研究における発展

現地調査初年(2002年)からまずまずの成果を上げられたことを受けて,翌2003年にも約1か月半にわたる現地調査を実施した。「生きた個体を得られるかどうか」が課題であった初年とは異なり,2年目の調査では,より明確な目的や課題を抱いての現地入りとなった。

私にとっては,より多くの受精卵を得ることが最大の課題であったが,そこに至るまでの配偶行動や産卵行動などもじっくり観察してみたいと考えていた。乾燥の厳しい半砂漠に生息し,それほど高い密度で生息しているわけではないカカトアルキにおいて,配偶相手の探索はとても興味深い課題であるが,乾いた植物基質を雌雄が互いに腹部でたたき合って交信していることが明らかとなった。いわゆる「ドラミング行動」であり,カワゲラ目(Plecoptera)の成虫などでよく知られている。カカトアルキのドラミングのパターンは雌雄で異なり,また,種レベルでも異なることが明らかとなった。この配偶時の交信に関しては,このあとに,ドイツ・フンボルト大学のモニカ・エバーハード(Monika Eberhard)を中心に精力的な解析がなされている(Eberhard and Picker 2008; Eberhard et al. 2010; Eberhard and Eberhard 2013; Roth et al. 2014)。これらの研究では,ドラミングにおける振動シグナル(vibrational signal)を波形データとして記録し,各振動シグナルのパターン(振動幅や振動周期)を種間や雌雄間で比較するとともに,これらの交信パターンの変遷を系統進化史にも照らした考察がなされている。

加えて,異なる地域に生息する複数種を対象に,降雨パターンと生活史の関係性を追跡し,季節的な発生消長を議論するような研究へも発展してきた(Roth et al.

2014)。さらに，良質な標本を利用した形態形質における詳細な評価やこれらの形質比較に基づく系統解析などにおいても着実に成果が蓄積されてきている。また，頭部や胸部の形態形質に着目した研究，さらに触角や脚先の跗節，爪間盤の形態形質への着目など，より詳細な形質評価へと掘り下げた議論が展開されている (Eberhard et al. 2009; Drilling and Klass 2010; Blanke et al. 2013; Buder and Klass 2013; Wipfler et al. 2015)。このほか，精子形成様式の比較研究や微細構造も含めた精子形態学 (Dallai et al. 2003; Dallai ら 2005)，卵巣構造や卵形成の比較研究 (Tsutsumi et al. 2004; 塘ら 2005)，比較発生学的研究 (Machida et al. 2004; 町田ら 2005) など，じつに幅広い研究分野にまたがって研究が展開されてきた。

3. 系統と分類

カカトアルキ目内の系統分類

カカトアルキ目の記載論文では，1950 年に採集されたタンザニア産の標本も用いられていた。しかし 2002 年の新目設立以降は，南アフリカとナミビアを中心に研究が展開されてきた。現時点でも未記載種と考えられる標本が複数あるなど，分類学的な研究の進展が求められている段階であるが，カカトアルキ類の分布域に関しては，おおよそ図 5 に示すような範囲であると考えられる (Klass et al. 2003; Roth et al. 2014)。興味深いことに，このようなカカトアルキ類の分布域はコイサン (Khoisan) 語を話す

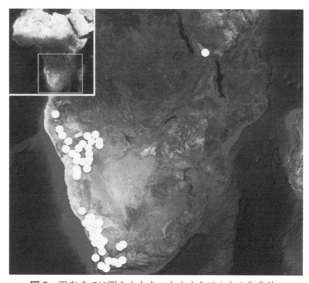

図 5 現在までに明らかとなったカカトアルキの生息地。

サン人 (San) が暮らす地域とよく合致しているという (Proches 2014)。映画『コイサンマン』(1980年製作) で大人気となったナミビアの俳優ニカウ (本名ザウ・ゴマ, N!xau Toma) が演じた役がカラハリ砂漠に住むサン人 (いわゆるブッシュマン) であり，まさにブッシュ (低木) が広がる地域にカカトアルキが生息していると捉えていただくとよい。もちろん，ある昆虫群の分布とヒトの一民族の分布の関係であるので，単なる偶然であるのだろうが，Proches (2014) は，カカトアルキの分布域とサン人の居住域は，ともに砂漠の中にありながらもやや乾燥が緩和された気象条件のもとに成立したのではないかと考察している。

すなわち，カカトアルキ類は乾燥が厳しいアフリカの砂漠の中でも，やや乾燥が緩み，わずかに植生が発達するような地域だけに生息している。このような地域はアフリカ南西部においても孤立散在的に分布するため，カカトアルキ類の分布域も孤立しがちとなる。加えて，翅を完全に退化させた昆虫であり，分散能力が低いことも予想されるため，遺伝的交流が生じる地理的広がりはかなり狭い範囲に限定されていることが容易に想像される。つまり，地域集団間での遺伝的な分化が起こりやすく，集団サイズも小さく限定され，結果として遺伝的固定化の促進や遺伝的浮動の影響も大きく受けると考えられる。

実際，南アフリカのカカトアルキを広域的に調査し，形態形質による種識別と分子系統解析を実施した我々の研究においても，比較的小さな地理的距離にある地域集団間でも遺伝的に大きく分化していることが示され，この傾向は形態形質の分化ともよく合致している (Klass et al. 2003; Damgaard and Klass 2005)。

これらの研究では，DNAバーコード領域でもあるミトコンドリア遺伝子のCOI領域に加え，同じミトコンドリア遺伝子の16S rRNA領域も解析に加えている。この2遺伝子領域による系統解析の結果は，南アフリカ産カカトアルキ類とナミビア産カカトアルキ類がそれぞれ大きく遺伝的に分化し，それぞれが単系統群[1]を構成することを強く支持している。

このあと，同じ分子マーカーを用いた研究として，南アフリカ産カカトアルキ類をほぼ網羅するような遺伝子解析がなされただけでなく，ナミビア産カカトアルキ類も追加した系統解析が行われ，分類体系の再整理が試みられた (Damgaard et al. 2008)。この研究においても，南アフリカ産カカトアルキ類の単系統性が強く支持された。

また，解析に用いられた2遺伝子領域の総合的な解析においては，南アフリカとナミビアのカカトアルキがそれぞれ単系統群を構成することが統計的に支持された。いっぽう，COI領域だけによる解析結果では南アフリカ産カカトアルキ類に対してナミビア産カカトアルキ類が側系統群[2]として評価され，加えて，ナミビア産カカトアルキ類の遺伝的多様さが示された。

---
[1] 単系統群とは，一つの進化的系統群からなり，その系統を構成するすべての生物の集合を含むものをいう。つまり，ある仮想的な共通祖先とその子孫すべてを含む生物の集合である。
[2] 側系統群とは，一つの進化的系統群 (単系統群) のなかから特定の単一系統を除いた生物の集合をいう。

南アフリカ国内のカカトアルキに関しては，ナミビアに近い地域で採集された個体ほど早い段階に分化した傾向が見られた。これらの結果は，ナミビアから南アフリカへの分散，すなわちアフリカ大陸南西部では，種分化しながらアフリカ大陸を南進していくような傾向が示唆された。

　また，南アフリカとナミビア両地域のカカトアルキ類を対象に，25もの神経ペプチドの構成に基づく系統地理学的な検討を試みた研究においても，地域レベルでの分化が大きいことが明確に示されている (Predel et al. 2012)。今後，核遺伝子も含むより多くの中立的な分子マーカーによる系統解析や，機能遺伝子の構造解析結果が示されることで，より精度の高い系統進化史やそれらの議論に基づく分類体系の構築がなされるものと期待される。

　カカトアルキ類の分類体系については，今なお新種の記載が進んでいるとともに，未記載種の存在も知られている状況にはあるが，現時点で記載された種は現生種で21種，化石を含めた絶滅種が5種である (Buder and Klass 2013; Wipfler et al. 2017)。このなかには，最近，Wipfler et al. (2017) が新たに記載した2新種 (2新属を設立) も含んでいる。これまで，化石種を除くと，形態形質や分子系統解析の結果から，南アフリカ系統，ナミビア系統，タンザニア系統に区分され，それぞれが独立した三つの科 (南アフリカのAustrophasmatidae，ナミビアのMantophasmatidae，タンザニアのTanzaniophasmatidae) とされてきた (ただし，タンザニア系統は形態形質のみの評価) (Klass et al. 2003)。このあと，ナミビアに生息する2属2種 (*Praedatophasma maraisi* と *Tyrannophasma gladiator*) が他のナビミア産5種からは形態形質でも遺伝的にも大きく異なることが示されたが，とくに新たな科を設立するようなことはなかった (Buder and Klass 2013)。

　さらに，現在ではカカトアルキ類とガロアムシ類の単系統性を重視し，両グループを合わせて一つの目 Notoptera (「翅をもたない昆虫」の意) として扱い (Arillo and Engel 2006)，ガロアムシ類をガロアムシ亜目 Grylloblattodea・ガロアムシ科 Grylloblattidae，カカトアルキ類をカカトアルキ亜目 Mantophasmatodea・カカトアルキ科 Mantophasmatidae として，これまで「科」として扱われてきた単位を「亜科」や「族」として扱うような体系も示されるなど，依然として混沌とした状況にある。現時点 (2018年10月1日) でのインターネット上のWikipediaサイトでは，このようなガロアムシ類とともに一つの目として扱われているので注意が必要であるとともに，今後の分類体系の動向には留意したい。

昆虫類の高次系統におけるカカトアルキ目の位置づけ

　本章の冒頭で述べたとおり，カカトアルキ目の学名 Mantophasmatodea はカマキリ目やナナフシ目との類似性を暗示するものであるが，これら両目との近縁性を積極的に支持するような研究は少ない。精子形態の比較研究において，ロマノ・ダライ (Romano Dallai) が一時的にはカマキリ目の類縁を示唆したものの，後に，ガロアム

シ目の精子構造の知見における先行研究の問題点を指摘しながら，自身の解釈を修正している (Dallai et al. 2003, 2005; Dallai ら 2005)．

　カカトアルキ目が発見された初期段階から，比較発生・卵形成そして比較形態学的な研究 (Klass et al. 2003; Machida et al. 2004; Tsutsumi et al. 2004) において，カカトアルキ目とガロアムシ目の類縁性が示唆されてきた．精子形態の再精査においては，特定の目との単系統性の議論にまでは至っていないものの，カカトアルキ目の精子構造は，ガロアムシ目やカマキリ目，バッタ目とよく似ていると評価されている (Dallai et al. 2005; Dallai ら 2005)．近年においても，化石も含めた 58 の形態形質による高次系統解析 (Bai et al. 2016) や頭部の形態形質 (Blanke et al. 2013) に基づき，ガロアムシ目との類縁性が支持されている．

　次世代シーケンサーが利用しやすくなってきた近年では，膨大な遺伝情報を対象にした「メタゲノム解析」と呼ばれるような研究がさかんに試みられるようになってきた．Song et al. (2016) の研究では，ミトコンドリア遺伝子のうちの 37 領域 (タンパク質をコードする 13 領域に加えて，22 の tRNA 領域，2 つの rRNA 領域) が解析された．この研究では，カカトアルキ目がいずれかの特定の目と強い単系統性を示すことにはならなかったものの，多新翅類内では，いわゆる広義のゴキブリ目 (Dictyoptera：カマキリ目＋狭義のゴキブリ目 Blattodea＋シロアリ目) からは遠く離れて，ガロアムシ目やジュズヒゲムシ目，シロアリモドキ目 Embioptera，ナナフシ目とともに大きな一つの系統群を構成する結果を示した．

　2014 年に *Science* 誌上に公表されるや世界的な話題となった昆虫類のメタゲノム解析の研究結果は，カカトアルキ目とガロアムシ目の単系統性を強く支持するものであった (図 6) (Misof et al. 2014; Tojo et al. 2017)．この研究は，実際に発現している機能遺伝子だけを対象にした大規模なトランスクリプトーム解析[3]を基盤とするものであり，すべての昆虫目を網羅しているだけでなく，対象とした遺伝子数は 1500 にも迫り，41 万を超えるアミノ酸サイトを解析対象とする史上最大規模のメタゲノムデータを扱った昆虫類の高次系統解析である．世界中から参画した共同研究者 100 名を超える共著者で執筆されている点も特筆に値する．新目設立当初からカカトアルキ研究に参画してきた町田研究室の関係者数名も共著者として名前を連ねている．

　この論文は，世界の主要昆虫 1000 種のトランスクリプトーム解析を行うことで，昆虫類全体の系統進化を解明することを目的として立ち上げられた 1000 Insect Transcriptome Evolution Project［通称 1 KITE (ワンカイト) プロジェクト］における第一弾

---

[3] トランスクリプトームとは，細胞内のすべての mRNA (あるいは一次転写産物の総体) のことであり，転写を意味する transcription と genome を組み合わせて作られた造語である．真核生物の遺伝情報にはアミノ酸をコードするエキソンのほか，アミノ酸をコードしないイントロンが含まれており，また，タンパク質合成には多くのエネルギーが必要とされるので，無駄な転写 (DNA から RNA の合成) は回避されるため，実際に遺伝子として発現している mRNA の発現状況を網羅的に把握することをトランスクリプトーム解析という．この研究では，トランスクリプトームのなかから約 1500 遺伝子が対象とされ，これらの配列の比較解析から昆虫類の高次系統が議論されている．

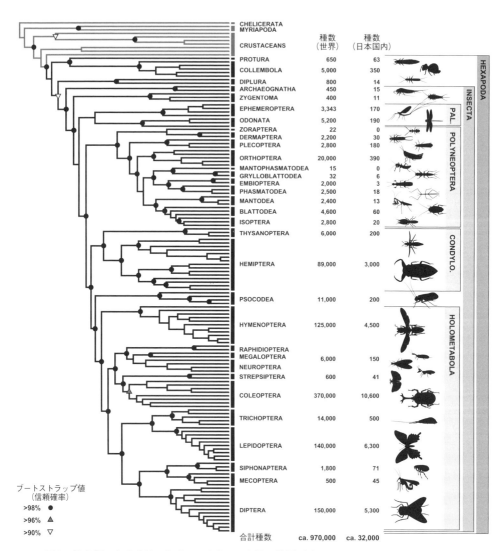

図 6 昆虫類の高次系統におけるカカトアルキ目の位置づけ (Misof et al. 2014)。ガロアムシ目との類縁関係が示唆されている［約 1500 遺伝子のトランスクリプトーム解析の結果に基づく系統樹。Tojo et al. (2017) より改変］。

の成果とされている。続く，第二弾，第三弾の成果公表がじつに楽しみであり，世界的にも大きな期待が寄せられている。

カカトアルキとガロアムシの進化史について

前項で述べてきたように，カカトアルキ目とガロアムシ目の近縁性はさまざまな研究から示唆されてきた。しかし，両目の昆虫は互いに遠く離れた地域に分布しているだけでなく，生息地の選好性においてもじつに対照的である。

これまで，カカトアルキ類はアフリカ大陸の南部にだけ生息していることを述べてきた。夏季には暑く，乾燥の厳しい半砂漠地域がおもな生息地である。これに対し，ガロアムシ類はユーラシア大陸の東縁域 (日本や朝鮮半島，中国の北東部，極東ロシア地域) と北アメリカ大陸の西海岸 (ロッキー山脈など) に生息している。日本では亜高山帯の林床や洞窟内などの多湿で冷涼な生息地を選好する。ロッキー山脈では氷河上でよく見られることから "ice crawler" とも呼ばれる。このようにカカトアルキ目とガロアムシ目の生息域は大陸レベルで異なるし，適応した生息地も砂漠と氷河のように大きく異なる。これらの昆虫どうしが共通祖先から分化した姉妹群であるなど，とてもにわかには信じられない。

しかし，いずれも翅は完全に退化し，単眼も完全に退化している。触角は長く発達し，飛翔できないことに関連するのか，6本の歩脚は大きく発達している。どちらも地面を這うように素早く歩行することができ，ガロアムシ類が "ice crawler" や "rock crawler" などと呼ばれるのに対して，カカトアルキ類も "rock crawler (あるいは "African rock crawler")" と呼ばれる。互いに肉食であることも共通点である。

現在の分布域こそ互いに遠く離れているが，温暖な気候であったとされる4500万年前まで遡ると，両者の祖先はヨーロッパにおいて分布域が重なっていた。カカトアルキ類の化石は約4500万年前のバルト琥珀から発見されている。いっぽうのガロアムシ類の化石は古生代の石炭紀頃から知られており，ユーラシア大陸全域，北アメリカ大陸 (おもに西海岸)，さらにはアフリカ南部や南アメリカ大陸，オーストラリアからも記録されており，かつては世界的な分布をしていたと考えられる (内舩・町田 2005)。

ガロアムシ類は，古生代の温暖な気候のもとで広域に分布していたが，中生代に入ると化石の出現数は激減し，新生代以降の化石は知られていない。ガロアムシ類の分布域が時代とともに大きく変遷したことの理由はわからないものの，気候の変化や捕食者の増加なども考えうるだろうし，多様化した被子植物との共進化により，完全変態昆虫類の急激な多様化が大きく影響したのかもしれない (内舩・町田 2005)。

もしかしたら，環境変動や他の昆虫類との相互作用などの結果として，ガロアムシ類の祖先は，ユーラシア大陸の東方へと逃避しながら，雪深く冷涼で多湿な特異的生息地へと適応したのかもしれない。その延長上に，ユーラシア大陸からベーリング海を渡って北アメリカ大陸へと分散したのではないだろうか。ベーリング海を西から東

へと渡った可能性については，分子系統解析の結果とも合致する (Schoville et al. 2013; Schoville 2014)。これに対し，カカトアルキ類はアフリカ大陸の南方へと，より乾燥した砂漠地域へ適応しながら逃避していったのかもしれない。

あくまで想像の域を出ないのだが，共通祖先から分化したガロアムシとカカトアルキが，いっぽうは雪深く多湿の寒冷地，もういっぽうは熱く乾いた砂漠へと適応したような対照的な進化を遂げたのだとすれば，じつに興味深い。先に，カカトアルキ類の分布域によく合致する事例としてサン人の分布を取り上げた研究を紹介したが，サン人には，目元にはモンゴロイドと同じ「蒙古ひだ」をもつ人が多いという。目レベルでの昆虫の分岐と人種の分岐は二桁も異なる年代での進化であり，サイエンスの域を踏み外した比較ではあるが，ただの偶然としてはあまりに出来すぎに思える。

今後，両昆虫目の単系統性に関する議論はいっそう深まるであろうし，系統関係の結果だけでなく，その進化史における物語り的な部分に関しても少しずつ解明されることを期待したい。

カカトアルキ目設立の陰で

本章の冒頭に述べたとおり，カカトアルキ目が設立されたのは，2002 年の *Science* 誌上でのことである (Klass et al. 2002)。ところが，この論文に先立ち，カカトアルキ類昆虫の存在そのものは論文として記されていた。所属不明のバルト琥珀化石昆虫として，Arillo et al. (1997) に報告されていたのである。しかし，この論文では単にバッタ目に近い昆虫種として扱われているにすぎない。学名を付した記載論文の体も成しておらず，新しい分類群の設立を論じた研究とは言えない。しかしながら，琥珀化石そのものの写真やスケッチを見る限り，Arillo et al. (1997) により記載された昆虫がカカトアルキ類の一種であることは間違いないだろう。

また同じように，新目が設立される以前の2001年に，バルト琥珀化石としてムカシカカトアルキ *Raptophasma kerneggeri* が記載されている (Zompro 2001)。この場合においても，所属不明のバッタ目昆虫としての記載であったが，今となってはカカトアルキ類の一員であることに疑いなく，クラスらによる新目設立の際にもこの標本が用いられている (Klass et al. 2002)。

4. 今後の展望

2002 年の新昆虫目設立以来，だいぶ年月が流れ，ナミビアや南アフリカなどアフリカ大陸の南西部を中心に，カカトアルキ研究もさまざまな方面へと広がってきた。いっぽうで，タンザニア地域での研究は遅滞している。共同研究者となりうる現地研究者の不在など，ナミビアや南アフリカよりも難しい課題も多いと思われるが，1950 年にタンザニアで採集されたカカトアルキの標本が存在することからも，カカトアルキが現生している可能性が高い。この地域のカカトアルキ研究を抜きにして進化史な

どが議論されている現状は，氷山の一角を見ている状態にすぎないのかもしれない。近年は，これまでに明らかとなってきた分布パターンに基づき，カカトアルキの潜在的な分布域を推定するような生態ニッチモデル解析[4]が実施されている (Silva et al. 2016)。調査がされていない地域での分布確率や将来の気候変動などにおける分布域変動の予測は，保全などの観点においても有用な知見となる。

また前述のように，近年のメタゲノム解析からはガロアムシ目との関係性がより明確になりつつある。日本は，ガロアムシ類の系統進化や多様化において鍵を握る最重要地域であるが (Schoville et al. 2013; Scoville 2014)，私たちがカカトアルキ研究に関わり始めた当時は，ガロアムシや日本との関係性を議論することになるなど，まったく思いもよらぬことであったのだが，想像以上に面白くなってきた。

さらに，この原稿を書き終えようとしている 2017 年末には，思いもよらないきわめて貴重なカカトアルキ標本に巡り合うことができた。ムカシカカトアルキの仲間 *Raptophasma* sp. と考えられる琥珀化石がネットオークションに出品されていたのである。もちろん，即決落札した (図1)。保管状態もよく，詳細な形態形質も観察できる。数千万年にわたるカカトアルキ類の進化に関する物語りを，より詳細に究明してみたいものである。

カカトアルキ研究の機会を与えてくれた恩師・町田先生からは，「系統解析は，系統分化の枝ぶりを示すにすぎず，それだけではまだ枯れ木のようなものである。そこにどう花を咲かすことができるかが重要」という趣旨の言葉を聞いたことがある (言い回しは違っていたはず)。メタゲノム解析の時代，良質の標本さえ入手できれば，高精度での系統解析が容易に可能となりつつある。そのような系統進化史が，「どうして？」，「どのようにして？」展開されてきたのか？ これらの Why や How を意識した進化史の構築が，「枯れ木に花を咲かせる」ことへとつながるのではないだろうか。そんなロマンの追求は「もはやサイエンスではない」とお叱りを受けるかもしれないが，謎とロマンに満ち満ちた課題が目の前にあるのだから，そこにチャレンジしない手はない。カカトアルキ研究は，アフリカ昆虫学と日本の昆虫学それぞれの大きな魅力の重なり合いなのである。

トピックガイド

本章で紹介したカカトアルキ類に関して，発見の経緯や新たな昆虫目設立の経緯などは，『日経サイエンス 2003 年 2 月号』に掲載された『88 年ぶりの大発見 砂漠に生きていた新昆虫』(アディスら 2003，日本経済新聞社) や『南アフリカの砂漠にマン

---

[4] 生態ニッチモデル解析とは，特定の生物種群における現在の生息地とその環境情報から，その生物種群の生息に適したニッチを統計学的に推定する手法である。この研究では，既知の生息地の気象データから，カカトアルキの生息に適した環境を推定している。過去の環境情報に関する推定値を用いることで，最終氷期最寒冷期の分布可能域を推定することや，気候変動後の将来的な分布予測などにも用いられている。

トファスマを求めて』(東城・町田 2003，日本経済新聞社) を参照されたい．この後の研究の展開については，『生物科学 2005 年 9 月号』にて組まれた特集『新昆虫目はどこまでわかったか？ − 発見から 3 年，カカトアルキの生物学』では，カカトアルキ研究に関わった国内外の研究者らによる 11 編の報文が掲載されている．また，写真絵本として出版された書ではあるものの，大人が読んでもカカトアルキの不思議さや魅力に満足いただけるであろう『カカトアルキのなぞ − 世紀の発見 88 年ぶりの新昆虫』(東城 2007，新日本出版社) を参照されたい．

　また，カカトアルキ類の行動や生態，生息地の様子をはじめ，新昆虫目発見の経緯が『地球ふしぎ大自然　カカトで歩く太古の昆虫　一瞬のお花畑で大発見!』(NHK 2004 年 2 月 2 日放送) や『知られざる野生　カカトアルキ　～生きていた太古の昆虫』(NHK 2010 年 2 月 18 日放送) に収録されている．後者は，現在も以下のサイトから閲覧することができるので，ぜひ視聴いただきたい［https://www.dailymotion.com/video/xo01dr］(2019 年 1 月 25 日閲覧)．

9章
アリモドキゾウムシを追ってアフリカへ

立田晴記

1. アリモドキゾウムシとアフリカとの関係

　アリモドキゾウムシと聞いてピンとくる人はどれくらいいるだろう？　わからない人はGoogle検索をかけてみると良い。検索結果の1番目に登場するウィキペディアを見ると，「アリモドキゾウムシはコウチュウ目ゾウムシ上科ミツギリゾウムシ科に分類されるゾウムシの一種」，「インドやミャンマーなどのアジアが起源と考えられている」とまことしやかに書いてあるだろう。そして，「日本では北緯30度以南の南西諸島と小笠原諸島に移入分布する」とある (ウィキペディア online)。ここで「移入分布」とは何だろうか。

　古来日本に分布していなかった生物が続々と見つかっているというニュースをおそらく耳にしたことがあるだろう。人間の手により，本来生息する地域ではない場所に移動させられた生物は「移入生物(移入種)」，「外来生物 (外来種)」，「侵入生物 (侵入種)」などと言われる (国立環境研究所 2018)。これらの生物は珍しいものではなく，野外で見られる「普通種」と呼ばれる生物で，じつは海外から移入されたものが少なくない。問題は持ち込まれた生物が新天地にて個体数を急速に増やし，他の生物の成長や繁殖を妨げてしまうことであり，このような生物は「侵略的外来生物」と呼ばれ，警戒されている。

　現在私はアリモドキゾウムシ *Cylas formicarius* (図1) (以下「アリモドキ」) を研究

図1　アリモドキゾウムシ。

材料の一つとしている。2008 年に茨城県つくば市の研究所から琉球大学に着任したことが直接のきっかけである。沖縄に飛行機でやってくると，手荷物受け取りのコンベアー前に電光掲示板があり，そこにはサツマイモやアサガオの仲間などは県外へ持ち出せない表示がある。この持ち出し禁止ルールを作るきっかけとなった虫の一つがアリモドキである (帰りがけの手荷物検査のゲートを潜った所に植物検疫のデスクがあり，そこには実物を拡大した虫の模型が置いてあるので，機会があれば探して是非ご覧いただきたい)。

　本種による沖縄県内での被害は 1903 年に初報告されたが (名和 1903)，すでにサツマイモの被害が頻発していたことから，それ以前に本種が侵入・定着していたのはまず間違いない。その後アリモドキは北上を続け，1915 年に鹿児島県の与論島，そして 1965 年には九州南端の開聞町に上陸した (守屋 1995)。1950 年に施行された植物防疫法による移動規制で検疫体制が敷かれていたにもかかわらず，である。

　アリモドキは翅を使って飛翔するものの，せいぜい数十〜数百メートルの距離であり，これまでの観察データからは 2 km 程度，風に乗って移動した例が知られている (Miyatake et al. 1997)。飛翔能力が高くないことから，アリモドキが沖縄から九州まで自力で移動したとは考えにくく，さまざまな外来生物で問題となっているように，人間による貨物輸送の弊害と考えるのが妥当に思える。

　近年世間を騒がせている南米原産のヒアリ *Solenopsis invicta* も港湾周辺から見つかることが多く，船舶に積載される積荷に紛れて各地へ広がっていると考えられる (Ujiyama and Tsuji 2018)。アリモドキは 1995 年と 2000 年に高知県室戸岬で，また鹿児島県指宿市でも 2006 年に侵入が確認されたが，その後徹底した殲滅作戦によりいずれも根絶されている (杉本・瀬戸口 2008)。

　沖縄に赴任した私はまったく縁がなかった生物に突如向き合うこととなった。まさに青天の霹靂とはこのことである。沖縄で大学教員，それも昆虫学で！　そんな羨ましい (と勝手に思っている) ポジションをライバルたちは見過ごすはずもなく，公募が出た際には自分なぞ採用されることはないだろうと諦めていた。正確な応募者数は忘れたが，たった 1 名のイスを巡り，大勢の希望者が押し寄せたらしい。最終的に何が幸いしたのかわからないが，とにかく学生時分は夢にもなると思わなかった大学教員に，それも沖縄に赴任することになった。当時，琉球大学に通っていた友人が時折よこす手紙には，「暑い」としか書いていなかったことを思い出した。それと同時に，何とも言い難い期待と不安が交錯した。住んでわかったのは，確かに夏は紫外線量も多くて暑いが，地球温暖化の進行により，沖縄の平均気温よりも最高気温の記録が高い地域が日本各地にあることを考えると，普段部屋の中にいる分にはたいした問題ではなかった。むしろ北海道のような厳寒な場所は歳を重ねるにつれて身に凍みてくる。いろいろ考えると沖縄はやはり天国だった。

　学部生時代から細々と続けていたバッタの研究に堂々と取り組めるのが嬉しかったが，沖縄ならではの研究材料を模索していたところ，サツマイモの害虫として知られ

る 2 種のゾウムシはいくつかの理由からたいへん魅力的だった．1 種はアリモドキだが，もう 1 種のゾウムシとはイモゾウムシ *Euscepes postfasciatus* のことで，こちらも現在の研究材料の一つである．イモゾウムシは西インド諸島が起源とされており (杉本 2000)，アフリカではこれまでに見つかっていないためここでは取り上げないこととするが，配偶行動や生殖器にユニークな特徴が見られることがわかっている (Kumano et al. 2013; Tatsuta and Kumano 2015)．

　新たな研究を始めるにあたり，いくつか留意すべき点がある．たとえば分類学は希少性が高い材料を発見して新種記載するとそれだけでニュースにもなり，研究も進展するが，希少性が高いことが逆に研究の足かせになることも少なくない．ある生物の繁殖行動を調べるとき，たった 1 組のデータで，その生物の"一般的な"特性を論じることにどれだけの意味が見いだせるだろう？　もちろんそのような記述がまったく意味をもたないわけではないのだが，一般的な傾向を論じる際には同じ観察や実験を違う個体を使って繰り返し行い，そこに見いだされる"平均的な"傾向を拾い出して議論する必要がある．飼育法がある程度確立され，野外で見つけるのも容易なゾウムシたちはうってつけの研究材料だった．また害虫とされる昆虫が何を食べて，どのように繁殖するかなど，基礎的な生物情報は意外とわかっていない．害虫とされる虫たちを研究すると，まだまだ有益な情報が得られることも多いのだ．

　アリモドキの分布の変遷から推察すると，鹿児島県内に広がっていったアリモドキは沖縄県に定着していた集団の一部に由来するものと想像される．この推論を裏付ける証拠が遺伝子解析からも示されている (Kawamura et al. 2002, 2007a, b; 川村ら 2003; 杉本ら 2007)．アリモドキが島から島へと移動する様を直接目視することはきわめて困難だが，個体がもっている遺伝子を調べ，その特徴を産地ごとに比較することで，アリモドキが移動した経路を推測することができる．遺伝子の特徴に基づいて生物の由来を推定する方法はさまざまな分野で活用されており，両親を特定するための遺伝子診断などはその一例である．川村らによる一連の研究 (Kawamura et al. 2002, 2007a, b) では異なる遺伝子が解析されているが，共通して言えることは，鹿児島県や高知県で見つかったアリモドキの遺伝情報はいずれも沖縄のアリモドキ集団に由来する可能性がきわめて高いことだ．

　また注目すべき点として，九州，四国で見つかった個体がもっていた遺伝子の特徴は沖縄本島で採集された個体の特徴と一致しており，宮古島以南の島々で採集された個体には見られなかった (Kawamura et al. 2007b)．ここで得られた結論は別の遺伝子を使って解析した結果とも一致している (立田ら　未発表)．南西諸島のほか，小笠原諸島にもアリモドキが侵入・定着しているが，遺伝子解析の結果からはまったく別集団に由来するものと考えられる (Kawamura et al. 2007a; 川村ら 2009)．

　それではアリモドキはいつ，どのように世界的に広がり，日本に持ち込まれたのだろうか．川村らは日本産のアリモドキ以外に，台湾，中国，東南アジア，北米，インドの標本を加え，系統解析を行った (Kawamura et al. 2007a)．比較に使った標本類の

うち，インド産のものがもっとも系統的に古いグループと考えられ，本種が現在のインドとマダガスカルで形成されていたインド亜大陸を起源とする考えと一致していた (Wolfe 1991)。

　ここで留意したいのは，アリモドキの主要寄主植物であるサツマイモは南アメリカ起源とされており，アリモドキの起源とされるインド亜大陸ではないことだ。大航海時代の交易を経て，16世紀初頭にサツマイモがインドへ渡ったとされ (小林 1986)，このときにグンバイヒルガオなど，サツマイモと同じヒルガオ科の野生寄主植物で細々と生活していたアリモドキがサツマイモと出合ったのではないかと推察される。

　他の標本は，ベトナムのホーチミン市産標本，インドネシアのグループと，ベトナムのハノイ産標本，北米，ハワイ，中国，台湾，そして日本が含まれるグループに大別され，南西諸島産の標本は台湾のものともっとも近縁だった。また台湾と南西諸島は近い位置にあることから，台湾に侵入したアリモドキが八重山諸島，宮古諸島，沖縄本島という順に南から北上した可能性が疑われるが，確証は得られていない (杉本・瀬戸口 2008)。

　ここでアリモドキの起源地の話に戻りたい。古地理学の話をすると，中生代のジュラ紀にはパンゲアと呼ばれる超大陸がローラシア大陸，ゴンドワナ大陸へと分裂し，ゴンドワナ大陸はさらに東西の大陸へと分裂したとされる。その頃のインドは東ゴンドワナ大陸の一部であり，現在のマダガスカル島とインド亜大陸を形成していたが，その後マダガスカルから分裂して北上し，白亜紀以後にユーラシア大陸に衝突し，徐々にヒマラヤ山脈を形成した (4-5頁参照)。アリモドキの複数の近縁種たちはアフリカ大陸に分布しているが，そのうちアリモドキだけが世界的に分布を広げていることから，中生代後期以降に生じた大陸移動のイベントと，アリモドキとその近縁種との種分化が連動していた可能性が高い。

　アリモドキが含まれるグループ *Cylas* 属は，害虫でない種も含め24種がこれまでに知られている (The Integrated Taxonomic Information System online [https://www. tis. gov/] 2018.10.10閲覧)。形態の特徴に基づいた推測では，世界的に拡散しているアリモドキ *C. formicarius* がもっとも早く祖先種から分化したとされ，アフリカに固有の近縁の *C. brunneus*, *C. puncticolis* (いずれもサツマイモの害虫) は派生的な種と考えられている (Wolfe 1991)。つまりアリモドキとその近縁種の類縁関係を調べるには，アフリカ産のゾウムシ標本を是が非でも入手する必要がある。人類が誕生するはるか以前に起こっただろう種分化の様相を想像するだけでも胸が高鳴っていった。

　こうしてアフリカでの調査を決意した，というのは研究を実施するための"大義名分"であり，一度も訪れたことがなかった東アフリカの地を踏んでみたいという個人的欲望が正直先行していた (西アフリカは個人的に何度か訪れていた)。何よりマダガスカルは，インドとかつて融合していた地史を考えれば，最初に訪問すべき場所だった。就職する以前のポスドク時代にアフリカからインド洋に起源をもつキイロショウジョウバエ種群を研究していたこともあり，マダガスカルは身近な存在に感じていた。

しかし"先立つもの"の確保が危急的課題だった。幸いなことに大学内の研究費が当たり，当時ゾウムシの研究を行っていた2名の大学院生を連れてマダガスカルに出向いた。2012年10月のことである。

2. いざマダガスカルへ

　那覇から東京，バンコクを経由してマダガスカルの首都であるアンタナナリボに到着した。いきなり現地に飛び込んでのフィールド調査はあまりにも無謀である。マダガスカルでは無許可での調査や標本の持ち出しは御法度で，あらかじめ許可を得ておく必要がある［マダガスカルに限らず，最近では多くの国で無許可での調査や標本持ち出しは固く禁じられている。詳細は環境省の名古屋議定書関連ページ (環境省 2018) などを参照されたい］。当時マダガスカルとは無縁だった自分は，大学の後輩でもある宮城教育大学の溝田浩二さんにお願いして，現地研究者を紹介してもらった。溝田さんは日本の国際協力機構 (JICA) の事業で，何度かマダガスカルを訪問しているベテランだった。

　首都アンタナナリボで出迎えてくれたのは，チンバザザ動植物公園 (Parc Botanique et Zoologique de Tsimbazaza) で昆虫課長をされているラジェミソン・バルサーマ女史 (Rajemison Balsama) だった。マダガスカル人の祖先はインド洋を渡った東南アジア地域の人々とされる (深澤 1998)。バルサーマさんの風貌もアフリカ系というよりはアジア人に近く，動植物園の裏手にあるマダガスカル生物多様性センター (Madagascar Biodiversity Center, MBC) の主任も務めている。MBCはカリフォルニア科学アカデミー (California Academy of Science, CAS) のブライアン・フィッシャー (Brian Fisher) 博士らの尽力のもと，2006年にオープンした (図2)。フィッシャー博士は世界最大のアリ類データベースであるAntWeb (https://www.antweb.org/) を運営してお

図2 マダガスカル生物多様性センター (MBC) の外観。

図3 MBCの内部。ビニール袋の中身はすべて昆虫標本。左はバルサーマ女史。

り，とりわけマダガスカルのアリ相は博士らのチームにより徹底的に調査されてきた。MBCの建物に入ってみると，所狭しとアリ類の標本が山積している (図3)。マダガスカルで採集された標本類は現地スタッフが同定，標本製作し，それらはフィッシャー博士が研究室を構えるアメリカのサンフランシスコにあるCASへと送られる。あとで聞いた話だが，CASに常駐する研究者たちは送られてくる標本類を活用してひたすら種の記載などを行っているそうで，マダガスカルを一度も訪問したことがない人もいるとか。フィールド主体の研究を行ってきた自分には，アリが生息する環境を知らずに研究している風景を想像し，いささか不思議な気がした (じつはネタ元の知人とは数年後にマダガスカルを一緒に訪問することになる)。

　幸運なことに，マダガスカルでの調査許可はバルサーマさんにお願いして取得してもらい，現地滞在中もMBCに宿泊できるほか，所有する車も利用させていただいた。とにかく往復の旅費捻出がやっとであり，同行した学生の1人は手弁当という何とも心もとない調査チームであった。不憫に思われたのか，通常はかかる車のレンタル料やガイド料などをすべて免除していただき，ガソリン代，宿泊代，食事代だけをお願いされた。これほど人の情けが身にしみたことはなかった。そうと決まれば早速出発だ。バルサーマさんの調査用の愛車ランドクルーザーに乗り，アリモドキの探索を開始した。

　まずは近場のサツマイモ畑で探すが，まったく見当たらない (図4)。サツマイモにも異なる品種があり，塊根が太らない品種にはアリモドキがまったく付いていなかった (聞くと葉を料理に使うらしい)。サツマイモ畑をあさる日本人をじっと見つめる通りすがりの地元民たち。日本でも道ばたで昆虫採集をしていたとき，観光客に通報され，警察に不審尋問されたことがある。昔『コレクター』という映画でも描かれてい

9章 アリモドキゾウムシを追ってアフリカへ

たが，昆虫を採集している姿は世間一般の人から見れば一種の猟奇性を感じさせるのかもしれない。目立つ外国人なら，なおさら怪しく映るだろう。

とにかく最初の"獲物"を採集したい我々は少々焦り始めるが，場所を変えて車を走らせていると道ばたにサツマイモを並べて売っている人々と出会った（図5）。車を停めて事情を話し，早速サツマイモの圃場に案内してもらう。残念ながらサツマイモはすでに収穫されてしまっていたが，周囲にはクズイモが捨てられており，表面には成虫が，イモを割ってみると幼虫の食痕が確認できた（図6）。

やった！ 早速日本から持参したフェロモンルアー（メスが発散する性フェロモンの主要成分を合成してゴム資材に含有させたもの）を設置してみると，ものの数分でアリモドキのオスが飛んできた。おそらくこれまで日本人など見たことがない村人た

図4 首都アンタナナリボで見つけたサツマイモ畑。

図5 道ばたでサツマイモを売る村民。

図6 捨てられていたサツマイモ上のアリモドキゾウムシ。

ちは，ありふれた虫を捕まえて歓喜する辺境の東洋人を観察し，いったい何と思っただろう。我々はそんなことにはおかまいなく，飛んでくるアリモドキ採集に熱中した。

　無事アリモドキが捕獲できたので，その夜はバルサーマさんとご主人のココさんとともにささやかな祝いの会が開かれた。まずは喉を潤すビールを注文する。ビールの銘柄は数種類あり，もっともポピュラーな銘柄は THB (Three Horses Beer) で，沖縄のオリオンビールと同じ軽い口当たりが特徴的だ (図7)。お土産品としてはラム酒が有名で，グレードもさまざまある。残念ながらコメを原料にした酒は見当たらなかっ

図7　マダガスカルでよく飲まれているビール THB。

図8　日本の焼き鳥にそっくりなマシキータ。

図9　野生のカメレオン。

図10　オオアリ属の一種の巣。

9章 アリモドキゾウムシを追ってアフリカへ

図 11 キリンクビナガオトシブミ (撮影：光部史将氏)。

た。またおつまみとして，インドネシアでよく食べるサテー (sate) にそっくりな，マシキータ (masikita，コブウシの串焼き) を注文する (図 8)。道端でも屋台で焼いて売られており，ポピュラーな食べ物の一つだ。ここでも東南アジアとのつながりを垣間見ることができた。

　翌日からは首都を脱出し，東部にある国立公園を目指すことにした。マダガスカルは固有種の宝庫である。昆虫はもちろん，哺乳類や鳥類，両生類，爬虫類，魚類など，さまざまな分類群で多くの固有種が知られている。東部の町アンダシベ (Andasibe) に到着して辺りを散策してみると，至る所に野生のカメレオンがいる (図 9)。手づかみして頭に載せてはしゃぐ学生たちを見て，やや緊張気味の気持ちが一気にほぐれた。木を見上げるとオオアリ属 *Camponotus* のアリたちが巣を造っている (図 10)。本来の訪問目的を見失いそうになるほど，我々は現地の自然に見入り，楽しんだ。アンダシベには 155 km^2 に及ぶ国立公園があり，そこでも珍しい固有種のキリンクビナガオトシブミ *Trachelophorus giraffa* (図 11) を発見するなど，ゾウムシそっちのけで林内を探索した。

　散策すると当然腹が減る。稲作のさかんなマダガスカルの主食はコメ［マダガスカル語でヴァリ (vary)］であり，食堂に入るとこれでもかというほど大量のご飯を盛ってくれる。ご飯の量に対しておかずは申し訳程度である (図 12)。コメはインディカ米で，口に含むとボソボソしているが，付け合わせのスープやおかずをご飯に盛って食べるとなかなかいける。このような食べ方はアジア諸国を旅していてもなじみ深い。またご飯を不用意に頬張ると，口の中で固いものをガリッとかんでしまう。よく見るとゴマのように小さな小石がたくさん混入していて (辻本 2015)，あらかじめ取り除くのも面倒なほどの量である。日本では，コメに少しの小石でも混入していようものなら即クレームだろうが，マダガスカルでは消費者が取り除くのが当たり前らしい。学生の 1 人はそんなこともお構いなしに大量のご飯をかき込んでいた。その光景を見つめながら，昔大学近くにあった行きつけのハンバーグ屋はご飯のおかわりが自由で，

図12　山盛りご飯とそれに添えられているおかず。

ハンバーグ一切れでご飯を一皿平らげていたことを思い出した。面白いのがご飯を炊いたあとの鍋にお湯を入れ，沸騰させて作るラノボラ (ranovola, マダガスカル語で「黄金の水」という意味) と呼ぶ"おこげ茶"である。さぞかし貧相な飲み物かと思いきや，やや炭の味がするものの香ばしくてうまい。最近の日本の高性能な炊飯器では楽しめない味だ。

　アリモドキについて書くのをすっかり忘れかけていたところで本題に戻したい。国立公園内は採集禁止なので，周辺でサツマイモ畑を所有しているオーナーにお願いしてアリモドキを探して回った。サツマイモの作付けが終わっていたものの，土中に残っているイモから採集することができた。首都に戻り，学生2人はバオバブで有名なモロンダヴァ (Morondava) に行くという。少し羨ましい気持ちを抑え，私は日本で用事があったことから一足先に帰路に就いた。

3. アリモドキゾウムシ研究の意義とアフリカの魅力

　その後日本に戻り，遺伝子配列を解析してみたところ，たいへん興味深い結果が判明した。系統解析を進めてみると，マダガスカルで採集された標本には遺伝的特徴が大きく異なる複数の集団が存在していることがわかってきたのだ。思わぬ新知見にも助けられ，翌年には日本学術振興会から科学研究費補助金が得られ，再びマダガスカルの地を踏むことができた。さらにはアフリカ大陸を訪問するチャンスも巡ってきた。とくにマダガスカルの向かいに位置する東アフリカは比較研究するうえで重要な地域であり，ケニアを中心として，隣接する国々からも貴重な標本類を収集できた。現在これらの標本類を使って，さらなる解析を進めているところである。

　またこれまで実施した調査では，物品の盗難や病気など，幾多のイベント (災難)

に見舞われた．ひどい目に遭っても，帰国すればまた不思議と訪問したくなってくる．道中会った人たちの顔を思い浮かべると，そこには大地で生き抜く人々のたくましさが宿っていた．

思えば学生時代に初めてアフリカの大地に降り立ったとき，金をだまし取られたり，病気にかかるなどの洗礼を受けたことが心の傷になっていた．当時と比べれば少しだけ旅慣れし，研究動機に背中を押されながら見えてきたのは精一杯生きている人たちであった．人をだますことは良くないのだが，良くも悪くも"テーゲー（琉球語で「いい加減」の意味）"な考え方はどこか憎めず，人間臭さを感じてしまう．アバウトな人生を歩んできた自分のような人間には決して居心地が悪い世界ではなかった．素晴らしい自然は言うまでもないが，人々の生きざまや文化に何となく魅了されてしまったことがアフリカに気持ちを回帰させる理由である気がしている．

沖縄ではかつてウリミバエ *Bactrocera cucurbitae* がニガウリやスイカの大害虫として問題となっていたが，放射線を当てて不妊化した虫を野外に放つ「不妊虫放飼法」により，見事根絶したという輝かしい歴史をもつ (伊藤 2008)．これは放射線がミバエの遺伝子に（優性致死）突然変異を引き起こし，突然変異遺伝子をもつオスと交尾した野生メスが産んだ卵は胚発生が正常に進まず死んでしまうことを利用した防除法で，海外でもハエ目の害虫での成功例が知られている．じつはこの方法は沖縄のサツマイモを加害するゾウムシ類の防除にも役立っており，2013 年には久米島でアリモドキの根絶が宣言された．不妊虫放飼法の甲虫類に対する適用事例はコフキコガネの1種 *Melolontha vulgaris* やワタミゾウムシ *Anthonomus grandis grandis* などで知られているが，これらは限定的な利用や小面積での根絶しか達成されておらず (Horber 1963; Klassen and Curtis 2005)，広大な島全体にわたる防除など前代未聞だった．久米島のアリモドキ根絶という偉業は，ウリミバエの防除で培われた経験と実績なしには成し遂げられなかっただろう．またウリミバエの防除が成功した背景には，駆除事業の指導役を担った伊藤嘉昭 (1930-2015) をはじめとする当時の研究者たちがハエの生息密度などの基礎情報を押さえていたことが大きな鍵となった．伊藤の至言「もっとも基礎的なことがもっとも役に立つ」(辻 編 2017) ことは，基礎研究は時間と金の浪費と思われがちな時代において，研究者や技術者ばかりでなく，経営や行政に携わる方々にも是非心にとどめていただきたいと強く願う．

最後にこの手記を準備するにあたり，たいへんお世話になった多くの方々にお礼申し上げる．とくに研究の嚆矢にもなったマダガスカル調査で同行してくれた当時の修士課程学生であった光部史将さん，相良祐三さん，また2度目以降のマダガスカル調査で同行した溝田浩二さん，佐々木健志さん，山根正氣さん，橋本佳明さん，吉村正志さんには写真提供も含め感謝したい．同行メンバーとは苦楽をともにし，生涯忘れることができない思い出を作ることができた．機会があればその後の行程についても詳細な研究結果とともに記してみたい．

トピックガイド

　本章で登場するアリモドキゾウムシについて知りたい読者は，沖縄県病害虫防除技術センター［https://www.pref.okinawa.jp/mibae/］(2019 年 1 月 9 日閲覧) にある，移動規制害虫特別防除事業のコーナーを参照いただきたい。南西諸島でゾウムシが分布を広げていった経緯や生活史の情報を知ることができる。

　『不妊虫放飼法－侵入害虫根絶の技術』(伊藤編 2008, 海游舎) は内容が専門的で，一般の読者には難解な一冊かもしれない。しかしアリモドキゾウムシはもちろん，ウリミバエや不妊虫放飼法についての研究背景を知るうえでは大変貴重な良書。これまで第一線で活躍してきた執筆陣たちの力作揃いで，沖縄県で繰り広げられてきた侵入害虫との苦闘が手に取るようにわかるだろう。

　またマダガスカルの文化や自然を知るには，『マダガスカルを知るための 62 章』(飯田・深澤・森山編 2013, 明石書店) がお薦め。各分野の専門家が執筆しているだけあって読み応えがあり，関心のあるトピックに絞って読むのもよい。読破すればマダガスカル通になること請け合いである。

第3部
アフリカ昆虫学の展開

建築途中の，トウモロコシの貯蔵庫。左：貯蔵庫本体，右上：本体に乗せる屋根，右下：本体に搬入された乾燥済みのトウモロコシ (場所：ケニア・ムビタ，撮影：佐藤宏明)

10章
ネムリユスリカの驚異的な乾燥耐性とその利用

奥田　隆

1. 干からびても死なないネムリユスリカ

　アフリカの半乾燥地帯の平原に点在する花崗岩の岩山に登り，頂上の岩盤にできた小さな水たまりをのぞくと，身体をくねらせながら泳ぐアカムシ(ユスリカの幼虫)を確認することができる。8か月に及ぶ長い乾季には，水たまりは完全に干上がる。雨季が来て雨が降ると水たまりの中では再びアカムシが泳いでいる。カラカラに干からびても，水に戻すと1時間ほどで蘇生する驚異的な乾燥耐性をもつ，そのアカムシがネムリユスリカ *Polypedilum vanderplanki* の幼虫である (図1)。このように，ほぼ完全に脱水した無代謝の乾燥休眠は，乾眠あるいはクリプトビオシス (cryptobiosis = 隠れた生命) と呼ばれ，クマムシ (緩歩動物)，ワムシ (環形動物)，ブラインシュリンプ (甲殻類) などでもよく知られている。

　生きものの体の約70%は水でできており，どんなに乾燥に強い生きものでも生体水の50%以上を失うと致命的となる。いっぽう，クリプトビオシスをする生物はほぼ完全に脱水しても死に至らない。水を与えない限り長い期間無代謝のままである。この驚異的な乾燥耐性の現象は300年前もの昔から知られているものの，その仕組みについてはまだ不明な点が多い。クリプトビオシスをする生物の多くが微小なことから同

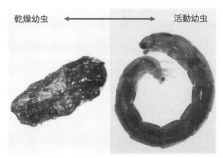

図1　ネムリユスリカの乾燥耐性。幼虫は乾燥と蘇生を何度も繰り返すことができる。

定が困難であったり，大量飼育が難しかったりすることなどが，この現象の解析の妨げになっていたと思われる。1951年に英国ブリストル大学のハワード・ヒントン博士(Howard E. Hinton)がクリプトビオシスをする生物のなかで最も高等かつ大型であるネムリユスリカを発見し，1960年には乾燥幼虫が100℃や−270℃の極限環境に耐えることを *Nature* 誌に報告している (Hinton 1960)。不思議なことに，その後，ネムリユスリカの存在は長く忘れ去られた。筆者は苦心のすえ2000年にネムリユスリカの飼育法を確立し，乾燥耐性機構の解析研究を開始することにした。この章の前半では，「ネムリユスリカ幼虫はカラカラに乾いてもなぜ死なないのか」という素朴な疑問に答える。また，ネムリユスリカはアフリカ大陸以外では生息の記録がなく，その理由についても考察する。

　ネムリユスリカの幼虫は，脳，心臓，脂肪体(肝臓に相当)，マルピーギ氏管(腎臓に相当)，消化管など我々がもつ臓器のほとんどすべてを備えている。これらの臓器は乾燥したまま17年以上の長期間，蘇生可能な状態で，しかも常温で保存される(Adams 1985)。昆虫の脳はシンプルではあるが，それを構成するニューロンの基本構造は我々人間の脳と大きな違いはない。また筋肉の構造についても，同様に我々と昆虫とで大きな差はない。ネムリユスリカのクリプトビオシス研究の面白さは，多くの謎を秘めた乾燥耐性機構の解明という基礎的な命題への探求に止まらず，新規の応用技術，すなわち「臓器，食品などの長期常温保存」の発展にも寄与するであろう。そこで，後半部分ではネムリユスリカのさまざまな分野への貢献が期待されることから，その応用例についても紹介する。

2. ネムリユスリカの乾燥耐性機構

　世界中に約1万種のユスリカが生息しているが，ネムリユスリカのみがクリプトビオシスをする。なお，オーストラリアの半乾燥地帯の岩盤の水たまりにも優れた乾燥耐性をもつユスリカ *Paraboniella tonnoiri* の幼虫が生息している。しかし，彼らの皮膚のクチクラ層はネムリユスリカの0.6μmに対して4.9μmと厚く，身体から水分を失わないようにしている。そのため，完全に乾いてしまうと幼虫は水に戻しても蘇生しない。実際，彼らの生息する水たまりはネムリユスリカのそれに比べて大きい。ネムリユスリカの幼虫は干魃(かんばつ)時に体の水を完全に失っても死なない特別な機構を備えているのである。その乾燥耐性の仕組みを明らかにすることはクリプトビオシスの全容の解明にもつながり，大変興味深い。ネムリユスリカは以下のようなさまざまな要因が重なってクリプトビオシス能力を獲得していったと予想される。

血糖のトレハロース

　乾燥したネムリユスリカ幼虫の粗抽出液を高速液体クロマトグラフィーで糖の分析をしたところ，乾燥重量当たり約20%に相当する大量のトレハロースが検出された

(Watanabe et al. 2003)。トレハロースは多くの昆虫の血糖である。トレハロースは，高い親水性の特性を発揮して，乾燥過程で水の代替物質として生体成分を保護していた。大量のトレハロースを合成するためには，その材料 (前駆体) が必要である。実際，ネムリユスリカ幼虫はトレハロースの前駆体として大量のグリコーゲンを蓄積していた。25～28℃の室温で48時間かけてゆっくり乾燥させた幼虫は，トレハロースが体全体に均一に分布していることが，赤外吸収スペクトル測定によって判明した (Sakurai et al. 2008)。それらのほとんどの幼虫は水に戻すと蘇生した。いっぽう，数時間で急速に乾燥させた幼虫はトレハロースをほとんどもたず，水に戻しても蘇生しなかった。

　グリコーゲンからトレハロースへの合成には複数の酵素が関与しており，その反応に48時間以上を要することがわかった。ゆっくり乾燥させた幼虫サンプルの体内の物理化学的な状態を把握するため，示差走査熱量計 (differential scanning calorimeter, DSC) を用いて0～100℃の範囲で5℃/minでスキャンしたところ，明瞭なガラス転移点が観測された。ここでいうガラスとは液体を冷却した際に結晶とならずに固化した物質を指し，加熱するとある温度範囲で急速に剛性と粘度が低下し，流動性が増加してラバー状態となる。ネムリユスリカ幼虫の場合，ガラスが溶け出す温度の開始点は56℃，終了点は72℃，中間点は65℃であった。ゆっくり乾燥させた幼虫を80℃以上の温度で処理をすると，水に戻したあとの蘇生率が急速に低下した。このことから，トレハロースによる生体成分の保護機能は，ガラス状態からラバー状態に相転移して失われたものと考えられる。自然界では，ネムリユスリカが生息する岩盤の表面温度は日中50℃にも達するが，乾燥幼虫のガラス転移温度の終了点以下であることから，クリプトビオシスは問題なく維持される。

　トレハロースは糖類のなかでもガラス化しやすく，ガラス転移温度が高いという性質をもつ。ネムリユスリカが血糖としてトレハロースをもつこと，そしてそれが最適な適合溶質 (水の代替物質) であったことが，乾季で生き残ることに成功した理由の一つと考えられる。

　いっぽうでネムリユスリカの弱点も見えてきた。湿気はガラス状態を保持するには不利な条件であることが，物質科学の分野でよく知られている。そこでゆっくりと乾燥した幼虫がガラス状態であることと，それが蘇生可能であることとの関係をより明確にするため，吸湿試験を行った (Sakurai et al. 2008)。ネムリユスリカ乾燥幼虫 (試験前には相対湿度5％に保存) を相対湿度98％の条件に移し5日間置くと，含水量3％だったのが吸水して36％になり，DSCで計測するとガラス転移曲線が確認できなかった。体内に大量のトレハロースを蓄積していても，それがガラス状態でなくなると生体成分の保護機能は失われ，幼虫は水に戻しても蘇生しなかった。

　このことはコンタクトレンズに例えるとわかりやすい。ハードコンタクトレンズはガラス製で酸素の透過性はない。いっぽう，ソフトコンタクトレンズはハイドロゲルからなり，水分含有量が高いラバー状態なので酸素を透過するが，その結果バクテリアなどが繁殖するので使い捨てとなる。要するにガラス状態でなくなると，生体成分

が酸化ストレスの脅威にさらされることになるのである。

　つまり，ネムリユスリカのクリプトビオシスは乾いたアフリカの大地でのみ成立する機構である。そのため，日本のような湿度の高いところでネムリユスリカの乾燥幼虫を長期保存する場合は，乾燥剤と一緒に真空パックするなどの工夫が必要となる。

　乾燥幼虫のもつトレハロースは再水和のあと，速やかに消失し，その前駆体であるグリコーゲンに再構築される。次の干魃が来たときに，そのグリコーゲンを再びトレハロースに転換してクリプトビオシスに入っていく。つまり，ネムリユスリカは乾燥と再水和を何度も繰り返すことができるのである。実際，野外では雨季にも好天が続き水たまりが干上がることがある。多くの昆虫は，たとえば光周期などの環境変化によって冬季や乾季などの悪環境の到来を察知し準備を開始する。しかしネムリユスリカにとっては雨季にも水が干上がることがあるから，季節予想は無意味となる。事実，季節予想に重要なはたらきをする脳を含む内分泌系はクリプトビオシス誘導や覚醒に関与していない。脳を含む頭胸部を結紮し除去した幼虫を乾燥，再水和させると蘇生するのである (Watanabe et al. 2003)。

　つまりネムリユスリカのクリプトビオシスは狭義の休眠である Diapause ではない。それに対してミジンコやホウネンエビなどの卵に見られるクリプトビオシスは Diapause である。なぜなら，休眠初期の卵を水に戻しても直ちに孵化することはないからである。ネムリユスリカ幼虫は何度も乾燥と蘇生を繰り返すことができるが，休眠の場合は一度孵化してしまうと逆戻りはできない。ミジンコやホウネンエビにとって季節予想が生存に重要になるのは当然といえる。

水平伝搬による LEA タンパク質遺伝子の獲得

　概して植物の種子は乾燥に強い。種子が休眠に入っていくとき，すなわち水分を積極的に放出する胚発生後期に，大量に合成蓄積されるタンパク質が約 30 年前に発見された。LEA (late embryogenesis abundant) タンパク質と命名されたこのタンパク質は，乾燥に強い花粉の中にも大量に蓄積され，乾燥耐性を高めている。LEA は長いあいだ植物に特異的なタンパク質と思われていたが，2002 年にクリプトビオシスをする線虫でも報告され，動物界にも存在することが明らかになった。

　その後ネムリユスリカ幼虫からも複数の LEA タンパク質遺伝子が単離され，それらが実際に乾燥に伴って発現されることがわかった (Hatanaka et al. 2013)。ネムリユスリカ幼虫が脱水していく過程で，細胞内外に存在するタンパク質の濃縮が起こり，当然それらの疎水アミノ酸残基どうしが接触すれば不可逆的なタンパク質の凝集，すなわちタンパク質変性の危険性が高まる。そこで，両親媒性 (分子内に疎水性原子団と親水性原子団をもつ分子) である LEA タンパク質は，生体膜やタンパク質などの生体成分の疎水性の高い領域に結合することで，乾燥に伴うそれらの凝集変性を防いでいる。また，LEA タンパク質は乾燥ストレスを与えるとタンパク質の α-ヘリックスをコイル状に構造化する。ヘリックスの疎水表面どうしが結合して多量体を形成する

ことで，タンパク質が細胞骨格のような構造に変化し，あたかも鉄筋コンクリートのようになる。要はガラス化したトレハロースがマイクロカプセル様の構造を強化することで，乾燥に伴う細胞の過剰な収縮を防いでいるのである。

　LEAタンパク質遺伝子はネムリユスリカ以外の昆虫からは見つかっていない。ネムリユスリカは乾燥耐性のあるバクテリアからの水平伝播によってLEAタンパク質遺伝子を獲得したものと推測されている (Oleg et al. 2014)。

ネムリユスリカの巣管

　数百万種以上いると言われている昆虫のなかでネムリユスリカのみがクリプトビオシス能力をもつ。「なぜユスリカなのか」を考えてみるのも面白い。逆説的だが，クリプトビオシス生物のほとんどが水の中，あるいは水辺にすむ。しかし海水にすむクマムシには乾燥耐性がないことから，干魃に遭遇する可能性のある不安定な生育環境下にすむ水生生物がクリプトビオシスを進化させたものと想像される。

　ユスリカの多くの種は幼虫期を水の中で過ごす。体液にヘモグロビンをもつことから，溶存酸素の少ないところでも生育できる。しかも南極，氷河，強アルカリ湖，温泉水などの過酷な環境にも生息域を広げるなど，環境適応能力に優れた昆虫である。

　ユスリカ幼虫の特徴的な習性は，水底にたまったデトリタスなどを唾液で固めて管状の巣 (巣管) を造り，その中に潜むことである。巣管には以下のような複数の役割がある。

　(1) 天敵からの防御。幼虫は赤い目立つ体色をしており，捕食者に見つかりやすいが，巣管に潜んでいれば身を守ることができる。

　(2) 水の浄化と餌の供給。巣管の中で幼虫は体を揺することで水流を発生させて (一説にはユスリカの名前の由来とも言われる)，巣の中に新鮮な水と餌である有機物などを取り込む。

　(3) 酸素の供給。水中の溶存酸素濃度は4℃で最高値を示す。したがって，雨季でも日中に日が射せば水温は40℃にも達っする岩盤の水たまりでは，ネムリユスリカの幼虫は酸欠を起こす危険性がある。しかし，調べてみると驚いたことに，日の出とともに水たまりの水の溶存酸素は上昇していった。これは，水中のデトリタスの中に生息するシアノバクテリアや藻類が光合成によって酸素を放出するためだと考えられる。巣管はデトリタスを材料にしているので，幼虫は酸素製造機に包まれて生活していることになる。

　(4) 高い保水性。クリプトビオシスを成功させるためのきわめて重要な巣管の役割は「巣管がもつ高い保水性」である。1個の巣管は $6\,\mu l$ の水を吸い取ることができるのだが，そのわずかな水は巣管の高い保水能力によってきわめて緩やかな速度で蒸発していく。具体的には，$6\,\mu l$ の水が40分ですっかり蒸発してしまう条件下で，巣管に吸収させた $6\,\mu l$ の水は完全に蒸発するまでに20時間を要した。幼虫は巣管に包まれていることによって急速な脱水を回避でき，余裕をもってグリコーゲンをトレハ

ロースに変換しているのである (Kikawada et al. 2005)。クリプトビオシス生物の多くは急速な脱水を回避している。たとえば、クマムシは乾燥時、アルマジロのような樽状になって体からの脱水速度を遅らせている。ネムリユスリカは巣管のおかげで過酷な環境にも適応でき、クリプトビオシス能力を獲得できたものと推察される。

3. 新種ネムリユスリカの発見

1980年代に南部アフリカ・マラウイのゾンバ (Zomba) にあるマラウイ大学チャンセラー校 (University of Malawi, Chancellor College) で教鞭をとっていたイギリスの研究者アソール・マクラクラン博士 (Athol J. McLachlan) が、ネムリユスリカの生態について調査研究を行っている。McLachlan (1983) では、マラウイ個体群は *Polypedilum vanderplanki* と記載されているが、後述のようにいろいろな点で原記載種であるナイジェリア個体群 *P. vanderplanki* とは異なっており、我々は新種と断定し、*Polypedilum pembai* と命名した (Cornette et al. 2017)。和名は、その採集場所である Mandala 村の名前からとってマンダラネムリユスリカとした。

まず、両種で成虫オスの交尾器に形態的な差異が認められた。メス成虫においても、胸部背版や翅の表面構造の質感が顕著に異なっており、翅脈も別種と鑑定できるほどの違いが認められた (図2)。次に、生理的な差異も確認できた。すなわちマンダ

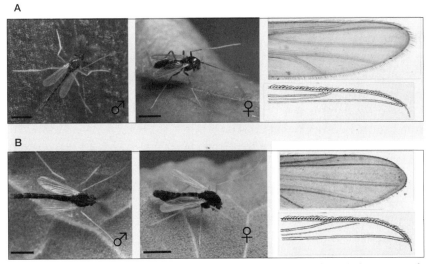

図2 ネムリユスリカ (A) とマンダラネムリユスリカ (B) の形態的な差異。とくにマンダラネムリユスリカメス成虫はネムリユスリカに比べて細身の体をしており、翅脈にも顕著な違いが見られた

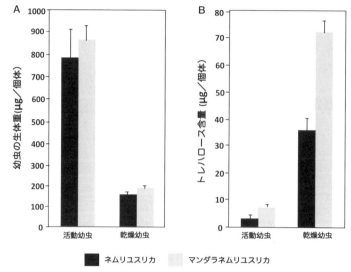

図3 ネムリユスリカとマンダラネムリユスリカの生理的な差異。両種の活動幼虫の生体重 (A) と乾燥時のトレハロース含有量 (B)。マンダラネムリユスリカ乾燥幼虫のほうが顕著にトレハロースを多く蓄積していた。

ラネムリユスリカの幼虫のほうが，乾燥したときのトレハロースの含量が顕著に高いことがわかった (図3)。この差は彼らの生息環境の違いに関係しているのかもしれない。ネムリユスリカの生息場所であるナイジェリアでは長い乾季の間に雨が降ることは稀である。いっぽう，マラウイの乾季にはしばしば雨が降る。逆説的だが，ナイジェリアでは乾燥と再水和が，それぞれ乾季の始まりと雨季の始まりの1回ずつ発生するが，マラウイでは，乾季の降雨によって乾燥と再水和が複数回，繰り返されることになる。マラウイでは，乾季の複数回の干魃に備えて，より多くのグリコーゲン (トレハロースの材料) を蓄積しておく必要があるのだろう。そして，ミトコンドリアDNA の COI および rRNA の 18S, 28S の配列から，ネムリユスリカとマンダラネムリユスリカが種分化したのはおよそ5000万年前と推定された。さらに，染色体構造も著しく異なっており (Petrova et al. 2015)，両種が別種であることは明らかである。

4. マンダラネムリユスリカの保護活動

McLachlan (1983) はフィールド調査地であるネムリユスリカの生息場所を詳細に記載している。その場所を 2006 年に訪ねてみたところ，かつての (25年前) の生息場所は，1か所を除いて，現地の人々の経済活動によって，すべて破壊されていた。その最後の1か所も，2012 年に再訪したときには消えていた。マクラクラン博士が見逃し

図4 マンダラネムリユスリカの保護区の構築。(A) マラウイ大学チャンセラー校キャンパス内の岩盤。(B) 岩盤を掘って水たまりを作る。(C) 人工の水たまりにマンダラネムリユスリカを移植。

ていて我々が新たに見つけた生息場所についても，2012年には風前の灯であった。前述のように新種であり乾燥耐性能力にも優れたマンダラネムリユスリカの絶滅は是が非でも回避しなければならない。そこで急遽，チャンセラー校のキャンパス内に点在する岩盤に穴を穿ち，保護区を構築後にネムリユスリカ幼虫を移植し，一過的な保護対策を講じた (図4)。ちなみにこの保護区の構築と維持に要した経費は，ネムリユスリカ教材 (ウチダテクノから販売) で得た利益から捻出した。しかし，マラウイ大学の教官たちや現地のスタッフに「20年後，30年後には，ネムリユスリカの乾燥耐性の仕組みを模倣したエネルギーフリーの夢の常温乾燥保存技術が誕生しているかもしれない」とネムリユスリカの保護活動の重要性を説いても，反応は芳しくなかった。最貧国マラウイ国での最高学府のマラウイ大学で教鞭生活を送っている彼らにとっては，30年先は遠い未来のことのようだ。

　そこで，ネムリユスリカ幼虫をナマズの養殖の仔魚の餌として利用することを提案したところ，彼らの目の色が変わった。ナマズはテラピア (スズキ目カワスズメ科の臭みのない白身魚で，各国で養殖されている) に比べて成長が2倍と早く，短時間の

養殖での現金化が可能となる。しかしナマズの種苗生産はうまくいっていない。これはマラウイ国に限った問題ではなく，一般的に魚の仔魚は消化酵素の分泌量がまだ少なく，配合飼料を与えても消化できず共食いを誘発する。共食いを避けるためには生き餌を与えなければならないが (生き餌のもつ消化酵素で自己分解)，今のところ適当なサイズの生き餌は存在しない。ネムリユスリカ幼虫は乾燥保存が可能な生き餌でありながら配合飼料のように取り扱うことができるし，ナマズの仔魚に限らず海水養殖魚の仔魚の生物飼料としても利用可能である (幼虫は海水中でも 3 分間は泳ぎ続ける)。

　ナマズ養殖は，動物性タンパク質の確保の有効な手段としてアフリカ諸国の国策になりつつあり，その種苗生産の課題解決は急務である。日本でもシラスウナギの乱獲でウナギ養殖事業が衰退，ナマズ養殖に切り替える業者も増えていて，対岸の火事と静観しているわけにもいかない。現在，在ナイジェリア国際熱帯農業研究所 (IITA) と日本企業の太陽インダストリーアフリカとの共同プロジェクトのなかにネムリユスリカの大量増殖事業を組み込んでいただき，IITA 敷地内で中規模な生産工場の構築を進めている。エボラ出血熱やボコハラム問題で事業推進に遅れが生じているものの，ネムリユスリカの保護に向けた活動が始まったことは間違いない。IITA での事業の成功後には，マラウイや水産養殖に力を入れ出した南アフリカ共和国での事業展開も見込まれる。

5. ネムリユスリカの宇宙環境暴露実験

　民間のロケットで一般人にも宇宙旅行の体験ができる時代がやってきた。またアメリカ航空宇宙局 (NASA) は 2030 年代半ばには火星への有人宇宙飛行，2050 年には火星に宇宙基地の建設を計画している。ロシアでも火星への有人飛行を模擬した「マーズ 500」で飛行士役の 6 名を施設内に隔離して生活させ，心身の変化について調べ始めた。火星へは片道約 1 年の長旅となるので，当然，宇宙放射線などによる飛行士の健康への影響が懸念される。今後ますます，宇宙環境が生物に与える影響についての情報収集が求められることは間違いない。

　そのための宇宙実験生物として，ネムリユスリカが注目を集めている。国際宇宙ステーション (ISS) で生物を材料に宇宙実験を実施するためには，生物を生命維持装置に梱包して輸送船などで ISS まで運ぶことになる。その設計開発や輸送に膨大なコストがかかるし，ISS に到着するまでの生物に与えるストレスも無視できない。いっぽう，無代謝で休眠をするネムリユスリカ乾燥幼虫には生命維持装置が不要なので，容易かつ安価で ISS に運ぶことができる。実際，2005 年に乾燥幼虫はロシアのプログレス補給船で ISS に運ばれ，船内暴露実験が実施された。30 日間と 210 日間の船内暴露のあとに地球に帰還し，水に戻して蘇生の様子を観察したところ，すべての幼虫が蘇生した。

10章 ネムリユスリカの驚異的な乾燥耐性とその利用

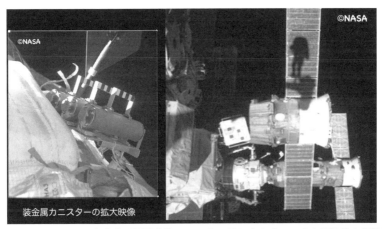

図5 ネムリユスリカの宇宙空間暴露実験。2007年6月にネムリユスリカ乾燥幼虫が梱包された金属カニスターがISS船外に装着された。

2007年にはロシア科学アカデミーの協力で乾燥幼虫をISS船外，すなわち宇宙空間に直接暴露する実験が実施された(図5)。絹のゴースに包まれた乾燥幼虫はポリエチレンプラスチックケースに入れられ，さらに金属製のカニスターに梱包された。プラスチックケースには穴が開けられ，その穴をメンブレンで塞いでいるので，乾燥幼虫は宇宙空間に直接暴露されることになる。31か月間，宇宙空間に暴露された乾燥幼虫の入ったカニスターを開くと，ポリエチレンプラスチックケースが熱で溶けて変形していた。その形状から80℃以上の高温に乾燥幼虫が暴露されていたことは疑いない。地上で同様の熱処理をすると，乾燥幼虫のガラス状態が壊れて生体成分は酸化し，幼虫は死ぬ。ガラス融解温度を超えている宇宙環境下で幼虫は生存不可能であるはずだが，驚いたことに，地球に帰還した乾燥幼虫を水に戻すと蘇生した。この予想に反した結果の原因を冷静に考察すると，「宇宙空間には酸素も水も存在しない」という単純な事実に気がついた(奥田 2010)。高温でガラスが壊れても宇宙空間では酸化は起こらないのである。

2011年に火星探査衛星「フォボス」が，機内にネムリユスリカを含む微生物などを搭載し，打ち上げられた。3年かけて地球に帰還したネムリユスリカを生物モニターとして活用して，宇宙旅行の間に受けた宇宙環境ストレスを推測するのである。残念ながら探査機は衛星への軌道から外れて墜落してしまったが，ネムリユスリカ幼虫は次の出番を待っている。

2014年2月19日にISSの「きぼう」日本実験棟において，若田宇宙飛行士によって乾燥ネムリユスリカ幼虫の蘇生実験が実施された。ISS内の微小重力環境においてもネムリユスリカ乾燥幼虫が再水和後に蘇生し，体を動かす様子がISSから送られて

くる映像で確認できた。さらに再水和してから2週間が経過した幼虫の観察も実施され，いくつかの幼虫が蛹や成虫に変態したことから，微小重力下においても昆虫の変態が可能であることが確認できたことになる。今後は，ネムリユスリカ幼虫および成虫を使った「微小重力下での営巣活動や飛翔行動」などの興味深い実験が可能となる。ヒトは宇宙空間では地球の重力がはたらかないことを知っているのでパニックに陥らずに冷静に宇宙遊泳ができるが，果たしてネムリユスリカ成虫は宇宙環境に適応して上手に飛べるであろうか。

6. 乾燥保存可能な昆虫培養細胞の構築

　活動中のネムリユスリカ幼虫のいくつかの組織を摘出し，スライドグラスの上でトレハロースを加えた培地の中でゆっくりと乾燥させ常温で保存したあと，乾燥組織を

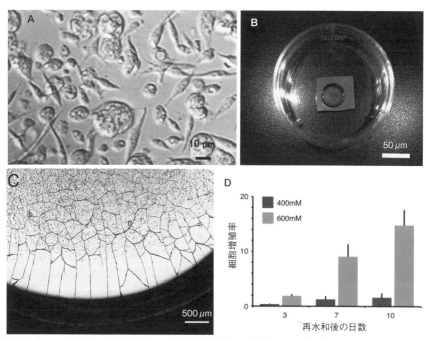

図6　乾燥保存が可能なネムリユスリカ胚子由来培養細胞 Pv11 の構築。(A) Pv11 培養細胞の拡大映像。(B) 円形のディスク上で乾燥させた培養細胞。(C) B の拡大映像で，ガラス化したトレハロースに亀裂が入っている。(D) 400 mM と 600 mM のトレハロースの濃度の培地で 48 時間前培養後，ゆっくり乾燥させ，2 週間常温保存し，再水和したところ，両者の細胞とも蘇生したが，その後 600 mM のトレハロース区で顕著な増殖が認められた。

培地に戻すと一部の組織は蘇生する。そこで，ネムリユスリカの胚子から培養細胞 (Pv11 細胞) を作製し，細胞レベルでの乾燥耐性能力を検証した。すなわち，Pv11 細胞をトレハロースを含む培地でゆっくり乾燥したあとに常温で保存し，再水和した。すると，一部の細胞が蘇生したものの，増殖はしなかった。

そこで，Pv11 にとって理想的な乾燥条件のさらなる検討を行った。乾燥する前に 600 mM のトレハロース溶液で 48 時間，前培養したあとに細胞を乾燥させ，251 日間の常温保存のあとに再水和したところ，約 20％の細胞が蘇生した。そして，蘇生した細胞は増殖を開始したのである (図 6)。特殊な装置を用いず，簡単な自然乾燥によって常温保存が可能な昆虫培養細胞の誕生である (Watanabe et al. 2015)。

Pv11 は放射線照射にも強いことがわかってきた。Pv11 は乾燥耐性や放射線耐性機構の解明のみならず，ISS での宇宙実験材料としても将来の宇宙開発への貢献が期待される。

7. アフリカ昆虫学の魅力

アフリカにはネムリユスリカ以外にも乾燥に適応した興味深い昆虫たちが生息する。たとえば吸血性ツェツェバエのメス成虫は自分と同じくらいの大きさになるまで幼虫をお腹の中で育て，産み落とす。幼虫は直ちに土の中に潜って蛹となる。乾いたアフリカの大地で生き残っていくための見事な戦略の一つと言えよう。トウモロコシやソルガムの茎の中の髄を摂食するガ *Busseola fusca* は幼虫のステージで休眠する。休眠幼虫は，8 か月間に及ぶ乾季の酷暑を，土の下に埋もれている根に近い茎の中でしのぐ (Okuda 1989)。昆虫ではないがアフリカ原産のカズキマダニは 30℃の高温状態下でも 10 年近く吸血 (養分の補給) なしで生存が可能で，代謝を落としているにもかかわらず寄主が近づくと速やかに吸血行動に入るという (Chinzei et al. 1989)。

熱帯雨林は生命の源である水にあふれているので，多様な生物種が数多く生息する。彼らの敵は生物的要因としての「天敵」で，自身の形態や体色を変えて周りの環境に溶け込み，敵から身を守る。その擬態の見事さには感動すら覚える。対照的に水の乏しい半乾燥地帯では敵は非生物的要因としての「干魃」であり，種数も個体数も熱帯雨林に比べるとはるかに少ない。しかし，彼らは乾燥した環境にうまく適応した「エキスパート」であると言える。イギリスのハドレー研究所は砂漠化により今後 50 年間で耕作可能な農地は半減すると予想している。近い将来我々人類の生き残り戦略のなかで「乾燥」は重要なキーワードになることは間違いなく，「乾燥のエキスパート」から多くを学ぶことになるであろう。

トピックガイド

本章で紹介しきれなかったネムリユスリカ研究に関する情報や文献などについてはネムリユスリカホームページ (https://www.naro.affrc.go.jp/archive/nias/anhydrobiosis/Sleeping%20Chironimid/about-yusurika.html) を参照していただきたい.

　ネムリユスリカの乾燥耐性の特殊能力を生かした応用研究については『生物の形や能力を利用する学問　バイオミメティクス』(篠原・野村編著 2016, 東海大学出版部)および『極限環境生物の産業展開』(今中監修 2012, シーエムシー出版) などで紹介されており，参考にしていただきたい.

　ネムリユスリカの宇宙実験については『広辞苑を3倍楽しむ　その2』(岩波書店編集部編 2018, 岩波書店) で，ネムリユスリカの現地での生存危機の状況を含め生物資源の保護活動の重要性については『Phronesis 05』(三菱総研編集 2011, 丸善プラネット) で詳細に紹介されています.

11章
マダニ寄生バチの生態

高須啓志

1. マダニの寄生バチ

　寄生バチは，メス成虫が昆虫などの寄主の体内あるいは体表に卵を産み付け，産み付けられた個体は昆虫などに寄生しながら発育し，羽化後成虫は単独生活するという生活史をもつ。野外から採集したチョウの幼虫を飼育していると，幼虫や蛹からハチが羽化することがあるが，これが寄生バチである。どの種や発育ステージ (卵，幼虫，蛹，成虫) に寄生するかは寄生バチの種類によって異なる。寄生バチは昆虫に寄生するものが大半であるが，なかには昆虫以外の節足動物でクモ目に属するクモやマダニに寄生する種もいる (渡辺ら online)。

　マダニ (マダニ科 Ixodidae に属する節足動物の総称) は，卵，幼虫，若虫，成虫の四つ発育ステージをもち，卵以外の三つの発育ステージが動物に寄生，吸血する。幼虫は吸血後，若虫となり，若虫が吸血後，成虫へと脱皮する。マダニの幼虫は脚が3対6本であるのに対して若虫と成虫は4対8本と異なる。マダニは吸血により動物を弱らせるだけでなく，野生動物，家畜や人の病気を媒介するため，重要な衛生害虫である。たとえば，最近，野外でフタトゲチマダニ *Haemophysalis longicornis* にかまれた人が重症熱性血小板減少症候群 (SFTS) により死亡するケースが報告されているが，これはマダニが媒介するウイルスが原因である。

　マダニに寄生する寄生バチは，トビコバチ科の *Ixodiphagus* 属の種に限られており，日本では1種のみが記載されている (Tachikawa 1980)。マダニの寄生バチはいずれも，動物を吸血中のマダニの若虫体内で卵が幼虫，蛹，成虫へと発育し，吸血後に動物から離れ，死亡したマダニ若虫から成虫が羽化する。寄生されたマダニ若虫はしばらく生きているが，その後死亡する。動物に吸血中のマダニや吸血後地面に落ちたマダニを採集することは困難なため，マダニ寄生バチの採集記録は少ない。また，マダニ寄生バチを飼育するには，ウサギなどの実験動物 (マダニが吸血する宿主)，マダニ，寄生バチの三者の飼育を同時に行わなくてはならない。採集の難しさに加え，飼育設備や飼育にかかる多くの労力や費用が必要になるため，マダニ寄生バチの研究はきわめて少なく，その行動や生態も未知な点が多い。

2. 国際昆虫生理生態学センターにおけるマダニ寄生バチの研究

1995年，国際農林水産業研究センター(JIRCAS)の研究員であった八木繁実さんがケニアの国際昆虫生理生態学センター(ICIPE)に長期滞在し，他の昆虫の研究を行いながら同時にマダニ寄生バチの研究を開始した。当時，ケニアでは，ウシの重要な病気である心水病の病原リケッチアやデルマトフィルス症の病原細菌を媒介するキララマダニ属の *Amblyomma variegatum* (以後，キララマダニ) が問題となっていた。また，ケニア西部ではキララマダニにマダニトビコバチ *Ixodiphagus hookeri* が寄生することが知られており，ICIPEの研究者たちがマダニトビコバチを利用した生物的防除の野外試験を行っていた。

八木さんは，マダニトビコバチがどのようにして寄主であるマダニを発見，産卵し，産み付けられた卵が寄主体内で発育できるのかの解明と，ハチの人工飼育法 (マダニを使わずに培地でハチを飼育する方法) の開発を目指して実験を行った。そして，マダニトビコバチがマダニ表面にある物質を手掛かりに寄主を認識することを発見した。この研究を当時神戸大学に在職していた筆者が，同大学院の修士課程に在籍して

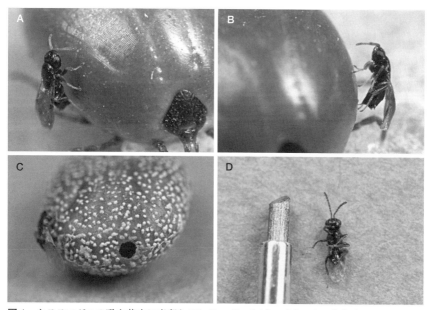

図1 キララマダニの吸血若虫に産卵しているマダニトビコバチのメス成虫 (A, B)。ハチが羽化したあとのマダニのマミー。中央の穴はハチが羽化のときに開けたもの (C)。マダニトビコバチのオス成虫 (D) (撮影：吉田尚生氏)。

いた高野俊一郎さんらとともに受け継いだ (Takasu et al. 2003)。その後，2003年に日本学術振興会 (JSPS) ICIPE派遣研究者として筆者は8か月間ICIPEに滞在する機会を得た。おりしも，JIRCASの主任研究員であった中村達さんがICIPE内で農水省拠出金プロジェクトを実施されており，JSPSの支援に加えJIRCASのプロジェクトから研究スペース，機材，研究資金の支援をいただいてマダニ寄生バチの研究を行うことができた (Takasu and Nakamura 2008)。本章では，これらのICIPEで行った我々の研究から明らかになったマダニトビコバチの生態について紹介する。

マダニトビコバチ (図1) はアメリカ，ヨーロッパ，アジア各地に分布し，コイタマダニ属 *Rhipicephalus*，マダニ属 *Ixodes*，カクマダニ属 *Dermacentor*，チマダニ属 *Haemaphysalis*，イボマダニ属 *Hyalomma* などの多くのマダニの種に寄生することが知られている (Hu et al. 1998)。メス成虫は，マダニの吸血幼虫，未吸血若虫，吸血若虫に産卵するが，吸血若虫内でのみハチの卵は成虫へと発育する。これまでのマダニ寄生バチの研究がおもに行われたロシアやアメリカ北部では，マダニ若虫が動物を吸血する初夏から秋にハチの成虫が見られるが，秋から初夏の間ハチの成虫は出現しない。この期間，ハチは吸血後の幼虫や未吸血若虫の中で卵として越冬する。成虫の寿命がきわめて短いマダニトビコバチは，マダニの体内で卵で越冬し，翌年寄生されたマダニ若虫が動物から吸血を開始するまで卵のまま発育を待つのである。

しかし，ケニア産マダニトビコバチは，ウシを吸血するキララマダニにのみ寄生し，同所的に分布する他のマダニにはまったく寄生しない。単一の寄主種にしか寄生しない点は，寄主範囲が広い北米やヨーロッパに生息するマダニトビコバチとは異なる。また，マダニトビコバチが分布するケニア西部のトランスマラ県 (Trans Mara District，現 Narok County) は熱帯で，寄主であるキララマダニは年中発生しており，越冬のための適応を必要としないため，温帯や亜寒帯の個体群とは異なる生活史を発達させている可能性がある。そこで，我々はケニア産マダニトビコバチの生活史を明らかにするために，ハチがキララマダニのどの発育ステージに産卵するとうまく発育するのかについて，まず室内実験を行った。

3. マダニに対するハチの産卵行動

上述のようにアメリカ産やヨーロッパ産のマダニトビコバチでは，マダニの吸血幼虫，未吸血および吸血若虫に産卵するが，ケニア産の産卵行動は未知であった。そこで，キララマダニの吸血幼虫，吸血若虫，未吸血若虫，成虫に対するマダニトビコバチの産卵行動を観察した。メスのハチ (産卵経験のない，羽化後6時間以内のハチ) がウサギを十分吸血したマダニ若虫に遭遇すると，ハチは触角でマダニの表面をたたきながら虫体に登り，すぐさま産卵管をマダニに挿入，卵をマダニ体内へ産み落とした (表1)。2〜4分間産卵管を挿入し産卵したあと，ハチはマダニを離れるか，あるいはマダニ体上を移動し，別の部位からマダニ体内に同様に産卵した。マダニの吸血若

表1 異なるステージのマダニに対するマダニトビコバチの産卵行動

マダニ	観察数	産卵した割合 (%)	寄主当たり産卵数 (平均±標準偏差)
吸血幼虫	15	26.7	1.5±0.3
未吸血若虫	20	95.0	28.6±5.5
吸血若虫	20	100	−

虫1頭に対して1〜3か所からの産卵後，マダニから離れた。吸血若虫マダニに対してすべてのハチが産卵した (表1)。吸血若虫は体内が動物の血で満たされいるため，解剖してもハチの卵をうまく観察できなかった。

マダニの吸血若虫は吸血した動物の血を多く含むため半球状であるのに対して，未吸血若虫の体は平たく，大きさと形が大きく異なる。しかし，大半のハチは未吸血若虫に対しても同様に産卵した (表1)。ハチが産卵後，未吸血若虫を解剖して，産下された卵を数えたところ，未吸血若虫1頭当たり平均29卵が見つかった。若虫に比べて非常に小さな吸血直後のマダニ幼虫をハチに与えたところ，26%のハチのみが幼虫に産卵した。幼虫当たり産卵数は1〜2個であった (表1)。

マダニ吸血幼虫には寄主当たり1〜2卵しか産卵しないが，より大きな未吸血若虫には寄主当たり20卵以上産卵した。吸血若虫に産卵した場合産卵数自体は確認できなかったが，成虫羽化数から最低でも42〜55卵を産卵すると推定された。この結果から，マダニトビコバチはマダニ体表面の触角による精査により，それが本来の寄主であると確認するとともに，マダニの大きさを測り，その大きさに応じて産卵数を調節していると言える。マダニトビコバチのように1頭の寄主に対して複数のハチが発育する場合を多寄生性寄生バチと呼び，多寄生性の種では寄主の大きさに応じた寄主当たり産卵数の調節を行うことが知られている。寄主の中に産み付けられた寄生バチの子にとって寄主は限られた餌でかつ生活空間であり，より多くのハチの卵が産み付けられれば，寄主の中でハチの幼虫が餌をめぐり競争することになる。その結果，羽化成虫数は増えるが，成虫までの生存率の低下，発育期間の延長，羽化成虫の小型化が起こる。逆に，寄主により少数の卵しか産下されなければ，羽化成虫は大きくなるが，その数は少ない。多寄生性寄生バチは，寄主の大きさに応じて寄主当たり産卵数を調節することで，羽化する子の大きさと数を最適化しているのである。

4. ハチによる寄主の認識

ケニア産のマダニトビコバチはキララマダニの幼虫と若虫に産卵するが，他のマダニには産卵しないため，ハチは何らかの手段でキララマダニとそれ以外のマダニを識別しているはずである。寄生バチが寄主を認識するには二つの過程を経ることが知られている。まず，寄主に遭遇後，ハチは寄主の表面を触角でたたきながら化学的・物

理的に精査する。ハチの触角は脊椎動物の鼻と舌の役割をもち、たくさんの化学物質を認識する味覚受容器や嗅覚受容器が存在する。この触角で寄主表面にある特定の化学物質を認識したり、歩き回りながら寄主の大きさや形などを計測する。触角による外部精査で寄主であると認識した場合、ハチは次に寄主体内に産卵管を挿入し、寄主内部の状態を産卵管で精査、産卵に適当な寄主かどうかを決定し産卵に至ると言われている。

そこで、マダニトビコバチがマダニの形や表面の化学物質を寄主認識の手掛かりとしているかどうかを調べた。寄主の形が寄主認識に影響する可能性があるため、吸血マダニと形が似ている半球状ビニール製緩衝材、"プチプチ"のサンプルを川上産業から頂戴し、"プチプチ"に対するハチの反応を観察したが、プチプチ自体には反応しなかった(表1)。次に、ハチがもっとも好んで産卵する吸血若虫の体表面の化学物質を得るために吸血若虫をヘキサンに15時間つけ、ヘキサン抽出物を得た。このヘキサン抽出物を塗布したプチプチを与えると、ハチは遭遇後すぐさま産卵管をプチプチへ突き立てる産卵行動を示した(図2)。同様に、未吸血若虫や未吸血成虫のヘキサン抽出物を塗布したプチプチに対してもハチは産卵行動をとった(図2)。また、ビニールの厚みの異なるプチプチにマダニ体表面のヘキサン抽出物を塗布し、それらに対するハチの行動を観察したところ、ハチは厚手のプチプチには産卵ができなかったが、薄手のプチプチでは産卵管がプチプチのビニールを貫通し、中に卵を産下することを観察した。ヘキサンのみを塗布したプチプチには産卵行動を示さなかった(図2)。

これらの結果から、ハチはマダニ表面の化学物質を手掛かりに寄主を認識していることが明らかになった。また、このマダニ表面の化学物質は産卵も誘発することから、マダニトビコバチの寄主認識物質でありかつ産卵刺激物質であると言える。平坦なビニールシートにマダニのヘキサン抽出物を塗布してもハチは反応しないことから、マダニ表面の化学物質に加えマダニの形や大きさも寄主認識上重要な要因と考えられた。

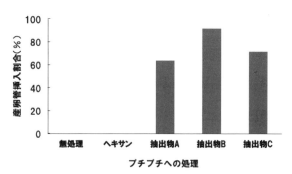

図2 マダニ体表のヘキサン抽出物に対するマダニトビコバチの反応(抽出物A:マダニ未吸血若虫、抽出物B:吸血若虫、抽出物C:成虫)。

5. マダニ体内での寄生バチの発育

　寄生バチが寄主に産卵しても，産下された卵が健全に寄主内で発育するとは限らない。ハチの発育に必要な栄養がないかもしれない。また，昆虫やマダニでは体内に侵入した異物を除去する生体防御反応があることが知られている (高林・田中 1995)。マダニトビコバチはキララマダニの吸血幼虫，未吸血若虫，吸血若虫に産卵したが，それらに産下された卵が健全に生育するかどうかはわからない。そこで，寄生された (ハチが卵を産んだ) 吸血幼虫，未吸血若虫，吸血若虫を 23℃ に置き，ハチが健全に発育し，羽化するかどうかを調べた。その結果，寄生された吸血若虫は死亡するが，その後死亡した吸血若虫からハチ成虫の羽化が確認された。寄生された吸血幼虫はすべて若虫に脱皮することなく死亡した。また，寄生された未吸血若虫では，寄生の兆候は見られず，若虫のまま生存し続け，ハチが羽化することはなかった。

　次に，23, 25, 28, 30℃ 条件下に寄生されたマダニの吸血若虫を置き，ハチの羽化を調べた。その結果，23℃ では 65% 以上の寄生マダニからハチが羽化したが，25℃ と 28℃ では 2〜3 割の寄生マダニしかハチが羽化せず，30℃ では寄生マダニからハチはまったく羽化しなかった (図 3)。吸血若虫はハチが産卵後しばらくすると死亡した。死亡後体表が硬化するとともに黒褐色から茶色となるマミー化が見られた。その後，ハチの成虫が羽化した。寄生若虫では若虫当たり 42〜55 頭のハチ (約 73% がメス) が羽化した (図 1)。また，20〜60% のマミーからハチが羽化しなかったため，マミーを解剖したところ，体内でハチの幼虫が死亡しているのが観察された (図 3)。この結果から，マダニトビコバチの飼育には 23℃ が適しており，それより高い温度では卵から成虫までの生存率が低下し，30℃ 以上では生育できないことが明らかになった。

　産卵から成虫羽化までのハチの発育期間は，温度に強い影響を受け，温度が低いほど発育期間が長くなり，産卵から成虫羽化まで 28℃ で約 34 日，25℃ で約 39 日，

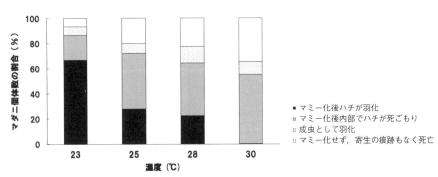

図 3　マダニ吸血若虫体内でのハチの発育に及ぼす温度の影響。

23℃で約 46 日であった。

　寄生されたマダニの未吸血若虫からハチの成虫は羽化しなかったため，次に，未吸血若虫に産み付けられたハチの卵は一部発育するのか，まったく発育せず死亡するのかを調べた。寄生された未吸血若虫マダニを 23℃で飼育し，寄生後 1 時間以内，寄生後 1 日目，寄生後 2 日目に解剖して，マダニ体内にあるハチの卵を観察した。その結果，寄生後 1 時間以内の大半の未吸血若虫の体内で健全なハチの卵が観察されたが，寄生後 1 日目のマダニでは大半のハチの卵が，寄生後 2 日目のマダニではすべてのハチの卵が死亡していた。このことから，マダニトビコバチの卵は未吸血若虫体内では発育せず，また長期間生存できないと考えられた。未吸血若虫の体内におけるケニア産マダニトビコバチの卵の死亡原因はまだ特定できていない。

　ヨーロッパ産やアメリカ産のマダニトビコバチでは，ハチの卵の発育に動物の血が必要で，マダニ若虫に産下されたハチの卵の発育は，そのマダニが吸血開始後に始まることが報告されている (Hu et al. 1998)。ケニア産マダニトビコバチでも，マダニの未吸血若虫に産下された卵の一部が，1 日は生存していたので未吸血マダニが寄生後すぐに動物を見つけ吸血し始めると，ハチの卵は発育を開始できる可能性がある。そこで，1 頭のハチに未吸血マダニを与え，産卵させ，その寄生マダニを 10 分間，1 日間，2 日間，あるいは 5 日間 25℃条件下に置いたあと，寄生マダニをウサギの耳の裏側に付けて，吸血させ，ハチが発育するかどうか調べた。寄生されたマダニ若虫はウサギの耳から吸血を開始すると，そのまま同じ部位で吸血し続け，10〜13 日後にウサギから落下した。その後 25℃で寄生若虫を飼育した結果，寄生若虫からハチが羽化した割合は，ハチが産卵後 10 分で吸血した場合 25％，1 日目に吸血した場合約 10％，2 日目に吸血した場合約 5％と，ハチの産卵からマダニの吸血開始までの時間が長くなるにつれてハチの寄生が成功する割合は減少した (図 4)。

　これらの結果は，ケニア産マダニトビコバチでも，マダニ若虫体内で卵が発育するためにマダニが動物から吸収した血が必要であることを示している。また，ハチが未

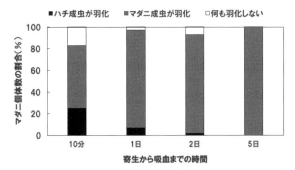

図 4　未吸血若虫マダニ体内でのハチの発育に及ぼすマダニ吸血の影響。

表2 マダニトビコバチ成虫の寿命

温度(℃)	性	個体数	寿命 (日)(平均±標準偏差)
22	雄	11	4.2±0.4
	雌	12	5.8±0.5
28	雄	10	1.2±0.1
	雄	10	1.7±0.3

吸血若虫に産卵した場合,産卵直後にマダニが動物を発見,吸血した場合に限りハチは発育できる場合があると言える。

6. 成虫の寿命と生涯産卵数

マダニトビコバチは1頭のマダニから40頭以上が羽化するが,オスが先に羽化して寄主の付近にとどまり,あとから羽化するメスと交尾した。成虫の寿命は短く,28℃では1～2日,22℃でも4～6日しか生存できなかった(表2)。マダニトビコバチは羽化直後にすでに成熟卵をもっており,羽化直後から寄主への産卵が可能であった。羽化直後のメスの保有成熟卵数は30～160個と大きな個体差があり,体の大きなハチほど成熟卵を多く保有することがわかった。1頭のマダニ吸血若虫に少なくとも42～55卵を産むことから,マダニトビコバチのメスは生涯に1～3頭のマダニにしか産卵できない計算となる。

7. 野外における寄生調査

野外調査では通常,野外のウシから吸血中のマダニ若虫を採集し,その若虫を解剖するか,あるいはハチが羽化するまで室内で飼育することにより寄生の有無を確認していた。しかし,この方法では採集したマダニに寄生が確認されても,それはハチが地上にいる未吸血若虫に産卵したのか,それともウシの上で吸血中の若虫に産卵したのかがわからない。そこで,野外のハチがウシに吸血中の若虫を探索,産卵しているかどうかを明らかにするため,マダニトビコバチが自然に発生している地域で野外実験を行った。ICIPEの実験室内で飼育した寄生されていないマダニの若虫を野外で放牧されているウシにつけて吸血させ,その後そのマダニを回収し,寄生の有無を調べたのである。

この実験は2004年の6～7月,ケニア南西部のヴィクトリア湖沿岸にあるニャンザ州 (Nyanza Province) ホマベイ県 (Homa Bay District) のングク村 (Nguku) で実施した。この村では,各農家が夜から早朝まで家の庭にウシをつないでいる (図5)。朝,子供たちがウシを村の共同放牧地 (図5) に連れて行き,夕方,ウシを連れて帰ってく

る。そこでウシが放牧地に行く前の早朝に農家を訪問した。調査には，必ず調査を手伝ってくれる現地の男性数名を雇った。我々のような外国人がいきなり農家へ行ってもウシを触らせてはくれないし，言葉が通じない。また，我々だけではウシは操れない。マダニをウシに付けたり，付いているマダニをウシから採集したりすることは我々だけでは絶対にできない。現地のウシはおとなしいとはいえ，足を触ろうとすると暴れる。マダニは吸血部位が種類により異なり，ある種のマダニは好んで耳の内側に付くが，ある種のマダニは胸のあたり，別のある種は足に寄生する。キララマダニは，足の蹄の間の柔らかい部分に寄生するため，現地の人がウシを押し倒して，抑え込んでいる間に，我々が蹄の間にマダニを付けたり，採取したりするのである (図5 C, D)。

ナイロビの ICIPE から持ち込んだ未吸血若虫を1頭のウシの蹄の間に20頭置き，すぐに包帯で蹄のところを覆った。包帯の内側のマダニは動けず，結局そこから吸血を開始する。翌日，包帯を外し，吸血を開始したマダニの位置と頭数を記録した。約1週間後，再び訪問し同じウシから吸血マダニを回収した。十分に吸血していたマダニを室内で飼育し，ハチの羽化を調べたが，吸血が十分でないマダニは，解剖して体内のハチの卵の有無を調べた。計4回の調査で合計16頭の吸血若虫，68頭の吸血が十分でない若虫を回収した。16頭の吸血若虫のうち4頭からハチが羽化した (表3)。

図5 野外調査地 (ニャンザ州，ホマベイ県，ングク村) の農家と家畜 (A)，村にある牛の放牧場 (B)，マダニを捕獲するためウシを抑えているところ (C)，ウシの蹄の間から吸血しているキララマダニ若虫 (矢印) (D)。

表3 ケニア西部の農家の牛に接種したマダニ若虫への寄生

調査期間 (2004年)	マダニを接種 したウシの頭数	接種したマダニ 若虫総数	回収したマダニ数				
			未吸血若虫		吸血若虫		
			未寄生	寄生	未寄生	寄生	死亡
6月12日～ 6月16日	5	37	27	2	5	2	1
6月17日～ 6月25日	7	9	9	0	0	0	0
6月25日～ 7月3日	7	5	4	1	0	0	0
7月3日～ 7月12日	7	33	25	0	4	2	2

また，十分に吸血していない若虫のうち3頭の体内からハチの卵が発見された(表3)。つまり，野外でハチはウシに付着し，吸血している若虫を探索，発見，産卵することが確認されたのである。

では，ケニア産マダニトビコバチが野外でキララマダニの未吸血若虫に産卵することがあるのであろうか。マダニの未吸血若虫の行動は種によって異なり，植物上にとどまり，動物がくるのを待つ待ち伏せ型と，近くの動物の存在を察知し，自身で動物まで移動するハンター型に大別できる。北米やヨーロッパのマダニトビコバチは待ち伏せ型のマダニを寄主とし，植物上で待ち伏せ中の未吸血若虫に産卵することが知られている。しかし，ハンター型であるキララマダニの若虫は動物が近くに来ると自ら動物へ歩み寄り飛び移るが，通常は野外のどこかに隠れている。我々はングク村で待ち伏せ型のマダニ若虫を採集する方法，つまり地面に布を這わせ若虫を採集する方法を数回試みたがまったく採集できず，キララマダニはウシが通過する付近の植物上で待機していないことを確認した。このことから，ケニア産マダニトビコバチが地面にいる未吸血若虫を探索し，産卵している可能性はきわめて低いと考えられる。

8. 野外におけるマダニトビコバチの生活史

以上の結果やこれまでの研究から，ケニア産マダニトビコバチは以下のように野外で寄主(キララマダニ)を探索，寄生していると考えられる。寄生されたマダニの若虫はウシから吸血後，地面に落下し，すぐ石の下や隙間に隠れる。寄生後1～2日程度寄生マダニは生存するが，その後死亡しマミー化する。マミー化したマダニの体内でハチの幼虫は発育を続け，成虫となりマミー化したマダニから穴を開けて出てくる。1頭のマダニから42～55頭の成虫が羽化し寄主付近で交尾する。

ケニア西部では，交尾メスはまずウシの匂いを手掛かりにマダニを探すと考えられる。Collatz et al. (2010) はマダニトビコバチが二酸化炭素とマダニが吸血するシカの体毛や糞の匂いに誘引されることを，また Demas et al. (2000) はマダニが吸血中の動

物の皮膚から出る匂いに誘引されることを，それぞれ室内実験で明らかにしている。メスはマダニが吸血中のウシに到着後，毛の間を潜りながら，吸血中のマダニを探す。実際，マダニトビコバチのメスは体が左右に扁平であり，毛のあるウサギやウシに付けると，毛の間をするすると歩き回ることができる。ハチのメス成虫は吸血若虫に遭遇すると，若虫当たり少なくとも 42～55 卵を産卵する。寿命が数日と短く，生涯せいぜい 1～3 頭の吸血若虫にしか産卵できない。

　本研究からケニア産マダニトビコバチは，他の地域の個体と比べて，寄主範囲だけでなく，寄生様式が異なることも明らかになった。温帯や亜寒帯のマダニトビコバチでは以下のように三つの寄生様式がある。

　(1) マダニの吸血幼虫にハチが産卵，寄生された幼虫は若虫へと脱皮し，若虫が吸血を開始するとハチの卵が発育を開始する。

　(2) 未吸血若虫にハチが産卵，産下されたハチの卵が長期間若虫の体中で生存 (休眠) し，マダニが吸血を開始すると同時に卵も発育を開始する。

　(3) 吸血若虫にハチが産卵，産下されたハチの卵はすぐに発育を開始する。

　いっぽう，ケニア産の場合，(3) が主であると結論された。この違いは，ケニア産マダニトビコバチが，独自に熱帯のキララマダニへの寄生に特化したことによるものかもしれない。温帯や亜寒帯域に生息するマダニは，夏に繁殖するため，寄生可能な寄主である吸血若虫が存在する夏にしかハチは繁殖できない。そのため，成虫の寿命が短いマダニトビコバチは，温帯や亜寒帯域では，幼虫や未吸血若虫の体内で卵として休眠あるいは越冬するなどの適応が必要となる。しかし，ケニアでは，寄主であるキララマダニの吸血若虫は年中存在するため，マダニトビコバチは卵での休眠は必要とせず，年間を通してウシに吸血中の若虫を探索，産卵，寄生できる。また，寄主であるキララマダニ若虫がハンター型であるため，ハチによる未吸血若虫の探索が難しいことも，ケニア産マダニトビコバチがウシから吸血中の若虫にのみ寄生するよう特化した要因であるかもしれない。

トピックガイド

　寄生バチの生態や行動，生理に関しては，『寄生バチの世界』(佐藤 1988, 東海大学出版会) や『寄生バチをめぐる「三角関係」』(高林・田中 1995, 講談社) が参考になる。

12章
混作と農業害虫―トウモロコシの害虫ズイムシを例として―

小路晋作

1. サブサハラアフリカの穀物生産と害虫の問題

 アフリカでは農業が主要産業の一つであり,人口の約6割にあたる人々がそれによって生計を立てている (平野 2013)。ここ数十年にわたる急激な人口増加に伴い,アフリカにおける耕地面積は継続的に拡大してきた。それにもかかわらず,主食となる穀物類の自給率は低下傾向が続いており,そのおもな原因は土地生産性が極端に低いことにある。生産性の向上はアフリカの食糧問題の解決にとって喫緊の課題と言える。
 サブサハラアフリカ諸国における主食穀物のトウモロコシをみても,土地生産性はヘクタール当たり2t以下であり,世界平均の約3分の1にすぎない。トウモロコシの生産性が低い原因には,少ない降雨量,貧弱な土壌条件,窒素肥料投入量の不足,害虫や雑草の害などが挙げられる。害虫としてとくに深刻な被害をもたらすのは,ズイムシ (stem borers) と呼ばれるガの仲間の幼虫である。
 アフリカ大陸では,ツトガ科とヤガ科に属する21種のズイムシが穀物害虫として知られている (Kfir et al. 2002)。これらの多くはアフリカの在来種であり,かつてはイネ科やカヤツリグサ科に属する野生の草本植物を餌としていた。ところがトウモロコシ栽培の拡大に伴って餌を転換し,害虫化したと考えられている。
 害虫としてとくに重要なズイムシは,ヤガ科の *Busseola fusca* とツトガ科の *Chilo partellus* の2種である。在来種である *B. fusca* は,ザンジバルおよびマダガスカルを除くサブサハラアフリカ全域に分布する (Calatayud et al. 2014)。いっぽう,アジアからの侵入種である *C. partellus* は,在来種の *Sesamia calamistis* (ヤガ科),*Chilo orichalcociliellus* (ツトガ科),*B. fusca* などと入れ換わりながら東アフリカ,中央アフリカおよび南部アフリカに分布を広げており,これらの地域における脅威となっている (Mutamiswa et al. 2017) (図1)。これらズイムシ類の幼虫は,トウモロコシの茎の内部に潜入して内部を食害し,収量を10%から88%も減少させる (Kfir et al. 2002)。
 ズイムシ類を防除するため,これまでに化学合成殺虫剤の使用,遺伝子組換えトウモロコシの開発,寄生バチの導入など,さまざまな試みが行われてきた。これらのうち寄生バチの放飼事業は,国際昆虫生理生態学センター (ICIPE) が1993年から主導

12章 混作と農業害虫―トウモロコシの害虫ズイムシを例として―

図1 ズイムシの1種 *Chilo partellus* (ツトガ科) の幼虫 (A) と成虫 (B)。

し,東アフリカおよび南部アフリカにおいて成果を上げている (Midingoyi et al. 2016)。いっぽう,化学合成殺虫剤の使用は,アフリカで大半を占める小規模農家にとって経済的負担が大きいため,普及が進んでいない。したがって,費用のかからない,農民の生活に即した防除手段が必要とされてきた。

このような背景から,アフリカでは農地の生態系機能を活用したズイムシの「生息場所管理 (habitat management)」が注目されている。野生植物のなかには,害虫に対する誘引・忌避作用をもつものや,天敵類の好適なすみ場所となるものがある。生息場所管理は,これらの植物を作物圃場に適切に配置し,害虫が増えにくい農地環境を積極的に作り出すことにより,害虫の被害低減を図る手法である。

アフリカでは,同じ土地に異なる作物を同時に作付ける混作 (mixed cropping) が広く認められる。この伝統的な作付法には,小規模農家が土地を効率的に活用し,多様な食料を安定的・持続的に収穫できる利点があると考えられている (Abate et al. 2000)。いくつかの事例では,混作した畑においてズイムシの被害が低減することも知られている (Kfir et al. 2002)。したがって,混作の害虫抑制効果をさらに強化できれば,アフリカの伝統農法を生かした生息場所管理技術の開発が可能となる。このような視点から,1970年代より各地でさまざまな植物の組み合わせによる混作の害虫抑制効果が調べられてきた。本章では,サブサハラアフリカにおけるトウモロコシとズイムシを中心に,混作による害虫防除効果とそのメカニズムについて紹介する。

2. 生息場所管理技術としての混作

生息場所管理は,農地内に天敵の生息・増殖場所を作り出すことで,その作用の強化を図る手法と定義される (Landis et al. 2000) (図2)。これに加え,農地の植生が害虫の行動に直接作用することで被害低減を図る手法も,この概念に含まれる (Gurr et al. 2017)。いずれも,単純な農地環境を意図的に多様化させていく取り組みである。

天敵のはたらきを強化するためには,(害虫以外の) 餌動物を供給するバンカープラ

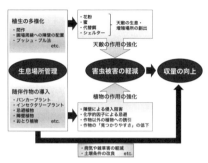

図2 生息場所管理の構成要素と作用を表す概念図〔Parolin et al. (2012) および Gurr et al. (2017) をもとに作成〕。

ント (banker plant)，蜜源や花粉の供給源となるインセクタリープラント (insectary plant) などを導入する (Parolin et al. 2012)。植生を複雑化することで農地内にシェルター (隠れ場所や生活場所) を作ることも有効である。

いっぽう，植物の作用を強化するには，化学成分の放出により害虫を忌避させる忌避植物 (repellent plant)，昆虫の移動を物理的に妨げる障壁植物 (barrier plant)，害虫を誘引・保持して主作物への被害を減らすおとり植物 (trap plant) などを活用する (Parolin et al. 2012)。これらさまざまな機能をもった随伴作物 (近接する主作物の生育に好影響を及ぼす作物種) を適切に選択し，圃場あるいはその周辺に配置していく。

植生多様化の様式には，圃場内での主作物と副次植物の混作，圃場周辺への植生帯の配置，およびそれらの併用がある (Poveda et al. 2008)。トウモロコシの作付系では，(1) トウモロコシの畝間に異なる作物を作付ける間作 (intercropping)，(2) イネ科のおとり植物を使った圃場周縁への障壁植物の配置，(3) 忌避植物をトウモロコシと間作し，併せておとり植物を畑の周縁に植栽するプッシュ・プル法 (push-pull method) の3様式に類別できる。

3. 混作が害虫，天敵および作物収量に及ぼす効果

混作が害虫の発生を抑えることは経験的に知られてきたが，これに一般性があるかどうかははっきりしなかった。Letourneau et al. (2011) は，1998年からの10年間に出版された45論文を対象として，552例の圃場実験の結果を分析し，混作が害虫と天敵の個体数に及ぼす影響を調べた。その結果，混作により植生を多様化させた農地では，単作の圃場に比べて天敵が増加し，害虫が減少し，作物の被害も減少する全般的傾向があった。

いっぽう，混作の農地では単作よりも収量がわずかに低下する傾向も認められた。この原因については，多くの研究例で置き換え実験 (植物の総密度を一定にしたまま，

主作物と随伴作物の割合を変える実験デザイン) が採用されたため，混作区における面積当たりの主作物密度が単作区よりも低くなったためと考察された．主作物と随伴作物の総収量を評価した場合にどのような結果が得られるのか，また，検証例の少ない多年生作物や温帯の農業生態系で研究が蓄積された場合に，どのような一般的傾向が見られるのかについては今後の課題である (Gurr et al. 2017)．

ズイムシおよび作物収量に及ぼす効果

　以下に，混作がズイムシと天敵の密度，およびトウモロコシの収量に及ぼす影響について検討しよう．ここでは，さまざまな作付様式の効果を野外実験により検証した 26 論文 (1997～2015 年に発表) の結果を整理する．

　まず，間作の効果に関する 9 報の論文によれば，トウモロコシと併せて間作された 18 種の植物のうち，マメ科のギンゴウカン (leucaena)，デスモディウム (desmodium，ヌスビトハギ属) の 4 種，ダイズ，ササゲ，インゲンマメのほか，トウミツソウ (molasses grass，イネ科)，トウジンビエ (pearl millet，イネ科)，キャッサバ (トウダイグサ科)，アビシニアガラシ (Ethiopian mustard，アブラナ科)，ジャガイモ (ナス科) の合計 13 種において，トウモロコシ上のズイムシ密度を低減させる効果が認められた (表 1)．ただし，ササゲ，インゲンマメ，アビシニアガラシ，ジャガイモ，トウジンビエを用いた間作では，害虫が低密度となる季節には有意差が検出されなかった．

　障壁植物の効果に関する 7 報によれば，(場所や季節によって効果が検出されない例はあるが) イネ科に属する 6 種の障壁植物にいずれも害虫密度の低減効果があった (表 1)．とくにネピアグラス (Napier grass) の障壁は，ケニア，ウガンダ，南アフリカ，カメルーンなどさまざまな地域で効果が認められ，収量が増加した事例もあった (表 2)．

　プッシュ・プル法の効果を調べた 6 報によれば，検討された 4 通りの組み合わせのすべてにおいて害虫防除効果が認められた．とくに，いずれも牧草類であるネピアグラスとシルバーリーフ・デスモディウム (silverleaf desmodium) の組み合わせ，およびビロードキビ属の交雑種 (*Brachiaria* cv *mulato*) とグリーンリーフ・デスモディウム (greenleaf desmodium) の組み合わせについては，試験圃場調査のみならず，それぞれ約 300 戸の農家における複数年の現地実証試験が行われ，ズイムシの低減効果を強く裏付けるデータが得られた．

　ズイムシの種別に見ると，*C. partellus*，*B. fusca* および *S. calamistis* の 3 種では (結果にばらつきはあるものの) 混作による密度低下が認められたが，*Eldana saccharina* (メイガ科) では混作の効果は検出されなかった．*E. saccharina* が出現する作期後半にはトウモロコシの草丈が高く，随伴作物の混作による害虫密度低減効果が現れにくくなるものと考えられた (Schulthess et al. 2004)．

　以上をまとめると，混作により植生が多様化した圃場では，単作の圃場に比べて害虫被害が少ない傾向があった．ただし，効果の程度は，植生多様化の様式や導入され

表 1 混作がトウモロコシ上におけるズイムシ密度に及ぼす影響を評価した野外実験の例

作付様式	文献	地点数	作期数	ズイムシ[1]	処理（導入した植物[2]）	効果[3]		
						+	0	-
間作	Khan et al. (2009)	2	2	Cp	シルバーリーフ・デスモディウム	0	0	4
					インゲンマメ	0	2	2
	Khan et al. (2006b)	1	4	Cp, Bf	シルバーリーフ・デスモディウム	0	1	3
					グリーンリーフ・デスモディウム	0	1	3
					デスモディウムの1種 (*D. sandwichense*)	0	1	3
					デスモディウムの1種 (*D. pringlei*)	0	1	3
					ササゲ	0	4	0
	Chabi-Olaye et al. (2005)	1	4	Bf	キャッサバ	0	1	3
					ササゲ	0	1	3
					ダイズ	0	1	3
	Belay et al. (2009)	2	2	Cp	インゲンマメ	0	2	1
	Schulthess et al. (2004)	1	2	Es	キャッサバ	0	2	0
				Sc	キャッサバ	0	0	2
	Ogol et al. (1999)	2	6	Cp, Co, Sc	ギンゴウカン	0	0	2
	Songa et al. (2007)	2	4	Cp	トウジンビエ	1	5	2
					インゲンマメ	0	6	2
	Khan et al. (1997b)	1	1	Cp, Bf	モロコシ属の1種 (*S. versicolor*)	0	0	1
					トマト	0	1	0
					ササゲ	0	0	0
	Wale et al. (2007)	1	2	Bf	ソラマメ	1	1	1
					アビシニアガラシ	0	1	1
					ジャガイモ	0	1	1
					ササゲ	0	2	0
	Wale et al. (2007)	1	1	Cp	インゲンマメ	0	1	0
					ゴマ	0	1	0
					ササゲ	0	0	0
					サツマイモ	0	1	0
障壁	Khan et al. (2001)	1	2	Cp, Bf	ネピアグラス	0	0	2
	Khan et al. (2001)	1	2	Bf	ネピアグラス	0	0	2
	van den Berg and van Hamburg (2015)	1	1	Cp	ネピアグラス	0	0	1

12章　混作と農業害虫—トウモロコシの害虫ズイムシを例として—

文献				種	植物			
Ndemah et al. (2002)	1	3		Bf	ネピアグラス	0	1	2
Khan et al. (1997b)	1	1	Cp, Bf		スーダングラス	0	0	1
Koji et al. (2007)	1	1	Cp		ギニアグラス	0	1	0
Matama-Kauma et al. (2006)	2	3	Cp		ネピアグラス	0	4	2
					ギニアグラス	0	3	3
					チカラシバ属の1種 (*P. polystachion*)	0	4	2
					モロコシ属の1種 (*S. arundinaceum*)	1	4	1
				Bf	ネピアグラス	0	5	1
					ギニアグラス	0	6	0
					チカラシバ属の1種 (*P. polystachion*)	1	5	0
					モロコシ属の1種 (*S. arundinaceum*)	1	4	1
Ndemah et al. (2002)	1	1		Sc	ギニアグラス	0	0	1
					チカラシバ属の1種 (*P. polystachion*)	0	0	1
					モロコシ属の1種 (*S. arundinaceum*)	0	0	1
				Es	ネピアグラス	0	1	0
					チカラシバ属の1種 (*P. polystachion*)	0	1	0
					モロコシ属の1種 (*S. arundinaceum*)	0	0	0
Ndemah et al. (2002)	1	1		Sc	チカラシバ属の1種 (*P. polystachion*)	0	1	0
				Es	チカラシバ属の1種 (*P. polystachion*)	0	1	0
Jindal et al. (2012)	1	2	Cp		チカラシバ属の交雑種 (ネピアグラス×トウジンビエ)	0	0	2
Khan et al. (2001)	1	2	Cp, Bf		ネピアグラス [B]＋シルバーリーフ・デスモディウム [I]	0	0	2
Khan et al. (2001)	1	2	Bf		ネピアグラス [B]＋シルバーリーフ・デスモディウム [I]	0	0	2
					ネピアグラス [B]＋トウミツソウ [I]	0	0	2
Khan et al. (2008)	14	7	Cp, Bf		ネピアグラス [B]＋シルバーリーフ・デスモディウム [I]	0	2	79
Midega et al. (2015a)	12	2	Cp, Bf		ネピアグラス [B]＋シルバーリーフ・デスモディウム [I]	0	1	23
Belay and Foster (2010)	1	2	Cp		ネピアグラス [B]＋グリーンリーフ・デスモディウム [I]	0	1	1
Khan et al. (2014)	2	1	Cp, Bf		ビロードキビ属の交雑種 (*Brachiaria* cv mulato) [B]	0	0	2
					＋グリーンリーフ・デスモディウム [I]			
Midega et al. (2015b)	20	5	Cp, Bf		ビロードキビ属の交雑種 (*Brachiaria* cv mulato) [B]	0	1	67
					＋グリーンリーフ・デスモディウム [I]			

プッシュ・プル (Khan et al. (2001) 以降の行)

1) Bf：*Busseola fusca* (ヤガ科)．Cp：*Chilo partellus* (ツトガ科)．Co：*Chilo orichalcociliellus* (ツトガ科)．Es：*Eldana saccharina* (メイガ科)．Sc：*Sesamia calamistis* (ヤガ科)．
2) [B] 障壁作物，[I] 間作作物．
3) トウモロコシ単作区と比較して混作区でのズイメシ密度が高かった試行 (+)，低かった試行 (−)，および有意差が検出されなかった試行 (o) の数を示す．ズイメシ密度は幼虫の個体群密度あるいは作物被害率により評価された．

表2 混作がトウモロコシの収量に

作付様式	文献	地点数	作期数	ズイムシ[1]
間作	Khan et al. (2009)	2	2	Cp
	Khan et al. (2006b)	1	4	Cp, Bf
	Belay et al. (2009)	1	2	Cp
	Schulthess et al. (2004)	1	2	Es, Sc
	Ogol et al. (1999)	1	6	Cp, Co, Sc
	Songa et al. (2007)	2	4	Cp
	Wale et al. (2007)	1	2	Bf
	Wale et al. (2007)	1	1	Cp
障壁	Ndemah et al. (2002)	1	3	Bf
	Khan et al. (1997b)	1	1	Cp, Bf
	Matama-Kauma et al. (2006)	2	3	Cp, Bf
	Ndemah et al. (2002)	1	1	Es, Sc
	Ndemah et al. (2002)	1	1	Es, Sc
	Jindal et al. (2012)	1	1	Cp
プッシュ・プル	Khan et al. (2001)	2	2	Cp, Bf
	Khan et al. (2008)	14	7	Cp, Bf
	Midega et al. (2015a)	12	2	Cp, Bf
	Belay and Foster (2010)	1	2	Cp
	Khan et al. (2014)	2	1	Cp, Bf
	Midega et al. (2015b)	20	5	Cp, Bf

1) Bf: *Busseola fusca* (ヤガ科)，Cp: *Chilo partellus* (ツトガ科)，Co: *Chilo orichalcociliellus* (ツトガ科)，Es: *Eldana saccharina* (メイガ科)，Sc: *Sesamia calamistis* (ヤガ科)。

12章　混作と農業害虫―トウモロコシの害虫ズイムシを例として―

及ぼす影響を評価した野外実験の例

処理 (導入した植物[2])	効果[3]		
	+	o	−
シルバーリーフ・デスモディウム	4	0	0
インゲンマメ	0	4	0
シルバーリーフ・デスモディウム	4	0	0
グリーンリーフ・デスモディウム	4	0	0
デスモディウムの1種 (*D. sandwichense*)	4	0	0
デスモディウムの1種 (*D. pringlei*)	4	0	0
ササゲ	1	3	0
インゲンマメ	0	2	1
キャッサバ	0	2	0
ギンゴウカン	1	0	0
トウジンビエ	0	6	2
インゲンマメ	3	5	0
ソラマメ	0	2	0
アビシニアガラシ	0	2	0
ジャガイモ	0	0	2
ササゲ	1	1	0
インゲンマメ	0	1	0
ゴマ	0	1	0
ササゲ	0	1	0
サツマイモ	0	0	1
ネピアグラス	2	1	0
スーダングラス	1	0	0
ネピアグラス	0	5	0
ギニアグラス	0	5	0
チカラシバ属の1種 (*P. polystachion*)	0	5	0
モロコシ属の1種 (*S. arundinaceum*)	0	5	0
ギニアグラス	0	1	0
チカラシバ属の1種 (*P. polystachion*)	1	0	0
モロコシ属の1種 (*S. arundinaceum*)	0	1	0
チカラシバ属の1種 (*P. polystachion*)	0	1	0
チカラシバ属の交雑種 (ネピアグラス×トウジンビエ)	1	1	0
ネピアグラス [B] + シルバーリーフ・デスモディウム [I]	4	0	0
ネピアグラス [B] + トウミツソウ [I]	2	0	0
ネピアグラス [B] + シルバーリーフ・デスモディウム [I]	81	0	0
ネピアグラス [B] + シルバーリーフ・デスモディウム [I]	24	0	0
ネピアグラス [B] + グリーンリーフ・デスモディウム [I]	0	2	0
ビロードキビ属の交雑種 (*Brachiaria* cv mulato) [B] + グリーンリーフ・デスモディウム [I]	2	0	0
ビロードキビ属の交雑種 (*Brachiaria* cv mulato) [B] + グリーンリーフ・デスモディウム [I]	68	0	0

2) [B]：障壁作物，[I]：間作物．
3) トウモロコシ単作区と比較して混作区での収量が高かった試行 (+)，低かった試行 (−)，および有意差が検出されなかった試行 (o) の数を示す．

表3 混作がズイムシの捕食寄生者に

様式	文献	地点数	作期数	ズイムシ (発育ステージ)	捕食寄生者[1]
間作	Midega et al. (2004)	1	4	Cp, Co, Sc (卵)	Te, Tr
				Cp, Co, Sc (幼虫, 蛹)	Cs, Df, Gi, Pf
	Chabi-Olaye et al. (2005)	1	4	Bf (卵)	Ti, Tb
				Bf (幼虫)	Ac
	Schulthess et al. (2004)	1	1	Sc (卵)	Te
	Belay et al. (2009)	2	2	Cp (幼虫)	Cf
	Khan et al. (1997a)	1	1	Cp (幼虫)	Cs
	Wale et al. (2007)	1	1	Cp (幼虫)	Cf
障壁	Ndemah et al. (2002)	1	3	Bf (卵)	Te
	Ndemah et al. (2002)	1	1	Sc (卵)	Te
				Sc (幼虫)	Cs
				Sc, Es (幼虫)	Sp
	Ndemah et al. (2002)	1	1	Sc (卵)	Te
				Sc (卵)	Tb
				Sc (幼虫)	Cs
	Khan et al. (2001)	2	2	Bf (幼虫)	Cs
				Cp, Bf (幼虫)	Cf, Cs
	Khan et al. (1997b)	1	1	Cp, Bf (幼虫)	Cf, Cs
	Koji et al. (2007)	1	1	Cp (幼虫)	Cf
プッシュ・プル	Midega et al. (2009)	2	1	Cp (卵)	Tr
				Cp, Bf (幼虫, 蛹)	Cf, Cs, Db
	Khan et al. (2001)	1	2	Bf (幼虫)	Cs
	Khan et al. (2001)	1	2	Cp, Bf (幼虫)	Cf, Cs

1) Ac: *Actia* sp. (ヤドリバエ科), Cs: *Cotesia sesamiae* (コマユバチ科), Cf: *Cotesia flavipes* (コマユバチ科), Te: *Telenomus* spp. (タマゴクロバチ科), Tb: *Telenomus busseolae* (タマゴクロバチ科), Tr: *Trichogramma* spp. (タマゴコバチ科), Sp: *Sturmiopsis parasitica* (ヤドリバエ科).

12章 混作と農業害虫―トウモロコシの害虫ズイムシを例として―

及ぼす影響を評価した野外実験の例

処理 (導入した植物[2])	効果[3]		
	+	o	−
ギンゴウカン	0	1	0
マドルライラック	0	1	0
ササゲ	0	1	0
ギンゴウカン	0	1	0
マドルライラック	0	1	0
ササゲ	0	1	0
キャッサバ	2	2	0
ササゲ	2	2	0
ダイズ	2	2	0
キャッサバ	0	4	0
ササゲ	0	4	0
ダイズ	0	4	0
キャッサバ	1	0	0
インゲンマメ	0	3	0
トウミツソウ	1	0	0
インゲンマメ	0	1	0
ゴマ	0	1	0
ササゲ	0	1	0
サツマイモ	1	0	0
ネピアグラス	1	2	0
チカラシバ属の1種 (*P. polystachion*)	1	0	0
チカラシバ属の1種 (*P. polystachion*)	1	0	0
チカラシバ属の1種 (*P. polystachion*)	0	1	0
ギニアグラス	1	0	0
チカラシバ属の1種 (*P. polystachion*)	0	1	0
モロコシ属の1種 (*S. arundinaceum*)	1	0	0
ギニアグラス	1	0	0
チカラシバ属の1種 (*P. polystachion*)	0	1	0
モロコシ属の1種 (*S. arundinaceum*)	0	1	0
ギニアグラス	1	0	0
チカラシバ属の1種 (*P. polystachion*)	0	1	0
モロコシ属の1種 (*S. arundinaceum*)	0	1	0
ネピアグラス	2	0	0
ネピアグラス	2	0	0
スーダングラス	1	0	0
ギニアグラス	0	1	0
ネピアグラス [B] + シルバーリーフ・デスモディウム [I]	0	2	0
ネピアグラス [B] + シルバーリーフ・デスモディウム [I]	2	0	0
ネピアグラス [B] + シルバーリーフ・デスモディウム [I]	2	0	0
ネピアグラス [B] + トウミツソウ [I]	2	0	0
ネピアグラス [B] + シルバーリーフ・デスモディウム [I]	2	0	0

2) [B]: 障壁作物, [I]: 間作作物.
3) トウモロコシ単作区と比較して混作区での寄生率が高かった試行 (+), 低かった試行 (−), および有意差が検出されなかった試行 (o) の数を示す.

た植物により異なっていた。

いっぽう，混作と作物収量との間には一貫した傾向が見られなかった (表2)。例外的に認められたのは，デスモディウム類を間作した畑における収量の増加傾向である。デスモディウムにはズイムシの忌避作用とともに，サブサハラアフリカでよく見られる寄生性の難防除雑草ストライガ (*Striga hermonthica*, ハマウツボ科) の防除効果があり (Khan et al. 2006b)，これらの複合効果により増収がもたらされたと考えられる。デスモディウムを組み入れたプッシュ・プル法では，現地実証試験でも顕著な収量の増加が報告されている。

捕食寄生者に及ぼす効果

混作がハチ目およびハエ目の捕食寄生者 (卵，幼虫，蛹に寄生して，宿主を最終的に殺す生物) に及ぼす影響を評価した研究例を表3にまとめた。

間作が寄生率に及ぼす影響を調べた6論文によれば，検討された9種の植物のうち，ダイズ (マメ科)，ササゲ (マメ科)，トウミツソウ (イネ科)，キャッサバ (トウダイグサ科)，サツマイモ (ヒルガオ科) の5種において，トウモロコシと間作した場合にズイムシに対する寄生率が増加した。ただし，間作の効果は宿主 (ズイムシ) の種や発育ステージ，捕食寄生者の種によって異なり，場所や作付期によって効果が検出されない場合もあった。

障壁植物の効果に関する4報では，5種のイネ科植物で寄生率の増加例があった。また，プッシュ・プル法の効果を調べた2報では，検討された2パターン (ネピアグラスの障壁と，シルバーリーフ・デスモディウムあるいはトウミツソウの間作) のいずれにおいても寄生率の増大が認められた。

以上をまとめると，混作の圃場では，単作の圃場に比べて捕食寄生者による寄生率が高まる傾向があった。卵寄生バチである *Telenomus* 属 (タマゴクロバチ科)，幼虫に寄生する *Cotesia sesamiae* (コマユバチ科) および *C. flavipes* では混作が寄生率を高める事例が認められたが，*Trichogramma* 属 (タマゴコバチ科)，*Actia* 属 (ヤドリバエ科)，*Sturmiopsis* 属 (ヤドリバエ科) などでは作付法の影響が見られなかった。

捕食者に及ぼす効果

トウモロコシの畑ではアリ科，クモ目，ハサミムシ目の節足動物が，ズイムシのおもな捕食者 (生きた卵や幼虫を捉えて食べる生物) となる。混作がこれらの個体群密度に及ぼす影響を調べた研究例は少ない (表4)。ギニアグラスの障壁を設置した例では，作物上における捕食者密度は単作と差がなかった。いっぽう，ネピアグラスとシルバーリーフ・デスモディウムを組み合わせたプッシュ・プル法では，アリ，クモ，ハサミムシの個体数が増加した。

Midega et al. (2004, 2006) は，トウモロコシの植物体上に移植したズイムシの卵や幼虫の消失率を計測した。トウモロコシとササゲを間作した圃場や，マメ科の低木で

表4 混作が主要捕食者 (アリ類, クモ類, ハサミムシ類) の密度に及ぼす影響を評価した野外実験の例

様式	文献	処理 (導入した植物)[1]	アリ[2] + o −	クモ[2] + o −	ハサミムシ[2] + o −
障壁	Koji et al. (2007)	ギニアグラス	0 1 0	0 1 0	0 1 0
プッシュ・プル	Midega and Khan (2003)	ネピアグラス[B]+シルバーリーフ・デスモディウム[I]	2 0 0	2 0 0	1 1 0
	Midega et al. (2006)	ネピアグラス[B]++シルバーリーフ・デスモディウム[I]	2 0 0	2 0 0	0 2 0
	Midega et al. (2008)	ネピアグラス[B]++シルバーリーフ・デスモディウム[I]		6 0 0	

1) [B]: 障壁作物, [I]: 間作作物.
2) トウモロコシ単作区と比較して混作区での捕食者密度が高かった試行 (+), 低かった試行 (−), および有意差が検出されなかった試行 (o) の数を示す.

あるギンゴウカンやマドルライラック *Gliricidia sepium* をそれぞれ間作した圃場では, 捕食者によるものと推測される卵の消失率は単作の畑と差がなかった. いっぽう, ネピアグラスの障壁とシルバーリーフ・デスモディウムの間作を組み合わせたプッシュ・プル法の圃場では, 移植した卵および幼虫の消失率が単作よりも高く, 圃場内での捕食圧が高まったことが推察された.

これまでにアフリカで行われてきた野外実験の結果を総括すると, 概して混作の圃場では天敵が増加し, 害虫個体数や作物被害が減少する傾向が認められる. しかし同時に, 混作の効果には一貫性がなく, 同じ組み合わせの混作でも場所や季節によって結果にばらつきがあることもわかる. このようななか, 安定して高い効果を発揮し, 実用レベルに達しているのはケニアで開発されたプッシュ・プル法である. 次節では, この方法の概要と最近の動向について紹介する.

4. プッシュ・プル法

ネピアグラスとデスモディウムを用いたプッシュ・プル法は, ケニアのICIPEとイギリスのロザムステッド研究所 (Rothamsted Research) の共同研究により開発された (Khan et al. 2001) (図3). 研究グループはまず, ケニア各地に自生するイネ科・カヤツリグサ科・ガマ科など約400種の植物を野外から採集し, ズイムシ類の寄主としての適性を調べ, 成虫による産卵選好性を調査した. その結果, スーダングラスとネピアグラスの2種のイネ科牧草に対して, *C. partellus* の成虫が高い産卵選好性を示すことがわかった (Khan et al. 1997b). とくにネピアグラスにはメス成虫が好んで産卵するが, これを餌として幼虫を飼育すると大多数の個体が死亡したことから, おとり植物として好適と考えられた.

いっぽう, 忌避植物については, 間作した場合のトウモロコシ害虫に及ぼす効果が調査され, イネ科のトウミツソウと, マメ科のシルバーリーフ・デスモディウムが害虫 (*C. partellus* と *B. fusca*) による被害を抑えることがわかった (Khan et al. 2001). そ

図3 プッシュ・プル法の圃場。圃場の周縁におとり植物 (ネピアグラス) の障壁を設け，圃場内部には忌避植物 (シルバーリーフ・デスモディウム) を間作する。

の後の研究により，前述のように，シルバーリーフ・デスモディウムには雑草ストライガに対する防除効果が認められ，プッシュ・プル法における主要な忌避植物として利用されることになった (Khan et al. 2002)。

ネピアグラスとシルバーリーフ・デスモディウムを用いた「基本形」のプッシュ・プル法は，ズイムシとストライガの防除効果のほかにも，牧草の安定供給や土壌の肥沃化など複数の利点がある。1 ドルの出費に対する便益は，トウモロコシを単作した場合の 1.4 ドルに比べて，プッシュ・プル法では 2.3 ドルと推定されている (Khan et al. 2001)。

1994 年に研究が開始されたプッシュ・プル法は，ICIPE や行政組織の努力により普及が進められ，同時に改良も加えられてきた。近年は，モロコシやシコクビエといった他作物への適用や (Khan et al. 2006a; Midega et al. 2010)，間作の副作物として食用マメ類を追加導入する方法 (Khan et al. 2009) などの改良型が考案されている。

さらに近年，干魃耐性の強いビロードキビ属の交雑種 (*Brachiaria* cv *mulato*) とグリーンリーフ・デスモディウムを組み合わせた「気候適応型プッシュ・プル法」が実用化され，年間降水量 700 mm 以下の乾燥帯において普及が進んでいる (Khan et al. 2014; Midega et al. 2015b)。気候適応型プッシュ・プル法は，最近アフリカ全域で侵入が確認されたトウモロコシ害虫のツマジロクサヨトウ *Spodoptera frugiperda* (ヤガ科) に対しても防除効果が確認されている (Midega et al. 2018)。

5. 植物を介した混作の直接的作用に関わる要因

以下の 2 節では，混作がズイムシに及ぼす影響について，図 2 の概念図に従って整理したい。本節では「植物の作用の強化」に関わる要因について述べる。

一般に，随伴作物の混作は，害虫による餌の探索・利用効率を低下させ，作物へ

の被害を減少させる (Barbosa et al. 2009)．そのメカニズムとして，視覚的なカモフラージュ効果，餌植物の匂い成分の遮蔽，忌避作用のある化学物質の放出，おとり植物への誘引，作物への遭遇確率の低下，物理的障壁効果などが指摘されている．

トウモロコシとズイムシの系では，おとり植物や忌避植物の作用に関与する情報化学物質が明らかになっている．ネピアグラス (おとり植物) が放出する揮発成分をガスクロマトグラフ直結触角電図法 (GC-EAG) により分析したところ，*C. partellus* および *B. fusca* を誘引する化学成分としてヘキサナール，(*E*)-2-ヘキセナール，青葉アルコール，酢酸 (*Z*)-3-ヘキセニルが特定された (Birkett et al. 2006)．ネピアグラスを一定の光周期のもとで栽培し，これら揮発成分の放出量を測定したところ，消灯後1時間で消灯前の約100倍という劇的な増加を示した (Chamberlain et al. 2006)．これら2種のズイムシのメス成虫は日没から2時間の間に産卵に飛来することが知られており，ネピアグラスの誘引作用はこれら揮発成分によるものと考えられた．

いっぽう，*C. partellus* および *B. fusca* の忌避に関わる有効成分については，トウミツソウから (*E*)-β-オシメン，(*E*)-4,8-ジメチル-1,3,7-ノナトリエン (DMNT)，(*E*)-カリオフィレン，フムレン，α-テルピノレンが，デスモディウムから (*E*)-β-オシメンおよびDMNTが検出された (Khan et al. 2000)．(*E*)-β-オシメンおよびDMNTは，害虫による加害が引き金となって植物から放出される植食者誘導性植物揮発成分 (herbivore-induced plant volatiles, HIPV) であり，ズイムシ成虫に忌避作用があった．

一連の研究結果からICIPEの研究グループは，プッシュ・プル法が上記2種のズイムシに作用するメカニズムを「随伴作物から放出される揮発性物質が畑からメス成虫を忌避させ (プッシュ)，周縁のおとり植物に誘引する (プル) 仕組み」として説明した (Khan et al. 2000; Midega et al. 2015a)．この仮説は，植物由来の情報化学物質が数メートルから数百メートルの広い範囲で作用し，ズイムシの行動を制御することを意味している (Poveda and Kessler 2012)．

Finch and Collier (2012) は，総説記事においてこの説明に異議を唱えた．一般に，植物から放出される情報化学物質は微量である．そのため，昆虫は植物に数センチメートルまで接近して，初めて放出源の位置を特定できる．したがって，化学物質が数メートル以上の範囲から直接的にズイムシを誘引・忌避するとの説明は成り立たないと主張した．

Finch and Collier (2012) は，プッシュ・プル法のメカニズムを以下のように説明した．畑の外側で餌植物の匂いを探知したズイムシのメス成虫は，下方向への着地を開始する．その後，地表近くの低い位置で視覚および嗅覚刺激をもとに餌植物を探索する．この際，圃場周縁に配置されたネピアグラスの障壁は，成虫の移動を阻害する「物理的障壁」として機能する．ネピアグラスに接近した成虫は，揮発性物質の誘引効果によりネピアグラスに定着し，産卵する．しかし一連のプロセスにおいて，ネピアグラスはあくまで障壁として機能しており，ズイムシを直接誘引したとは言えない．いっぽう，デスモディウムに接近した成虫は，嗅覚と視覚刺激に従って植物体上へ着

地する.定着後には味覚と触覚刺激を頼りに餌植物かどうかを検査し,再び飛翔して探索を再開する.デスモディウムは作物と混在することで害虫による探索効率を著しく低下させる.しかし,そもそも餌植物ではないデスモディウムの発する揮発性物質は,成虫にとって「産卵の刺激因子とはならない」だけであり,成虫の行動を直接阻害する「忌避因子」とは考えにくい.

Finch and Collier (2012) の仮説はまだ検証されておらず,今後,行動観察や数理モデルなどの手法を用いて調べていく必要がある.具体的には,ズイムシの餌植物への定位,植物体への定着,産卵という行動プロセスのそれぞれに作用する,植物由来の感覚因子(嗅覚,視覚,触覚,味覚)のはたらきを明らかにしていくことが重要である (Eigenbrode et al. 2016).

6. 天敵を介した混作の間接的作用に関わる要因

天敵の作用強化のプロセスとそれに関与する要因を図4にまとめた.天敵の作用を強化するには,第一に圃場一帯において天敵が増加する必要がある.その手段として,前述のように,随伴作物を圃場の周辺に植栽して天敵に餌資源や逃避場所などを供給する (Gurr et al. 2017).また,天敵はしばしば草地や森林など圃場周囲の生息環境から移入する.したがって,畑の立地景観の構造は圃場一帯の天敵密度に影響を及ぼす (Tscharntke et al. 2016).

第二に,随伴作物で増えた天敵がトウモロコシ畑にも流入し,作物上で増加する必要がある.そのため,圃場内の微気候を改善し,逃避場所を供給するなどの管理を行い,天敵の作物への定着を促すことが望ましい (Landis et al. 2000).また,耕耘や除草といった農作業に伴う撹乱を最小限に抑え,天敵の個体群密度を減少させない工夫も有効である.

最後に,増加した天敵が,十分な害虫抑制効果を有する必要がある.たとえば,寄生バチによる宿主の探索にはさまざまな情報化学物質が関与しており,植物,害虫,捕食寄生者が相互に作用している.また,捕食者と害虫との関係を見ても,多種の餌動物と捕食者の間で複雑な相互作用が生じ,害虫抑制効果に影響を及ぼす (Snyder and Tylianakis 2012).

圃場一帯における天敵の増加

天敵の作用強化の各プロセスに関して,トウモロコシとズイムシの系における知見を以下に述べる.イネ科草本が優占する草地において,植食性昆虫や天敵類の多様性が高いことはさまざまな農地生態系において報告されている (Botha et al. 2017 など).アフリカの小規模農家では,トウモロコシの畑は概して 1 ha 未満から数ヘクタール程度と小さく,しばしばイネ科の草地に囲まれている.畑の周辺に存在するこのような草地は,圃場一帯における天敵と害虫の個体数にどのような影響を及ぼしているのだ

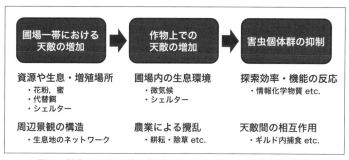

図4 混作による天敵の作用強化のプロセスと関与する要因。

ろうか。

Midega et al. (2014) は，畑の周辺景観がプッシュ・プル法の有効性に及ぼす効果を分析した。その結果，周辺の草地の面積割合が増えるほど，天敵（寄生バチ）よりもズイムシの密度が高くなり，プッシュ・プル圃場における天敵の作用が弱まることがわかった。つまり，畑周辺の草地には寄生バチの作用を増強して生物的防除効果を高める効果はなく，むしろズイムシの供給源となっていることが示唆された。

この例からわかるように，圃場一帯の天敵を選択的に増加させるには，天敵だけでなくズイムシとの関係も考慮して随伴作物を選別し，適切なものを意図的に導入することが重要である。たとえばネピアグラスには，寄生バチ C. sesamiae の宿主となる非害虫のズイムシ Poeonoma sp.（ヤガ科）が生息する (Khan et al. 1997b)。したがって，ネピアグラスを圃場周辺に導入することにより，主作物であるトウモロコシに影響を及ぼすことなく天敵の作用を増強できる可能性がある。また，ギニアグラスには，ズイムシの捕食者であると同時に花粉食でもあるクギヌキハサミムシ科の *Diaperasticus erythrocephalus* が多い (Koji et al. 2007)。ギニアグラスは花粉の供給源としてこのハサミムシを増加させているものと考えられる。これらのイネ科植物は，いずれもズイムシ *C. partellus* の餌としては不適であることが確認されており，天敵類を効果的に増加させる随伴作物として活用できる。

作物上での天敵の増加

Koji et al. (2007) は，トウモロコシ圃場の周縁に配置したギニアグラスの障壁においてクモ類およびハサミムシ類が多いことを見いだした。しかし，畑の内部における捕食者の個体数は単作の圃場と差がなかった。いっぽう，ネピアグラスの障壁とデスモディウムの間作を組み合わせたプッシュ・プル法では，障壁植物上だけでなく作物上でもアリ，クモおよびハサミムシの増加が認められた (Midega and Khan 2003)。プッシュ・プル圃場では，デスモディウムの間作により土壌温度が低く，相対湿度が高く保たれたことから (Khan et al. 2002)，このような微環境の変化が圃場内の捕食者

を増加させたと考えられた。

　トウモロコシ圃場内の植生と昆虫の多様性との関係を調べた Botha et al. (2017) によれば，圃場内にイネ科の雑草が多いほど捕食性節足動物の数が多い傾向が見られた。イネ科雑草の過剰な繁茂はトウモロコシの生育を阻害するが，適度な圃場内植生の複雑化は作物上での捕食者密度の増大をもたらすことが期待できる。

天敵による害虫個体群の抑制

　天敵によるズイムシ抑制プロセスに関しては，情報化学物質を介した寄生バチの誘引についての研究が進んでいる。トウミツソウおよびシルバーリーフ・デスモディウムからズイムシ忌避成分として検出された (E)-β-オシメンおよび DMNT は，*C. sesamiae* に対して強い誘引活性を示す (Khan et al. 1997a)。前節で述べたように，これらの物質は，普通は害虫による加害が引き金となって植物から放出される HIPV である。トウミツソウとデスモディウムの場合，食害の有無によらず，これらの成分が放出されている点は興味深い (Khan et al. 1997a)。

　近年，ビロードキビ属の牧草 *Brachiaria brizantha* (イネ科) や，いくつかのトウモロコシの品種において，ズイムシ *C. partellus* による食害ではなく産卵が引き金となって HIPV が放出され，寄生バチ *C. sesamiae* を誘引する現象が明らかになった (Bruce et al. 2010; Tamiru et al. 2011)。トウモロコシにおいては，この現象は中南米産の放任受粉品種や在来種，アフリカの在来品種などにおいてのみ見られ，改良されたハイブリッド品種では見られないという。さらに，*B. brizantha* が放出した HIPV に健全なトウモロコシの株が反応し，自ら HIPV を放出して *C. sesamiae* を誘引する現象も見いだされた (Magara et al. 2015)。産卵がシグナルとなって生じる早期の間接防衛は，食害によって生じる防衛よりも作物への被害が少ないため，応用上の意義が大きい。これらの植物を農業生態系に取り入れることで，作物上における寄生バチの寄主探索効率が高まり，害虫抑制効果の増強が期待される。

7. 混作によるズイムシ防除の発展に向けて

　混作はアフリカの伝統農法として長い歴史をもつが，その害虫防除効果の科学的検証が始まったのは約 30 年前と言われている (Kfir et al. 2002)。第 2 節で述べたように，これまでさまざまな組み合わせの混作が検討され，いくつかの事例では天敵の増加，害虫個体数の低減，作物収量の増加が認められた。なかでも効果の高いプッシュ・プル法は，作型や気候条件に合わせた改良版が継続的に開発され，2017 年現在，14 万 7505 戸の農家で実施されている (ICIPE, online)。アフリカの農業生産性の向上を目指して研究者が農家と共同し，試行錯誤を続けてきた努力の成果が，この数字に現れている。

　混作の作用プロセスについては情報化学物質など化学生態学の知見が蓄積されてい

る。しかし，ズイムシの寄主植物選択に関わる行動生態学や，多種の天敵と害虫との間で生じる相互作用など，研究の進展が期待される余地は依然として大きい。これらを含む生物学的メカニズムの解明が，混作を持続可能な農法としてさらに発展させていくうえで重要な鍵となるだろう。

トピックガイド

Biodiversity and Insect Pests. Key Issues for Sustainable Management (Gurr GM et al. (eds.) 2012, Wiley-Blackwell) は，農地の生態系機能を生かした害虫管理について，最新の理論と実践事例をまとめている。

Push-pull: chemical ecology-based integrated pest management technology (Khan Z et al. 2016, *Journal of Chemical Ecology*) は，本章で触れなかったストライガ防除の作用機構も含め，プッシュ・プル法の化学生態学についてまとめている。日本語の文献として『プッシュ・プル法による害虫管理−アフリカにおける事例とその検証−』(足達・小路 2008, 植物防疫)と『アフリカ昆虫学への招待』(日本 ICIPE 協会編 2007, 京都大学学術出版会) も挙げておく。ICIPE の研究グループによるウェブサイト *'PUSH-PULL' A platform technology for improving livelihoods of resource poor farmers* (http://www.push-pull.net) には，学術論文だけでなく，普及記事，農民向けのガイドブック，コミックなどもリンクされている。

コラム 4　野外調査の実際―ズイムシと捕食性昆虫類の場合

　野外条件下でのズイムシ (ヤガ科，ツトガ科などを含むガの仲間) の幼虫密度は，植物株の採取と昆虫の飼育によって調査する (第 4 部中扉)。とくに野生のイネ科植物から採集されるズイムシには，幼虫では種の同定が難しいものが含まれる。そのため，すべての幼虫を羽化まで飼育し，成虫の標本を作製することが基本だ。この方法では，調査プロットから無作為に選んだ約 20 株を根元から抜き取り，研究所に持ち帰って植物全体を調べ，茎を割いて幼虫を探す。木陰に座り，仲間と雑談しながら共同作業でズイムシを見つけていく。見つかった幼虫を個別に容器に入れ，実験室内で成虫まで飼育する。幼虫が寄生されていればハチやハエが羽化してくるので，寄生率も推定できる。

　いっぽう，野外でズイムシ *Chilo partellus* (ツトガ科) の卵の密度を調べるのは至難の技だ。ズイムシの卵は孵化までの期間が 2〜3 日と短く，また，卵塊が葉の表面からはがれて消失しやすい。私は調査助手 4 人とともに，ある畑で 2000 株以上のトウモロコシを徹底的に調べたことがある。しかし，3 日をかけて見つかった卵塊は一つだけだった。それでも数週間後には，同じ場所で幼虫

写真　エンジンブロワーによる捕食性節足動物の調査。吸込口にポリエステルメッシュ製の袋を取りつけて吸引し，節足動物を採集する。

に加害された株が数多く見つかった。

　トウモロコシの株上に生息する捕食性節足動物 (アリ科，ハサミムシ目，クモ目など) の調査は，いわゆる「見つけ採り」によって行われてきた。調査プロットから無作為に数十株を選び，注意深く調べて昆虫やクモを吸虫管で捕獲する。草丈2mに達するトウモロコシの葉と茎をくまなく調べるので屈伸運動が多くなる。調査助手の試算によれば，1シーズンの調査で1人当たり約4000回のスクワットをすることになるという。ICIPEなど研究機関の調査助手は，概して虫採りが抜群にうまい。しかし，やはりこの方法には採り逃しが多い欠点がある。

　そこで行われるのが，エンジンブロワーのバキューム機能による吸引採集法だ。エンジンブロワーとは写真のような機械で，日本では公園や街路などの清掃に用いられる。調査では，決められた株数に対して一定時間，トウモロコシに「掃除機をかけて」昆虫を採集する。ブロワーが重いため，それなりに重労働ではあるが，この方法により時間を大幅に節約でき，機械化の恩恵を実感できる。ただし，サンプルに大量の塵と埃が混入し，その処理にはとても時間がかかる。また，クモなど体の軟らかい動物を破損しやすいという難点もある。さらに調査時に生じるエンジン音が，アフリカの農村景観の素晴らしい雰囲気を台無しにする。それでも，この調査法は採集効率の高さにおいて別格である。

　なお，ケニアでは上記の調査のための用具をほぼ現地で調達できる。しかし，エンジンブロワーだけは例外だ。どれだけ探しても入手できず，店員に尋ねても説明をまったく理解してもらえなかった。「日本では庭掃除にまでエンジンを使うのか」と，工具店の店主に呆れられてしまった。　　　　　(小路晋作)

13章
貯穀害虫の生態と管理

相内大吾

1. アフリカにおける貯穀害虫とその被害

貯穀害虫とは

　貯穀害虫とは，貯蔵中の穀物などを加害する昆虫の総称で，とくに水分含量15%以下の乾燥食物のみを餌として生存・繁殖可能な種を指す。その大部分はコウチュウ目とチョウ目であり，元来は野外で乾燥した種子や果実，樹幹，朽木，動物遺体を食していた昆虫が，人類による農耕と収穫物の大量貯蔵を開始したことにより屋内環境へ適応したものと考えられている。

　紀元前3000年のエジプト初期王朝時代の王墓で発見されたパンからは *Ephestia* spp.（チョウ目メイガ科）や *Plodia* spp.（チョウ目メイガ科）のメイガの繭が，紀元前2600～2300年のエジプト古王国第6王朝時代のピラミッドの玄室からは，オオムギ穀粒とともにグラナリアコクゾウムシ *Sitophilus granaries*（コウチュウ目オサゾウムシ科）やコクヌストモドキ属 *Tribolium* spp.（コウチュウ目ゴミムシダマシ科）などが発掘されている。我々日本人にも名の知れた，ツタンカーメン（Tutankhamun: 紀元前1333～1324年頃）の王墓からもコクヌストモドキ *T. castaneum* やノコギリヒラタムシ *Oryzaephilus surinamensis*（コウチュウ目ホソヒラタムシ科），コナナガシンクイムシ *Rhyzopertha dominica*（コウチュウ目ナガシンクイムシ科）が飼い葉桶の中から出土している。また，わが国において，種子島の三本松遺跡で出土した約1万500年前の縄文土器からコクゾウムシ *Sitophilus zeamais*（オサゾウムシ科）の圧痕が見つかっていることからも，人類と貯穀害虫の長い戦いの歴史が垣間見られる。

　貯穀害虫は食糧に混入し，人類の移動や交易を通じて世界各地に分布域を拡大したことから，その多くが世界共通種となっている。いっぽう，めまぐるしく進展するグローバリゼーションの時代において，ヒトや食糧の移動が活発化し，それに伴った外来貯穀害虫の越境侵入も危惧されている。

　本章では，アフリカにおける貯穀害虫の生態や被害，管理方法などについて，とくにこれらの地域で大きな被害をもたらしているオオコナナガシンクイムシ *Prostephanus truncatus*（コウチュウ目ナガシンクイムシ科）(larger grain borer，以下

LGB と略記) を中心に概説する。また，筆者らが9年間にわたり研究活動を展開しているマラウイ共和国における貯穀害虫や穀物貯蔵の現状と，これまでの研究成果を紹介したい。

ポストハーベスト・ロスとは

　ポストハーベスト・ロス (postharvest loss，以下 PHL と略記) とは，農作物の収穫後，(加工されて) 食卓にのぼるまでの各段階で生じる食糧の損失を指す。とくにサブサハラアフリカでは農作物の大半が自給作物であり，収穫後は各農家で貯蔵される (マラウイでは収穫物の約80%を農家レベルで貯蔵) ことから貯蔵中の損失が占める割合が高く，その30〜40%が貯穀害虫によるものとされる。貯穀害虫による食糧への被害は多岐にわたり，直接的に食糧が消失するだけでなく，食糧の品質低下 (物理性や栄養価) や貯蔵菌類が産生する毒素 (Mycotoxin)，昆虫遺体や糞などの混入，商品価値の低下，防除コスト増，健康リスクなどが挙げられる。

　先進国ではこのような貯穀害虫による PHL を低減するために，低温施設やガス燻蒸設備，乾燥装置，不活性ガス貯蔵施設，密閉貯蔵などを導入し，その被害を最小限に抑えている。いっぽう，アフリカの農村部では，簡易的な密閉容器を入手することさえ困難であるのは想像に難くないであろう。

　貯穀害虫による PHL の被害程度は，発生する貯穀害虫種や対象作物，地域，貯蔵方法，算出方法などにより多様である。たとえば，1〜12か月間貯蔵したエチオピアのトウモロコシの被害率は11〜100%，重量損失率は2.9〜20%であり (Tadesse and Eticha 2000)，エリトリアにおけるオオムギおよびコムギ，トウモロコシ，ソルガム，トウジンビエの重量損失率は4.4〜14%であった (Haile et al. 2003)。またケニアで行われた伝統的貯蔵庫と屋内貯蔵のトウモロコシの貯蔵比較試験での重量損失率はそれぞれ5%と13.4% (Ngatia and Kimondo 2011)，タンザニアにおける殺虫剤処理および無処理トウモロコシの3〜12か月間の貯蔵実験での重量損失率はそれぞれ3.3〜23.8%，17.3〜83.3% (Phiri and Otieno 2008) と見積もられた。ベナンではコクゾウムシと LGB によるトウモロコシの被害だけで23%に上るとされる (Meikle et al. 2002)。

　筆者らが活動するマラウイでは，殺虫剤処理を行わない場合，収穫物の40〜100%を損失するとされる (Phiri and Otieno 2008; Denning et al. 2009)。いっぽう，国際昆虫生理生態学センター (ICIPE) ではマラウイのトウモロコシの損失率を7.6%と見積っているが，これを市場価格に置き換えると770万米ドルの損失に相当するとしている (Chiwaula et al. 2012)。また，貯穀害虫によるトウモロコシの被害粒率1%につき，0.6〜1%の価格低下が引き起こされることから，自給農家にとって貴重な現金収入を減らす要因となっている。

　サブサハラアフリカの栄養不足人口は23.2%であり，アフリカでのトウモロコシの収量は約2 t/ha (2005〜2014年の平均)で，世界平均の4割弱程度である(図1) (FAO, online)。通常，農作物の収量は圃場での収量を基準に考えるが，とくにサブサハラア

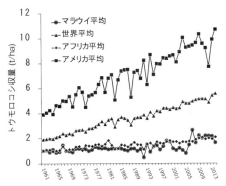

図1 1961〜2014年のトウモロコシ収量の推移。FAOSTAT (online) より作成。

フリカのようなPHLの割合の高い地域では，PHLによる損失量を考慮して，実際に食すことができた量を「正味収量」とすべきではないだろうか。

ぜひ想像してもらいたいのは，たとえば作物の圃場収量を10%増収するためにどれほどのエネルギーを防除・育種・施肥に投入する必要があるかということである。PHLによる損失を抑え，正味収量を伸ばすことは，実質的に食糧増産と同等の効果が見込まれるのである。さらに，PHL低減において貯穀害虫の防除が重要であるのは，これまで述べてきたとおりである。もちろん圃場収量の向上も重要であるが，同時にPHLの低減を進めることで，より効果的な食糧安定供給が実現するものと期待される。

トウモロコシ生産と貯蔵

トウモロコシの生産に関してはマラウイを例に紹介する。マラウイの農家は99%が小規模農家で，国内の農産物の80%を生産している。トウモロコシのほかにもコメやキャッサバ，サツマイモ，ジャガイモ，マメ類なども生産されているが，97%の農家がトウモロコシを生産しており，その半数がトウモロコシのみを生産している。また，国民の総消費カロリーの60%をトウモロコシが占めており，主食穀物としてもっとも重要な作物である。とくに農村部を訪れると見渡す限りトウモロコシ畑という光景は珍しくない。

マラウイでは，トウモロコシをミル(粉砕機)や臼と杵を用いて製粉し，それを熱湯中で練り上げることで団子状にするシマ(nsima)を主食としている(図2)。脱穀の程度や水浸漬の長さの違いによりクリーム(cream)，グランミル(gramil)，ガイワ(mngaiwa)に分けられ，それぞれ異なる食感や風味を楽しむことができる。

いっぽう，マラウイの栄養不足人口(1日に最低限必要な食事のエネルギー量を満たしていない人口)は20.7%，貧困率(1日1ドル以下で生活する人口の割合)は74.0%と高く，食糧生産性の向上は喫緊の課題である。また，人口増加率は2.9%で

図2 マラウイの主食シマ (nsima)。(A) シマ用に製粉されたトウモロコシ。(B) 主食のシマと素揚げにしたチャンボ (chambo = テラピア。マラウイ湖で捕れるカワスズメ科の魚)。

図3 アフリカの穀物貯蔵庫。(A) 高床木製の貯蔵庫 (ケニア・マチャコス)。(B) 草本を編んだ籠形貯蔵庫 (ブルキナファソ・ブルキアンデ)。(C) 高床式竹製の貯蔵庫 (マラウイ・チテゼ)。(D) ゴマを載せた乾燥棚 (ブルキナファソ・ブルキアンデ)。(E) 種イモの貯蔵庫 (マラウイ・ベンベケ)。(F) 壁面を泥で固めた貯蔵庫 (マラウイ・チテゼ)。(G) ヒエの入った籠形貯蔵庫。(H) メタルサイロ (ブルキナファソ・ブルキアンデ)。(I) 打ち捨てられたメタルサイロ (マラウイ・カタベイ)。

急速に人口が増加しているのに対し，1戸当たりの耕地面積は 0.61 ha と小さく，限られた耕作地において生産性を上げることも重要である。マラウイ政府は1998年から種子や化学肥料に対する補助プログラムを開始し，トウモロコシ収量は微増したものの，依然として収量は低いままである (図 1)。

　農村部の農家の多くは自給農家であり，収穫物を農家ごともしくは村ごとに貯蔵する。使用される貯蔵施設は，基本的に木や草，土などその土地にある素材を用いた伝統的な構造で，個々の農家の手によって作られるものである。収穫物の種類や地域によって，さまざまなデザインのものが見られる (図 3A～G)。収穫した穀物は乾燥棚や地面に広げ天日で乾燥させ (理想の水分含量は 12% 以下)，十分に乾燥したものを貯蔵施設へ搬入する。図 3 の A～G からわかるように，これらの貯蔵施設の多くは気密性が低く，貯穀害虫はおろか微生物やネズミの侵入も防ぐことはできない。そこで欧米の援助により比較的気密性の高い金属製のメタルサイロ (図 3H, I) の導入が進められてきたが，マラウイの農村で見かけるのは稀で，あっても多くの場合は打ち捨てられている。理由を聞くと，日差しが強いため，メタルサイロ内部が高温となり，穀物が煮えてしまうそうだ。おそらく穀粒の水分含量が高すぎるのではないだろうか。

　マラウイでは 10 年ほど前までは広く伝統的な貯蔵施設が使用されていたが，食糧不足による穀物の盗難が相次いだため，近年では屋外に設置される伝統的貯蔵施設は減少している。その代わりにメイズバッグと呼ばれるビニール繊維で編んだ穀物袋にトウモロコシを詰めて，屋内に貯蔵するのが主流となっている (図 4)。しかし，このメイズバッグも当然気密性は低く，さまざまな生物の侵入を防ぐことはできない。さらに，後述するが，貯穀害虫を防除するためにガス効果のある粉剤の化学殺虫剤をトウモロコシ穀粒にまぶしてメイズバッグに入れ，居間や寝室に貯蔵している農家が多く見られる。そのような農家では殺虫剤特有の化学臭が室内に充満しており，そこに長期間暴露されることによって起こる健康リスクも懸念される。

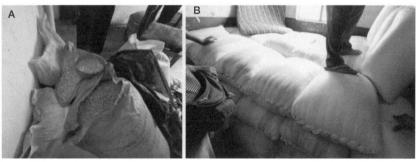

図 4　屋内でメイズバッグで貯蔵されるトウモロコシ (マラウイ)。(A) 屋内の居間で貯蔵されるトウモロコシ。(B) 屋内の一室に積み上げられたメイズバッグ。

2. 貯穀害虫の生態

アフリカの貯穀害虫

　上述のとおり，貯穀害虫の多くが世界共通種であるが，ここではとくにアフリカで問題となっている貯穀害虫を紹介する．狭義の意味で貯穀害虫とは穀物を直接摂食するコクゾウムシのような一次害虫を指す．こうした一次害虫に続いて，すでに被害を受けた穀粒を摂食する二次害虫や昆虫遺体などを摂食するスカベンジャー (scavenger, 掃除屋)，菌食性昆虫，天敵昆虫などが侵入する．

　熱帯地域では 407 種の主要害虫のうち，48 種が貯穀害虫であるとされているが (Hill 1975)，古くからアフリカ全体で問題となっている貯穀害虫には，コクゾウムシ属およびバクガ *Sitotroga cerealella* (チョウ目キバガ科) が穀物の害虫として，ミツバマメゾウムシ属 *Acanthoscelides* spp. およびブラジルマメゾウムシ属 *Zabrotes* spp.，セコブマメゾウムシ属 *Callosobruchus* spp. (いずれもコウチュウ目ハムシ科マメゾウムシ亜科) がマメ類の害虫として挙げられる．

　コクゾウムシ属のコクゾウムシやココクゾウムシ *S. oryzae*，グラナリアコクゾウムシは世界中で PHL 被害をもたらす大害虫であるが，アフリカでも穀物およびマメ類を中心にさまざまな貯蔵食品に被害を出している．ココクゾウムシはおもにコメおよびコムギに対する被害，コクゾウムシはおもにトウモロコシに対する被害が大きい．グラナリアコクゾウムシは，おもに北アフリカで発生しており，さまざまな穀類に被害を与えている．コクゾウムシ属は，幼虫が穀粒中に穿孔してトンネルを形成し，新たに羽化した成虫がさらにその穴を広げることで，穀粒被害は拡大する．また，これらの害虫が放出する代謝熱で貯蔵環境が高温・高湿度となり，真菌の発生や他の昆虫の侵入を招き，二次的な被害を与える．

　コクヌストモドキも世界共通種で，アフリカ全土に分布し，穀類やマメ類，加工食品を加害する二次害虫として知られる．成虫および幼虫ともに穀物や穀粉を加害し，とくに高密度になると腹部から分泌するベンゾキノンにより特有の刺激臭を食品から発する．

　コナガシンクイムシは，第一次世界大戦時にオーストラリアのコムギとともに世界へと拡散した貯穀害虫として知られる (Hill 2002)．アフリカでは，おもに北および西アフリカで問題となっており，コムギやオオムギ，ソルガム，コメを食害するが，トウモロコシへの加害は比較的少ない．コナガシンクイムシによる被害は甚大で，成虫は穀粒に穴を開けトンネルを形成し，胚乳部分を粉化する．幼虫もさらに穴を広げ被害を拡大する．

　ノシメマダラメイガ *Plodia interpunctella* (チョウ目メイガ科) はおもに南部アフリカで問題となる貯穀害虫で，穀類や穀粉，ナッツ類，マメ類などを加害する．幼虫は種子の胚や種皮を好んで食害するが，大量に吐いた糸で食品片などを絡めて塊にすることで食品を汚染する．

LGB の生態と被害

アフリカの貯穀害虫のなかでももっとも甚大な被害を貯蔵食糧に与えるとして、恐れられているのが LGB (オオコナナガシンクイムシ) である (図5)。LGB は元々、中央アメリカ原産の甲虫で、現地ではトウモロコシの目立たない貯穀害虫であった。しかし、アフリカ大陸に侵入後、その分布域を 20 か国に拡大し、おもに収穫後のトウモロコシと乾燥キャッサバの大害虫と化した。LGB は、東アフリカを襲った 1979 年の大干魃の際に世界各国が送った食糧援助のトウモロコシとともにアフリカへ侵入したものと考えられている (Cross, 1985)。1981 年に初めて東アフリカのタンザニアで発見され、西アフリカでは 1984 年にトーゴでの定着が報告されている (Golob and Hodges 1982; Harnisch and Krall 1984)。その後、ケニア (1983 年)、ブルンジ (1984 年)、ベナン (1986 年)、ギニア・ギニアビサウ(1988 年)、ガーナ (1989 年)、ブルキナファソ・マラウイ (1991 年)、ナイジェリア (1992 年)、ザンビア・ルワンダ (1993 年)、ニジェール (1994 年)、ウガンダ (1997 年)、ナミビア (1998 年)、南アフリカ・モザンビーク (1999 年)、ジンバブエ (2005 年)、セネガル (2007 年) へと、アフリカ大陸侵入からわずか 20 年間で主要なトウモロコシの生産国に広がっていった (Muatinte et al. 2014)。

LGB は、体長 3~4.5 mm で体色が黒から茶、前胸が前に張り出し、フードをかぶったように頭部を覆っている。また、鞘翅の先端が垂直に折れ曲がっていることから、背面から見ると腹部先端が四角く見えるのが特徴である (図 5B, C)。メスは穿孔した穀粒のトンネル内に 50~300 個の卵を産み付ける。幼虫は他の個体が産出した穀粒の粉や穀粒の胚部分をおもに食べ、30 日程度で蛹を経て羽化する。成虫の寿命は 40~60 日である。

LGB はおもにトウモロコシと乾燥キャッサバで増殖するが、そのほかにもサツマイ

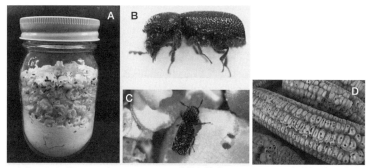

図5 オオコナナガシンクイムシ (LGB) の形態と被害トウモロコシ (撮影：松本良介氏)。(A) LGB の食害を受け粉化した穀粒。(B) LGB の側面像。(C) トウモロコシを食害する LGB。(D) 脱穀をしていないトウモロコシでの LGB 被害。

モやヤムイモ，コムギ，ソルガム，ヒヨコマメなどの食用作物でも増殖可能である。加えて LGB は樹木の幹や根，種子にも穿孔し，アカシア (マメ科) やミルラノキ属 (カンラン科)，ホウオウボク (マメ科) など 27 種の樹木で増殖が可能である。LGB はコナナガシンクイムシと同様に穀粒に穿孔してトンネルを形成し，胚乳部分を粉化するため大量の穀粉を産出する (図 5A, D)。食害が進行すると穀粒の胚乳部分は空になり，果皮のみ残される状態になる。これまで筆者が飼育してきたコクゾウムシやコクヌストモドキなどの貯穀害虫に比べても，LGB は圧倒的に食欲旺盛で高い増殖能力をもつように感じる。

　LGB が侵入したアフリカ各国では，LGB 単独での穀物への被害に関する研究が進められている。西タンザニアのトウモロコシでは 5 か月間の貯蔵で 9％，トーゴのトウモロコシでは 45％，タンザニアのキャッサバでは 52.3～73.6％，ガーナの乾燥キャッサバでは 39～57％，モザンビークのトウモロコシでは 59～62％の損失が報告されている。また，LGB の侵入後，ケニアではトウモロコシの損失量が 4.5％から 30％に，トーゴでは 7％から 30％，マラウイでは 5％から 16％に増加したとされている (Panthenius 1988; Singano et al. online; Nukenine 2010)。

　このように，わずか 1 種の貯穀害虫の侵入により，毎年膨大な量および額の PHL 被害がアフリカ諸国に上乗せされてしまったことになる。もともと低収量の農作物にこれだけの PHL 被害が加わることが，アフリカ諸国での食糧安定供給にどれほどの影響を与えているか想像に難くない。これは侵入害虫の脅威と輸出入検疫の重要性を再認識させる良い例ではないだろうか。

3．貯穀害虫の防除とトウモロコシの生産性向上

貯穀害虫防除技術

　前述のとおり，先進国では貯蔵施設の整備と殺虫剤の使用で貯穀害虫の被害を封じ込めている。いっぽう，アフリカ諸国での貯穀害虫防除技術は未発達であり，それが甚大な PHL 被害を引き起こす最大の要因である。しかし，貧困や不安定な物流のため多くの小規模農家は，化学殺虫剤を目にすること自体が難しい。

　たとえばタンザニアの小規模農家のうち 70％では，そもそも化学農薬を見る機会さえなく，ケニアでは化学農薬を使用している農家が 0～36.4％ (平均 16.1％) と，化学農薬の使用率が低い。政府による化学農薬購入補助が実施されているマラウイ ［100 マラウイクワチャ (約 16 円) で 200 g の貯穀害虫用殺虫剤が購入可能］では，化学農薬の使用率は約 70％と比較的高い。しかし，多くの小規模農家では，穀粒を庭先に広げて天日干しにする，もしくは被害粒の除去程度しか貯穀害虫防除が行われていないのが現状である。

　化学農薬使用率の高いマラウイであるが，依然としてさまざまな課題がある。まず，筆者らが 2009 年に貯穀害虫用殺虫剤の種類について調べたところ，複数の商品

があるものの，それらの有効成分はすべて有機リン系のピリミホスメチルとピレスロイド系のペルメトリンの混合剤であった (図6A〜C)。しかも，小規模農家が使用する農薬のうちピリミホスメチル製剤であるアクテリック (Actellic) の占める割合が96%と，わずか1剤のみが使用されている状況であった (Kamanula et al. 2011)。近年では扱われる殺虫剤の種類も多様になったものの，その有効成分は有機リン系のクロルピリホスやジメトエート，ピレスロイド系のデルタメトリンやシペルメトリンのほか，アバメクチン，フィプロニルなど，人体への毒性の高いものが多い (図6D)。直接穀粒に殺虫剤を施用することから，これらの成分を高濃度で経口摂取する可能性と，屋内貯蔵による長期暴露の影響が懸念される。また，農業資材販売店でこれらの殺虫剤に並んでリン化アルミニウム燻蒸剤が売られているのをよく見かける (図6E)。リン化アルミニウムは，日本では特定毒物に指定されている化合物で非常に毒性が高く，果たして適正に使用されているのか甚だ疑問である。

小規模農家で採用されている伝統的貯穀害虫防除技術はおもにその地域で入手可能な資源を利用して実施される。植物農薬はその一つで，地域に自生する植物の葉や果実，樹皮などの粉末や抽出物を殺虫剤や忌避剤として利用する。アフリカ各地で栽培されるマメ科木本の *Tephrosia vogelii* やセンダン科木本のニーム *Azadirachta indica* は貯穀害虫に限らずさまざまな害虫をターゲットに使用されており，マラウイでは植物農薬を使用する農家の70%が *T. vogelii* を用いており，庭先や圃場周辺に植えられているのをよく目にする。そのほかにもキダチトウガラシ *Capsium frutescens* (ナス科) やランタナ *Lantana camara* (クマツヅラ科)，コウオウソウ属 *Tagetes* spp. (キク科)，ショウジョウハグマ属 *Vernonia* spp. (キク科)，トウダイグサ *Euphorbia* spp. (トウダイグサ科)，ニトベギク属 *Tithonia* spp. (キク科)，ユーカリ *Eucalyptus* spp. (フトモモ科) など，さまざまな植物が貯穀害虫防除に用いられる (図7) (Mugisha-Kamatenesi et al. 2008; Nyirenda et al. 2011; Chebet et al. 2013)。

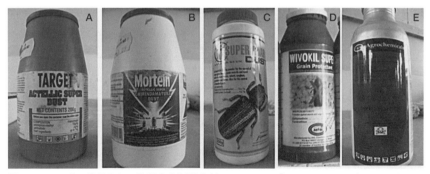

図6 マラウイで使用される貯穀害虫用殺虫剤。(A)〜(C) ピリミホスメチルとペルメトリンが有効成分の殺虫剤。(D) デルタメトリンとフェニトロチオンが有効成分の殺虫剤。(E) リン化アルミニウム燻蒸剤。

筆者らも植物農薬による LGB 防除研究を進めており，マラウイに自生する植物の採集を実施した経験があるが，目的とする植物を探すため道行く人たちに尋ねると，瞬く間にその植物が見つかることに驚かされる。彼らは殺虫剤に限らず，内服薬や軟膏，魚毒，肥料としてさまざまな植物を利用しており，植物学と生活の近さを実感する。また，竈（かまど）から出る植物の灰を穀粒に混ぜる方法も広く利用され，穀粒重量の 30％の灰を加えた場合，ピリミホスメチルと同等の防除効果を示すとされる (Golob et al. 1982)。とくに次年度に利用する種子などは，竈の上に吊るされ，煙で燻すことで長期の保存を行うことも多い。このような伝統的な手法は，安価で簡易的であり，人畜への影響も少ないことから，その効果と安全性について科学的に検証を進める必要がある。

最後に，現在進められている貯穀害虫防除研究について触れたい。まず，生物的防除として昆虫病原体を用いた研究がある。昆虫寄生菌である白殭（きょう）病菌 *Beauveria bassiana* や黒殭（きょう）病菌 *Metarhizium anisopliae* は，LGB をはじめコナガシンクイムシやコクゾウムシ，コクヌストモドキなどの防除資材として研究され，系統によっては乾燥条件下でも防除効果を示すことや，製剤化することで効果の持続性を保つことができる可能性が示されている。

また，LGB 発生国では伝統的生物防除法として，LGB の捕食性天敵昆虫であるコ

図 7 植物農薬として使用される植物。(A) *Tephrosia vogelii* (マメ科)。(B) ニーム (＝インドセンダン，センダン科)。(C) *Eucalyptus globulus* (ユーカリ科)。(D) *Tithonia diversifolia* (キク科)。(E) ランタナ (クマツヅラ科)。(F) *Euphorbia hirta* (トウダイグサ科)。

ウチュウ目エンマムシ科の *Teretrius nigrescens* が LGB の起源地であるメキシコから導入され，1991 年より放飼試験が実施されている．しかし，現在までのところ，*T. nigrescens* が定着しないケースが多くあり，目立った効果は見られない．マラウイでは *T. negrescens* を森に放ち，野外の LGB 密度を低下させることを試みているが，その効果は十分とは言えない．たとえば，*T. negrescens* を大量増殖し，メイズバッグの中に放飼するような放飼増強法に切り替える必要があるのではないかと考える．

いっぽう，作物側からの防除法として，貯穀害虫抵抗性品種の育種がメキシコにある国際トウモロコシ・コムギ改良センター (Centro Internacional de Mejoramiento de Maíz y Trigo, CIMMYT) を中心に実施されており，2010 年にケニアのケニア農業研究所 (Kenya Agricultural Research Institute, KALI) ［現ケニア農畜産業研究機構 (Kenya Agricultural and Livestock Research Organization, KALRO)] から LGB 抵抗性ハイブリッドトウモロコシ 3 品種が販売されている．これらはアフリカ各国 (ケニア，ウガンダ，タンザニア，エチオピア，ジンバブエ，マラウイ，ザンビア，モザンビーク) での選抜試験を通じて自殖系統を確立したものである．これらの系統は LGB 被害を 36.4%，コクゾウムシ被害を 43.9% 減少させることから，今後の増産と普及が期待される (Tefera et al. 2011; Tefera et al. 2016)．

また，おそらく貯穀害虫防除でもっとも有効なのは，貯蔵設備の密閉性を高めることである．これまで，欧米の援助によりメタルサイロの導入が進められてきたが，その機能性や密閉性の低さ，高価であることから普及していない．そこで，近年，パデュー式改良貯蔵バッグ (purdue improved crop storage bag, PICS バッグ) の導入がとくに西アフリカで進められている．PICS バッグは，通常のメイズバッグ同様ポリプロピレンを編み込んだ外装で，高密度ポリエチレン製の二重の袋が内側に入った構造となっている．これにより酸素供給を遮断することで LGB やコクゾウムシ，コナナガシンクイムシなどの貯穀害虫を貯蔵期間中に 95〜100% 殺すことができる優れ物である (Baoua et al. 2014)．これは，現在主流となっているメイズバッグでの貯蔵と手法的に同様であり，簡単で低コストであることも強みである．構造が単純であることから現地生産も可能で，2018 年 3 月時点でアフリカとアジアの 29 の現地企業で生産され，これまでに 1400 万枚の PICS バッグが販売されている (PICS, online)．PICS バッグの普及はアフリカにおける貯穀害虫被害，さらには PHL 低減に大きく貢献する可能性を秘めている．

マラウイにおけるトウモロコシ生産性および貯蔵性向上の取り組み

筆者らの研究グループは，2009〜2012 年にかけてマラウイでの JICA 草の根協力事業において，トウモロコシ栽培における家畜糞尿などの未利用資源を有効活用する耕畜連携農法の構築と，小規模農家および農業改良普及員への普及活動を実施してきた．

現地で農作物の生産性に関する議論になると，必ずと言っていいほど「アフリカの赤い土は酸性で肥沃度が低いため生産性が低い」という声が聞かれる．しかし，実際

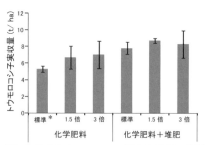

図8 化学肥料施肥量の増加に伴うトウモロコシの増収と堆肥の影響［Tani et al. (2012) より作成］。＊：標準はマラウイ政府推奨窒素施肥量。棒グラフ上の垂線は標準誤差。

に土壌診断を実施すると必ずしも酸性でも肥沃度が低いわけでもないことが明らかとなり (Tani et al. 2012)，チョロ県 (Thyolo District) ブンブウェ (Bumbwe) 地域の農村部に設置した20か所のデモンストレーション・ファームでの圃場試験では，いずれも世界平均収量を超え，なかには欧米レベルの収量を上げた農家もあった (Tani et al. 2012)。つまり，土壌肥沃度が低いとされるマラウイの農耕地においても，適正な肥培管理を実践することで高い収量を得，さらに家畜糞尿堆肥を施用することでさらなる増収が可能であることが示された (図8) (Tani et al. 2012)。

いっぽう，当プロジェクトを進めるなかで，トウモロコシの生産性が向上しても貯蔵技術が未発達であるため，貯蔵中に甚大な貯穀害虫被害が生じている問題が浮きぼりになった。

マラウイでは大きく分けて，ハイブリッド品種・自然受粉品種・在来品種のトウモロコシが栽培されている。在来品種は奴隷貿易時代にアフリカに持ち込まれた品種が代々受け継がれてきたもので，村や農家レベルで多様な系統が維持されている(図9A〜D)。ハイブリッド品種はマラウイ政府の補助制度とともに導入され，2006年には49%，現在では80%近くの農家が使用しており，在来品種は急激に駆逐されつつある。これはハイブリッドの高い収量性が要因であるが，在来品種のほうが味・風味・食感が良く，製粉ロスが少ないことから農家の支持は厚い。また，彼らは在来品種の貯蔵性の良さ (貯穀害虫耐性) も認識しており，足の早いハイブリッド品種から先に食し，在来品種は後半に残すという農家もいる。

マラウイ全土での在来品種のサンプリングを進めていくなかで，ルンピ県 (Rumphi District) のブエング (Bwengu) 地域にある小規模農家が共同で運営する種子銀行に出合ったことがある。彼らは在来品種の有用性を認識するとともに，自家採種ができないハイブリッド品種の浸潤に対する危機感から，独自に在来品種の系統を維持し，採種して地域の農家への配布を実施していた (図9E)。このように，ハイブリッド品種の普及により各地で消滅しつつある在来品種は，PHL低減に向けた貴重な遺伝資源である。筆者らは，こうした在来品種の，とくに収量と貯穀害虫耐性に関する科学的

図9 マラウイの在来トウモロコシ品種。(A)〜(B) 農村部でサンプリングした在来品種トウモロコシ。白・クリーム色・黄・紫・赤紫・斑入り・デント型・フリント型などさまざま。(C) 典型的な白色の在来品種。(D) 先祖代々伝わる自慢の在来品種と一緒に写真を撮ってほしいと依頼してきた脱穀中の女性 (チョロ県・マギー村)。(E) 農家が共同で運営する在来品種のシードバンク (ルンピ県・ブエング地域)。在来品種の採種と近隣農家への配布を行っている。

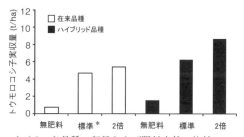

図10 在来品種とハイブリッド品種の収量および肥料応答の比較。＊：標準はマラウイ政府推奨窒素施肥量。

データを得ることを目的に，さらなる研究を展開した。

通常，マラウイ在来品種の収量は1 t/ha程度とされる。筆者らが2012年から2015年に実施した在来品種を用いた圃場試験では，ハイブリッド品種には劣るものの，適正な肥培管理をすることで4.7 t/haと世界平均レベルの収量をもたらす潜在力を有し (図10)，系統によっては7 t/haとハイブリッド品種なみの収量を上げるものも見られた (Aiuchi et al. 未発表)。いっぽう，圃場試験で収穫したトウモロコシ子実を用いた12週間の貯蔵試験では，ハイブリッド品種に比べ在来品種はLGB被害粒数を24.5〜40.0%抑制することが明らかとなった (図11A)。在来品種はハイブリッド品種よりも

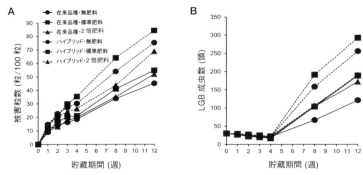

図 11 マラウイ在来品種とハイブリッド品種の貯蔵性の比較 (Murayama et al. 2017 より作成).(A) オオコナナガシンクイムシ (LGB) 放飼 12 週後までの被害穀粒数の推移.(B) LGB 放飼 12 週後までの LGB 成虫数の推移.

圃場収量が 40.2〜45.5% 低いものの,この LGB 被害を勘案すると,さらに長期にわたり貯蔵した場合,在来品種のほうが「正味収量」が高くなる可能性が示された (Murayama et al. 2017).この LGB 耐性に影響を与える要因の一つとして,穀粒の硬度が挙げられる.穀粒硬度は LGB の食害に対する物理的な障壁となることで,LGB へのエネルギー供給を制限する.また,トウモロコシ穀粒の成分分析より,穀粒中の非水溶性ゼインタンパク質含量の増加に伴い,穀粒硬度も増すことから,ゼインタンパク質と LGB 間の相互作用についても調査を進めている.穀粒の硬化は産卵のためにトンネルを形成する貯穀害虫にとってより多くのエネルギーを消費することとなり,卵形成とのトレードオフにより産卵数が減少し,LGB 成虫数の低下を引き起こしている可能性も考えられる (図 11B).

このように,在来品種はとくに貯穀害虫耐性の面から重要な遺伝資源であり,その保全と有効利用が重要であると考えられる.また,収量性の高いハイブリッドと混用することで,圃場収量と正味収量両方を担保できるのではないだろうか.

4. アフリカにおける貯穀害虫防除の展望

アフリカにおける貯穀害虫被害の多くは適切な貯蔵技術や資材の不足によるところが大きく,貯蔵インフラの整備と化学殺虫剤の使用により貯穀害虫の被害のかなりの部分は抑制可能である.筆者がマラウイで活動している間にも,都市部での経済発展は肌身で感じることができた.そのいっぽうで,農村部は依然として貧しいままである.将来,この経済発展の影響が農村部にも波及し,科学的根拠に基づく貯蔵技術や防除資材が行き渡ることを切に願っているし,今後もそうした普及活動を進めていきたい.

残念ながら,アフリカにおける食糧関連の研究の大半は収量の向上を目指した研究

が主体で，PHL 低減のための研究は少ない．今後は，「正味収量」の増加のために，収量増と PHL 低減に関する研究が両輪となって発展していくことで，栄養不足人口や貧困の減少に貢献することを期待している．

謝　辞

私をアフリカでの貯穀害虫防除研究へと誘っていただいた，帯広畜産大学の小疇浩教授および谷昌幸教授に深く感謝するとともに，研究活動に参画，協力してくれた学生やマラウイの仲間たちに心よりお礼を申し上げたい．

トピックガイド

食料サプライチェーンにおける PHL 全般に関する情報は，FAO のレポート (FAO 2011, Global Food Losses and Food Wast [http://www.fao.org/3/a-i2697e.pdf] (2019 年 1 月 30 日閲覧) や Sheahan と Barrett の総説 (Sheahan and Barrett 2017, Food Policy 70: 1-12) に詳しく紹介されている．また，アフリカの PHL に特化したデータベースである APHLIS [http://www.aphlis.net/] (2019 年 1 月 30 日閲覧) も，地域ごとや作物ごとの PHL 関連データを簡単に入手可能であることから有用である．

貯穀害虫全般については，*Pests of Stored Foodstuffs and their Control* (Hill 2002, Kluwer Academic Publishers) が世界中の貯穀害虫を網羅しており，そのほかにも貯蔵法や防除法など内容は多岐にわたることから，貯穀害虫に関して学ぶ入門書としてお薦めである．アフリカにおける貯穀害虫の被害や防除法に関しては Nukenie の総説 (Nukenie 2010, *Proceedings of the 10th International Working Conference on Stored Product Protection*, pp. 26-41 [https://ojs.openagrar.de/index.php/JKA/article/view/308/1164] (2019 年 1 月 30 日閲覧) に詳しくまとめられている．

貯穀害虫のなかでもとくにアフリカで脅威となる LGB に関しては，*Integrated Pest Management Review* の 7 巻 (2002, Springer) に特集が組まれ，LGB の分類や来歴，生態，被害，生物的防除，総合的害虫管理などに関する 9 報の総説が収録されている．

コラム 5　アフリカの昆虫寄生菌

昆虫は我々人間と同様，ウイルス病や細菌病，真菌病などさまざまな感染症にかかる．昆虫に真菌病を引き起こす昆虫寄生菌 (有性世代は冬虫夏草として知られる) は，表皮から侵入菌糸を伸ばして経皮感染し，血体腔内で増殖しながら宿主の水分や栄養を収奪することで宿主をミイラ化して殺す．この昆虫寄生菌は，農業害虫の生物防除資材として世界中で利用されている．昆虫寄生菌の最大のジーンバンクであるアメリカ農務省の ARSEF (Agricultural Research

写真　昆虫寄生菌 (*B. bassiana*) に感染したハマダラカ

Service Collection of Entomopathogenic Fungal Cultures) には，現在 1 万 3000 菌株以上の昆虫寄生菌が登録されているが，そのうち 304 菌株がアフリカ原産で，*Beauveria* 属や *Metarhizium* 属，*Isaria* 属，*Lecanicillium* 属，*Hirsutella* 属などが，エチオピアや南アフリカ，モロッコ，ベナン，トーゴを中心に 23 か国で分離されている。アフリカでは，とくに ICIPE のサンデー・エケシ (Sunday Ekesi) 博士と退官されたジアン・ナグヤ・マニアニア (Jean Nguya Maniania) 博士が精力的に昆虫寄生菌による微生物防除研究を実施しており，ミバエやアザミウマ，ハモグリバエ，コガネムシ，アブラムシ，マダニ，マメノメイガ，ナミハダニなど幅広い害虫をターゲットに研究を展開している。これらの研究成果を基盤に，昆虫寄生菌 *Metarhizium anisopliae* を有効成分としたアザミウマやミバエ，コナカイガラムシ防除用の"Campaign"や，ハダニ防除用の"Achive"，アブラムシ防除用の"Real Met62"などがナイロビの Real IPM 社との共同開発で製剤化され販売されている。

　筆者らは，日本国内の野生蚊成虫の昆虫寄生菌感染率を調査し，4.7% の個体が昆虫寄生菌に感染していることを明らかにした。そこで，マラリアの濃厚な侵淫地である西アフリカのブルキナファソにおいて，野生蚊の昆虫寄生菌感染率を把握すべく同様の調査を行った。しかし，サハラ砂漠の南に位置し，日中は 40℃を超え，湿度は 5% を下回るブルキナファソで，はたして真菌 (カビ) である昆虫寄生菌が昆虫体上で生存可能なのか疑問視される声も聞かれた。実際には，1652 頭の *Anopheles gambiae* 成虫から 94 菌株の昆虫寄生菌が分離され，感染率は低いものの，高温乾燥という過酷な環境条件下でも昆虫寄生菌は普遍的に野生蚊に寄生していることが明らかになった。分離されたのは，*Beauveria bassiana* と *Isaria farinosa*，*Lecanicillium araneicola*，*Simplicillium lanosoniveum* の 4 種で，これらのなかには高温・乾燥耐性の菌株が含まれているかもしれない。

(相内大吾)

14章
ヒトマラリア原虫を媒介するハマダラカの生態と蚊帳を使った対策

皆川　昇

1. アフリカのマラリアとハマダラカ

遠い国の病気？

　現代の多くの日本人にとってマラリアとは遠い国の話で，毎年，世界中で数十万人が犠牲者になっているのを知っている人は少ない。そして，その犠牲者の多くは，サブサハラアフリカの子供たちである。いっぽう，マラリアは，熱帯地方特有の病気ではなく，以前は，北海道を含め日本各地で蔓延しており，1960年代まで残っていた病気である (大鶴 1975)。今でも，朝鮮半島と中国大陸の一部に感染が残っており，決して遠い国の話ではない。

　マラリアとは，ハマダラカ属のカ *Anopheles* spp. によって (図1)，ヒトの体内に入り込んだ原虫 *Plasmodium* spp. が赤血球を壊しながら増殖することにより，ヒトに発熱と貧血を引き起こし，適切な治療を施さなければ死に至ることもある病気である。4種類の原虫が引き起こすヒトマラリアが知られており，そのなかでも熱帯熱マラリア原虫 *Plasmodium falciparum* による致死率は高く，治癒しても脳などに障害が残ることもあり恐れられている。アフリカで発生するマラリアのほとんどが熱帯熱マラリ

図1　血中のタンパク質を中腸で摂取したあと，残りを排泄しながら吸血を続けるアラビエンシスハマダラカ (提供：二見恭子氏)。

アである。ヒト以外にも，チンパンジーなどの類人猿やサル，鳥類や爬虫類にもマラリアがあるが，東南アジアによく見られるサルマラリア原虫である *P. knowlesi* は，最近ヒトにも感染が広がっており，5番目のヒトマラリアとも称されるようになっている (Kantele and Jokiranta 2011)。

　マラリア原虫を媒介するハマダラカ (媒介蚊) は，蛹から成虫になった時点では原虫をもっておらず，原虫をもっているヒトを吸血することでカの体内に取り込まれる。ハマダラカの寿命はヒトに比べるとはるかに短いことと，ヒト以外からも吸血するため，感染しているハマダラカの割合は高くともせいぜい数パーセントである。感染が季節的であったり，撲滅に近づいている地域では媒介蚊の感染率はさらに低くなる。つまり，100頭の媒介蚊がいても，原虫をもっているのは多くとも数頭なので，1頭に刺されても感染する確率は低い。しかし，免疫のない日本人が，1年間，毎日1頭に刺され続けるとマラリアになる確率は相当高くなる。マラリア感染が高い地域の住人は，1年間に数多くの媒介蚊に刺されるので，保因者となる割合は非常に高くなり，そのなかからマラリア患者が多く出る。たとえば，西ケニアのヴィクトリア湖岸の農村で，感度の高いPCR法を使って原虫をもっている子供の割合を調べると，6割を超えることも珍しくない (Minakawa et al. 2015)。

もっとも恐れられているハマダラカ

　アフリカ大陸で，もっとも有名で，恐れられてきた媒介蚊は，おそらくガンビエハマダラカ *Anopheles gambiae* であろう。ガンビエハマダラカは，ガンビエハマダラカ種群に属し，以前は，形態的に類似した同胞種も含めて，広義のガンビエハマダラカ *An. gambiae* sensu lato とされてきた。しかし，生態がそれぞれ異なり，感染に関与しない集団も見られたことから，交配実験や分子生物学的研究を経て，最近まで，6種が確認されていた (Gillies and De Meillon 1968)。その後，狭義のガンビエハマダラカ *An. gambiae* sensu stricto でも，染色体型および遺伝子型が異なる少なくとも2種に別れることがわかった。そのいっぽうが2013年に新種とみなされ，マラリア研究者としてよく知られたイタリア人のマリオ・クラッツィ (Mario Coluzzi : 1938-2012) 博士にちなんで，クラッツィハマダラカ *An. coluzzii* と命名された (Coetzee et al. 2013)。ガンビエハマダラカは，サハラ砂漠以南の大陸の東から西まで広く分布しているが，クラッツィハマダラカの分布は，ほぼ西アフリカに限定されている (della Torre et al. 2005; Masendu et al. 2004)。分布を見ると，ガンビエハマダラカのほうが乾燥した気候により適応しているようである。現在，クラッツィハマダラカと同時に新種として記載された *An. amharicus* を含めた8種がガンビエハマダラカ種群を構成している (Coetzee et al. 2013)。

　さらに最近では，ガンビエハマダラカとクラッツィハマダラカのなかでも生態および遺伝的に異なる複数の集団が確認されている。東アフリカと西アフリカのガンビエハマダラカには，遺伝的に顕著な差異があるとともに (Lehmann et al. 2003)，マリの

ニジェール川沿いに生息するガンビエハマダラカでも選択的な交配を行っている二つの異なった集団が見つかっている (Touré et al. 1998)。クラッツィハマダラカでも，マリとカメルーンの集団間の遺伝的差異がガンビエハマダラカとクラッツィハマダラカの違い以上にあることが明らかになっている (Lee et al. 2009)。いっぽう，集団間の交雑も飼育下では可能であることから，生息地域や生態，行動の違いによる生殖隔離の前段階であり，種分化の過程にあると考えられている (Diabaté et al. 2007)。分化を推し進めている要因として，人為的な環境変化 (たとえば，森林伐採や都市化) なども指摘されている (Kamdem et al. 2012)。このように，両種とも活発な種分化の過程にあるようで，種の進化を研究するうえで非常に面白い対象であることには間違いない。

　ガンビエハマダラカ種群のなかには，アラビエンシスハマダラカ An. arabiensis もアフリカにおける重要なヒトマラリア原虫の媒介蚊として知られている。アラビエンシスハマダラカは大陸内に広く分布し，多くの地域でガンビエハマダラカと重なるが，ガンビエハマダラカがいないエチオピアやソマリア，ナミビア，ボツワナなどの乾燥した地域にも分布が見られる (Wiebe et al. 2017)。我々が活動しているケニアでも，大地溝帯沿いの乾燥地帯では，アラビエンシスハマダラカの割合が高く，降水量が多い西ケニア高地では，ガンビエハマダラカの割合が高くなる (Minakawa et al. 2002)。アラビエンシスハマダラカの吸血嗜好性は，ガンビエハマダラカよりも家畜を好み，屋外での吸血傾向がより強い。両種の幼虫とも日当たりの良い一過性の水たまりで繁殖し，同じ場所に生息しているのがよく見られる (Minakawa et al. 1999)。道路脇の轍や畑の溝にたまった水，湿地にできた動物や人の足跡にたまった水にも繁殖する (図2)。雨季に入るとこのような繁殖地が至る所に現れるため，両種の個体数も一気に増加する。このような繁殖地では，魚などの天敵も少なく，水温も高いため成長には好都合であるが，雨がしばらく降らないとすぐ乾いてしまうため短期間で成長し

図2 ハマダラカの幼虫がいないかカバの足跡の水たまりを調べる二見恭子氏。

なければならない。条件が良ければ両種とも10日前後で成虫になる。

ガンビエハマダラカ種群ではほかにも，ミラスハマダラカ *An. melas* とメラスハマダラカ *An. merus* がマラリア原虫を媒介する。両種とも幼虫の繁殖地は海岸地域の汽水域に限られている。ミラスハマダラカは西アフリカの海岸地方，メラスハマダラカは東アフリカに分布しており，地域によっては，感染に重要な役割を果たしている (Gillies and De Meillon 1968)。同種群の残りの3種 (*An. amharicus, An. quadriannulatus, An. bwambae*) は，媒介能力がないと考えられている。

水草がある湿地に生息するフネスタスハマダラカ

アフリカのマラリア原虫の媒介蚊というとガンビエハマダラカ種群が注目されがちであるが，地域によっては，ガンビエハマダラカよりも重要な媒介蚊として，フネスタスハマダラカ *An. funestus* というのがいる (Coetzee and Fontenille 2004)。フネスタスハマダラカは，フネスタスハマダラカグループ *An. funestus* group の代表種で，ガンビエハマダラカと同様，ヒト吸血嗜好性と屋内吸血性の強いカである。西アフリカから東アフリカにかけて広く分布しているが (Gillies and De Meillon 1968)，フネスタスハマダラカの繁殖地は，ガンビエハマダラカと違い，湖や川に隣接した水草の生えた湿地に限定されている (Minakawa et al. 2012) (図3)。これらの湿地は，ガンビエハマダラカ種群の繁殖地に比べると，乾季でも存続する可能性は高いため，幼虫はじっくりと時間をかけて成長する。いっぽう，このような繁殖地には魚などの天敵も多いため，体は比較的小さく，水草に隠れるようにして生息していると考えられている。西ケニアにあるヴィクトリア湖の岸にはフネスタスハマダラカが好む湿地が多数見られ，近くの家屋では，1年を通してこのカが多く見られる。そのような地域では，ヒトの感染率が常に高い (皆川昇ら 未発表)。

図3 典型的なフネスタスハマダラカの繁殖地。

フネスタスハマダラカグループでは，ほかに，リブローラムハマダラカ *An. rivulorum* という種も媒介能力がある可能性が指摘されている。実際，原虫を保有している個体が採集されているが，調査された個体数が少ないため，原虫が体内で増殖しヒトに感染させる能力があるかを判断するにはより詳しい研究が必要である。リブローラムハマダラカはヴィクトリア湖岸沿いの家からもよく採集されており，吸血源を調べたところ，フネスタスハマダラカと比べると家畜が多く，フネスタスハマダラカやガンビエハマダラカに比べると比較的早い時間帯 (18:00〜20:00) に吸血が活発になることがわかっている (Kawada et al. 2012b)。幼虫の繁殖地は，フネスタスハマダラカと同様，湖岸の湿地であるが，場所によっては，フネスタスハマダラカよりも成虫が多く採集できる地域があることから，繁殖地の環境が違う可能性があり，より詳しい研究が必要である (Minakawa et al. 2012)。同グループ内の他の7種類は，媒介蚊と考えられていない。

川に生息するハマダラカ

その他の媒介蚊としては，モチェティハマダラカ *An. moucheti* とその近縁種バーボエツィハマダラカ *An. bervoetsi*，およびニリハマダラカ *An. nili* とその同胞種が，地域によっては重要な媒介蚊である。これらの媒介蚊は，よく知られておらず，近年になって少しずつ研究が進んでいるところである。

モチェティハマダラカの幼虫は，西および中央アフリカ赤道付近の森林地帯を流れる川の水生植物が生えている岸沿いに生息する (Ayala et al. 2009)。近辺に森が残っている辺境の村では重要な媒介蚊であるが，森林伐採が進むとガンビエハマダラカに入れ代わる (Antonio-Nkondjio et al. 2005)。この種は，屋内およびヒト吸血嗜好性が強いとの報告がある。近縁種のバーボエツィハマダラカは，モチェティハマダラカに比べると森林内のより小さな川に生息する (Antonio-Nkondjio et al. 2008)。

ニリハマダラカ種群に含まれる *An. somalicus* は，動物吸血嗜好性は強いが媒介能力はないと考えられているが，他の3種 (*An. nili* sensu stricto, カーネバレイハマダラカ *An. carnevalei*，オベンゲンシスハマダラカ *An. ovengensis*) はヒト嗜好性も強く，媒介能力を有している。そのなかでもニリハマダラカは，サハラ砂漠以南の東から西アフリカにかけて幅広く分布しているため重要な媒介蚊と考えられている (Gilles and Coetzee 1987)。とくに湿度の高い地域にある草原や，伐採などにより人の手が加えられた森 (疎林化した森) を流れている川の浮き草がある岸沿いによく生息している (Sylla et al. 2000)。

いっぽう，カーネバレイハマダラカとオベンゲンシスハマダラカは，より森林性で，分布地域も限られている (Ayala et al. 2009)。カーネバレイハマダラカは，これまでコートジボワール，カメルーン，赤道ギニアから報告があるだけである。家の中で採集されることは稀で，動物吸血性が強いとされているが，川沿いに住んでいる住民からも吸血する。とくに，住民が川で洗い物をしたり，体を洗うことが多い夕方にヒト

に対する吸血行動が活発になるという報告がある。オベンゲンシスハマダラカは，コンゴ盆地の森林地帯に広く生息しており，ヒト吸血嗜好性が強く，野外でも活発に吸血を行う (Awono-Ambene et al. 2004)。幼虫の生息地はしばしばモチェティハマダラカと重なるが，その生態は詳しく調べられていない。

2. 蚊帳によるマラリア対策

媒介蚊対策

　このように，アフリカ大陸にはヒトマラリア原虫を媒介する多くのハマダラカが生息しているが，同胞種や近縁種には媒介能力をもたない種も含まれるため，防除対策には対象とする媒介蚊の種類をしっかりと知っておく必要がある。媒介能力をもっていない種に対して，そうとは知らずに防除を実施すると，経費と時間の浪費に終わってしまう。また，媒介蚊の生態は上記のように多様であり，対策は一筋縄ではいかない。対象とする種類の生態を十分に理解しなければ，有効な対策は不可能である。

蚊　帳

　蚊帳は，少し前までは日本でも一般家庭でよく使われていたもっとも簡便で効果が見込める対策法である。媒介蚊は，夜，活発に吸血するため，この方法は理にかなっており，とくに，ヒト吸血嗜好性と屋内吸血性が強く，ヒトが寝静まった深夜に活動が活発になるガンビエハマダラカに対しては効果的である。蚊帳は，物理的にヒトと媒介蚊を引き離すとともに，防虫剤が繊維に含まれている蚊帳は，忌避や殺虫効果も期待できる。

　1990年代後半に西ケニアのヴィクトリア湖沿岸地域で，アメリカ疾病予防管理センター (Centers for Disease Control and Prevention, CDC) の主導により行われた蚊帳の大規模試験では，5歳未満の子供1000人につき，年8人を救えることを示した (Phillips-Howard et al. 2003)。この試験で使用した蚊帳は，半年に1回，ピレスロイド (除虫菊に含まれる殺虫成分で，脊椎動物への毒性は低いとされている) 系の防虫剤を染み込ませたものである。対象地域の面積500 km^2，人口12万5000人 (5歳未満の子供1万8000人) を対象にした本格的なフィールドでの無作為化比較対照試験である。アフリカ大陸の他の地域でも防虫剤含浸蚊帳の効果を検証するフィールド試験が行われており，効果は疑いのないものとなっている。

　いっぽう，蚊帳は，地域の住民の多くが適切に使用しないと大きな効果は見込めず，とくに定期的に防虫剤を染み込ませる作業を怠る住民がいるのが問題となっていた。そこで，事前に工場で蚊帳に防虫剤を含浸させ，長期にわたって効果を持続させる蚊帳 (長期残効性防虫蚊帳) が開発された。住友化学が開発したオリセット®ネットは，防虫剤を含浸させた特殊な繊維で蚊帳を作り，濃度勾配により防虫剤が繊維の表面に少しずつしみ出るというもので，少なくとも5年間効果が持続する蚊帳である。

まさに日本人の物作り精神が宿っている巧みな蚊帳である。

2000年代中頃から，オリセット®ネットのような長期残効性防虫蚊帳が，世界エイズ・結核・マラリア対策基金 (Global Fund to AIDS, Tuberculosis and Malaria, GFATM) の援助をもとにアフリカ中に普及し始め成果を上げている。ケニアでも，2006年から本格的に配布を開始し，我々が調査地としている西ケニアのムビタ (Mbita) 近郊の村にも妊婦と乳幼児を対象に無償で配布された。配布された時期に，媒介蚊の室内実験をするために，生きたハマダラカを現地の家屋から吸虫管を使って捕獲したが，実験室に運んでしばらくすると死んでしまい，実験ができなかったのを覚えている。当時，理由はわからなかったが，今思うと蚊帳の影響で弱っていたのかと思う。

その後，妊婦と乳幼児以外の人にも普及させるために何度か大規模な配布が行われ，普及度が高まったが，それに呼応するように媒介蚊にも変化が現れてきた。長期残効性防虫蚊帳は，屋内で吸血する媒介蚊を選択的に排除するために，屋内吸血性が強いガンビエハマダラカが激減し，屋外吸血性のアラビエンシスハマダラカの割合が相対的に高くなってきたのである (Futami et al. 2014)。1997～1998年には，調査地内の家屋で採集した媒介蚊の9割近くがガンビエハマダラカであったが，2008年には1割ぐらいにまでに減少した。アラビエンシスハマダラカの個体数も以前より減ってはいるが，野外吸血性の媒介蚊への蚊帳の効果は限られており，結果として，屋内で吸血される割合よりも，屋外で吸血される割合が高くなっている可能性が示唆される。また，蚊帳のために吸血できない媒介蚊が，人が蚊帳から出てくる早朝を待って吸血を行うなど，吸血行動に変化が起きているという報告もある (Moiroux et al. 2012)。いっぽう，ヴィクトリア湖の島では，媒介蚊全体の数は減ったとしても，ガンビエハマダラカの割合は依然として高い。その要因は，島の気候が同種の生息に適していることと，家畜が少ないために，動物吸血嗜好性が高いアラビエンシスハマダラカが生息しにくいことが考えられる。

もう一つの重要な媒介蚊の変化は，防虫剤に対する抵抗性である。ガンビエハマダラカは，ピレスロイド系防虫剤の作用点である電位依存性ナトリウムチャンネルのドメインIIにおける点突然変異 (L1014S) に伴うピレスロイド系抵抗性遺伝子 (knock-down resistance gene) を獲得し，蚊帳が普及した2006年以降その保有頻度は増加している (Kawada et al. 2011b)。また，アラビエンシスハマダラカとフネスタスハマダラカにおいては，シトクロムP450という酸化還元酵素による殺虫成分の解毒活性の増大による抵抗性 (代謝抵抗性) が顕著になってきている (Kawada et al. 2011a)。とくに，アラビエンシスハマダラカとフネスタスハマダラカが主要な媒介蚊となっているこの地域では，代謝抵抗性への対策が急務である。

カの抵抗性に抵抗する蚊帳

ピペロニルブトキシド (piperonyl butoxide, PBO) は，シトクロムP450の阻害剤と

して機能する。よって，ピレスロイド系の防虫剤とともに蚊帳に添加することで代謝抵抗性をもった媒介蚊に対して効果が期待できる。住友化学では，従来のオリセット®ネットにこの共力剤を添加したオリセット®プラスという製品を開発しており，抵抗性をもったハマダラカを使った室内実験と実験用小屋を使った野外実験では，ハマダラカを減らすうえで良好な結果が得られていた (Pennetier et al. 2013)。しかし，実際に人への感染を減らせるかを明らかにするには，感染地帯で評価する以外手段はなく，我々は，住友化学からこの蚊帳を提供していただき，ムビタ郊外のヴィクトリア湖に面した農村地帯で効果試験を行った。

対象地域の面積は約 46 km^2，人口は約 1 万 3000 人で，地域を 12 の地区に分け，それらから，共力剤を添加したオリセット®プラスを配布した 4 地区と従来型のオリセット®ネットを配布した 4 地区を対照として無作為に選び，10 歳未満の子供の感染率を比較した (皆川ら 未発表)。PCR 法によって検査した配布前の熱帯熱マラリア原虫の感染率は，いずれの地区とも約 60％であったが，配布 6 か月後の感染率は，大雨季の直後にもかかわらず，オリセット®プラスを配布した地区で約 30％，従来型の蚊帳を配布した地区でも約 45％に減少した。両地区の感染率の違いは 5％水準で統計的に有意であり，オリセット®プラスが従来の蚊帳よりも効果があることが実証された。室内で採集した媒介蚊の数もオリセット®プラスを配布している地区でより減少しており，ライトトラップによって捕獲した屋外の媒介蚊も減少していることから，家屋内だけでなく地域全体で媒介蚊を減少させる効果があったと推測される。

蚊帳の適切な使用

蚊帳が子供のマラリア原虫による感染を減らすうえで効果的であるということは認められたが，限界もあることが明らかになってきている。その一例として，2 人につき 1 枚を配るという世界保健機関 (World Health Organization, WHO) が推奨する基準が現地の状況にそぐわないということがある。家族の人数が奇数，たとえば，3 人家族には 2 枚の蚊帳が配られるべきであるが，1 枚しか配られていない場合もある。また，家族全員が同じ小屋で寝るとは限らず，別々の小屋で寝る家族もいるため，その場合は，少なくとも小屋の数だけ蚊帳が必要になる。さらに，子供たちが成長するにつれて，親と離れて寝るようになるとともに，男女が同じ蚊帳で寝ることもなくなり，蚊帳が不足することになる。

加えて，十分な数の蚊帳が配布されたとしても，適切に蚊帳を使っていない子供も多くいる。成長とともに親のベッドから離れた子供は，たいてい居間などの床で寝るようになり，床で寝ている子供の蚊帳の使用率はベッドで寝ている子供よりも低くなる (Iwashita et al. 2010)。その結果，感染するリスクは上昇する (Minakawa et al. 2015)。居間は食事をする場所になるとともに，客を迎えたりするなど昼間の活動空間の中心になるために，夜寝る前に蚊帳を吊って，朝外すという作業を毎日続けなけ

ればならない。いっぽう，寝室のベッドでは，蚊帳の紐を毎日外さなくても良い。この違いが，蚊帳の使用率を下げている可能性がある。

　床で寝る子供は，蚊帳を適切に吊るすことができない可能性もある (図4)。蚊帳は，紐を4点で固定し，裾はマットレスの下に挟み込み，媒介蚊が侵入できないようにするのが基本である。しかし，床からだと天井までの距離が長くなり，居間はソファーなどの家具もあるため適切な場所に結ぶのが難しくなる。よって，1点のみで吊るしている場合もよく見かける (図5)。その場合，蚊帳の裾が十分に広がらず，体が蚊帳に触れることで媒介蚊に吸血される確率も高くなると思われる。マットレスなしで寝ている子供もおり，その場合も蚊帳の裾が広がらず，固定することもできな

図4　蚊帳が吊るせないために床に敷いて寝ている子供たち。

図5　1点で吊るしているため広がらない蚊帳。

図6　体の一部を蚊帳からはみ出して寝ている子供。

表1 5歳以下の子供が蚊帳を使用した場合としない場合，そして，1人で蚊帳を使用した場合と他の者と共有した場合のPCR法をもとにした熱帯熱マラリア原虫の感染率．括弧内はパーセンテージ．Tamari et al. (2018) をもとに作成．

	蚊帳未使用	蚊帳使用	1人	2人	3人	4人以上	合計
非感染者	33 (33.0)	232 (50.7)	19 (57.6)	66 (53.2)	112 (49.8)	35 (46.1)	265 (47.5)
感染者	67 (67.0)	226 (49.3)	14 (42.4)	58 (46.8)	113 (50.2)	41 (53.9)	293 (52.5)
合計	100 (17.9)	458 (82.1)	33 (5.9)	124 (22.2)	225 (40.3)	76 (13.6)	558

い．さらに，床だと寝相が悪い子供の体の一部が蚊帳の外に出やすくなるとともに，体全体が転がり出る可能性がある (図6)．

そもそも，2人1枚の蚊帳で本当にマラリア原虫の感染を防げるのか．それ以上の人数で使用したら感染リスクは高くならないのか．文献を探してみても1枚で2人まで守ることができるという根拠は見当たらなかった．おそらく，妊婦か，乳幼児をかかえている母親を優先して蚊帳を配布していることと，一般的な蚊帳の大きさによって，この目安が決まったのではないかと推測する．

そこで，ムビタ周辺の村で，同じ蚊帳を共有している子供たちの人数と，それらの子供の感染率を調べてみた (Tamari et al. 2018)．結果は，対象とした558人の5歳以下の子供のうち，蚊帳を使っていない子供の割合は17.9%，2人以下で同じ蚊帳で寝ている子供の割合は30%以下で，50%を超える子供が3人以上で蚊帳を共有していた (表1)．蚊帳を使っていない子供の感染率は67.0%であったが，1人で使用している場合は42.4% (未使用者と比較した調整オッズ比 = 0.29)，2人で共用している場合でも46.8% (未使用者と比較した調整オッズ比 = 0.47) まで下がっていることがわかり，蚊帳を使用していない子供との違いは5%水準で統計的に有意であった．いっぽう，同じ蚊帳に3人で寝ている子供の感染率は50.2%，4人以上で寝ている子供は53.9%であり，蚊帳を使用していない子供との違いは5%水準で統計的に有意でなかった．

これらのことから，2人以下で1枚の蚊帳を使用すれば感染リスクが下がり，蚊帳1枚当たりの人数が増えるとリスクも高くなることが明らかになった．人数が増えると蚊帳に体が触れたり，はみ出る頻度が増すことに加え，出入りのときに蚊帳の裾の上げ下げが多くなるので，蚊帳の中に媒介蚊が入ってくる確率も高くなるのかもしれない．いっぽう，両親と寝ている幼児は，必然的に3人で蚊帳を共有していることになるが，幼児を間に寝かせれば蚊帳に触れることもなく，感染リスクを下げることになるのだと思う．

天井に張った蚊帳

では，蚊帳を使っていない子供，床で寝ている子供，蚊帳を3人以上で共有している子供たちを守るにはどうしたら良いのだろうか．感染リスクをゼロにすることは不

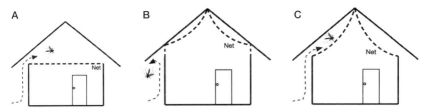

図7 天井式蚊帳。ネットを軒下の隙間の下から床と平行に張ったデザイン (A) と，隙間を塞ぐとともに，隙間の上部で一度とめてから屋根の頂点で固定するデザイン (B)，および，隙間の下部でとめてから屋根の頂点に展開するデザイン (C)。

可能であろうが，天井に蚊帳を張るという方法がある (Kawada et al. 2012a)。アフリカの多くの家では，屋根と壁の間に隙間が空いており，家の中の人を感知して地面近くを飛んできた媒介蚊は壁伝いに上昇し，屋根の庇に遮られて，軒下の隙間から家の中に入ると考えられている。家の構造がちょうどカをトラップするようになっている。ちなみに，イギリスの研究グループが，ガンビアで軒下の隙間を塞いだ実験を行ったところ，室内の媒介蚊の数は減少したが，イエカの数は減少しなかった (Lindsay et al. 2003)。我々がマラウイで屋根と壁の隙間をオリセット®ネットで塞いでみた実験でも同様な結果が得られている (皆川昇ら 未発表)。これらの結果は，ハマダラカがおもに軒下の隙間から家に侵入し，イエカはドアや窓から侵入する傾向があることを示している。さらに，ガンビアでの実験では，軒下の隙間の下から部屋を覆うようにネットを張ることにより，ネットと屋根の間の空間に媒介蚊をトラップするような構造 (図7A) にして実験を行ったところ，家の中に入ってくるカの数を80%近く減らすことに成功している。

しかし，屋根の隙間の下からネットを室内に水平に張ると住民にとって圧迫感があることと，西ケニアの主要な住民で平均身長が高いルオーの人たちのなかには頭がネットに触れてしまう人もいるため，我々は，防虫剤含浸のネットで隙間を塞ぐとともに，隙間の上で一度ネットをとめてから，天井に沿って展開し，ネットの中央を天井の頂点に紐で固定するような構造の蚊帳をデザインした (図7Bと図8)。この天井式蚊帳では，ハマダラカを屋根とネットの間にトラップすることはできないが，媒介蚊の侵入を防虫剤含浸のネットで物理的に遮るとともに，ネットに触れた媒介蚊を殺すことができる。さらに，窓やドアから侵入したカも天井のネットに触れさせることができる。これまでも，多くの媒介蚊が天井で休んでいるのを観察しており，効果が期待できると考えた。実際に，野外の実験用小屋で試験を行ったところ，設置した翌日から屋内のカの数が激減し，試験を終了した9か月後も効果が持続していた (Kawada et al. 2012a)。

さらに，ヒトへの感染のリスクを実際に減らすことができるかどうかを明らかにするため，ムビタ郊外の農村地帯で実験を行った (皆川昇ら 未発表)。前述のオリセッ

図8　屋根と壁の隙間を塞ぐとともに天井に蚊帳を張る。

ト®プラスの試験を行った地域で，残りの4地区内にある家屋にオリセット®ネットの材料で作られた天井式蚊帳を設置するとともに，通常のオリセット®ネットを1枚につき2人という基準で配布した。そして，前述のオリセット®プラスの試験でオリセット®ネットのみを配布した地区を対照区とした。天井式蚊帳設置前は，試験地区の10歳未満の子供の感染率は70%近くあり，対照区の感染率は約60%であった。設置6か月後には，天井式蚊帳を設置した地区の子供の感染率は約27%に減少した。オリセット®ネットのみを配布した地区の感染率は約45%であり，設置後の両地区の感染率の違いは5%水準で統計的に有意であった。屋内で採集されたハマダラカの数も対照区と比べて90%以上減少していた。

この実験とは別に，同じ西ケニアにあるシアヤ郡 (Siaya County) にある村において，郡とJICA青年海外協力隊によるプロジェクトの一環として，天井式蚊帳の比較試験を家屋ごとに無作為化して行った (山口真理子ら　未発表)。2か月後に17歳未満を対象にしたPCR法による検査結果では，天井式蚊帳を設置した家屋で寝ていた子供の感染率は5%水準で有意に低くなり，貧血の程度を表すヘモグロビン量は有意に高くなった。このように，フィールド実験から天井式蚊帳の優位性が示された。

3. 今後の課題と展望

今後の課題

蚊帳を使った対策は，非常に効果があり，マラリアの犠牲者を減らすために重要な役割を果たしていることに疑いの余地はない。今後もマラリア対策の中心から外されることはないだろう。いっぽう，蚊帳は，屋内の媒介蚊を対象としているために，屋外での吸血を防ぐことには限界がある。このことは，もう一つの重要な対策である屋内残留性の殺虫剤散布にも当てはまる。アラビエンシスハマダラカを含め，野外での

14 章　ヒトマラリア原虫を媒介するハマダラカの生態と蚊帳を使った対策　　217

吸血傾向が強い媒介蚊が複数種存在することは前述したとおりだが，屋内吸血性が強い媒介蚊も蚊帳が普及することにより吸血行動が屋外に移る可能性もある．今後，屋外吸血をどのように減らすかがマラリア対策上大きな課題となってきている．

未来への期待

　20年前にムビタで媒介蚊の研究を始めたときは，20年後も状況は同じではないかと思うこともあった．それほど，当時の状況は深刻であった．国際昆虫生理生態学センター (International Centre for Insect Physiology and Ecology, ICIPE) のムビタ・ポイント試験地 (現トーマス・オディアンボ・キャンパス) で生活しているときは，朝起きた部屋で吸血した媒介蚊を見つけたときは，発病しないかしばらく不安になった．日が暮れると研究室でも媒介蚊が飛び交い始めるためすぐにアパートに戻った．帰る途中に，誰かに呼び止められ，立ち話をしていると媒介蚊に刺されることも頻繁にあった．村で媒介蚊の採集をすると，1軒の家から数百頭捕れることも珍しくなく，採集したカの整理で毎日たいへんであった．道路脇のほぼすべての水たまりに媒介蚊のボウフラがいた．学校でマラリア検査をすると，ほとんどの子供が感染していた．調査中に，マラリアにかかってぐったりした子供を何人も診療所へ運んだ．

　それから20年後の最近では，キャンパス内で媒介蚊の成虫を見たことがない．もちろん，周りの村にはいまだに多くの媒介蚊がいるのであるが，その数は20年前と比べると激減している．正直，蚊帳がここまで効果があるとは驚きである．子供の感染率も減少し，とくに重度の患者は少なくなった．しかし，赤血球の感染率が低いため顕微鏡下では検知されない原虫保有者はまだ多くいる．これから10年，20年後にまた大きな驚きがあることを期待して，マウスを置く．

トピックガイド

　住友化学が開発したオリセット®ネットに関連した本としては『人生の折り返し地点で，僕は少しだけ世界を変えたいと思った．－第2の人生　マラリアに挑む』(水野 2016, 英治出版) と，『日本人ビジネスマン，アフリカで蚊帳を売る：なぜ，日本企業の防虫蚊帳がケニアでトップシェアをとれたのか？』(浅枝 2015, 東洋経済新報社) が参考になり，読み物としても楽しめる．また，蚊に関した最近の本としては『なぜ蚊は人を襲うのか』(嘉糠 2016, 岩波書店) が現役研究者により書かれており，マラリア全般に関してある程度詳しく知りたい方には，なかなか読み応えのある『人類五〇万年の闘い　マラリア全史 (ヒストリカル・スタディーズ)』(ソニアシャー著，夏野訳 2015, 太田出版) がお薦めである．

コラム6　蚊帳の経済学

　マラリアの予防を目的として，防虫剤で処理した蚊帳が普及し始めると，本来とは違った目的で蚊帳を使う住民が出てきた。まず，目につき始めたのは，蚊帳で小魚を捕り，捕った小魚を干している光景である (写真1)。パピルスで作ったゴザで干すのが伝統的なやり方であるが，蚊帳で干すと魚が丸くならず，直っすぐに乾くので商品価値が落ちないようである。実態を調査し，論文にして発表したところ，新聞で取り上げられ，警察が取り締まりを始める事態になり大騒ぎになった (Minakawa et al. 2008)。
　ほとぼりが冷めたあと，次に目につき始めたのは，野菜を虫や鳥に食べられ

写真1　湖で捕った小魚を干すために使われている蚊帳。

写真2　野菜を虫や鳥から守るために使われている蚊帳。古い蚊帳を再利用するのではなく，新しいのもよく使われる。

ないように蚊帳で覆う光景である (写真2)。ある国の農業大臣は，とてもいい考えだと口を滑らして，あとで謝罪するはめになった。また，ある国では，ウエディングドレスに使うのが流行り，その国の大統領夫人は，どうかそれだけには使わないでほしいと国民に訴えたこともある。ほかに，野外に作った風呂の囲い，穀物倉の覆い，シロアリを捕まえる道具，テーブルクロス，湖で体を洗っている女性たちのバスロブ，ロープなど，用途はさまざまである。

では，どうして，本来の目的と違った用途で蚊帳を使うのであろうか。答えは，いたってシンプルで，蚊帳は無料でもらえるからである。そして，うまくいけば，健康と収入の両方を手に入れることができる。たとえば，村の多くの住人が蚊帳を使うことで地域の媒介蚊と感染が減り，それに気がついた人が蚊帳を漁業や農業に使い始め，収入を増やし健康も手に入れることができる。つまり，他の住人が蚊帳を使っている限り，蚊帳を使わなくても地域効果でその人の健康が守られるのである。蚊帳を使わない人が増えたら，この方程式は成り立たなくなる。これは，数学的に証明されている (Honjo et al. 2013)。

(皆川　昇)

15章
ネッタイシマカの生態と進化

二見恭子

1. イエローフィーバーモスキート

　赤い大地に翻（ひるがえ）る鮮やかな衣装，マサイの追うウシの群れは広大なサバンナに草を食み，ゾウはバオバブの下をゆっくりと歩む．色とりどりのチョウ，ローズピンクのバッタ．メタリックなハチが低い羽音で周回し，足元には糞を取り合い必死に転がすフンコロガシ．アフリカ大陸の魅力を語ることはいまさら言うまでもなく，機会があれば，皆，訪れてみたいのではないだろうか．しかし，アフリカを調査地としている日本人研究者は多くない．距離や資金だけでなく，アフリカを訪れにくい原因の一つに，感染症がある．

　日本にはないさまざまな感染症がアフリカにはあり，足を踏み入れるには多種の予防接種が必要となる．なかでも黄熱病は比較的聞き覚えのある感染症だろう．黄熱病はアフリカ原産のウイルス感染症で，野口英世が精力的に研究し，そしてついにはその命を奪ったことでも我々には馴染みが深い．近年はアフリカだけでなく中南米でも流行しており，2018年現在，ブラジルでの流行が収まらない．この感染症は，その名もそのまま「イエローフィーバーモスキート」という英名のカによって媒介される，蚊

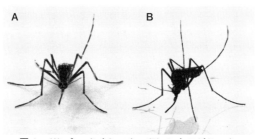

図1 (A) ネッタイシマカ．(B) ヒトスジシマカ．

媒介性感染症である。yellow fever mosquitoes, つまりはネッタイシマカ *Aedes aegypti* だ。黒い鱗片に覆われた体に白い鱗片でくっきりと縞が入り, 顕微鏡下で見る腹部の鱗片は時に青緑に輝く。胸部背板のカーブを描いた白い模様は, まるで西欧の竪琴のようだ (図 1)。あくまでもシックで美しいカであるが, 世界中の熱帯・亜熱帯で猛威をふるう, さまざまなウイルス感染症を媒介する恐ろしい生物でもある。2014 年に日本国内でも流行したデング熱や, 2016 年のリオデジャネイロオリンピック直前に当のブラジルで流行したジカウイルス感染症 (ジカ熱ともいう) も, 世界的に見ればネッタイシマカが媒介している。

アフリカ最大の蚊媒介感染症と言えばマラリアであるが, それを媒介するハマダラカについては前章にお任せして, 本章ではウイルス感染症を媒介するネッタイシマカを対象とする。本種をめぐる話題を, とくにアフリカの集団に焦点を当てながら紹介したい。

2. タイヤをめぐる冒険―ケニアでの調査

ネッタイシマカを効率的に採集するには, 水のたまった容器などの発生源から幼虫や蛹を採取する方法をとる。たとえば, 野外に放置されて水がたまった古タイヤは典型的な発生源であり, 世界中で見つけられることから, 比較調査をするのに好都合である (Higa et al. 2010)。

私もケニア国内で, 古タイヤからネッタイシマカ幼虫を採集していた。2008 年から 2010 年に, 私と現地雇用の運転手と調査助手の 3 人で長崎大学ケニア拠点 (本書 18 章参照) のランドクルーザーを借り, 2〜3 週間程度の調査旅行を繰り返していた。車で走りながら道沿いにタイヤを探し, 見つけたら水がたまっているか確認して, 幼虫を採集する (図 2)。場合によっては住民にタイヤを自宅に保管していないか聞き, あれば幼虫を採集させてもらう。ケニアにはパンク修理をする店や中古タイヤショップが多く, 外にタイヤを置いて看板代わりにしている店も多い。ほかにも, 住民が集まる広場で椅子の代わりになっていたり, 植物を植えるための囲いになっていたりと, 用途は広い。さらに大規模なのは, 古タイヤからサンダルやゴムバンドを作製する再生工場である。そこには数百のタイヤが集められ, 野外に放置されている (図 2)。昼間は職人たちが延々とゴムを切り取り, 商品を作っていく。早速, 採集させてもらったが, ほとんどのタイヤに水がたまり, 大量の幼虫が湧いて, さながらネッタイシマカの楽園であった。

調査中は同じサイトに時期をずらして 4 回訪問した。タイヤにたまった水を茶こしですくい幼虫を採集していると, 周辺の住民が興味深そうにのぞきにきては, カの幼虫が採れることに驚く。マラリアやフィラリアの媒介蚊であるハマダラカやイエカが, 水たまりや湖, 湿地, 川などから発生することはよく知られているが, 古タイヤの中にカの幼虫がいることが信じられないようであった。私たちは幼虫を採集容器に集めな

がら，デング熱や黄熱を媒介するネッタイシマカの説明をする。住民たちは感染症に関しての情報にとにかく貪欲である。ある店の経営者は，初年度に私たちがカの説明をし，多くの幼虫が発生していることを見せたことから，それ以来すべてのタイヤの水を抜くようにしている，と嬉しそうに語っていた。私たちは感染症に関わる研究をしている以上，いかにその感染症を減らすかを常に考えなくてはならない。大規模な殺虫

図2 ケニアでのタイヤ調査風景。(A) 2年間をともにした採集道具。(B) 野外に積まれたタイヤから幼虫を採集する調査助手と筆者。(C) 中古タイヤ加工工場はネッタイシマカの楽園。(D) 古タイヤからゴムバンドを切り出している。(E) 時には銃を持った警官に護衛をしてもらいながらの調査。(F) 1泊500円ほどのホテルで幼虫を種別に選り分けているところ。

剤の散布や蚊帳，ワクチンの配布をすることで一定の減少が見込まれるが，最終的には住民の行動の変化と知識の向上が必要になる。その一環として役に立てたのかもしれないと思えば，非常に誇らしかった (結果的に，その採集地点は人為的に水が捨てられてしまったので，季節変化を見る継続調査ができなくなったのだが)。最後の調査時には，そのサイトでどのような力が採れたかの記録と，重要な感染症媒介蚊を紹介したリーフレットを作って配布した。熱心にリーフレットを読んでくれる経営者たちを見て，調査をするだけでも感染症防除に貢献することができるのだと，改めて実感した。

こうして時間をかけて採集していくため，止まらずに走れば2時間くらいの距離を1日かけて採集した。ホテルに入ったあとは，ひたすら採集した幼虫を整理し，移動中に羽化した成虫を昆虫針に刺す。採集容器は翌日も使うため，その晩のうちにすべてのカを液浸標本または針刺し標本にして容器を洗わなければならない。夕方18時くらいから始めて夜中の1時まで続いたこともあり，とにかく体力勝負であった。

箱入り娘であった私は案外体が弱く，1回の調査旅行で一度は熱を出していた。1日休んでホテルで唸っているのだが，あまりに頻繁に熱を出したため，熱の出し方で，ただの疲れからきているのか，それとも何かに感染したのかがわかるようになったほどだ。あるとき，夜中にいきなり39度まで熱が上がった。翌朝，調査を中止して急遽，調査拠点のあるナイロビに帰還することにした。拠点に連絡すると，電話を取った寄生虫学の教授は，「マラリアかな？ ちょうどよかった。マラリア原虫のスライドほしかったんだよ〜。採血準備しておくね！」とウキウキした声で言った。拠点に到着すると，細菌学の教授に，「はい，このでっかい綿棒をお尻に入れてグリグリして戻してね〜。抗生物質はそのあとね〜」と，サンプルの提供を求められた。何より先にサンプル，乙女の恥よりサンプルである。そんなわけでケニア拠点にはだいぶサンプルを提供し，いや，検査をしていただいた。しまいには，あらかじめでっかい綿棒と抗生物質を持たされて調査に出かけることになった。ちなみに，このときの発熱はマラリアではなく，大腸菌に感染したためであった。

3. ネッタイシマカの基礎知識

この節ではネッタイシマカの形態とその特徴的な生態について記述する。少し羅列的になるのだが，後々，必要となる知識であるため少し我慢していただきたい。

形態変異と亜種

ネッタイシマカはカ科 Culicidae ヤブカ属 Aedes シマカ亜属 Stegomyia の昆虫で，日本では身近なヒトスジシマカ Aedes (Stegomyia) albopictus と同じ亜属のカだとわかれば，成虫の形態のイメージは湧きやすいだろう。白黒の鱗片で脚や腹部に縞をもつことはヒトスジシマカと同様だが，ネッタイシマカでは，冒頭で述べたように胸部背板に竪琴の枠のような湾曲した白い模様がある (図1)。腹部は8節あり，第2〜7の

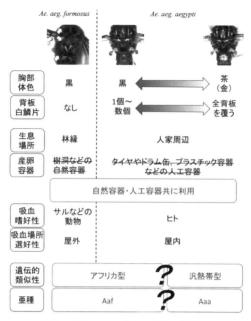

図 3 *Aedes aegypti* の 2 亜種の特徴。

各背板の基部には白色鱗片による横縞をもつ。

さて本種は，胸部の鱗片の色や腹部に白色鱗片をもつかどうかによって，形態的に2亜種に分かれるとされている．腹部第1背板に白色鱗片が一つでも付いていれば *Aedes aegypti aegypti* (または *Ae. aegypti* s.s., the type form などとも表記される．以下 Aaa とする)，一つも付いていなければ *Ae. aeg. formosus* (以下 Aaf とする) とされている (Mattingly 1957) (図3)．胸部体色にも変異があり，Aaa は地の色や鱗片の色がより明るく茶色いが，Aaf は黒い (Mattingly 1957) (図3)．Aaa のみに見られる腹部第1背板の白色鱗片量は個体によって変異が大きく，1, 2個しか付いていない個体もあれば背板全体に付いている個体もあり，なかには第2背板以降もびっしりと白色鱗片に覆われているものもある．

ネッタイシマカは世界の熱帯・亜熱帯に広く分布しているのだが，Aaf はサブサハラアフリカ (Sub-Saharan Africa，以下サブサハラ) のみに分布し，Aaa はサブサハラ以外の地域にも分布している．Aaa の腹部第1背板の白色鱗片量には地理的な集団間変異が認められ，サブサハラの Aaa は白色鱗片を少ししかもたない個体が多い．いっぽう，東南アジアや中南米の集団は，サブサハラの Aaa よりも白色鱗片を多くもつ個体が多く，なかには体全体が白く見えるものもいる (McClelland 1974; 津田 2002)．

しかし，ケニアやタンザニアの海岸地方では，腹部に白色鱗片を多くもち，体色が明るく見える集団がいることが知られており (Mattingly 1957; McClelland 1974)，さらに近年，モザンビーク北部でもそのような集団が発見された (Higa et al. 2015)。またアジアでは，地理的変異以外にも，白色鱗片量が季節的に変動することも報告されている (津田 2002)。

小さな水たまりの利用と乾燥に耐える卵

次は，ネッタイシマカの生活史と基本的な生態を見てみよう。カの幼虫はいわゆるボウフラであり，バケツなどにたまった水にうじゃうじゃと発生しているのを見たことがあるだろう。水面に呼吸管の先を出し，頭を下にしてぶら下がった状態で呼吸しながら，発生容器の内壁や底面の栄養分をかじり取るように食べている (図4)。4齢の幼虫期を経て蛹になり，水面で器用に脱皮して成虫へと羽化する。

成虫は花の蜜などを吸って栄養をとり，交尾すると，メスのみが吸血に向かう。卵の成長に養分が必要だからだ。ヒトだけでなくトリやサルなどの動物も吸血源となるため，実験室ではマウスやウサギを吸血源として利用することもある。吸血後は物陰

図4 ネッタイシマカの生活史。(A) ろ紙に産み付けられた卵。(B) 4齢幼虫。(C) 羽化直前の蛹は黒く，蛹化したばかりの蛹は薄い茶色。(D) メス成虫の吸血。

で休息しながら卵を成長させ，2, 3 日経って卵が十分に成熟すると，メスは産卵場所を探しに行く．ネッタイシマカの行動範囲は狭く，羽化したところからせいぜい 100～200 m 程度であるため，羽化場所の周辺で吸血し，そこで産卵することになる．

ネッタイシマカの産卵場所は容器などにできる小さな水たまりであり，このような

図5 ネッタイシマカ幼虫の繁殖場所．(A) 民家横に樹洞（うろ）をもつ樹を見つけた．(B) Aの樹洞．(C) 大型の貯水タンク．(D) 岩にできた水たまり．(E) ヤシの樹を伝う水を集めるためのポリタンク．(F) 屋外に設置されたドラム缶．(G) 軒下に置かれた水瓶．(H) ニワトリの水場．

場所に産卵する力をコンテナ (容器) モスキート(container mosquito) と呼ぶこともある (図5)。たとえば代表的な産卵場所は，植木鉢の水受けや放置されたタイヤ，捨てられたペットボトルやビニールなどにたまった雨水，そしてせき止められた雨樋にたまった水などである。さらに雨水升や水盆など，水をためることが前提の設備も産卵場所として利用する (図5)。また，樹のうろや岩のくぼみなど自然にできた水たまりも重要な産卵場所だ。

じつは，先に挙げた2亜種の間で，産卵容器に対する好みに差があると言われている (図3)。ネッタイシマカの起源はアフリカ大陸とされていて，祖先的なAafからAaaが派生したと考えられている。Aafはより林縁の野外環境を好んで生息しており，樹のうろや岩盤のくぼみなど自然にできた水たまりを産卵場所として選ぶとされている。いっぽう，Aaaは人が居住するより都市的な環境を好み，ペットボトルなどのプラスチック容器や水瓶などの人工容器に好んで産卵することが報告されている (Mattingly 1957)。しかしケニアで行った私たちの研究では，両亜種の発生頻度は容器の種類にかかわらず，周辺環境が重要であることが示されている (二見ら 未発表資料)。つまり，生息環境を見れば林縁になるほどAafの割合が多くなるが，そこで利用する容器の種類によって亜種の割合が変わるわけではなく，どちらの亜種も自然容器，人工容器両方を利用している。

成虫は，水面ではなく，水面に近い容器内壁に卵を産み付ける。水がさらにたまって水位が上がり，卵にかぶるほどになると幼虫が孵化する。しかし産卵されたあと，必ずしもすぐに浸水するわけではないため，ネッタイシマカの卵は高い乾燥耐性をもつ。適切な温湿度で保管すれば，数か月の乾燥状態に耐えることが知られている (Christophers 1960)。熱帯では雨季と乾季に分かれている地域が多い。長期間の乾燥への耐性は，数か月続く乾季への適応なのだろう。

吸血源と吸血場所

東南アジアでは，ネッタイシマカは屋内で吸血し，ヒトを吸血源として好むことが知られている (津田 2002)。しかし，サブサハラのネッタイシマカは少し趣が異なる。じつはここでもまた，2亜種で吸血源や吸血場所に違いがあるとされているのだ (図3)。林縁に生息するAafは野外でサルなどの動物を好んで吸血し，Aaaは家屋内でヒトを好んで吸血すると考えられている。これらのことは，ケニアの海岸近くのラバイ(Rabai) 村周辺に同所的に生息する形態的，生態的に異なるネッタイシマカ集団を利用した研究を根拠にしている。Trpis and Hausermann (1975) は，ラバイ村の屋内，家屋周辺，森林の3か所から幼虫を採集して飼育し，羽化した成虫を採集場所に応じたマーキングをして屋外で放した (図6)。これらを屋内で再度採集したところ，家屋内集団が83％を占め，家屋周辺集団，森林集団はそれぞれ15.5％，1.5％であった。この結果は，三つの集団の屋内選好性に違いがあることを示している。さらにTabachnick et al. (1979) は，酵素多型を用いてこれら三つの集団の集団遺伝学的構造

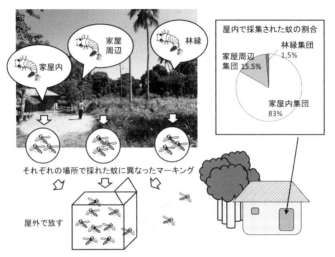

図 6 Trpis and Hausermann (1975) の実験。家屋内，家屋周辺，林縁で採集した卵または幼虫を，成虫まで飼育し，それぞれに異なった色をつけて再度放す。屋内で人囮法(ひとおとりほう)によって再捕獲したところ，家屋内集団が 83％ を占めた。

を調べ，3 集団は遺伝的に明確に分かれることを明らかにした。とくに家屋内集団は他の 2 集団とは大きく離れていた。この家屋内集団の個体は，胸部が相対的に茶色くAaa に類似しており，いっぽうで森林集団の個体は Aaf のように黒いことから，2 集団は形態的に区別できるとしている (家屋周辺集団はその中間)。しかし，これらの分け方は Mattingly (1957) の分類とは異なっているためか，それぞれ都市型 (domestic form)，森林型 (forest form) という二つの生態型として記述されている。いずれにしてもこの研究により，吸血・産卵に屋内を好む集団と屋外を好む集団があることが示された。

近年，これらの集団の吸血行動について詳細な研究を行ったのが，McBride et al. (2014) である。彼女らはまずラバイ村の屋内と屋外の発生容器から幼虫を採集してコロニーを作り，胸部背板の色の程度や腹部第 1 背板の白色鱗片量を定量化して，コロニー間の形態的差異を示した。1970 年代の研究では単に都市型，森林型とされていたが，実際は定量化した数値は連続的に変化しており，都市型と森林型の中間的形態を示すコロニーもあった。この段階的に形態の異なるコロニーと，ウガンダおよびタイ起源のコロニーを用いて，吸血嗜好性を調べたところ，都市型ほどヒトを吸血源として好み，森林型はヒト以外のモルモットやヒヨコに誘引された。さらに嗅覚受容体遺伝子である *Or4* の対立遺伝子頻度がコロニー間で異なり，よりヒトを吸血源として好む対立遺伝子と動物を好む対立遺伝子があることが示された。これらの研究によ

り，形態と屋内選好性，吸血嗜好性には相関があることが明らかとなった。

ウイルス媒介能力の変異

　世界中に分布を広げたネッタイシマカであるが，地域集団間で黄熱やデング熱のウイルス媒介能力に変異があることが知られている。Tabachnick et al. (1985) は，アフリカだけでなくアジアや新大陸から得たネッタイシマカ集団に，黄熱ウイルスを経口感染させ感染率を調べた。その結果，アジアや新大陸の集団は西アフリカの森林集団よりも高い感染率を示した一方で，東アフリカのケニアの都市集団はさらに高い感染率を示した。また，デングウイルスII型に対する感受性は，サブサハラのAafとアジア・新大陸のAaaの間で異なることが明らかにされており，Aaaの感受性がAafよりも高い (Failloux et al. 2002)。また，西アフリカのセネガルでは，国内各地のAaaとAafの頻度とデングウイルスII型への感受性に相関があることが示されており，Aaaの多い地域では，デングウイルス感受性が高かった (Sylla et al. 2009)。これらのことから，Aaaのウイルス伝播能力はAafよりも高いと考えられている。

　ウイルスがカの体内で増殖し次のホストに伝播されるには，カ体内にあるいくつもの免疫機構をくぐりぬけなくてはならない (Tabachnick 2013)。血液とともに中腸に取り込まれたウイルスは，まず中腸壁の上皮細胞に感染し，そこで増殖する。さらに中腸壁から体腔へ分散し，唾液腺へ侵入する。唾液腺でさらに増殖したあと，唾液腺から唾液へ分散し，次のホストへ侵入する。カのトランスクリプトームやプロテオームの解析によって，ウイルス感受性に関わる遺伝的・生化学的背景が明らかにされつつあるが (たとえばSim et al. 2013)，いまだ十分には解明されていない。今後，集団間の感受性の違いをもたらす遺伝的・環境的要因が明らかになれば，各地のネッタイシマカの危険性を事前に調べて警告を発信することや，リスクマップを作成することも可能かもしれない。

4. 世界を旅するネッタイシマカ

　現在のネッタイシマカの分布は，世界中の熱帯から亜熱帯に広がり，北緯・南緯30度以内からの報告が多い (Kraemer et al. 2015)。繰り返しになるが，祖先的な集団であるAafはサブサハラのみに分布し，新大陸やアジアに分布するのはAaaである。今，アジアや中南米の都市部でデング熱を流行させているのはAaaであり，また中南米では黄熱病の大流行にも関わっている。では，サブサハラ起源の本種はどのようにしてアジアや新大陸に分布を広げたのだろうか。

　ネッタイシマカは，ヒトの大陸間の移動に伴って，アフリカから新大陸，アジアへと分布を拡大したと考えられている。先に述べたネッタイシマカの生態的特徴を思い出してほしい。たとえば，船や車に積まれたタイヤやビニールシートにたまった水は，ネッタイシマカの産卵に適しているだろう。卵は数か月間乾燥しても生存可能なので，

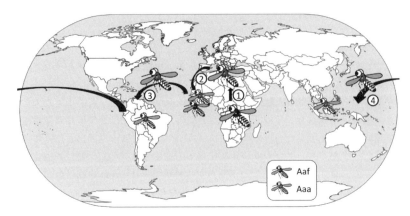

図7 ネッタイシマカの分散仮説。① サブサハラ起源のAafは，北アフリカでAaaに分化。② Aaaは西アフリカへ分布を広げ，Aafと同所的に分布。③ Aaaのみが西アフリカから新大陸へ分布を拡大。④ アジアへ分布を拡大。

孵化前であれば水がなくなっても，次の寄港地まで生き延びることが可能だ。さらに，ヒトを吸血源として好むAaaであれば，乗客や乗員とともに船に紛れ込むことも予想される。実際，アマゾン川で渡河に利用される大型ボートの船内では，多くのネッタイシマカの成虫や幼虫が発見されており，さらに産卵も認められている (Guagliardo et al. 2015a, b)。またフィリピンのネッタイシマカは，船によるヒトの往来の激しさと集団間の遺伝的な近さが相関している (Fonzi et al. 2015)。成虫のAaaはAafより乾燥に強いことも明らかになっており (Machado-Allison and Craig 1972)，林縁よりも乾燥していると予想される港やその周辺都市にも適応できると考えられる。これらの理由から，サブサハラ以外の地域では，Aaaのみが分布しているのだろう。

現在支持されている分布拡大の過程は図7のようなものだ。もともとサブサハラの森林地帯起源のネッタイシマカから，北アフリカでAaaが分化した。Aaaは，15世紀から16世紀の大航海時代に，ヨーロッパから西アフリカを経由する奴隷貿易の船とともに，新大陸へと渡った。さらに17世紀から19世紀にかけて，貿易などにより分布を拡大し，1800年までにはアジアと新大陸の主要な港に定着した (Powell and Tabachnick 2013; Gubler et al. 2014)。

この分布拡大説は，分子マーカーを利用した系統地理的解析結果と，デング熱や黄熱の流行についての歴史的な情報が根拠となっている (Powell and Tabachnick 2013; Gubler et al. 2014)。これまではミトコンドリアDNA配列や核DNAのマイクロサテライト多型を利用した集団解析と系統地理的解析が主流であったが，ネッタイシマカの全ゲノムが解読されたため，近年は多数の一塩基多型 (single nucleotide polymorphisms, SNPs) を利用した集団間の系統的な解析が行われている。Brown et al.

(2011) は，マイクロサテライトを利用した集団遺伝学的解析を行い，世界のネッタイシマカがアフリカ型と汎熱帯型の2集団に分かれることを示した。これによればアフリカのネッタイシマカはほぼすべてがアフリカ型となり，新大陸とアジア-太平洋諸島の集団はすべてが汎熱帯型となる。さらに Brown et al. (2014) は，SNPs と核遺伝子配列から，アフリカ型のネッタイシマカ集団が祖先的であり，奴隷貿易により新大陸へ移動したという仮説を支持する結果を得ている。

近似ベイズ計算 (approximate Bayesian computation, ABC) で分岐年代を推定した研究によると，アフリカの集団から新大陸の集団は約500年前までに，さらにアジア集団は約150年前までに分化したらしい (Gloria-Soria et al. 2016)。また最近の研究では，アメリカやアジアのネッタイシマカは，西アフリカのヒト嗜好性の高い Aaa 集団から，約4400世代前に分化したと推定されている。年15世代として計算すると，約300年前ということになる (Crawford et al. 2017)。

少し話がずれるが，これらの研究では，先述のケニア・ラバイ地域にはアフリカ型と汎熱帯型の2集団がいることも示されている (Brown et al. 2011, 2014; Gloria-Soria et al. 2016)。屋内を好む都市型が汎熱帯型，林縁を好む森林型がアフリカ型に含まれる。いっぽうで，ラバイ以外のアフリカのネッタイシマカは，形態や採集場所で区別した Aaa, Aaf に関係なく，すべてがアフリカ型に属していた。こうなると，アフリカにおいて，これまで亜種とされてきた Aaa と Aaf は本当に亜種なのだろうか，という疑問が生まれる (図3)。これについては後ほど触れることにする。

さて，このように，ネッタイシマカは世界中を移動しながら分化してきたのだが，それによってさまざまな現象が各地で生じている。たとえばフロリダでは，新たに侵入したヒトスジシマカとの繁殖干渉 (近縁種間の交雑により一方の種が適応度を下げ，もう一方の種よりも集団サイズが縮小すること) によるネッタイシマカの減少と，その後の繁殖干渉に対する抵抗性の進化など (Lounibos et al. 2016)，興味深い事例がある。さらに殺虫剤抵抗性の獲得とその侵入は，感染症防除の点で重要である。デング熱，黄熱，マラリア流行地では多くの殺虫剤が使われてきたため，アジアや新大陸においてネッタイシマカに殺虫剤抵抗性が広がっている (川田 2016; Smith et al. 2016)。ノックダウン抵抗性 (knockdown resistance, kdr) (DDT やピレスロイド系殺虫剤に対する抵抗性。ナトリウムチャンネルをコードする遺伝子座における単一塩基の突然変異で生じる) 遺伝子の進化や免疫機構による抵抗性が生じており，これらの抵抗性遺伝子が世界中に広がることがあればその危険性は計りしれない。アフリカにおいては，ガーナで抵抗性遺伝子 *kdr* がネッタイシマカから検出されており，これは東南アジアや中南米から侵入したと示唆されている (Kawada et al. 2016)。

空路が発達した現在，ネッタイシマカがもともと分布しない地域への侵入は航空機を介しても起きている。成田国際空港でもネッタイシマカが採集されている (Sukehiro et al. 2013) が，迅速な媒介蚊対策のおかげで，幸いにも日本での定着は認められていない。しかし，九州天草列島では戦後数年間定着しており，沖縄，宮古，八重山群

島においては1970年代までは一般的に生息していた (Tanaka et al. 1979)。気象データを利用した予測モデルでは，現在採集報告のある地点以外にも，スペイン南部や，イラク北部からシリア北部，中国では北京周辺まで分布が可能と予測されているため (Kraemer et al. 2015)，日本に再度定着しないとは言い切れないだろう。

5. アフリカのデング熱とネッタイシマカ集団

アジア地域に限定的だったデング熱は，過去50年で中南米，アフリカへと流行を拡大し，さらに1980年代からはアフリカ諸国での報告が増えてきている (Messina et al. 2014)。通常，本来アフリカ原産でないデング熱に対する抵抗性は，アフリカ地元住民では低いと考えられるため，デングウイルスが侵入すれば大きな流行が予想される。また，中南米の広い範囲に30年もかからず定着したことを考えれば，昨今のようにアフリカ大陸へ頻繁に人が移動する状況では，大陸のもっと多くの地域で流行が起こってもおかしくないはずだ。しかし，国内感染が報告されているのは，ほとんどが沿岸地域である (図8) (Amarasinghe et al. 2011; Messina et al. 2014)。

アフリカでデング熱の深刻な流行が少ない理由として，(1) アフリカで流行しているデングウイルス系統の病原性が低い，(2) アフリカ系の人々は，デング熱・デング出血熱が重症化しにくいなんらかの要因がある，(3) 異種 *Flavivirus* 属に対する抗体

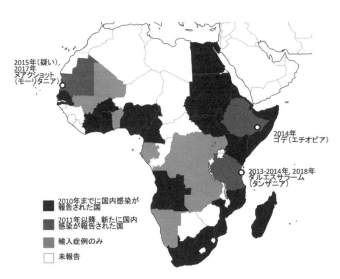

図8 アフリカにおけるデング熱の発生国。Amarasinghe et al. (2011) の表を参考に，International Society for Infectious Diseases (online) の情報を加えて作成。○は2011年以降，流行が確認された新たな流行地 (国名)，流行年を示す。

による交差防御が，他地域よりもより広範囲に浸透している，あるいは防御自体が強い，(4) アフリカのカのウイルス媒介能力が他地域より低い，などが考えられる (Diallo et al. 2005)。

これまで私たちは，ケニアや南東アフリカでの調査で，Aafは林縁，都市部に関わりなく広く分布しているのを確認している (二見ら 未発表資料)。いっぽうで，2014年4月のモザンビークでのデング熱流行時，北部のいくつかの都市では南部にある首都よりもAaaの頻度が非常に高いことも明らかにした (Higa et al. 2014)。また，デング熱が繰り返し流行しているケニアのモンバサでも，Aaaの頻度が高い (二見ら 未発表資料)。これらの分布より，アフリカでデング熱の流行地域が限定されているのは，ウイルス媒介能力が低いAafが多くの地域に分布しているからではないかと考えている。逆に言えば，媒介能力の高いAaaが分布している土地でのみ流行が起こっているということである。

媒介能力と一口で言っても，ウイルス感受性だけではなく，ヒト吸血嗜好性や密度，生存率などが関わっている (Eldridge 2004)。先に述べたようにAafはデングウイルスに対する感受性が低く，いっぽうでアジアや新大陸のAaaの感受性は高い (Failloux et al. 2002)。また，Aaaないしは都市型はヒト吸血嗜好性が高く，屋内での吸血も好むことから (Trpis and Hausermann 1975; McBride et al. 2014)，ヒトとの接触頻度が高いと予想される。Aaaのもつ生態的特徴は，デング熱流行を促す一因となるだろう。もしそうであれば，なぜその土地に感染能力の高い集団が分布しているのか，その歴史的・地理的背景も解明する必要がある。なぜなら，同じ背景をもつネッタイシマカが分布する地域では，同様の流行が起こる可能性があるからだ。

現在私たちは，モザンビーク北部のデング熱流行地域の集団が，アジアや新大陸から再侵入した可能性を，マイクロサテライトを利用した集団構造解析により解明しようとしている。これまでの結果では，アフリカのデング熱流行地域の集団が，アフリカ型よりも汎熱帯型に近いことが明らかになっている (二見ら 未発表資料)。実際にこの集団が，高いウイルス媒介能力をもつかどうかを証明するには，吸血嗜好性や屋内選好性などの行動を調べる必要があり，もちろんデングウイルスに対する感受性も明らかにしなくてはならない。しかし，アフリカのネッタイシマカよりも，アジアや新大陸の集団に遺伝的に近いということは，ウイルス媒介能力がAafよりも高いことが予想される(Failloux et al. 2002)。今後，これらのテーマについても研究を進める予定である。

6. ネッタイシマカに亜種はあるのか

最後に，4節で提起した分類の問題に触れておきたい。サブサハラにおいて同所的に分布している集団を，ここまでAafとAaaの二つの亜種として記述してきた。しかし本来，亜種とは地理的に隔離されている集団を指すので，同じ場所に混在している

Aaf と Aaa を別亜種とするのは無理がある．あるいは，Aaf と Aaa の交雑帯が広い範囲で存在している可能性もなくない．しかし実際は，Mattingly (1957) が提唱した亜種は，サブサハラに本来存在している 1 集団内の形態的変異であると考えるのが妥当のようだ．Aaa の形質は体色にしても白色鱗片量にしても変異があり (McClelland 1974)，さらにその変異は連続的だ (McBride et al. 2014)．しかし，アフリカ以外の Aaa およびラバイ地区の都市型は，アフリカ大陸の大部分の集団 (伝統的な定義では Aaa と Aaf を含む) とは遺伝的に異なる．そのため，この汎熱帯型とアフリカ型をそれぞれ別亜種として扱うことが提唱され始めている (Brown et al. 2014; Crawford et al. 2017) (図 3)．いっぽうで，発展途上国での主要な感染症媒介蚊であることを考えれば，時間のかかる分子系統学的解析ではなく，形態で即座に危険性を見分けられるほうがずっと効率的である．今後，遺伝的に分けられる集団のもつ，形態的・生態的，さらにはウイルス感受性などの特徴を明らかにしていく必要があるだろう．

トピックガイド

Dengue and Dengue Hemorrhagic Fever, 2nd Edition (Gubler DJ et al. 2014, CAB International) は，デング熱の疫学的内容やデングウイルス，媒介蚊に関するトピックを包括的に解説している．Kindle で入手可能．

International Society for Infectious Diseases (online) ProMED-mail. [http://www.promedmail.org] (2018 年 7 月 18 日閲覧) では，世界で現在起こっている新興・再興感染症の情報をリアルタイムで見ることができる．

『蚊の不思議 多様性生物学』(宮城編著 2002, 東海大学出版会) には，国内外のカの興味深い生態が，国内有数の研究者たちによって解説されている．感染症媒介蚊だけではないので，生物としてのカに興味があるならばこちらが良い．

第4部
アフリカの昆虫学研究機関

害虫ズイムシの密度調査。トウモロコシの茎を割いて幼虫を探す (場所:ケニア・ムビタ,撮影:小路晋作)

16章
国際昆虫生理生態学センター

サンデー・エケシ[1]

1. はじめに

　1960年代はじめ，後にICIPEの初代所長となるトーマス・リズレイ・オディアンボ (Thomas Risley Odhiambo) 氏は，アフリカの熱帯病と低収量に悩む農業の問題を解決し，小規模農家の生計を支えるためにも，アフリカでの科学的研究が必要であるとかねてより唱えていた。いっぽう，ちょうどその頃，政治的・経済的にどこからも束縛されない学術研究機関をアフリカに創設しようという気運が高まり，1967年にスウェーデンで開かれた第17回パグウォッシュ会議 (1957年にすべての核兵器およびすべての戦争の廃棄を訴えて創設された科学者たちの国際会議) で，先進国と発展途上国間の科学技術の格差が取り上げられ，この解消に向け国際的な研究組織を形成して研究者を育てるため，アフリカ昆虫学研究機関の設立が提案された。そして，1969年ケニアのナイロビに国際昆虫生理生態学センター (International Centre of Insect Physiology and Ecology, ICIPE) が創設され，以来，プロジェクトの実施，人材育成，さまざまな研究機関との共同研究を通じて，膨大な専門知識が蓄積されてきた。そして現在，ICIPEは以下に述べるように「人の，動物の，植物の，環境の健康」に焦点を当てながら，カ，ミバエ，ズイムシ，ミツバチ，ツェツェバエなどを中心とする基幹プログラムの実施とともに研究を進めている。

　センターの使命は，天然資源を守りながら，研究と人材育成，益虫や害虫を総合的に管理する手法を開発することで，熱帯地域の人々の貧困を軽減し，食の安全をはかり，彼らが健康な生活をおくれるようにすることである (ICIPE 2014)。創設当初は，昆虫の生理学・生態学に重点をおいていたが，長い年月のうちに，研究領域は人々の生計や食糧安全保障の向上のために，より複雑で細かな分野にまで及ぶようになった。過去を振り返り将来を見据えると，ICIPEの歩んできた道のりは次世代のための模範となる成功事例に違いない。ここでは，センターの組織と主要な研究課題の概要

---

[1] 訳者註：本章の元原稿は，Saliou Niassy, Robert A. Skilton, Dolorosa Osogo, Segenet Kelemu, Sunday Ekesiの各氏による共著である。ここでは本書の体裁に従い，元原稿の共著者全員の同意をえたうえで，Sunday Ekesi氏を本章の著者とさせていただいた。

16 章　国際昆虫生理生態学センター

図1　ICIPE のロゴ (© ICIPE)。

を紹介し，科学的な成果と人材育成，さらに将来像について述べることにする。

2. 主要研究課題

　昆虫は地球上でもっとも繁栄した動物群であり，海中を除くすべての環境に生息している。昆虫の生理・生態を理解することは，我々の暮らしに役立ち，幸福な日々をおくるために重要に違いない。昆虫の存在は，熱帯地域をはじめ世界各地で人々の暮らしや環境に影響し，植物の受粉や物質循環における分解者としての役割を果たすなど，生態系のバランスを保ちさまざまな環境や人々の健康に利益をもたらしている。昆虫の役割についての総合的な概念は，四つの健康 (four health)「人の健康 (human health)」，「動物の健康 (animal health)」，「植物の健康 (plant health)」，「環境の健康 (environmental health)」の枠組みへの，昆虫の関わりに基づいている。この概念は，ICIPE の研究の旗印になり，ロゴとして取り入れられている (図1)。ICIPE では，所長と研究部長が研究を総括し，それぞれのプロジェクトが上記の四つの Health に組み込まれ，優秀な研究者とこれを援助する部門が緊密に連携しながら運営されている。

　研究を進めていくと，四つの枠組みのさまざまな部門の相互の関係がより明白になってくる。その結果，全体的な戦略として "One Health" という解決法が取り入れられることになる。なぜなら，昆虫が関わる問題には，単純な解決法は存在せず，さまざまな分野の知見が必要になるからだ。たとえば，村単位で疾病予防をする場合，人材の育成や住民との必要な情報のやり取りを通して，総合的害虫管理や媒介虫防除など，害虫への効果的な対策が実施される。この「one health アプローチ」は，四つの研究テーマのうちの一つ，または複数にまたがる重要な研究課題を統合して，持続的な解決策を練ることにより，予防と人材育成に取り組んでいる。

3. 実施プロジェクト

人の健康

　熱帯地域，とくにサブサハラアフリカでは，マラリアがもっとも深刻な感染症である。WHO によれば，2015 年のマラリア症例の 90% がアフリカ地域から報告され，死亡患者の 92% をアフリカが占めている。そして，その大部分が 5 歳未満の子供であ

る (WHO 2017)。「人の健康」では，蚊帳や殺虫剤の使用による感染予防だけでなく，総合的な力の防除を目指し，カの行動や生態，マラリア原虫の感染経路に焦点を当てて研究を進めている。このほか，ICIPE では熱帯特有のアフリカトリパノソーマ症，眠り病，住血吸虫症などに注目し，媒介虫であるツェツェバエやブユ，スナノミなどがどのように病気を媒介するのか，そしてどのようにしてそれを食い止めるのかという研究も行っている。さらに，媒介虫や病原体の地理情報や分子生物学的手法を利用し，ウィルス伝搬の危険性の評価に努めている。いっぽう，マラリアを媒介するハマダラカの行動を制御する試みとして，このカが野外で実際に餌としているトウゴマ *Ricinus communis*，クリスマスキャンドルスティック *Leonotis nepetifolia*，アメリカブクリョウサイ *Parthenium hysterophorus* などの植物から誘引物質を抽出し，これを利用してハマダカラカを防除する研究も進行中である (Nyasembe et al. 2014)。

動物の健康

サブサハラアフリカ (35 か国以上) のほぼ全域で，家畜の生産性はアフリカトリパノソーマ症 (いわゆる眠り病，ナガナとも呼ばれる) を伝搬するツェツェバエにより制約を受けている。しかし最近になって，忌避剤をしみ込ませたウシ用の首輪が開発された (図 2)。この忌避剤はウォーターバックというウシ科の野生動物由来で，従来の植物から抽出した忌避剤より強力にはたらいてツェツェバエを寄せ付けない (Saini et al. 2017)。首輪に浸透した忌避剤は，周囲の空気中にゆっくりと拡散してウシを保護し，これにより眠り病を 80％以上減らすことができるようになった。やせ細っていたウシは健康になり，肉が付いて乳量も多くなり，さらに土地を耕す力も旺盛になった。「動物の健康」では，ほかにウシやスイギュウの疾病である東アフリカ海岸熱を媒介するダニ類や，人と動物が感染する病気を媒介するカなどを調べている。このほか，ダニ類に対しては生物的防除法を取り入れ，植物由来の忌避剤や誘引剤など，化学物質を用いた行動制御の研究を進めている。

図 2 ツェツェバエ用忌避剤をつけた首輪をする牛 (© ICIPE)。

植物の健康

「植物の健康」では，作物を加害する害虫や，貯穀害虫，さらに植物に寄生して養分をとり成長を阻害する寄生植物などについて，総合的な防除を目指している。さまざまな作物が対象とされ，マンゴー，柑橘類などの果樹，アフリカ原産の野菜，キャベツやケールなどのアブラナ科野菜，穀類や豆類，商品作物となるコーヒーやサトウキビ，ココア，ワタなどを扱っている。ICIPE は害虫の発生に迅速に対応するため，昆虫の分類や同定，発生の早期警戒モニタリングシステムから害虫防除まで，一連の包括的な害虫管理に取り組んでいる。これには，最近問題になっているトマトキバガ *Tuta absoluta* やツマジロクサヨトウ *Spodoptera furgiperda*，柑橘やマンゴーを加害するミバエ類，ミカンキイロアザミウマ *Frankliniella occidentalis* など重要な侵入害虫や，収穫した穀物に大被害をもたらす貯穀害虫のオオコナナガシンクイムシ *Prostephanus truncatus* も含まれている。

ミバエ類については，すでに ICIPE 敷地内にミバエ用ベイト剤を作る施設があり，企業と連携して西アフリカおよび南部アフリカで総合的管理技術の拡大を進めている。また，ICIPE は共同研究機関とともに 20 年以上前から，保全農業の一貫としてプッシュ・プル総合的害虫管理技術 (Push-Pull Integrated Pest Management Technology; 本書 12 章 4 節参照) と呼ばれる方法を開発してきた。

これはアフリカの穀物と畜産の総合生産システムで，五つの重要な課題が相互に関連している。つまり，(1) 害虫の防除，(2) ストライガ (striga) などの寄生植物や雑草の防除，(3) 低肥沃度土壌の改善，(4) 土壌水質管理，(5) 高品質な家畜飼料の収穫である。プッシュ・プル技術には，トウモロコシやソルガムなどの穀類の畝の間にズイムシが嫌がる匂いを出すデスモディウム (desmodium) を間作し，この畑の周囲にネピアグラス (napier grass) やブラキアリア (brachiaria) などのズイムシを誘引する植物を植えることで，収穫対象の穀類へのズイムシによる被害を抑える。加えて，デスモディウムの根から出る化学物質は，同時に寄生植物のストライガの発芽を促す反面，その成長を阻害する。さらに，マメ科のデスモディウムは緑肥として土壌中の窒素を固定して土壌肥沃度を改善するとともに，数年にわたり生育できるため，土壌水分を維持するのに役立っている。このような畑では，害虫の天敵となる捕食者や花粉媒介虫，栄養循環を担う分解者が保護されている。このプッシュ・プル技術を導入している農家は，動物に与える飼料としてこれらのネピアグラスやブラキアリア，デスモディウムを良質な飼料として家畜に与えることができる。また，この技術によりズイムシ被害を減らし，人に健康被害を及ぼす毒性の高いアフラトキシンやフモニシンなどのカビ毒を低減することができる。

"One Health" という考え方により，プッシュ・プル技術は四つの研究テーマである「人，動物，植物，環境」すべてに存在する主要な研究要素を統合した基盤技術となっている。このプッシュ・プル技術については，2016 年にアフリカ大陸に侵入

し，トウモロコシやその他の作物に大被害をもたらしているツマジロクサヨトウに対する有効性についても試験が行われている (Midega et al. 2018)。

環境の健康

このテーマでは，とくに社会的に取り残され生活が不安定な人々のための食糧安全保障および健康と所得向上のための環境改善を目指している。節足動物の多様性や生態系での役割に関する知識を深め，種の多様性の保全と持続的な利用に貢献し，気候変動による影響を少しでも和らげたり順応したりできる方法を探っている。おもな進行中のプログラムとして，以下の四つがある。

「気候変動と生物多様性プログラム」では，気候変動そのものが，(1) 生態系サービスと食糧安全保障，(2) 森林農業 (agroforestry) から得られる生産物と生態系サービス，(3) トウモロコシを加害するズイムシの発生，に与える影響を調べている。

「生物資源探査プログラム」では，さまざまな生物から害虫・疾病媒介虫・病害防除に利用可能な物質を見つけ出し，商業化に向けた研究開発に重点をおいている。さらに，官民地域協定を通して天然物質の持続的な生産，商業化と利用を地域住民にはたらきかけている。

「有益かつ商業的昆虫プログラム」では，北米やヨーロッパ，ニュージーランドなどで報告されているミツバチの蜂群崩壊症候群 (colony collapse disorder, CCD) の世界的な懸念に対応して，アフリカのミツバチ害虫の分布を調査している。このプログラムでは，さらに CCD を起こしやすいミツバチが存在するかどうか，もし存在するとすれば既存のミツバチと関係があるのかどうかを調べている。

ミツバチチームは，ミツバチやハリナシバチの病害虫抵抗性，生産性，受粉能力などから，より優れた系統を選抜できるよう特別な飼育場を設置している。また，ハリナシバチの飼養の可能性とともに，多様性，個体間の情報伝達，花蜜の探索行動などについても調査している。いっぽう，養蚕チームは，病害虫耐性の高いカイコや，質・量ともに優れた繭を生産するカイコを選抜して利用できるよう研究を進め，さらに遺伝的な多様性についても調査している。このプログラムは，生物多様性保護地区において，養蜂や養蚕を通して森林保護や女性援助，さらに農家に副収入をもたらすことに役立っている。

4. 人材育成と制度開発 (CB&ID) プログラム

独立後のアフリカ諸国で研究を進めるためには，人材を育てる必要がある。このプログラムはその顕著な成功事例であり，ICIPE はアフリカでもっとも優れた人材育成の場として評価されている。修士，博士やポスドクの人材育成は，アフリカ昆虫科学大学院プログラム (African Regional Postgraduate Programme in Insect Science, ARPPIS)，学位論文研究インターンシッププログラム (Dissertation Research, Internship

Programme, DRIP), ポストドクターフェローシップ (Postgraduate Doctor Fellowship, PDF) プログラムを通じて行われている. これまでに 700 人以上の修士号・博士号の取得者が巣立ったが, このほとんどが「植物の健康」を履修し, サブサハラアフリカを中心に 30 か国以上から卒業生が出ている. また近年では, ますます多くの女性がプログラムに登録されている. ARPPIS で博士号を取得した者の 75% は, アフリカの研究, 開発, 高等教育などの分野で活躍しており, 数多くの卒業生がアフリカのさまざまな機関で上級職を務めている.

5. おわりに

ICIPE は 400 人以上のスタッフと 100 以上のプロジェクトを抱え, アフリカ内外の 200 を超える研究所や大学と共同研究契約を結んでいる. 国際農業研究協議グループ (Consultative Group on International Agricultural Research, CGIAR) の研究所やその他多くの国際研究機関とともに, アフリカにおける持続可能な開発をテーマに研究を行い, 地域に密着した昆虫科学への貢献は高く評価されている. ICIPE は昆虫科学とその応用の起点となり, オディアンボ氏が望んでいたように, アフリカという地域で昆虫科学の人材育成を行ういっぽう, アフリカの人々が直面する問題を, アフリカの研究者が中心になって解決してきた. 持続的な開発目標やアフリカ「アジェンダ 2063」(今後 50 年間のアフリカにおける社会経済学的変換) を進めるなか, ICIPE は「四つの健康」の概念に沿って引き続き新しい研究分野を探求しながら, 共同研究機関と協力して科学的知見の蓄積に努力し, 技術革新を押し進めている. そして, もっとも重要なことは, アフリカの発展に貢献していることである. ICIPE は, 50 近い資金援助組織に感謝しつつ, 将来的にはアフリカ諸国政府からの支援を受けたいと考えている.

(中村 達 訳)

トピックガイド

ICIPE のホームページ (英語) [http://www.icipe.org/] (2019 年 1 月 26 日閲覧) には, 研究所内外におけるアフリカ昆虫学に関するニュースやイベント情報, 職員の求人情報のほか, 内部告発を奨励するページもあり, なかなかユニークである.

ICIPE の紀要に相当する学術雑誌として International Journal of Tropical Insect Science があった. この雑誌は 1980 年に *Insect Science and Its Application* として創刊され, 2004 年にはケンブリッジ大学出版局 (Cambridge University Press) が発行元となり, 現在の誌名となった. しかし, 2019 年より ICIPE が本誌の編集から撤退することになり, 現在はアフリカ昆虫科学者協会 (African Association of Insect Scientists) の運営により, シュプリンガー・ネイチャー (Springer Nature) から同誌名で発行されている [https://www.springer.com/life+sciences/entomology/journal/42690] (2019 年 1 月 26 日閲覧).

(編者)

17章
国際熱帯農業研究所

マヌエレ・タモ

1. IITAの設立と昆虫学部門

　国際熱帯農業研究所 (International Institute of Tropical Agriculture, IITA) はサブサハラアフリカの主要な食用作物に関する研究開発を行うため，1967年にナイジェリアのイバダン (Ibadan) に創設された，世界国際農業研究協議グループ[1]傘下の国際研究機関である。

　設立当初のIITAの研究は，トウモロコシやマメ科作物，イモ類，バナナなど熱帯地域の主要作物の品種改良が主体であった。そのため，当時IITAに所属していた昆虫学者たちのおもな仕事は，育種学者に協力して害虫抵抗性品種を選抜することだった。昆虫学者たちはまた，昆虫が植物病原ウイルスを媒介する仕組みを解明することにも積極的に取り組み，その成果は抵抗性品種の育種に活用された。そのような成果の一例として，トウモロコシ条斑ウイルス (maize streak virus) を媒介するヨコバイ類 *Cicadulina* spp. の研究が挙げられる。こうした研究への取り組みは現在も続いており，ササゲ害虫のアブラムシ類やアザミウマ類，トウモロコシ害虫のズイムシ類や近年アメリカからアフリカ大陸に侵入したツマジロクサヨトウ *Spodoptera frugiperda*，キャッサバのウイルス病を媒介するコナジラミ類に対する抵抗性品種の研究などがさかんに行われている。また寄主植物の抵抗性に関する研究では，DNAマーカー選抜

---

[1] 国際農業研究協議グループ (Consultative Group on International Agricultural Research, CGIAR) は農林水産業関連の国際研究機関のネットワークを構築するために1971年に設立された。傘下にある15の研究機関の略称と本部所在地は以下のとおり。アフリカイネセンター (AfricaRice, 旧略称：WARDA, コートジボワール・アビジャン)，バイオヴァーシティー・インターナショナル (Bioversity International, 旧略称：IPGRI, イタリア・ローマ)，国際熱帯農業センター (CIAT, コロンビア・カリ)，国際林業研究センター (CIFOR, インドネシア・ボゴール)，国際トウモロコシ・コムギ改良センター (CIMMYT, メキシコ・エルバダン)，国際バレイショセンター (CIP, ペルー・リマ)，国際乾燥地農業研究センター (ICARDA, レバノン・ベイルート)，国際半乾燥熱帯作物研究所 (ICRISAT, インド・ハイデラバード)，国際食糧政策研究所 (IFPRI, アメリカ・ワシントンDC)，国際熱帯農業研究所 (IITA, ナイジェリア・イバダン)，国際家畜研究所 (ILRI, ケニア・ナイロビ)，国際イネ研究所 (IRRI, フィリピン・ロスバニョス)，国際水管理研究所 (IWMI, スリランカ・コロンボ)，ワールド・アグロフォレストリー (World Agroforestry, 旧略称：ICRAF, ケニア・ナイロビ)，ワールドフィッシュ (WorldFish, 旧略称：ICLARM, マレーシア・ペナン)。

(marker assisted selection) など最新の分子生物学的手法を取り入れ，標的となる害虫に対する作物の抵抗を管理する技術の確立をめざしている．

2. キャッサバ害虫の生物的防除

IITA における昆虫学研究の歴史のなかでも，とくに画期的な出来事は，1970 年代に南アメリカからアフリカに偶発的に侵入したキャッサバコナカイガラムシ *Phenacoccus manihoti* とハダニの 1 種 *Mononychellus tanajoa* に関する一連の研究開発プロジェクトである．コンゴ共和国と隣国のザイール (現コンゴ民主共和国) に侵入したコナカイガラは，「キャッサバ・ベルト」と呼ばれるサブサハラアフリカのキャッサバ栽培地帯全域に甚大な被害を及ぼした．アフリカでキャッサバを主食とする人口は 2 億ともいわれ，食糧安全保障上，深刻な脅威となった．さらにこの害虫に対しては，殺虫剤散布の効果がなく，また抵抗性をもつ作物品種も見つからなかった．こうした破局的な状況のなか，IITA の主導による国際協力のもと，これらの害虫の原産地である南アメリカで天敵の探索が行われた．その結果，1981 年にパラグアイでコナカイガラの捕食寄生性天敵であるトビコバチ科の 1 種 *Apoanagyrus lopezi* が発見された．この寄生バチはイギリスで検疫を受けたあと，イバダンの IITA 本部で大量増殖が行われた．キャッサバ・ベルト全域で放飼が始まると，導入天敵の分布は急速に広がり，サブサハラアフリカのほぼ全域に定着した．その結果，ハダニ個体群は見つけることが不可能なレベルにまで減少した (Herren and Neuenschwander 1991)．この事業には膨大な初期投資が必要とされたが，その成果がアフリカにもたらした利益の総額は，80〜200 億ドルと試算されている (Zeddies et al. 2001)．

導入天敵による生物的防除自体は目新しいものではないが，この事業は関係各国の政府とこれまでよりも緊密に連携したという点で画期的であり，これによって害虫管理における国際的な取り組みが新たな段階に入ったと言えよう (Greathead 2003)．この功績によって IITA は，南アメリカを管轄する国際熱帯農業センター (Centro Internacional de Agricultura Tropical, CIAT) とともに，1990 年に国際的に顕著な農業研究開発の業績に対して贈られる CGIAR ボードゥアン国王賞を受賞した．本事業の代表者であったハンス・ヘレン (Hans Rudolf Herren) は 1995 年に世界食糧賞 (World Food Prize) を授与された．

さらにこの事業の重要な成果として，ベナンのコトヌー (Cotonou) にある IITA ベナン支所の敷地内に，アフリカ生物的防除センターが，国際的な援助により設置されたことが挙げられる．このような施設はほかの CGIAR 傘下の研究所でも類を見ないものであり，その後いくつもの生物的防除プロジェクトの拠点となった．

初期のプロジェクトの多くは広食性害虫を対象としたものだったが，その後マンゴーやパパイヤの害虫や水生雑草であるホテイアオイなど，IITA の育種事業ではそれまで対象とされていなかった作物の害虫や，雑草の防除に関する研究開発も手がける

ようになった。こうした大規模な生物的防除事業は，CGIARにおける育種事業全体に匹敵する主要な研究プロジェクトへと発展した (Neuenschwander 2004)。

3. SP-IPM

　キャッサバコナカイガラムシの事例では，害虫が侵入した直後の初動が遅れたため，被害地域が拡大してしまったという反省点があった。そこで，新たな生物的防除プロジェクトでは，害虫の侵入直後から有効な防除計画を策定し，侵入害虫が大陸全体に広がるのを防ぐことが目標となった。1991年にはIITAの研究組織が改組され，それまで作物改良事業に従属していた昆虫学研究は，コトヌーの支所を拠点として新たに発足した植物健康管理部門 (Plant Hearth Management Division) でおもに進められることになった。この部門はCGIARのなかでも作物保護に関する研究開発を行う唯一の研究部門である。1996〜2004年にはCGIAR研究機関横断型総合的病害虫管理プログラム (Systemwide Program on Integrated Pest Management, SP-IPM) として，CGIARのほかの研究機関も参画して地球規模での総合的病害虫管理事業が展開した。IITAの研究者たちはこの事業を常に先導し，その成果として病害虫管理における生態学的アプローチや普及のための方法論などに関する28点もの出版物を刊行した (James et al. 2003; Hoeschle-Zeledon et al. 2013)。

4. 生物多様性標本の収集

　生物的防除プログラムの実施や植物健康管理部門の設置によって，農業上重要な節足動物の生物多様性を示す世界的なレベルの標本の収集が実現した。これらの標本は，IITAベナン支所の生物多様性センターに収蔵されており，植物標本以外ではCGIARのなかでもっとも重要なものとなっている。35万種の昆虫標本と250種のダニ類のプレパラート標本は，参照標本としては西アフリカで最大のコレクションであり，同地域の既知の節足動物種の40〜50％を含んでいる。

　これらの標本は，さまざまな形で利用されている。第一に，生物体系学 (biosystematics) の研究に不可欠な材料を提供するとともに，生物的防除資材としての天敵を同定する際に役立っている。また，おもにアフリカの研究者や普及機関，規制当局，植物検疫所，農民などを対象に，地域情報と診断サービスを提供している。アフリカにはこのようなサービスがこれまであまりなく，標本の同定などは海外の専門機関に依頼せざるをえなかった。これにはかなりの費用がかかるため，とくに地方在住者から歓迎されている。センターでは現在，国際的に著名な生物体系学の研究機関から支援を受けながら，年間約1500個体の標本を同定している。

　第二に，生物多様性センターは侵略的外来種の早期警戒網における中枢的存在として，重要な役割を果たしている。最近の統計によると，アフリカの熱帯地域では過去

100年間に平均して2年に3回，害虫の偶発的な侵入が起こっている。センターでは，外部研究者の協力により，年間約2万個体の昆虫標本を収集し，侵略的外来種のデータベース化を行っている。最近発見された侵入種としては，カンキツ類を加害するコナジラミ科の1種 *Paraleyrodes minei* とミカンコミバエ *Bactrocera dorsalis* がとくに重要である。このほかに，パパイヤをはじめアボカド，マンゴー，カンキツ類などの果樹を広く加害するパパイヤコナカイガラムシ *Paracoccus marginatus* や，ごく最近アメリカから侵入したツマジロクサヨトウ (前掲) などが挙げられる。これらの侵入害虫はいずれも，迅速に発見されなければアフリカの農業に甚大な被害を及ぼすおそれがある。上記の害虫のうち，パパイヤコナカイガラムシについては，IITAの生物的防除事業によって，侵入後にすばやく対応することができた (Goergen et al. 2014)。

IITAベナン支所の生物多様性センターでは，アフリカの各大学と共同で学位取得に必要な技術や論文執筆の指導を行うほか，研究者・技師・普及員などのための研修も実施している。植物検疫機関や規制当局の職員が新たな侵入害虫に迅速に対応できるよう，節足動物の同定に関する広域的な連携の構築が求められている。。

センターにおける新たな発展としては，生物バーコードコンソーシアム (Consortium for the Barcode of Life, CBOL) への参加が挙げられる (http://www.boldsystems.org)。これによって，分子生物学的手法による最新の同定システムをオンラインを通じて手ごろな料金で利用できるようになった。世界の生物地理区のなかでも，アフリカ熱帯区の節足動物相については情報が乏しいため，このシステムはアフリカでとくに大きな可能性を秘めている。その点，IITAのコレクションは比較的新しいため，バーコード化によって農業害虫や天敵の種の同定と発見に大きな進歩をもたらす可能性がある。

もう一つの可能性は，西アフリカの作物における花粉媒介生物に関する共同研究である。西アフリカのハナバチ類の生物多様性については，わずか5％ほどの種が同定されているのみで，ほとんど知られていない。花粉媒介者は生態系にとって不可欠な存在である。80％以上の顕花植物が動物によって受粉され，そのような植物には世界の主要作物の約1/3が含まれている。世界の農業における受粉活動の価値は2000億ドルに近いと推定されている。近年は新たな病原体や寄生虫の出現もあり，殺虫剤の無差別的な使用によって，世界的な花粉媒介昆虫の減少が明らかとなっている。しかし，西アフリカではそのような情報さえなく，上記の共同研究はハナバチ類をはじめとする花粉媒介生物に関する情報の収集に重要な役割を果たすものと思われる。

5. 生物的リスクの管理

ここ数年のあいだで，IITAの部門編成は地域ごとの特徴を重視した拠点体制に移行しつつある。これに応じて，昆虫学分野の研究活動も生物的防除を基盤としたアフリカ大陸全体での活動へと展開を始めた。これにともない，気候変動の影響によって

植物や動物にかかるストレスの重要性が指摘されるようになった。平均気温の上昇など，長期的な気候変動や予期せぬ異常気象 (季節移行の変化や頻繁で極端な気象現象など) は，農業生産に著しい悪影響を及ぼす。アフリカは広大な面積であるため，気候変動によって農業が受ける影響も際だっており，もっとも脆弱な大陸の一つだと言える。

温室効果ガス排出の影響についてのいくつかの仮説に基づくと，21世紀末における西アフリカの平均気温の上昇は 3～6℃ と推測されている。洪水や干魃(かんばつ)などの極端な気象による影響はすでに明らかだが，生物にかかる重圧は可視化することが困難であるため，とくに小規模農家には，状況が切迫するまで問題を認識できない場合が多い。

自然の炭素固定がさかんな地域における低収量農業の拡大は，気候変動と相まって，病害虫などの有害生物の制御に重要な役割を果たす生態系サービスをさらに低下させる。その結果，生物的リスクや気候変動によって減少した作物の収量を補填するため耕地面積が増加し，気候変動をさらに加速するという悪循環に陥ることになる。

このような背景のもと，IITA ベナン支所では生物リスク管理施設 (Biorisk Management Facility, BIMAF) の設立に向けて，西および中部アフリカの状況を把握するための一連の作業部会を開催した。そこでは，気候変動への適応とその緩和に関する卓越した研究拠点の形成や，農業に関連する植物・動物・環境・人間を通じた一つの健康 (One Health) という概念について議論がなされた。

BIMAF はすでに活動を開始している。そのねらいは，気候変動に適応したスマート農業に関する国内・域内・国際レベルのそれぞれの研究機関や研修機関との連携を推進し，西および中部アフリカにおける本施設の活動との相乗効果を促すことにある。具体的には，生物的防除や糸状菌およびウイルスなど昆虫病原微生物の有効活用，害虫に対する抵抗性や気候変動に対する耐性をもつ作物の作出，輪作の導入，最新の情報通信技術を用いた生物リスク管理の適用などが挙げられる。現在，その大きな取り組みの一つとして，アフリカのトウモロコシに壊滅的な被害をもたらす侵入害虫・ツマジロクサヨトウに関する研究が進行中である (Georgen et al. 2016)。

(足達太郎　訳)

トピックガイド

IITA のホームページ (英語) [http://www.iita.org/] (2019 年 1 月 26 日閲覧) では，昆虫学部門以外の研究活動についても知ることができる。

IITA のような国際的な農業研究機関についてもっと知りたい人は，国際農業研究協議グループ (CGIAR) のホームページ [https://www.cgiar.org/] (2019 年 1 月 26 日閲覧) を参照してほしい。

(編者)

18章
長崎大学熱帯医学研究所ケニアプロジェクト拠点

二見恭子

1. ケニアリサーチステーション

　ケニアの首都であるナイロビ中心街から少し離れた高台，ナイロビ国立公園を見下ろすアッパーヒル (Upper Hill) と呼ばれる地域は，在ケニア日本大使館や JICA (日本国際協力機構) ケニア事務局など日本の機関があり，さらに各国の大使館や官庁施設が集まるいわゆる山手である。このアッパーヒルは最近，オフィスビルや高級ホテルの建設ラッシュだ。軽食を売る昔ながらの屋台街が取り壊され，ガラス張りの高層ビルが増え続けている。このビル群に隣接して，100年以上前に設立されたケニヤッタ国立病院を中心とした歴史ある医療系学研地区がある。
　ナイロビ大学医学部・保健学部などの教育機関や政府系機関，ケニア中央医学研究所 (Kenya Medical Research Institute, KEMRI) の研究施設が集まったこの学研地区内に「長崎大学熱帯医学研究所ケニアリサーチステーション」がある。建物は白い壁に青い屋根の二階建てであるが，壁を見ると波打っており，じつはコンテナ製であることに気づく (図1)。周囲の歴史ある煉瓦造りの建物と比べると荘厳さには欠けるが，爽やかで可愛らしい。中には常時活動している5チーム [寄生虫学，下痢症，人口動態調査システム (Health and Demographic Surveillance System, HDSS)，ベクター (媒介昆虫) およびマルチプレックス (後述)] の居室と実験室，さらに事務室や会議室が設置されている。夏は暑く冬は寒い，少々温度変化に敏感な建物であるが，安全で，電気もインターネットも使える快適な環境だ。隣には KEMRI の微生物研究センターがあり，そのなかにも分子生物学実験室や P2 実験室，P3 実験室が維持されている (図1)。拠点全体が自家発電機にサポートされ，小型機器には無停電電源装置 (停電時にも一定時間電力を供給する装置) も設置されているため，しばしば起こる停電におびえることなく実験作業が可能である。
　私が初めてケニアに来たのは 2006 年 4 月。茶色のコンテナが運び込まれ，ドアや窓用の穴が開けられた頃である (図1)。当時は長時間の停電が頻繁に起こり，発電機も止まってばかりいたため，冷凍庫のサンプルや試薬が溶けないかいつもビクビクしていた。インターネットもまともにつながらず，机も本棚も近くの青空大工さんに頼んで

作ってもらったもの。初期は玄関と通りを隔てる柵もなく、スラムの子供が忍び込み盗みをはたらこうとしたり、誰の知り合いでもない部外者が勝手にベンチで休んでいたりと、防犯面で不安があったが、鉄格子と指紋認証に守られた今なら夜でも安心である。

この章では、2005年に設立された長崎大学熱帯医学研究所ケニアプロジェクト拠点 (以下ケニア拠点と略記) について紹介する。ケニア拠点は昆虫学の拠点というよ

図1 (A) 現在のケニアリサーチステーション。(B) 拠点建設が始まったばかりのコンテナ。(C) ナイロビのステーション内分子生物学実験室。(D) ムビタ地域の小学校に建設されたトイレ。(E) ムビタリサーチサイト長崎大学実験研究棟。(F) ムビタリサーチサイトの実験施設内ベクターチーム居室。

りも，あくまで熱帯感染症研究の拠点である。熱帯感染症には昆虫やダニが媒介するものも多く，プロジェクトではそれらに対する研究も行われている。拠点の活動内容については読者には少々馴染みのない話も多いと思うが，新しい世界に触れるつもりで読んでいただけると幸いである。

2. ケニア拠点の設立と活動

　長崎大学とケニアの関係は，ケニア独立直後の1965年の長崎大学研究者による東アフリカでの感染症調査に始まり，1966～1975年にリフトバレー州立総合病院で医療協力を行ったことで深まった。続いて1979年にKEMRIとJICAとの共同の「感染症対策研究プロジェクト」が立ち上げられ，さらに2005年にはKEMRIとの共同研究プロジェクトとして現在の長崎大学熱帯医学研究所ケニアプロジェクト (NUITM-KEMRI Project) が設立された。現時点で研究者・現地スタッフ・事務員，総勢約100名の大所帯であるが，拠点を利用する研究者は年々増加し，その研究範囲も広がってきている。

　設立当初から続くHDSSや，ベクターチームによるマラリア媒介蚊調査システム (Mosquito Surveillance System, MSS) のような長期的定点調査システムだけではなく，さまざまなプロジェクトが拠点を基盤に行われてきた。たとえば「地球規模課題対応国際科学技術協力プログラム (SATREPS)」によるアルボウイルス迅速診断法の開発と感染症流行警戒システムの構築プロジェクトでは，現地でウイルス診断キットを開発しただけでなく，携帯電話を利用した警戒システムを構築し (Toda et al. 2017)，それが広くケニア国内に利用されることになった。また「JICA草の根技術協力」による学童支援プロジェクトでは，西ケニアのムビタ (Mbita) 地域の小学校にトイレや雨水貯蔵タンクなどを設置し，保健衛生基盤の整備と教育に尽力した (図1)。さらに同地域では，大阪市立大学およびカロリンスカ研究所と共同で行われているマラリア撲滅プロジェクトや，蚊帳などを対象とした産学連携研究などが進んでいる (マラリア媒介蚊については本書14章参照)。

　いっぽうで，感染症以外の調査・研究も行われている。たとえば長崎大学水産学部と工学部がマセノ大学，モイ大学，およびケニア海洋水産研究所と行ったヴィクトリア湖の水環境開発プロジェクト (http://www.cicorn.nagasaki-u.ac.jp/ja/project/lavicord/index.php) や，長崎大学歯学部による歯科検診 (Hayashi et al. 2017) などが挙げられる。ほかにも，ケニア高等教育省主催のロボットコンテストに長崎大学工学部教員が講師として招かれ，各校のロボット技術向上に尽力している。

3. フィールド研究拠点と現地での研究

　ケニア拠点は，ムビタリサーチサイトとクワレリサーチサイトの二つのフィールド

をもつ (本書巻頭 iii 頁の地図参照)。ムビタリサーチサイトは西ケニアのヴィクトリア湖に臨むムビタにあり，国際研究機関である国際昆虫生理生態学センター (ICIPE) のフィールドステーション内に独自の実験棟を建てている。この実験棟にも，各チームの居室と共同実験室，セミナー室が設置されている (図1)。ムビタは，ヤギやウシが道端で草を食み，夜にはオメナ漁の明かりが湖面を埋める田舎の町だが，世界的に危惧される貧困地域でもあり，マラリアをはじめとした感染症が流行している。このムビタを対象として 2006 年に立ち上げられた HDSS では，住民の家族情報などとともに健康状態のチェックを定期的に行い，その地域の人口動態と疫学情報を収集している (Kaneko et al. 2012)。また，同時期から展開されている MSS では，2週間ごとに周辺集落の家屋からマラリア媒介蚊を採集し，その種構成やマラリア感染率などを明らかにしてきた。これまでムビタを調査地域としたマラリア媒介蚊研究によって，蚊帳の普及によるカの密度および種構成の変化 (Futami et al. 2014) や蚊帳の目的外使用 (Minakawa et al. 2008, 本書 コラム6参照)，新しく媒介蚊として注目される種 (Kawada et al. 2012b) などについて報告されている (本書 14 章参照)。

クワレリサーチサイトは，インド洋沿岸から車で1時間ほど内陸に入った丘陵地帯にあるクワレ (Kwale) に置かれている。沿岸の高温多湿な環境よりは過ごしやすいと思うが，それでも夏の暑い日は水をかぶって寝るそうだ。朝夕にはコーランが響き，町から少し離れればゾウの闊歩する森林が広がる。拠点は KEMRI 微生物研究センタークワレユニットの一室を借りたものであるが，こちらでも HDSS を稼働させており，常駐の現地スタッフもいる。

この地域では，ビルハルツ住血吸虫症が蔓延している。ビルハルツ住血吸虫は水中でヒトの皮膚に潜り込み感染する寄生虫で，血管内で血液を食べて産卵する。この卵が臓器に詰まることで血尿が出るのだが，クワレではあまりに感染率が高すぎて，血尿は大人になった証とされているほどだ。寄生虫学チームの研究によると，現地の小学生のじつに 1/3 がこの寄生虫に感染していた (Chadeka et al. 2017)。同時に，感染リスクを高める要因が宗教的慣習である川での水浴びと貧困であることが示されたことを考えると，この感染症のコントロールの難しさがうかがえる。

また，海岸地方で興味深い昆虫はスナノミである。このノミのメスは宿主の足に食い込んだまま卵を蓄え数十倍に成長し，産卵するとそのまま宿主体内で死亡する。結果，この寄生部位が壊死し，さらに細菌などによる二次感染を引き起こす。何か所も寄生されてボロボロになった足では歩行は困難であり，働くこともできないため，患者の経済状況にも影響する。長崎大学の修士学生が長期間クワレに住み込みスナノミ被害の調査をしたところ，10%以上の家庭でスナノミの寄生が見られ，野良犬がノミの病原巣である可能性が示された (Ono 2017)。しかし野生動物との関係も示唆されており，スナノミによる被害の実態解明はいまだ不十分である。

4. ケニア拠点が目指すもの

　感染症の研究は，流行地からサンプルを持ち帰り日本で解析することも多く，ともすれば現地を知らず，現地に成果を還元しにくいものになりやすい。また，昨今の遺伝資源取扱の制限を考えると，現地に自由に利用できる研究施設があることの利点は大きい。ケニア拠点は，感染症流行地に高度な研究環境を作ったことで，現地での素早い試料収集・解析を可能にした。たとえば下痢症チームは下痢症流行時に現地へ飛び，新種の大腸菌が下痢症の原因であったことを突きとめている (Ochi et al. 2017)。また拠点があることによって現地スタッフの長期雇用が可能になり，HDSS や MSS のように，十分に教育された現地スタッフとの長期的な研究ができる。独自の研究室や高度な実験施設があることで研究者の長期滞在も可能になり，現地学生への研究指導，さらには彼らの学位取得も可能となった。加えて，先述の SATREPS や，マルチプレックスチームによる Multiplex assay (マルチプレックスアッセイ) を利用した感染症一括・同時診断する技術の開発 (Fujii et al. 2014) など，現地への利益還元も大いに期待される。現地で，今だからこそできる熱帯感染症の研究を長期的・継続的・広範囲に行い，それを通じて若手を育成し，現地に還元することが，これまでも，そしてこれからもケニア拠点の目標である。

トピックガイド

　長崎大学のホームページに本拠点を紹介するサイトが設けられている [http://www.tm.nagasaki-u.ac.jp/nairobi/] (2019 年 1 月 26 日閲覧)。

　本拠点がおかれているケニア中央医学研究所 (KEMRI) でも，熱帯感染症の媒介昆虫の研究が行われている。詳細については同研究所のホームページ (英語) [https://www.kemri.org/] (2019 年 1 月 26 日閲覧) を参照してほしい。　　　　　　　（編者）

19 章
モーリタニア国立バッタ防除センター

前野ウルド浩太郎

1. サバクトビバッタとは

　サバクトビバッタ Schistocerca gregaria は，アフリカでしばしば大発生し，農作物を喰い荒らして深刻な被害を引き起こす農業害虫である．本章では，サバクトビバッタの防除を行う現地防除センターの一つであるモーリタニア国立バッタ防除センターの活動を紹介する．

　サバクトビバッタは体長約 8 cm の大型のバッタで，ひとたび大発生すると，数百億匹が群れ，天地を覆い尽くす (図 1)．アフリカ，中東，南西アジアにかけて広く分布し，農作物のみならず緑という緑を食い尽くし，成虫は風に乗ると 1 日に 100 km 以上移動するため，被害は一気に拡大する．地球上の陸地面積の 20％がこのバッタの被害に遭い，年間の被害総額は西アフリカだけで 400 億円以上に及び，アフリカの貧困に拍車をかける一因となっている．

2. 国際的な対策

　サバクトビバッタの被害国は大発生を未然に防ぐために予防的管理に努めているが，情報の統括ならびに活動の指示を出しているのが国際連合食糧農業機関 (The Food and Agriculture Organization of the United Nations, FAO) である．当機関は，人々が健全で活発な生活をおくるために十分な質と量の食糧への定期的アクセスを確保し，すべての人々の食糧安全保障を達成することを目的として，農業，林業，水産業，栄養改善などに関する数千ものプロジェクトを実施・管理している．そのなかの一つにサバクトビバッタ問題を専門に取り扱うチームがある．

　FAO のバッタ専門チームは，バッタの発生状況の迅速な報告，被害の拡大が見込まれる国々への危険通告，バッタ防除のために支援された資金の運営，発生状況の今後の見通しに関する情報の発信を世界に向けて行っている．国間の殺虫剤の貸し借り，人材の提供などにも務め，アフリカ諸国の連携強化に力を入れている．

　被害国には，バッタ問題に対応する専門の責任者がおり，2 週間おきに自国のバッ

図1 サバクトビバッタ。

タの発生状況を FAO に報告している。報告を受けた FAO のバッタ専門チームの担当者キース・クリスマン博士 (Dr. Keith Cressman) が気象状況，バッタの発生場所，衛星画像などを統合し，向こう6週間のバッタの動向を予測し，毎月バッタの状況を要約した情報誌を提供している。なお，この情報はウェブ上 (http://www.fao.org/ag/locusts/en/info/info/ index.html) でも公開され，定期的に更新されている。バッタの発生状況は，国ごとに「平穏，注意，脅威，危険」と異なるレベルで色分けされて地図上に示される。

サバクトビバッタの発生地は西 (9か国)，中央 (16か国)，東 (4か国) の三つの大きな地域に分けられ，それぞれにサバクトビバッタに対する大きな委員会が編成されている。すなわち，西の FAO Commission for Controlling the Desert Locust in the Western Region (CLCPRO)，中央の FAO Commission for Controlling the Desert Locust in the Central Region (CRC)，東の FAO Commission for Controlling the Desert Locust in South-West Asia (SWAC) である。そして，これらの三つが連携し，サバクトビバッタ防除組織 (Desert Locust Control Committee, DLCC) ができている。

ここでは，被害国のなかでもとくに精力的に活動しているモーリタニア国立バッタ防除センターについて紹介する。

3. 現地での対策

現在のバッタ防除センター (Centre National de Lutte Antiacridienne, CNLA) は1960年にセネガル国境に近いアイオンに設立された国際サバクトビバッタ防除センターが前身である。国境沿いに設立されたのは，バッタ発生時には，国どうしが連携し迅速な対応が求められるため，機動力を向上させる意味があった。

2003～2005年に大発生した際には，各国から多くの支援金が寄せられ，現在の礎となる防除センターの施設や車両などの装備が整えられ，2006年より，モーリタニア

の農業省の 1 機関として現在の CNLA が発足した。現在は約 100 名のスタッフが在籍し，約 60 台の車両を有している。年間の活動費として約 1 億円必要となるが，その半分は国から支援され，残りは外部の支援でまかなっている。

防除センターのミッション

防除センターは公的機関として，さまざまな使命を帯びている。その内訳として以下が挙げられている。
(1) 国土全域のバッタ個体群の監視および管理。
(2) 国家植物防疫方針に従って防除プログラムを設計し，地域の農業団体と協力して実施する。
(3) 防除活動の手配。
(4) バッタ個体群の監視および管理業務の正当な評価。
(5) 殺虫剤の使用に伴う環境モニタリングの設計および実施。
(6) 研究活動。
(7) 国内外の専門機関とのバッタに関する情報の共有。
(8) その他，バッタ防除に関するすべての活動の調整。

防除に携わる人材の育成，防除技術の開発など，各活動機関が連携できるように調整することも求められている。

防除の流れ

防除活動には多額の資金が必要とされるため，適切な資金の運用が求められる。低密度下で発育したバッタは孤独相と呼ばれ，問題視されないが，個体数が増えると互いに刺激し合い，群生相と呼ばれる移動型へと変化する。個体数の増加は，単純に個体群の増大を意味するだけではなく，被害の拡大が懸念されるため，群生相化を阻止することが重要となる。バッタの発生状況と発生予察に応じ，異なるレベルでの防除活動が実施されている。

レベル 1 相変異を引き起こす閾値に達しそうな幼虫の個体群や老熟幼虫を優先的に防除する必要がある。発見次第，殺虫剤を搭載した車両 1，2 台を現地に送り込む。

レベル 2 バッタの発生が多数のエリアで起こった場合，送り込む車両の数を増やし，集中的な防除活動が試みられる。防除部隊が現場に滞在し，週単位での防除活動が続けられる。

レベル 3 発生がさらに拡大し，大発生の恐れがある場合，防除部隊がさらに増強される。また，長期にわたって防除活動が必要とされるため，発生地の近くに中継基地が設立され数か月単位で部隊が駐在する。この基地には，防除活動に必要な殺虫剤，水，ガソリンなどの補給物資が蓄えられる。2〜3 台の物資輸送用の大型トラック，無線機を装備した通信車両，および経験豊富な専門官が現場監督として送り込まれ，数台の防除車両を含む大掛かりなチームが結成される。

19 章　モーリタニア国立バッタ防除センター　　　　　　　　　　　　　　　　255

　レベル 4　　大規模なバッタの発生または侵攻が始まった場合，バッタの状況確認のために航空機を用いた調査が行われる。このレベルに達すると，資金不足などが起こる恐れがあるため，国際的な銀行や各国大使館を通じた国際援助が必要とされる。

　車両を用いた地上調査，航空機を用いた上空からの調査に加え，衛星画像も利用される。バッタがとくに発生しやすい地点を中心に調査が進められる。大雨が降った際に大発生する傾向があるため，雨季の 7，8 月以降，重点的に調査が行われる。いかに早期に叩くかが防除成功のカギを握っている。速やかに防除活動を実地することで，近隣諸国の被害の軽減にもつながってくる。殺虫剤の不足が見込まれる場合には，速やかに隣国のモロッコやマリなどから支援してもらえるようになっている。これには殺虫剤の劣化を防ぐ狙いもある。

健康管理

　防除にあたる人の健康管理も行われている。有機リン系およびカーバメート系の殺虫剤がもっともよく用いられており，これらは体内のコリンエステラーゼの活性を阻害し，アセチルコリンの蓄積を引き起こす。アセチルコリンの蓄積は痙攣や嘔吐などを引き起こし，適切な処置が時間内に行わなければ死の危険がある。

　殺虫剤の散布に携わる人は，使用された農薬の量に応じて定期的に血液検査が行われ，健康管理が義務づけられている。同じ人が連続して殺虫剤の散布任務につき，中毒者を出さないようにするため，別の任務にあたるなどの対応がなされている。殺虫剤の使用を軽減するため，少量の殺虫剤を効果的に散布できる工夫がなされたり，昆虫病原糸状菌を用いた生物的防除を採用するなどの代替案が模索されている。

サバクトビバッタに立ち向かう

　組織化された防除システムが構築されており，2009 年，2013 年のバッタの大群が侵入した際には早期防除が成功し，未然に防ぐことに成功している。サバクトビバッタの大発生は毎年起こるわけではなく，不定期に起こる。そのため，その重要性が年によって異なり，資金の継続的な確保が難しい側面がある。また，防除センターを運営するための人材育成が必要とされており，計画的な取り組みが求められている。

トピックガイド

　本章の著者のモーリタニアでの奮闘ぶりを描いた『バッタを倒しにアフリカへ』(前野ウルド浩太郎 2017，光文社新書) はベストセラーとなり，「新書大賞 2018」を獲得した。野生サバクトビバッタの群生相を間近で観察したときの様子がいきいきと描写されている。

　本研究所のホームページ (仏語/アラビア語) [http://www.cnla.mr/](2019 年 1 月 26 日閲覧) では，研究プロジェクトの内容や研究業績などが紹介されている。　　(編者)

20章
ケニア国立博物館

足達太郎

1. NMK の沿革

ケニアの首都ナイロビ (Nairobi) は東アフリカ随一の国際都市である。近年は再開発により高層ビルが次つぎと建設され，市街地をつらぬく幹線道路は交通渋滞を緩和するため立体交差となった。大きく変貌した市街地のなかで，商業地区として知られるウエストランド (Westlands) に，「博物館の丘」(Museum Hill) と呼ばれる一角がある。その付近にも立体交差の大きなループができたが，このあたりにはまだ，植民地時代からの古いたたずまいがところどころ残っている。

その丘の上にある建物が，ナイロビ国立博物館 (Nairobi National Museum) である (図1)。同館は機構上，ケニアの自然および文化遺産を収集・保全して学術研究を行う学際的研究機関の一部であるとともに，国内各地にある地域博物館や遺跡などを管理するケニア国立博物館群 (National Museums of Kenya) の本部となっている。
本書では訳語の正確さよりも，通例に従いこの研究機関を「ケニア国立博物館」(NMK) と呼ぶことにする。

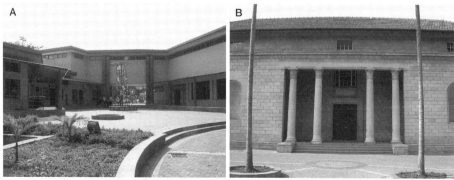

図1 新装なったナイロビ国立博物館 (A) と保存された旧コリンドン博物館の玄関部分 (B)。2008年8月撮影。

20章　ケニア国立博物館

NMK の起源は，1910 年にナイロビにできた自然史博物館 (Natural History Museum) という小さな施設にさかのぼる。これは，3 章でも触れたとおり，イギリス領東アフリカ植民地に入植した自然愛好家たちが結成した東アフリカ・ウガンダ博物学協会 (East Africa and Uganda Natural History Society) によって，設立されたものである。

この施設は，1930 年に現在の Museum Hill に移転し，本格的な博物館として整備された。元ケニア総督で博物学協会の熱心な支援者であったロバート・コリンドン (Robert Coryndon) の名を冠して開館した「コリンドン博物館」は，東アフリカ屈指の研究博物館として名声を博した。

1963 年のケニア独立に伴い，同館は「ケニア国立博物館」と改称された。その後も NMK は，ケニアの自然と文化に関する研究センターの役割を果たすとともに，収集した史料を教育的配慮に基づいて展示し，ケニア国民と外国人を含む一般の人々に公開してきた。2005 年から大規模な改修と拡張工事が始まり，博物館の展示を中止していたが，2008 年に工事が完了して一般公開が再開された (National Museums of Kenya, online1)。

2. リーキー家の人々

コリンドン博物館設立以降の NMK の歴史を語るうえで，リーキー一族と同館との関りを省くわけにはいかないだろう。ルイス・リーキー (Louis Seymour Bazett Leakey: 1903-1972) は，イギリス国教会の宣教師夫妻の長男としてナイロビ郊外のカベテ (Kabete) で生まれた。父親のハリーは，原住民が使うキクユ語 (Gikuyu) への聖書の翻訳に取り組むとともに，博物学協会への出資者でもあった。息子のルイスは，幼少の頃から自然や生きものとキクユ人 (Kikuyu) の文化に親しみ，19 歳で父の母校であるイギリスのケンブリッジ大学に入学した。ここでルイスは大英自然史博物館による東アフリカでの恐竜化石発掘隊に参加し，帰国後は人類学に転向した (Morell 1995)。

1941 年にコリンドン博物館の無給学芸員 (honorary curator) となり，ここを拠点に同じく人類学者である妻のメアリー (Mary Douglas Leakey : 1913-1996) とともに，東アフリカで人類化石の発掘を行った。1959 年には，タンガニーカ (現在のタンザニア大陸部) のオルドヴァイ峡谷 (Olduvai Gorge) で，猿人であるパラントロプス・ボイセイ *Paranthropus boisei* の頭蓋骨化石を発掘した。

このような古人類学上の数かずの業績によって，ルイスは実質的な博物館長として処遇され，博物館を運営するかたわら，数多くの発掘調査を実施した。彼はまた，人類進化の過程を解明する鍵となる現生霊長類の野外生態の研究を推進するため，多くの若手研究者を育てた。なかでもジェーン・グドール (Jane Morris Goodall : 1934-)，ダイアン・フォッシー (Dian Fossey : 1932-1985)，ビルーテ・ガルディカス (Biruté Marija Filomena Galdikas : 1946-) という 3 人の女性はそれぞれ，チンパンジー，ゴ

リラ，オランウータンの世界的に著名な研究者となった．

　ルイスの息子であるリチャード・リーキー (Richard Erskine Leakey: 1944-) もまた人類学者である．リチャードは幼い頃から両親につれられ，人類化石の発掘現場を見て育った．16歳でセカンダリースクールを卒業すると，大学へは進学せず，動物を捕獲して骨格標本を博物館などに売る商売や，サファリ (野生動物観光) のガイドをして稼いだ (Leakey and Morell 2001)．

　18歳のときに小型飛行機のパイロットの免許を取得し，初めての単独飛行でオルドヴァイ峡谷へ向かう途中，タンザニアのナトロン湖 (Lake Natron) の上空からその地質構造を見て，直感的に化石の存在を予測したという．すぐさまナトロン湖発掘隊を組織し，パラントロプス・ボイセイの下顎の化石を発見した．これをきっかけに化石人類の発掘にのめりこんだリチャードは，エチオピアのオモ川 (Omo River) での国際発掘隊に参加するなど実績をつんだ．1969年には25歳の若さでNMKの館長に就任した．

　ヨーロッパ系の入植者によって設立されたNMKでは，アフリカ系住民は長らく"下働き"の地位しか与えられなかった．ケニア独立後も，博物館の運営を彼らにまかせることは，ヨーロッパ系の保守的な層には抵抗があった．しかし，ケニア生まれでキクユ語を自在にあやつるリチャードは，人種にかかわりなくすべての国民が新国家の建設に貢献するべきだと考えていた．このようなリチャードの主張は，アフリカ系の博物館関係者からも受け入れられた．独立とともにケニア国籍を取得したリチャードの館長就任を彼らは支持したのである．

　リチャード・リーキーは，1989年までNMKの館長を務めた．その後，政府の野生生物管理局 (Wildlife Conservation and Management Department, WCMD) の局長に転身して野生生物の保全に取り組み，アフリカゾウの密猟対策などに辣腕をふるった．1990年にWCMDがケニア野生生物公社 (Kenya Wildlife Service, KWS) に改組されると，その初代総裁に就任した．さらに1995年には，ケニアの知識人たちとともに政党を立ち上げて政治家に転身し，1999年から2年間，内閣府長官と公務員任用長官を務めた．

　リチャードが化石人類の発掘から離れたあとも，妻のミーヴ (Meave G. Leakey: 1942-) と娘のルイーズ (Louise Leakey: 1972-) がNMKを拠点にケニア北部のトゥルカナ湖 (Lake Turkana) で発掘を続けている．

3．NMK の研究部門

　2012年に改正された「国立博物館および自然文化遺産法」(National Museums and Heritage Act) によれば，NMKの役割として以下の四つが求められている．
(1) 科学・文化・技術・人間に関する国家的リポジトリ (情報の貯蔵庫) としての役割．

表1 ケニア国立博物館の研究部門

研究収蔵総局 (Directorate of Research and Collection, DRC)
    収蔵登録課 (Collection Registry)
植物研究部 (Botany Department)
    ナイロビ植物園 (Nairobi Botanic Garden)
    菌類領域 (Mycology Section)
    植物標本室 (Herbarium Section)
    文書・情報管理室 (Documentation and Information Management Section)
動物研究部 (Zoology Department)
    爬虫類・両生類領域 (Herpetology Section)
    魚類領域 (Ichthyology Section)
    無脊椎動物領域 (Invertebrates Zoology Section)
    哺乳類領域 (Mammology Section)
    鳥類領域 (Ornithology Section)
    骨学領域 (Osteology Section)
地球科学研究部 (Earth Sciences Department)
    考古学領域 (Archaeology Section)
    古生物学領域 (Palaeontology Section)
    花粉学・古植物学領域 (Palynology and Palaeobotany Section)
    地質学領域 (Geology Section)
文化遺産研究部 (Cultural Heritage Department)
生物多様性センター (Centre for Biodiversity)
    ケニア在来知識資源センター (Kenya Resource Center for Indigenous Knowledge, KENRIK)
資料センター (Resource Centre)
    図書室 (Library Section)
    文書映像資料室 (Archives Section)

出典：National Museums of Kenya (online4)。

(2) 科学・文化・技術・人間に関するあらゆる分野についての研究を実施し，知識の普及を行う場所としての役割。
(3) ケニアの文化遺産および自然遺産を特定し，保護と保全を行い，情報を伝達する役割。
(4) 文化的資源を社会的および経済的発展のために活用する役割。

これらの役割を果たすため，NMK の研究活動と標本資料などの収集を統括する研究収蔵総局と，植物・動物・地球科学・文化遺産に関する研究部門がおかれている。そのほかに，図書室と文書映像資料室 (アーカイブ) からなる資料センターと，生物多様性センターが設置されている (表1)。

4．NMK における昆虫学研究

NMK は昆虫学においても設立当初から重要な役割を果たしてきた。NMK の前身である自然史博物館で，その収蔵品を無給学芸員として管理していたのは，アンダーソン (T. J. Anderson) という昆虫学者だったという (Muuthia 2014)。彼は植民地政庁の農業部に勤める技師だったらしい。また，ケニア独立後にコリンドン博物館から

NMK に名称がかわったあと，初代館長 (Director) をつとめたロバート・カルカッソン (Robert Herbert Carcasson) は，東アフリカのチョウの分類を専門とする昆虫学者だった。

初期の収蔵標本は東アフリカ・ウガンダ博物学協会が所蔵品を移管したものだった。当時の会長で，後にウガンダ総督となったフレデリック・ジャクソン(Frederick John Jackson) も，開館にあたってチョウの収集品を寄贈しており，これらの標本は現在の NMK に引き継がれている。NMK が所蔵する昆虫標本のなかで最古のものは，1888 年にタンガニーカで採集されたツチハンミョウ科 Meloidae の一種である (National Museums of Kenya, online2)。

現在，NMK が収蔵している動物標本は 300 万点以上に及び，その大部分を昆虫が占めている。昆虫標本のコレクションとしては，東・中部・南部アフリカではジンバブエ自然史博物館 (Natural History Museum of Zimbabwe) につぐ規模だという。NMK の昆虫標本の約 90％は木箱に収められた乾燥標本であり，残りの 10％はアルコール標本とプレパラート標本である。コレクションには，140 種の完模式標本 (ホロタイプ) をはじめとする 3000 件近い模式標本 (タイプ標本) が含まれている (表2)。

表2 ケニア国立博物館が収蔵する昆虫の完模式標本 (holotype) の科ごとの件数

目・科	件数 (種)	目・科	件数 (種)
ハサミムシ目		ハエ目	
チビハサミムシ科 Labiidae	2	ハモグリバエ科 Agromyzidae	14
小計	2	シュモクバエ科 Diopsidae	1
バッタ目		アシナガバエ科 Dolichopodidae	1
バッタ科 Acrididae	2	シュジョウバエ科 Drosophilidae	3
小計	2	イエバエ科 Muscidae	2
シロアリ目		アタマアブ科 Pipunculidae	2
シロアリ科 Termitidae	10	ハナアブ科 Syrphidae	1
小計	10	ミバエ科 Tephritidae	12
カメムシ目		小計	36
ヒシウンカ科 Cixiidae	1	チョウ目	
ツノゼミ科 Membracidae	1	ハマキモドキガ科 Choreutidae	1
カスミカメ科 Miridae	3	ツツミノガ科 Coleophoridae	11
小計	5	シャクガ科 Geometridae	19
コウチュウ目		セセリチョウ科 Hesperiidae	1
マメゾウムシ科 Bruchidae[1]	1	シジミチョウ科 Lycaenidae	9
タマムシ科 Buprestidae	1	Metarbelidae[2]	6
ハムシ科 Chrysomelidae	2	タテハチョウ科 Nymphalidae	12
ハンミョウ科 Cioindelidae	4	トリバガ科 Pterophoridae	2
テントウムシ科 Coccinellidae	7	メイガ科 Pyralidae	2
ガムシ科 Hydrophilidae	2	シジミタテハ科 Riodinidae	1
ゴミムシダマシ科 Tenebrionidae	3	ハマキガ科 Tortricidae	1
小計	20	小計	65
		総計	140

出典：Otieno et al. (2014) より作表。
1, 2) マメゾウムシ科と Metarbelidae は現在，それぞれハムシ科の亜科 Bruchinae およびボクトウガ科の亜科 Metarbelinae とされているが，いずれも原典の分類に従った。

NMKにおける昆虫学研究は，おもに動物研究部の無脊椎動物領域で行われている。同領域の基本的な業務は昆虫の同定・分類と標本データベースの作成である。そのほかに，ケニア国内の他の研究機関や政府機関との共同研究，あるいはその助成により，以下のような研究プロジェクトが進められている。——野生生物保護地域での生物多様性調査 (KWSとの共同研究)，湿地における無脊椎動物の調査 (鉱業地質省への協力)，高地におけるカ類の調査 (ケニア医学研究所＝Kenya Medical Research Institute, KEMRIとの共同研究)，新規導入穀物で葉も食用できるアマランサス (ヒユ科) の害虫の調査 (ケニア農業畜産研究機構＝Kenya Agriculture & Livestock Research Organization, KALROとの共同研究)，食料確保や生活向上，気候変動に対応するための食用昆虫の研究 (国家科学技術革新評議会＝National Commission for Science, Technology & Innovation, NACOSTIの助成)。

　無脊椎動物領域では上記の研究活動のほか，外部の研究者からの依頼による昆虫の同定・分類を業務として行なっており，学術目的の標本の貸し出しにも応じている。また学生や一般向けの昆虫学の基礎に関する短期コースの開講や研修生の受け入れも実施している。

　NMKではまた，生物多様性センター (Centre for Biodiversity) でも昆虫の生態や生物多様性に関する研究が行われている。同センターは国際連合環境計画 (United Nations Environment Programme, UNEP) の要請を受けてNMKに設置された部局であり，後述する生物多様性条約をケニアが批准するにあたって，国内における生物多様性に関する情報を収集し，政府による保全政策について助言する役割が期待されている。具体的なものとしては，「キペペオ (kipepeo，スワヒリ語でチョウのこと) プロジェクト」が挙げられる。これは，ケニア東部にあるアラブコ・ソコケの森 (Arabuko Sokoke Forest) の周辺に住む住民が，チョウの飼育とともに，蜂蜜やキノコの生産を行うことによって，生物多様性の保全と現金収入をはかる地域おこしの活動を支援するものである。このほか東アフリカに生息するハリナシバチ亜科Meliponinaeなどの花粉媒介昆虫の生物多様性調査なども実施されている (National Museums of Kenya, online3)。

　なお，生物多様性センターの傘下にあるケニア在来知識資源センター (Kenya Resource Center for Indigenous Knowledge, KENRIK) では，ケニアにおけるエスノサイエンスの研究を行なっている。おもにケニア各地で植物の伝統的な利用法などを調査しており，食用昆虫など民族昆虫学的な調査も付随的に実施されているようである。

5. 生物多様性条約への対応

　太古の昔から，生物の多様性は人類に恩恵をもたらしてきたが，大航海時代以降，文明の発展に遅れた地域が，その土地に固有の生物資源を一方的に搾取されるといういびつな構造が出来上がった。それは今も，先進国による途上国からの経済的収奪と

いう形で存続しており，有用な動植物の乱獲や野放図な開発による大規模な生態系の破壊を招いている。

1992 年に締結された生物多様性条約 (Convention on Biological Diversity, CBD) では，過去数世紀にわたるこの不均衡な状況を是正すべく，「遺伝資源の利用から生ずる利益の公正かつ公平な配分」が提唱された。その法的な枠組みとして，遺伝資源へのアクセスと利益配分 (access and benefit sharing, ABS) のありかたを取り決めた名古屋議定書 (Nagoya Protocol) が採択され，2014 年 10 月に発効した。締約国は 2018 年 11 月の時点で 113 か国にのぼり，このなかにはケニアをはじめアフリカの 43 か国が含まれている (環境省 online)。

本議定書のもとでは，これまで無主物とされていた野生生物は，すべて遺伝資源としてその生物が生息している国や地域の所有物とみなされ，所有者と利用者との間で公平に利益を分配しなければならない。また，野生生物の利用法などに関する在来知識も利益配分の対象となる。なお，ここでいう利益には金銭的利益と非金銭的利益が含まれ，互いに合意した条件に沿って配分を行う必要がある。

したがって，学術研究を目的とした生物試料や昆虫標本から得られた「研究成果」という非金銭的利益についても，公平な配分が求められる。具体的には，提供国から事前の情報に基づく同意 (prior informed consent, PIC) を得たうえで，相互に合意する条件 (mutually agreed terms, MAT) を設定する必要がある。これを遵守しない場合，利用国側の責任で，たとえば不適切な手段で入手した生物試料を用いて行われた研究業績は無効とするなどの措置がとられる可能性がある。

ただ実際には，このような議定書が定める取り決めを運用する規定が，各締約国の担当部署ではまだ確立されていないのが現状である。手続きを不必要に煩雑にすることは，研究の遂行を困難にし，かえって生物多様性の保全を阻害することにつながるおそれがある。かといって，あまりにも安易な規程だと，規制の抜け道をついた生物資源の盗賊行為 (biopiracy) が横行することになりかねない。そこは，研究者個人が良心に従って，ABS の趣旨を十分に理解して行動するしかないだろう。よい慣習が合理的な規則として定着すれば，研究者と調査対象国の双方にとって利益となるに違いない。

名古屋議定書が締結される以前は，比較的簡単な手続きで，昆虫標本の国外への持ち出し許可を NMK から得ることができた。2007 年頃の筆者らの経験では，ケニア国内で採集した農業害虫のアルコール標本を日本へ持ち帰るために，まず NMK の連携研究者 (affiliate) となる手続きをとった。その際，申請料としてたしか 100 ドルほど支払った。そして，採集した昆虫をすべていったん NMK に寄贈する形にしたうえで，あらためて標本の貸し出しを申請した。これによって研究試料移動合意書 (material transfer agreement, MTA) が交付された。この場合，研究が終わった標本は返却する必要がある。破壊的な分析を行うなどして，標本を返却することができない場合は，同じ種の標本個体を NMK に残せば，必要に応じて複製標本として譲渡してもら

うことも可能であった。

　締結後の現在は，NACOSTI に申請して調査許可 (上述の PIC に相当) を取得したうえで，NMK との間で MAT を取り交わす必要がある。研究目的や試料の処理方法なども事前に合意しておく必要があるが，基本的には上記の標本持ち出し手続きが踏襲されているようである。実際に標本の持ち出しを申請する場合は，事前に NMK に問い合わせてほしい。ケニアにおける調査許可の申請については，日本学術振興会ナイロビ研究連絡センターのウェブサイト ［https://www.jspsnairobi.org/shinsei］ (2019 年 1 月 11 日閲覧) に情報がある。

謝辞

　表 2 をまとめるにあたり，東京農業大学国際食料情報学部国際農業開発学科熱帯作物保護学研究室学生の髙田悠太さんには，多大なご協力をいただいた。ここに記して感謝する。

トピックガイド

　本博物館のホームページ (英語) ［http://www.museums.or.ke/］ (2019 年 1 月 26 日閲覧) では，沿革や組織に関する情報のほか，展示部門と研究部門における活動内容などが詳しく紹介されている。データベースなど各種の情報提供サービスも充実している。
(編者)

補章
アフリカで虫を食べる―栄養源としての昆虫食

八木繁実・岸田袈裟

「まえがき」と「あとがき」にあるとおり，本書の出版にあたり，2013年に逝去された八木繁実さんの遺志を継いだご夫人の宏子さんから出版援助金をいただいた。そこで八木ご夫妻への感謝の気持ちを込め，生前の八木さんがやはり故人となられた岸田袈裟さんと共著で発表した昆虫食に関する論文[『月刊アフリカ』40巻11号(通巻467号, 2000)]を一般社団法人アフリカ協会の許可を得てここに補章として再録することとした。なお，本書への収録にあたっては，読みやすさを考え，適宜改行するなど，若干の修正を行った。

(編者)

はじめに

霊長類の一員である人類は，ほ乳類の原始的な仲間である食虫目(トガリネズミの類)から進化したといわれている。名前の通り食虫目はもちろん，猿類・類人猿での昆虫食はよく知られ，チンパンジーが枝を塚に差し込んでのシロアリ釣りは，道具を使う例として有名である。

人類が古くから虫を食べる習慣を持っていたことは，人の糞の化石，遺跡，古文書など，世界のあちこちから報告されている。我が国でも昆虫食は地域によってはよく知られ，とくに信州では，イナゴ，ハチの子，ザザ虫，セミ，などを子供の頃味わった覚えがある。最近これらの虫は主に嗜好品として缶詰・瓶詰めなどに加工され，かなり高い値段で売られている。しかし現在の日本で，積極的に「虫を食べるのが好き」などといえば，よほどの変人と思われ，げてもの趣味と言われるのが落ちであろう。

日本はもちろん，中国，タイ，ヴェトナムなどのアジア，アフリカ，アメリカ，オセアニア，などの大陸で行われて来た多種多様な昆虫食は，元々住んでいる現地の人々(先住民)の生活と密着な関係を持ち，重要な食料源として利用されて来たのである。しかしながら，アメリカ，オセアニア，アフリカに移住し征服したヨーロッパ人は，自分達の食文化を優先し，虫を食べるという習慣は野蛮な原住民の野蛮な行為として扱い，それが近代欧米先進国の食文化として世界に広まったといえよう。

ユニークな文化人類学者マーヴィン・ハリスは，「ヨーロッパ人やアメリカ人が昆虫を食物と考えないということと，昆虫が病気を媒介したり不潔であるということとは，何の関係もない。私たちが昆虫を食べないのは，昆虫が汚らしく，吐き気をもよおすからではない。そうではなく，私たちは昆虫を食べないがゆえに，それは汚らし

く，吐き気をもよおすものなのである」と述べている。昆虫を食べることがなぜ嫌われるかはまだ謎が残っているが，比較的寒冷地が多いヨーロッパでは昆虫の種も量も少なく，その発生時期も限られ，昆虫を人間の食料とすることは困難であるため，昆虫食があまり行われなかったと推論することが出来る。

バッタの野外調査から考えたこと

　筆者の一人・八木の専門は応用昆虫学であり，ナイロビの国際研究機関であるICIPE (国際昆虫生理生態学センター) に農林水産省のJIRCAS (国際農林水産業研究センター) から90年代前半に長期派遣され，主にバッタなどの害虫防除の基礎研究に携わって来た。

　アフリカにおけるバッタの突発的な大発生と移動は古く旧約聖書の時代からよく知られており，緑という緑を食べ尽くして移動する害虫として現在でも恐れられている。1986〜88年にかけてのサバクワタリバッタの大発生はとくに有名で，移動を繰り返したバッタは西アフリカ沿岸から4000 km以上離れたカリブ海の島々まで1週間かけて飛んで行ったのである。

　このようなICIPEでのバッタ研究の詳細については，八木の他の報告 (八木1994など) を参照されたい。ICIPEのバッタ研究最前線基地としては，スーダンの紅海に面した港町ポート・スーダン郊外に支所があり，ナイロビ在住中，バッタの発生調査で周辺諸国に出かけることもあった。

　チャド出身のICIPEドクターと京大・山極寿一さんと共にエチオピア経由でチャドの首都ヌジャメナにバッタ発生調査に出かけた時のことである。現地では農作物の害虫であるバッタが大発生したとき，それらを捕らえ，食料としてうまく利用していたのである。故に，時と場合によっては害虫も益虫なのである。

　ヌジャメナ郊外の道路はもちろん，市の中心にあるマーケット (グラン・マルシェ) でゆでたバッタを山盛りにしておばさん達が売っていた (写真1)。4種類のバッタが

写真1 バッター―ヌジャメナのマーケットにて

写真2 クサキリ (キリギリスの類) ―カンパラのマーケットにて，山極寿一さん撮影

写真 3 料理前のクサキリ　　　　　**写真 4** 料理後のクサキリ—小エビなどより柔らかく非常に美味

含まれており，夜，たき火を燃やして集まって来るバッタを手づかみで捕らえるという。日中は 50 度近くになるヌジャメナのホテルの灯に，ものすごい量の昆虫が毎夜集まって来た。マーケットではバッタの他，スズメに似た害鳥クエラ・クエラの丸焼きも並んでいた。

さっそく当時お世話になっていた NGO・緑のサヘルのスタッフとバッタ料理を味わったのが病みつきになり，ナイロビに戻って ICIPE で飼育中のサバクワタリバッタの炒め物 (これはなかなか美味) をこっそり楽しむことになってしまった。しかし，最もおいしいバッタの類は 12 月にウガンダ・カンパラのマーケットで買ったクサキリ (キリギリスの類) であり (写真 2)，ハネと脚を除いて塩とピリピリ(トウガラシ)で味付けして軽く炒めた料理は小エビなどより柔らかく，ビールのつまみとして最高であった (写真 3, 4)。

このようにアフリカでは，地域によってさまざまな昆虫が今でもよく食べられており，昆虫食を通じてその地域に暮らす人々の生活と文化を知ることが出来る。ここでは私達の調査から，ケニアを中心として，昆虫食が現地の人々にどのように役立っているかを述べてみよう。

西ケニア・エンザロ村での昆虫食調査

ケニア第三の都市キスムから車で 20〜30 分でヴィヒガ県エンザロ村に到着する。

岩と石が多い起伏に富んだこの地域は，傾斜地がほとんどで，狭い土地での農業が行われている，いわゆる貧しいケニアの農村と呼ばれ，都市への出稼ぎが多い (写真 5)。ここに住むルヒアの人々は昆虫を食べる習慣を持ち，今でもとくにシロアリを好んで食べていることは筆者の一人岸田により確かめられている。岸田は 25 年以上ケ

写真5 西ケニア・エンザロ村の農家

ニアに住み，専門の栄養学に関する野外調査を長年行って来た。近年は国際協力事業団 (JICA) の専門家としてこの地域での村落社会開発・女性の地位向上など様々なプロジェクトを推し進めている。クリニックの設置，カマド・わらじの普及，キオスクの設置，ニワトリ・ウズラの飼育による女性の現金収入向上などである。

まずエンザロ村の女性グループの所有するウズラ・ニワトリの飼育室の一角を借用して，食用昆虫の飼育を始めるとともに，シロアリの捕らえ方，料理法，シロアリ食の実態，などを調査した。これらの結果はすでに一部報告されているので (八木 1997a, b)，重複を避け，簡単に述べることにする。

シロアリ・トラップと料理法

シロアリは総称してスワヒリ語でクンビ・クンビと呼ばれるが，雨期にかけて地中の巣から雌雄のハネアリ (生殖虫) が一斉に飛び出し，地上に降りてハネを落とし，ペアになったオス・メスが地下に潜って新しい子孫を生み出す。これをシロアリの婚姻飛翔と呼び，種によって，婚姻飛翔の起こる時期，時刻が異なっている。そして主にこのハネアリが食用となる。

エンザロ村に発生する食用シロアリは主に3種。その中で塚を作らず，地面の穴から直接日中に出現する小型のヒメキノコシロアリは，頻繁に捕れ，時期が長く，多量に発生するので最もよく利用されている。前夜雨が降り，当日は晴れてやや蒸し暑く，風が無い午後が最もハネアリが発生しやすい。

トラップ作成とハネアリ捕獲を一連の写真で示した。巣穴を出入りする働きアリの行動をチェックし，巣穴の上の地面に半球状のトラップを作り，樹の枝や毛布で覆う (写真6)。トラップの内部で太陽に近い端にハネアリを貯める穴を掘り，その真上のみ覆いを開けて光が差し込むようにする (写真7)。一斉に出てきたハネアリは光の方に移動し，トラップの端に掘られた穴に貯まっていくが，残りは覆いの隙間から空中に舞い上がって行く。しかし，空中に集まっている多くの鳥の餌となってしまう。地上では我々人間 (写真8) の他，アリ，トカゲ，ニワトリなどの捕食者が食べてしまい，首尾よく地中に潜るペアは非常に少ない。

得られたハネアリはそのまま生で食べる他，少量の水で炒め，塩で味付けする（写真9）。これは数日間は保存出来る。地元のマーケットではハネアリ20g程の1包が45シリング（約90円）であった。バナナ1房が5〜10シリングなので，それ程安くはない（写真10）。

しかし，ナイロビのマーケットでは同じハネアリの値段が数倍になるという。強制

写真6　シロアリトラップを仕掛ける—その1．穴の真上以外にカバーをかける

写真7　シロアリトラップを仕掛ける—その2．ハネアリを穴に落とす仕掛け

写真8　シロアリ捕食者としての子供達—大好きな生ハネアリを食べる

写真9　シロアリのハネアリを料理する

写真10　ローカル・マーケットで炒めたシロアリのハネアリを買う岸田

的にハネアリを塚から追い出す方法として面白いのは，地面に板を置き棒で板を叩いて地面を振動させて追い出すやり方で，時には塚の廻りで人々が輪になって踊ることもあるという．

塚を作る大型のオオキノコシロアリの場合は，ハネアリの発生時期が4～5月の雨季の深夜と限られているので，捕らえるのがやや面倒である．基本的なトラップはヒメキノコシロアリと変わらない．この場合は塚の隣のトラップ内にランプを置き，光で誘引する．気象など環境条件はヒメキノコシロアリと類似するが，塚からの働きアリの出入りを日中からよくチェックする．これらの役目は主に子供達の仕事であり，大人はもちろん子供達はいつどんな時にどんな種類のハネアリが出現するかを非常によく知っており，まるで「少年ファーブル」のようである．

昆虫食の栄養価

昆虫の栄養価がかなり高いことはすでに様々な昆虫種で報告されているが，実際，エンザロ村で捕れたシロアリとICIPEで飼育しているサバクワタリバッタを乾燥させ，かんたんな成分分析を行ったところ，脂肪約40％，タンパク質10～20％であった．生牛肉では，脂肪18～20％，タンパク質16～25％という報告があり，いずれにしてもこれらの昆虫がかなり高カロリーの食物であることは間違いない．

シロアリ食の重要性

エンザロ村の約300の農家の2割程度の毎日の食事の内容を調査した結果，時期にもよるが農家によっては全食事量(生重量)の1/4～1/3をシロアリ食が占めていることがわかった．とくに小学生と妊婦がシロアリを好んでよく食べることも判明した．ほとんどの農家の食事では，生ハネアリを主に食べ，しばらく保存出来る軽く炒めたハネアリも併用している．

シロアリのハネアリが出現する雨期は，まだトウモロコシなどの作物は栽培中で収穫前であり，高タンパク，高脂肪の食物として手近で安価なシロアリはこの地域での重要な栄養源となっているといえる．

表1に，ある農家の一日の摂取カロリー総量を示した．雨期に入ったある日，総タンパク質は1/3弱，総脂肪は大人も子供も75％以上シロアリから摂取していることがわかる．この地域の主食ウガリの原料はトウモロコシやソルガムであり，常時不足がちな動物性食料をシロアリから補っていることがわかる．

元来キノコを栽培する高等なシロアリの多くは枯れた草木を集めてえさにするため，畑の大害虫とはならず，村人達はシロアリの塚を破壊することなく，雨期での重要な食料源として利用しているのである(写真11)．また，ハネアリは時には婚資として使われることもあるという．さらに，シロアリの塚の表面から時々生えるキノコも食用として利用されている．

表1 エンザロ村でのシロアリ食の一例
(1996年3月17日の食事における主栄養成分, g/人)
農家番号：WA-28, 1996.3.17, 家族構成：大人2, 子供2 (15歳以下)

	大人	子供
総タンパク質	93.1	43.1
シロアリから	25.0 (26.9%)	12.5 (29.0%)
総脂肪	109.6	54.3
シロアリから	82.0 (74.8%)	41.0 (75.6%)
総炭水化物	370.1	191.2
シロアリから	5.3 (1.4%)	2.6 (1.4%)
総カロリー (約)	3300 kcal	1706 kcal

写真11 トウモロコシ畑にあるシロアリ(オオキノコシロアリ)の塚

その他の食用昆虫

　この地域では，ハネアリの他，時には鋭いアゴで噛みつくシロアリの兵隊アリも食べることがある。兵隊アリの頭を噛みつぶさないと口の中で噛みつかれるおそれがあるが，アリが持っている成分のせいか，ややピリッとしてうまいという。大型の女王アリは大変貴重で塚を完全に壊さなければ取り出せない。種によっては10年以上生き，卵を産む機械のようなこの昆虫は，世界のあちこちに見られる昆虫食でも最も貴重で高価な食物といえる。

　一方，長老の話によれば，バッタは長年大発生することはなかったので，食べていないという。シロアリ，バッタ，ハチ，ヤシのゾウムシと並んでアフリカの多くの地域で最も共通に食べられている昆虫は野生の蚕・ヤママユガの幼虫である。エンザロ村でも時にはこの幼虫を見かけることがあるが，発生量が少ないためか，ほとんど食べることはないという。

おわりに

　すでにエンザロ村での事例から，虫を食べるということは穀物の収穫が途切れる時

期の栄養源として重要であるばかりでなく，自然環境に適応し，人々が自然と共存し得る生活の知恵を伝えるという教育的な側面も持っているものと考えられる。ナイロビのマーケットで高価なハネアリを買い，遠く離れた故郷の味をなつかしく想い出す人々もいるという。

いずれにしても昆虫は自然環境の産物であり，それが食料として利用されるほど質量ともに豊富であるということは，それを取り巻く自然環境がたとえ厳しくてもある面豊かであることを示している。

すでに述べたように，栄養的に昆虫は肉や魚とそれほど遜色がなく，タンパク質，脂肪の慢性的な不足に悩まされている人々にとっては大切な食料といえる。エビ，カニなどの甲殻類は高タンパクだが低脂肪であり，昆虫はより高カロリーの食物なのである。そして最も強調したいことは，ある種の昆虫はある地域では非常に美味しいと認識されている点である。うまいから食べるのであり，決して飢えているから仕方がなく昆虫を食べるのではないのである。

しかし，一般的には近代化・中央集権化によって，肉や魚，加工食品が利用されるに伴い，とくに都市部では世界的にも昆虫食は減少する傾向が著しい。ところが面白いことには，昆虫を食べる機会が減って来た我が国でも，最近健康食品の一種として昆虫の利用が始まっている。例えば，カイコの生産物である絹成分を含んだ健康食品や，昆虫や甲殻類に含まれるキチン・キトサンを含んだ健康食品である。キチン質成分は腸の蠕動運動を促進する働きがあることは昔からよく知られている。我々日本人は，昆虫食をわざわざ高価な食品としてその成分を加工利用しなければ食べられないほど退化してしまったのかも知れない。

昆虫は地球上で最も数が多い生物であり，タンパク質と脂肪が豊富であるが，小型で発生時期が不定期なため安定継続した食料にはなり難いといわれて来た。再びマーヴィン・ハリスは，「大部分の昆虫は，普通の家畜や多くの野生脊椎動物，無脊椎動物に比べて，一定の収穫量に対する時間的，またエネルギー上のコストという点から見て非常に劣っている。昆虫が嫌われる場合と好まれる場合があるのはなぜか。昆虫を食べる場合も，いくつかの特定な種がとくに好まれるのはなぜか。これらのなぞを解く鍵はまさに昆虫を人の食料として見たときの，コスト面にある」と述べている。

しかし，「昆虫はなぜ豚・牛・馬のように家畜化されなかったのだろうか」という疑問はまだ残されている。最近，人工的な餌で大量の昆虫を出来るだけ安価で常時飼育する技術がカイコなど多くの昆虫で普及しつつある。

将来，魚類やエビの養殖と同様に昆虫の養殖業が発展し，我が国でも究極のグルメとして美味昆虫がもてはやされたり，加工された昆虫成分が健康食品として家庭の食卓に並ぶことも夢ではなくなるかも知れない。

引用文献

Abate T, van Huis A, Ampofo JKO (2000) Pest management strategies in traditional agriculture: an African perspective. *Annual Review of Entomology* 45: 631-659
Adams A (1985) Cryptobiosis in Chironomidae (Diptera) — two decades on. *Antenna* 8: 58-61
足達太郎 (1999) 作物害虫とその管理に対する農民の認識―キトゥイ県の事例.ふくたーな (日本学術振興会ナイロビ研究連絡センター・ニュース) (9): 6-8
足達太郎 (2003) 中国・華南農村における水稲病害虫とその防除に対する農民の認識.九州病害虫研究会報 (49): 71-76
足達太郎 (2006) 熱帯の伝統的農法―環境保全の機能をどう生かすか.高橋久光・夏秋啓子・牛久保明邦編『熱帯農業と国際協力』筑波書房　東京 pp. 148-157
足達太郎 (2007) ササゲとマメノメイガ.日本ICIPE協会編『アフリカ昆虫学への招待』京都大学学術出版会　京都 pp. 81-97
足達太郎 (2018) アフリカ昆虫学史序説.生物科学 69 (3): 176-187
足達太郎・中村達 (2001) 熱帯アフリカにおける害虫管理の実態と農民の認識―ケニアでの調査事例とICIPEのとりくみ.第45回日本応用動物昆虫学会大会 (島根大学) 講演要旨 p. 184
Adati T, Tamò M, Yusuf SR, Downham MCA, Singh BB, Hammond W (2007) Integrated pest management for cowpea–cereal cropping systems in the West African savannah. *International Journal of Tropical Insect Science* 27 (3/4): 123-137
Amarasinghe A, Kuritsky JN, Letson GW, Margolis HS (2011) Dengue virus infection in Africa. *Emerging Infectious Diseases* 17 (8): 1349-1354
Anderson JM, Coe MJ (1974) Decomposition of elephant dung in an arid, tropical environment. *Oecologia* 14 (1/2): 111-125
安渓貴子 (2009) 『森の人との対話―熱帯アフリカ・ソンゴーラ人の暮らしの植物誌』東京外国語大学アジア・アフリカ言語文化研究所　府中
Antonio-Nkondjio C, Simard F, Awono-Ambene P, Ngassam P, Toto J-C, Tchuinkam T, Fontenille D (2005) Malaria vectors and urbanization in the equatorial forest region of south Cameroon. *Transactions of the Royal Society of Tropical Medicine and Hygiene* 99 (5): 347-354
Antonio-Nkondjio C, Ndo C, Kengne P, Mukwaya L, Awono-Ambene P, Fontenille D, Simard F (2008) Population structure of the malaria vector *Anopheles moucheti* in the equatorial forest region of Africa. *Malaria Journal* 7: 120 (1-10)
Arillo A, Ortuño V, Nel A (1997) Description of an enigmatic insect from Baltic amber. *Bulletin de la Société entomologique de France* 102 (1): 11-14
Arillo A, Engel MS (2006) Rock crawlers in Baltic amber (Notoptera: Mantophasmatodea). *American Museum Novitates* 3539: 1-10
Awono-Ambene HP, Antonio-Nkondjio C, Simard F, Fontenille D, Kengne P (2004) Description and bionomics of *Anopheles* (*Cellia*) *ovengensis* (Diptera: Culicidae), a new malaria vector species of the *Anopheles nili* group from south Cameroon. *Journal of Medical Entomology* 41 (4): 561-568
Ayala D, Costantini C, Ose K, Kamdem GC, Antonio-Nkondjio C, Agbor J-P, Awono-Ambene P, Fontenille D, Simard F (2009) Habitat suitability and ecological niche profile of major malaria vectors in Cameroon. *Malaria Journal* 8: 307 (1-15)
Backwell LR, d'Errico F (2001) Evidence of termite foraging by Swartkrans early hominids. *Proceedings of the National Academy of Sciences of the United States of America* 98 (4): 1358-1363
Bai M, Beutel RG, Klass K-D, Zhang W, Yang X, Wipfler B (2016) †Alienoptera — A new insect order in the roach–mantodean twilight zone. *Gondwana Research* 39: 317-326

Baoua IB, Amadou L, Ousmane B, Baributsa D, Murdock LL (2014) PICS bags for post-harvest storage of maize grain in West Africa. *Journal of Stored Products Research* 58: 20-28

Barbosa P, Hines J, Kaplan I, Martinson H, Szczepaniec A, Szendrei Z (2009) Associational resistance and associational susceptibility: having right or wrong neighbors. *Annual Review of Ecology, Evolution, and Systematics* 40: 1-20

Belay D, Schulthess F, Omwega C (2009) The profitability of maize-haricot bean intercropping techniques to control maize stem borers under low pest densities in Ethiopia. *Phytoparasitica* 37: 43-50

Belay D, Foster JE (2010) Efficacies of habitat management techniques in managing maize stem borers in Ethiopia. *Crop Protection* 29 (5): 422-428

Birkett MA, Chamberlain K, Khan ZR, Pickett JA, Toshova T, Wadhams LJ, Woodcock CM (2006) Electrophysiological responses of the lepidopterous stemborers *Chilo partellus* and *Busseola fusca* to volatiles from wild and cultivated host plants. *Journal of Chemical Ecology* 32 (11): 2475-2487

Blanke A, Greve C, Wipfler B, Beutel RG, Holland BR, Misof B (2012) The identification of concerted convergence in insect heads corroborates Palaeoptera. *Systematic Biology* 62 (2): 250-263

Blight D (2011) *CABI: A Century of Scientific Endeavour*. CAB International, Oxfordshire, UK

Bockarie MJ, Gbakima AA, Barnish G (1999) It all began with Ronald Ross: 100 years of malaria research and control in Sierra Leone (1899-1999). *Annals of Tropical Medicine and Parasitology* 93 (3): 213-224

Bodenheimer FS (1951) *Insects as Human Food: A Chapter of the Ecology of Man*. Dr. W. Junk Publishers, The Hague, Netherlands

Born J, Linder HP, Desmet P (2007) The Greater Cape Floristic Region. *Journal of Biogeography* 34 (1): 147-162

Botha M, Siebert SJ, Van den Berg J (2017) Grass abundance maintains positive plant-arthropod diversity relationships in maize fields and margins in South Africa. *Agricultural and Forest Entomology* 19 (2): 154-162

Brown JE, McBride CS, Johnson P, et al. (2011) Worldwide patterns of genetic differentiation imply multiple 'domestications' of *Aedes aegypti*, a major vector of human diseases. *Proceedings of the Royal Society B: Biological Sciences* 278: 2446-2454

Brown JE, Evans BR, Zheng W, Obas V, Barrera-Martinez L, Egizi A, Zhao H, Caccone A, Powell JR (2014) Human impacts have shaped historical and recent evolution in *Aedes aegypti*, the dengue and yellow fever mosquito. *Evolution* 68 (2): 514-525

Bruce TJA, Midega CAO, Birkett MA, Pickett JA, Khan ZR (2010) Is quality more important than quantity? Insect behavioural responses to changes in a volatile blend after stemborer oviposition on an African grass. *Biology Letters* 6 (3): 314-317

Buder G, Klass K-D (2013) A comparative study of the hypopharynx in Dictyoptera (Insecta). *Zoologischer Anzeiger* 252 (3): 383-403

Buj Buj A (1995) International experimentation and control of the locust plague: Africa in the first half of the 20th century In: Chatelin Y, Bonneuil C (eds.) *Nature et Environnement*. ORSTOM, Paris, France, pp. 93-105

Calatayud P-A, Le Ru BP, van den Berg J, Schulthess F (2014) Ecology of the African maize stalk borer, *Busseola fusca* (Lepidoptera: Noctuidae) with special reference to insect-plant interactions. *Insects* 5 (3): 539-563

Cambefort Y (1991) Biogeography and evolution. In: Hanski I, Cambefort Y (eds.) *Dung Beetle Ecology*. Princeton University Press, Princeton, NJ, pp. 51-68

Carcasson RH (1966) Lepidoptera Rhopalocera collected by the Kyoto University African Anthropoid Expedition in the Kigoma area of western Tanganyika. *Kyoto University African Studies* 1: 11-72

Caro T, Izzo A, Reiner Jr RC, Walker H, Stankowich T (2014) The function of zebra stripes. *Nature Communications* 5: 3535 (1-10)

Carroll SB (2005) *Endless Forms Most Beautiful: The New Science of Evo Devo and the Making of the Animal Kingdom*. W.W. Norton & Company, New York, NY［渡辺政隆・経塚淳子訳

(2007)『シマウマの縞 蝶の模様―エボデボ革命が解き明かす生物デザインの起源』光文社 東京]

Chabi-Olaye A, Nolte C, Schulthess F, Borgemeister C (2005) Abundance, dispersion and parasitism of the stem borer *Busseola fusca* (Lepidoptera: Noctuidae) in maize in the humid forest zone of southern Cameroon. *Bulletin of Entomological Research* 95 (2): 169-177

Chadeka EA, Nagi S, Sunahara T, et al. (2017) Spatial distribution and risk factors of S*chistosoma haematobium* and hookworm infections among schoolchildren in Kwale, Kenya. *PLoS Neglected Tropical Diseases* 11 (9): e0005872 (1-17)

Chamberlain K, Khan ZR, Pickett JA, Toshova T, Wadhams LJ (2006) Diel periodicity in the production of green leaf volatiles by wild and cultivated host plants of stemborer moths, *Chilo partellus* and *Busseola fusca*. *Journal of Chemical Ecology* 32 (3): 565-577

Chebet F, Deng AL, Ogendo JO, Kamau AO, Bett PK (2013) Bioactivity of selected plant powders against *Prostephanus truncatus* (Coleoptera: Bostrichidae) in stored maize grains. *Plant Protection Science* 49 (1): 34-43

Chinzei Y, Okuda T, Ando K (1989) Vitellogenin synthesis and ovarian development in nymphal and newly molted female *Ornithodoros moubata* (Acari: Argasidae). *Journal of Medical Entomology* 26 (1): 30-36

Chiwaula L, Mtethiwa J, Mutungi C, Affognon H (2012) *Postharvest Loses in Africa—Analytical Review and Synthesis: The case of Malawi*. International Centre of Insect Physiology and Ecology, Nairobi, Kenya

Christophers SR (1960) A*ëdes aegypti* (*L.*) *The Yellow Fever Mosquito: Its life History, Bionomics and Structure*. Cambridge University Press, London, UK

Chung RCK (1999) *Oxalis corniculata* L. In: de Padua LS, Bunyapraphatsara N, Lemmens RHMJ (eds.) *Plant Resources of South-East Asia No 12* (*1*): *Medicinal and Poisonous Plants 1*. Backhuys Publishers, Leiden, Netherlands, pp. 371-373

Clark N (2014) Dr Livingstone's, I presume? Natural History Museum finds explorer's African insect collection. *The Independent* (19 September 2014). Independent News & Media, London, UK

Clausen P-H, Adeyemi I, Bauer B, M. Breloeer, Salchow F, Staak C (1998) Host preferences of tsetse (Diptera: Glossinidae) based on bloodmeal identifications. *Medical and Veterinary Entomology* 12 (2): 169-180

Clausnitzer V (2004) Critical species of Odonata in eastern Africa. *International Journal of Odonatology* 7 (2): 189-206

Cocoa Research Institute of Ghana (2011) *CRIG Handbook*. Cocoa Research Institute of Ghana, Tafo, Ghana

Coetzee M, Fontenille D (2004) Advances in the study of *Anopheles funestus*, a major vector of malaria in Africa. *Insect Biochemistry and Molecular Biology* 34 (7): 599-605

Coetzee M, Hunt RH, Wilkerson R, Della Torre A, Coulibaly MB, Besansky NJ (2013) *Anopheles coluzzii* and *Anopheles amharicus*, new members of the *Anopheles gambiae* complex. *Zootaxa* 3619 (3): 246-274

Collatz J, Fuhrmann A, Selzer P, Oehme RM, Hartelt K, Kimmig P, Meiners T, Mackenstedt U, Steidle JLM (2010) Being a parasitoid of parasites: host finding in the tick wasp *Ixodiphagus hookeri* by odours from mammals. *Entomologia Experimentalis et Applicata* 134 (2): 131-137

Conklin HS (1954) *The Relation of Hanunoo Culture to the Plant World*. Ph. D. thesis, Yale University, New Haven, CT

Cornette R, Yamamoto N, Yamamoto M, et al. (2017) A new anhydrobiotic midge from Malawi, *Polypedilum pembai* sp.n. (Diptera: Chironomidae), closely related to the desiccation tolerant midge, *Polypedilum vanderplanki* Hinton. *Systematic Entomology* 42: 814-825

Costa-Neto EM (1998) Folk taxonomy and cultural significance of "*abeia*" (Insecta, Hymenoptera) to the Pankararé northeastern Bahia State, Brazil. *Journal of Ethnobiology* 18 (1): 1-13

Crawford JE, Alves JM, Palmer WJ, et al. (2017) Population genomics reveals that an anthropophilic population of *Aedes aegypti* mosquitoes in West Africa recently gave rise to Ameri-

can and Asian populations of this major disease vector. *BMC Biology* 15: 16 (1-16)
Cross M (1985) Boring into Africa's grain: a rare insect from Central America is suddenly devastating maize stores in Tanzania. *New Scientist* 106 (1456): 10-11
Dallai R, Frati F, Lupetti P, Adis J (2003) Sperm ultrastructure of *Mantophasma zephyra* (Insecta, Mantophasmatodea). *Zoomorphology* 122 (2): 67-76
Dallai, R.・町田龍一郎・内舩俊樹・Lupetti, P.・Frati, F. (2005) カカトアルキ目の精子構造と系統. 生物科学 57 (1): 17-22
Dallai R, Thipaksorn A, Gottardo M, Mercati D, Machida R, Beutel RG (2015) The sperm structure of *Cryptocercus punctulatus* Scudder (Blattodea) and sperm evolution in Dictyoptera. *Journal of Morphology* 276 (4): 361-369
Damgaard, J.・Klass, K.-D. (2005) カカトアルキ目の分子系統解析. 生物科学 57 (1): 40-44
Damgaard J, Klass K-D, Picker MD, Buder G (2008) Phylogeny of the Heelwalkers (Insecta: Mantophasmatodea) based on mtDNA sequences, with evidence for additional taxa in South Africa. *Molecular Phylogenetics and Evolution* 47 (2): 443-462
Davis ALV (2009a) Classification, phylogeny, spatial patterns and biogeographical hypotheses. In: Scholtz CH, Davis ALV, Kryger U (eds.) *Evolutionary Biology and Conservation of Dung Beetles*. Pensoft Publishers, Sofia, Bulgaria, pp. 349-364
Davis ALV (2009b) Outlines of composition, spatial patterns and hypothetical origins of regional dung beetle faunas. In: Scholtz CH, Davis ALV, Kryger U (eds.) *Evolutionary Biology and Conservation of Dung Beetles*. Pensoft Publishers, Sofia, Bulgaria, pp. 365-383
Davis ALV, Frolov AV, Scholtz CH (2008) *The African Dung Beetle Genera*. Protea Book House, Pretoria, South Africa
Davis ALV, Scholtz CH, Sole CL (2016) Biogeographical and co-evolutionary origins of scarabaeine dung beetles: Mesozoic vicariance versus Cenozoic dispersal and dinosaur versus mammal dung. *Biological Journal of the Linnean Society* 120 (2): 258-273
De Prins J, Kawahara AY (2012) Systematics, revisionary taxonomy, and biodiversity of Afrotropical Lithocolletinae (Lepidoptera: Gracillariidae). *Zootaxa* 3594: 1-283
De Prins J, De Prins W (online) Global Taxonomic Database of Gracillariidae (Lepidoptera). Belgian Biodiversity Platform [http://www.gracillariidae.net] (2017 年 12 月 10 日閲覧)
De Prins J, Gumovsky A, De Coninck E (2015) Discovery of a new species of *Caloptilia* (Lepidoptera: Gracillariidae) from east and central Africa with its suggested associated host (Gentianales: Rubiaceae) and natural enemies (Hymenoptera: Eulophidae). *Zootaxa* 3957 (4): 383-407
della Torre A, Tu Z, Petrarca V (2005) On the distribution and genetic differentiation of *Anopheles gambiae* s.s. molecular forms. *Insect Biochemistry and Molecular Biology* 35 (7): 755-769
Demas FA, Hassanali A, Mwangi EN, Kunjeku EC, Mabveni AR (2000) Cattle and *Amblyomma variegatum* odors used in host habitat and host finding by the tick parasitoid, *Ixodiphagus hookeri*. *Journal of Chemical Ecology* 26 (4): 1079-1093
Denning G, Kabambe P, Sanchez P, et al. (2009) Input subsidies to improve smallholder maize productivity in Malawi: Toward an African Green Revolution. *PLoS Biology* 7 (1): e1000023 (1-10)
Diabaté A, Dabire RK, Millogo N, Lehmann T (2007) Evaluating the effect of postmating isolation between molecular forms of *Anopheles gambiae* (Diptera: Culicidae). *Journal of Medical Entomology* 44 (1): 60-64
Diallo M, Sall AA, Moncayo AC, et al. (2005) Potential role of sylvatic and domestic African mosquito species in dengue emergence. *The American Journal of Tropical Medicine and Hygiene* 73 (2): 445-449
Drilling K, Klass K-D (2010) Surface structures of the antenna of Mantophasmatodea (Insecta). *Zoologischer Anzeiger* 249 (3/4): 121-137
Eberhard MJB, Picker MD (2008) Vibrational communication in two sympatric species of Mantophasmatodea (Heelwalkers). *Journal of Insect Behavior* 21 (4): 240
Eberhard MJB, Eberhard SH (2013) Evolution and diversity of vibrational signals in Mantophasmatodea (Insecta). *Journal of Insect Behavior* 26 (3): 352-370

Eberhard MJB, Pass G, Picker MD, Beutel R, Predel R, Gorb SN (2009) Structure and function of the arolium of Mantophasmatodea (Insecta). *Journal of Morphology* 270 (10): 1247-1261

Eberhard MJB, Lang D, Metscher B, Pass G, Picker MD, Wolf H (2010) Structure and sensory physiology of the leg scolopidial organs in Mantophasmatodea and their role in vibrational communication. *Arthropod Structure & Development* 39 (4): 230-241

Eigenbrode SD, Birch ANE, Lindzey S, Meadow R, Snyder WE (2016) A mechanistic framework to improve understanding and applications of push-pull systems in pest management. *Journal of Applied Ecology* 53 (1): 202-212

Eldridge BF (2004) The epidemiology of arthropodborne diseases. In: Eldridge BF, Edman JD (eds). *Medical Entomology: A Textbook on Public Health and Veterinary Problems Caused by Arthropods*. Kluwer Academic Publishers, Dordrecht, Netherlands, pp. 165-185

遠藤克彦 (1990) 蝶の季節型を支配するホルモン—蝶はどのようにしてその衣装を変えるか. 大西英爾・園部治之・遠藤克彦編『昆虫生理学—現象から分子へ』朝倉書店　東京　pp. 24-44

Failloux AB, Vazeille M, Rodhain F (2002) Geographic genetic variation in populations of the dengue virus vector *Aedes aegypti*. *Journal of Molecular Evolution* 55 (6): 653-663

FAO (Food and Agriculture Organization of the United Nations) (online) FAOSTAT: Crops. [http://www.fao.org/faostat/en/#data/QC] (2017 年 12 月 15 日閲覧)

Fiedler K, Hagemann D (1995) The influence of larval age and ant number on myrmecophilous interactions of the African Grass Blue butterfly, *Zizeeria knysna* (Lepidoptera: Lycaenidae). *Journal of Research on the Lepidoptera* 31 (3/4): 213-232

Finch S, Collier RH (2012) The influence of host and non-host companion plants on the behaviour of pest insects in field crops. *Entomologia Experimentalis et Applicata* 142 (2): 87-96

Fonzi E, Higa Y, Bertuso AG, Futami K, Minakawa N (2015) Human-mediated marine dispersal influences the population structure of *Aedes aegypti* in the Philippine Archipelago. *PLoS Neglected Tropical Diseases* 9 (6): e0003829 (1-16)

Fujii Y, Kaneko S, Nzou SM, et al. (2014) Serological surveillance development for tropical infectious diseases using simultaneous microsphere-based multiplex assays and finite mixture models. *PLoS Neglected Tropical Diseases* 8 (7): e3040 (1-15)

藤岡悠一郎 (2006) ナミビア北部に暮らすオヴァンボ農牧民の昆虫食にみられる近年の変容. エコソフィア (18): 95-109

藤岡悠一郎 (2007) ナミビア北部における食肉産業の展開とオヴァンボ農牧民の牧畜活動の変容—キャトルポストの設置に注目して. アジア・アフリカ地域研究 6 (2): 332-351

藤岡悠一郎 (2016a) 『サバンナ農地林の社会生態誌—ナミビア農村にみる社会変容と資源利用』昭和堂　京都

藤岡悠一郎 (2016b) サバンナに食用昆虫を追って—ナミビアの昆虫食調査. 東北学 (8): 212-233

深澤秀夫 (1998) マダガスカル断章—マダガスカル 過去と現在の対話が織りなす世界. 季刊民族学 22 (4): 14-33

福田晴夫・浜栄一・葛谷健・高橋昭・高橋真弓・田中蕃・田中洋・若林守男・渡辺康之 (1984)『原色日本蝶類生態図鑑 (III)』保育社　大阪

福井勝義 (1991)『認識と文化—色と模様の民族誌』(認知科学選書 21) 東京大学出版会　東京

Futami K, Dida GO, Sonye GO, et al. (2014) Impacts of insecticide treated bed nets on *Anopheles gambiae* s.l. populations in Mbita district and Suba district, Western Kenya. *Parasites & Vectors* 7: 63 (1-13)

Gaston KJ, Scoble MJ, Crook A (1995) Patterns in species description: a case study using the Geometridae (Lepidoptera). *Biological Journal of the Linnean Society* 55 (3): 225-237

Gibson G (1992) Do tsetse flies 'see' zebras? A field study of the visual response of tsetse to striped targets. *Physiological Entomology* 17 (2): 141-147

Gilbert SF (2014) *Developmental Biology* (10th Edition). Sinauer Associates, Sunderland, MA ［阿形清和・高橋淑子 監訳 (2015)『ギルバート発生生物学』メディカル・サイエンス・インターナショナル　東京］

Giliomee JH (2013) Entomology in South Africa: Where do we come from, where are we now and where are we going? *South African Journal of Science* 109 (1/2): a004 (1-3)

Gillies MT, De Meillon B (1968) *The Anophelinae of Africa South of Sahara (Ethiopian Zoogeographical Region)* (The Publications of the South African Institute for Medical Research No. 54). South African Institute for Medical Research, Johannesburg, South Africa

Gillies M, Coetzee M (1987) *A Supplement to the Anophelinae of Africa South of the Sahara (Afrotropical Region)* (The Publications of the South African Institute for Medical Research No. 55). The South African Institute for Medical Research, Johannesburg, South Africa

Gloria-Soria A, Ayala D, Bheecarry A, et al. (2016) Global genetic diversity of *Aedes aegypti*. *Molecular Ecology* 25 (21): 5377-5395

Goergen G, Ajuonu O, Kyofa-Boamah M, Umeh V, Bokonon-Ganta A, Tamò M, Neuenschwander P (2014) Classical biological control of papaya mealybug in West Africa. *Biocontrol News and Information* 35 (1): 5-6

Goergen G, Kumar PL, Sankung SB, Togola A, Tamò M (2016) First report of outbreaks of the fall armyworm *Spodoptera frugiperda* (J E Smith) (Lepidoptera, Noctuidae), a new alien invasive pest in West and Central Africa. *PLoS ONE* 11 (10): e0165632 (1-9)

Golob P, Hodges R (1982) *Study of an Outbreak of* Prostephanus truncatus *(Horn) in Tanzania (G164)* (Working Paper). Tropical Products Institute, London, UK

Golob P, Mwambula J, Mhango V, Ngulube F (1982) The use of locally available materials as protectants of maize grain against insect infestation during storage in Malawi. *Journal of Stored Products Research* 18 (2): 67-74

Greathead D (2003) Historical overview of biological control in Africa. In: Neuenschwander P, Borgemeister C, Langewald J (eds.) *Biological Control in IPM Systems in Africa*. CABI Publishing, Wallingford, UK, pp. 1-26

Grund R (1999) South Australian Butterflies, Data Sheet: *Lucia limbaria* (Swainson) (Small Copper) (Last update 18 October 2006). [http://users.sa.chariot.net.au/~rbg/lucia_ds.htm] (2018年9月12日閲覧)

Guagliardo SA, Morrison AC, Barboza JL, Requena E, Astete H, Vazquez-Prokopec G, Kitron U (2015a) River boats contribute to the regional spread of the dengue vector *Aedes aegypti* in the Peruvian Amazon. *PLoS Neglected Tropical Diseases* 9 (4): e0003648 (1-33)

Guagliardo SA, Morrison AC, Barboza JL, Wesson DM, Ponnusamy L, Astete H, Vazquez-Prokopec G, Kitron U (2015b) Evidence for *Aedes aegypti* (Diptera: Culicidae) oviposition on boats in the Peruvian Amazon. *Journal of Medical Entomology* 52 (4): 726-729

Gubler DJ, Ooi EE, Vasudevan S, Farrar J (2014) *Dengue and Dengue Hemorrhagic Fever* (2nd Edition). CAB International, Wallingford, UK

Gurr GM, Wratten SD, Landis DA, You M (2017) Habitat management to suppress pest populations: progress and prospects. *Annual Review of Entomology* 62: 91-109

Gusev O, Suetsugu Y, Cornette R, et al. (2014) Comparative genome sequencing reveals genomic signature of extreme desiccation tolerance in the anhydrobiotic midge. *Nature Communications* 5: 4784 (1-9)

Halffter G (1997) Subsocial behavior in Scarabaeinae beetles. In: Crespi BJ, Choe JC (eds.) *The Evolution of Social Behaviour in Insects and Arachnids*. Cambridge University Press, Cambridge, UK, pp. 237-259

Halffter G, Edmonds WD (1982) *The Nesting Behavior of Dung Beetles (Scarabaeinae): An Ecological and Evolutive Approach*. Instituto de Ecología, Mexico City, Mexico

浜祥明 (2003) 蝶類雑記2―二種類のシジミチョウ科幼虫についての低温感知の差? ゆずりは (18): 46-48

針山孝彦 (2007) 眠り病とツェツェバエ. 日本ICIPE協会編『アフリカ昆虫学への招待』京都大学学術出版会 京都 pp. 165-182

Hariyama T, Saini RK (2001) Odor bait changes the attractiveness of color for the tsetse fly. *Tropics* 10 (4): 581-589

Harnisch R, Krall S (1984) Further distribution of the larger grain borer in Africa. *FAO Plant Protection Bulletin* 32: 113-114

Hatanaka R, Hagiwara-Komoda Y, Furuki T, Kanamori Y, Fujita M, Cornette R, Sakurai M, Okuda T, Kikawada T (2013) An abundant LEA protein in the anhydrobiotic midge,

PvLEA4, acts as a molecular shield by limiting growth of aggregating protein particles. *Insect Biochemistry and Molecular Biology* 43 (11): 1055-1067

服部志帆 (2014) エスノサイエンス．日本アフリカ学会編『アフリカ学事典』昭和堂　京都　pp. 540-543

Hayashi I, Gachathi FN (1998) A check list of the plant species at the site of the Kenya and Japan Social Forestry Training Project, Kitui, Kenya. *Vegetation Science* 15 (1): 71-77

Hayashi Y, Fukuda H, Matsuura T, Toda K, Wagaiyu EG (2017) Oral hygiene status among the elderly in an area with limited access to dental services in a rural Kenyan community. *Journal of Dentistry and Oral Health* 4: 102 (1-6)

Herren H, Neuenschwander P (1991) Biological control of cassava pests in Africa. *Annual Review of Entomology* 36: 257-283

日髙敏隆 (2007) イシベとトンボ．日本ICIPE協会編『アフリカ昆虫学への招待』京都大学学術出版会　京都　pp. 3-10

Higa Y, Nguyen TY, Kawada H, Tran HS, Nguyen TH, Takagi M (2010) Geographic distribution of *Aedes aegypti* and *Aedes albopictus* collected from used tires in Vietnam. *Journal of the American Mosquito Control Association* 26 (1): 1-9

Higa Y, Abílio AP, Futami K, Lázaro MAF, Minakawa N, Gudo ES (2015) Abundant *Aedes* (*Stegomyia*) *aegypti aegypti* mosquitoes in the 2014 dengue outbreak area of Mozambique. *Tropical Medicine and Health* 43 (2): 107-109

Hill AW (1939) Edward Meyrick. 1854-1938. *Obituary Notices of Fellows of the Royal Society* 2 (7): 531-548

Hill DS (1975) *Agricultural Insect Pests of the Tropics and Their Control.* Cambridge University Press, London, UK

Hill DS (2002) *Pests of Stored Foodstuffs and Their Control.* Kluwer Academic Publishers, Dordrecht, Netherlands

Hinton HE (1960) A fly larva that tolerates dehydration and temperatures of $-270°$ to $+102°$ C. *Nature* 188 (4747): 336-337

平野克己 (2013)『経済大陸アフリカ—資源，食糧問題から開発政策まで』(中公新書2199) 中央公論新社　東京

Hiyama A, Iwata M, Otaki JM (2010) Rearing the pale grass blue *Zizeeria maha* (Lepidoptera, Lycaenidae): Toward the establishment of a lycaenid model system for butterfly physiology and genetics. *Entomological Science* 13 (3): 293-302

Hiyama A, Taira W, Otaki JM (2012a) Color-pattern evolution in response to environmental stress in butterflies. *Frontiers in Genetics* 3: 15 (1-6)

Hiyama A, Nohara C, Kinjo S, Taira W, Gima S, Tanahara A, Otaki JM (2012b) The biological impacts of the Fukushima nuclear accident on the pale grass blue butterfly. *Scientific Reports* 2: 570 (1-10)

Hiyama A, Nohara C, Taira W, Kinjo S, Iwata M, Otaki JM (2013) The Fukushima nuclear accident and the pale grass blue butterfly: evaluating biological effects of long-term low-dose exposures. *BMC Evolutionary Biology* 13: 168 (1-25)

Hiyama A, Taira W, Nohara C, Iwasaki M, Kinjo S, Iwata M, Otaki JM (2015) Spatiotemporal abnormality dynamics of the pale grass blue butterfly: three years of monitoring (2011-2013) after the Fukushima nuclear accident. *BMC Evolutionary Biology* 15: 15 (1-16)

Hölldobler B, Wilson EO (1990) *The Ants.* Belknap Press, Cambridge, MA

Hoeschle-Zeledon I, Neuenschwander P, Kumar L (2013) *Regulatory Challenges for Biological Control.* SP-IPM Secretariat, International Institute of Tropical Agriculture, Ibadan, Nigeria

Hogue CL (1980) Commentaries in cultural entomology: 1. Definition of cultural entomology. *Entomology News* 91 (2): 33-36

Hogue CL (1981) Commentaries in cultural entomology: 2. The myth of the louse line. *Entomology News* 92 (2): 53-55

Hogue CL (1987) Cultural entomology. *Annual Review of Entomology* 32: 181-199

ホールト，ヴィンセント・M．［友成純一訳，小西正泰解説］(1996)『昆虫食はいかが？』青土社　東京

Honjo K, Chaves LF, Satake A, Kaneko A, Minakawa N (2013) When they don't bite, we smell money: understanding malaria bednet misuse. *Parasitology* 140 (5): 580-586

Horber E (1963) Eradication of white grub (*Melolontha vulgaris* F.) by the sterile-male technique. In: *Radiation and Radioisotopes Applied to Insects of Agricultural Importance: Proceedings of a Symposium, Athens, 22-26 April 1963 jointly organized by the IAEA and FAO.* International Atomic Energy Agency (IAEA), Vienna, Austria, pp. 313-332

保科英人 (2013) 『アキバ系文化昆虫学―2次元世界の美少女の虫たちへの想い』牧歌舎　伊丹

Hoskins A (online) Learn about Butterflies: The Complete Guide to the World of Butterflies and Moths. [http://www.learnaboutbutterflies.com/] (2017 年 12 月 14 日閲覧)

Hu R, Hyland KE, Oliver JH (1998) A review on the use of *Ixodiphagus* wasps (Hymenoptera: Encyrtidae) as natural enemies for the control of ticks (Acari: Ixodidae). *Systematic and Applied Acarology* 3 (1): 19-29

市川光雄 (1982) 『森の狩猟民―ムブティ・ピグミーの生活』人文書院　京都

ICIPE (International Centre of Insect Physiology and Ecology) (2014) *Vision and Strategy 2013-2020: Addressing Africa's Challenges and Opportunities.* International Centre of Insect Physiology and Ecology (*icipe*), Nairobi, Kenya

ICIPE (International Centre of Insect Physiology and Ecology) (online) 'PUSH-PULL' A Platform Technology for Improving Livelihoods of Resource Poor Farmers. [http://www.push-pull.net/] (2017 年 12 月 19 日閲覧)

Ikawa T, Okubo A, Okabe H, Cheng L (1998) Oceanic diffusion and the pelagic insects *Halobates* spp. (Gerridae: Hemiptera). *Marine Biology* 131: 195-201

猪又敏男・植村好延・矢後勝也・神保宇嗣・上田恭一郎 (2010-2013) Binran：日本産蝶類和名学名便覧 *Zizeeria maha* ヤマトシジミ 種名詳細. [http://binran.lepimages.jp/species/323] (2018 年 9 月 12 日閲覧)

International Society for Infectious Diseases (online) ProMED-mail. [http://www.promedmail.org] (2018 年 7 月 18 日閲覧)

Ishihara H (2008) *Development and Extension of Environmentally-Friendly Pest Management Technology in Kenya.* M.Sc. thesis, Tokyo University of Agriculture, Tokyo, JP

伊谷純一郎 (1977) トングウェ動物誌. 伊谷純一郎・原子令三編『人類の自然誌』雄山閣出版　東京　pp. 441-537

伊藤嘉昭 (2008) 不妊虫放飼法の歴史と世界における成功例. 伊藤嘉昭編『不妊虫放飼法―侵入害虫根絶の技術』海游舎　東京　pp. 1-17

Iwashita H, Dida G, Futami K, et al. (2010) Sleeping arrangement and house structure affect bed net use in villages along Lake Victoria. *Malaria Journal* 9: 176 (1-7)

岩田大生 (2013) 蝶の蝶査. ICIPE News (27): 9-11

Iwata M, Hiyama A, Otaki JM (2013) System-dependent regulations of colour-pattern development: a mutagenesis study of the pale grass blue butterfly. *Scientific Reports* 3: 2379 (1-11)

Iwata M, Matsumoto-Oda A, Otaki JM (2018) Rearing the African grass blue butterfly *Zizeeria knysna*: toward the establishment of a bioindicator in African countries. *African Study Monographs* 39 (2): 69-81

James B, Neuenschwander P, Markham RH, Anderson P, Braun A, Overholt W, Khan K, Makkouk K, Emechebe A (2003) Bridging the gap with the CGIAR systemwide program on integrated management. In: Maredia K, Dakouo D, Mota-Sanchez D (eds.) *Integrated Pest Management in the Global Arena.* CAB International, Wallingford, UK, pp. 419-434

James C (2015) *20th Anniversary (1996 to 2015) of the Global Commercialization of Biotech Crops and Biotech Crop Highlights in 2015* (ISAAA Briefs No. 51). International Service for the Acquisition of Agri-biotech Applications (ISAAA), Ithaca, NY

Jindal J, Hari NS, Hari JK (2012) Potential of Napier millet, *Pennisetum purpureum* × *P. glaucum*, as a trap crop for managing *Chilo partellus* populations on maize. *International Journal of Pest Management* 58 (1): 1-7

Jongema Y (online) List of Edible Insect Species of the World. Laboratory of Entomology, Wageningen University [https://www.wur.nl/en/Research-Results/Chair-groups/Plant-Sciences/Laboratory-of-Entomology/Edible-insects/Worldwide-species-list.htm] (2019 年 2 月 5 日閲覧)

門村浩 (2005) 環境変動からみたアフリカ．水野一晴編『アフリカ自然学』古今書院　東京　pp. 47-65

海部陽介 (2013) アフリカで誕生した人類の長い旅．印東道子編『人類の移動誌』臨川書店　京都　pp. 10-24

掛谷誠 (1998) 焼畑農耕民の生き方．高村泰雄・重田眞義編『アフリカ農業の諸問題』京都大学学術出版会　京都　pp. 59-86

Kamanula J, Sileshi GW, Belmain SR, Sola P, Mvumi BM, Nyirenda GKC, Nyirenda SP, Stevenson PC (2010) Farmers' insect pest management practices and pesticidal plant use in the protection of stored maize and beans in Southern Africa. *International Journal of Pest Management* 57 (1): 41-49

Kamdem C, Tene Fossog B, Simard F, et al. (2012) Anthropogenic habitat disturbance and ecological divergence between incipient species of the malaria mosquito *Anopheles gambiae*. *PLoS ONE* 7 (6): e39453 (1-12)

菅栄子 (2007) リーシュマニア症とサシチョウバエ．日本 ICIPE 協会編『アフリカ昆虫学への招待』京都大学学術出版会　京都　pp. 131-145

Kan E, Anjili CO, Saini RK, Hidaka T, Githure JI (2004) Phlebotomine sandflies (Diptera: Psychodidae) collected in Mukusu, Machakos District, Kenya and their nocturnal flight activity. *Applied Entomology and Zoology* 39 (4): 651-659

Kaneko S, K'opiyo J, Kiche I, et al. (2012) Health and demographic surveillance system in the western and coastal areas of Kenya: an infrastructure for epidemiologic studies in Africa. *Journal of Epidemiology* 22 (3): 276-285

環境省 (2017) 遺伝資源の取得の機会及びその利用から生ずる利益の公正かつ衡平な配分 (ABS)（最終更新日:2017 年 5 月 12 日）. [http://www.env.go.jp/nature/biodic/abs/] (2018 年 6 月 20 日閲覧)

環境省 (online) 諸外国における国内措置の整備状況. 環境省 [https://www.env.go.jp/nature/biodic-abs/pdf/3-1.pdf] (2019 年 1 月 11 日閲覧)

Kantele A, Jokiranta TS (2011) Review of cases with the emerging fifth human malaria parasite, *Plasmodium knowlesi*. *Clinical Infectious Diseases* 52 (11): 1356-1362

Kato Y (1994) Influence of temperature and photoperiod on seasonal-morph determination in the pierid butterflies, *Eurema blanda* (Boisduval). *Tyô to Ga* 45 (3): 145-152

川田均 (2016) 疾病媒介蚊対策における殺虫剤開発の最近の動向．松岡裕之編『衛生動物学の進歩　第 2 集』三重大学出版会　津　pp. 87-106

Kawada H, Dida GO, Ohashi K, et al. (2011a) Multimodal pyrethroid resistance in malaria vectors, *Anopheles gambiae* s.s., *Anopheles arabiensis* and *Anopheles funestus* s.s. in western Kenya. *PLoS ONE* 6 (8): e22574 (1-13)

Kawada H, Futami K, Komagata O, et al. (2011b) Distribution of a knockdown resistance mutation (L1014S) in *Anopheles gambiae* s.s. and *Anopheles arabiensis* in western and southern Kenya. *PLoS ONE* 6 (9): e24323 (1-6)

Kawada H, Dida GO, Ohashi K, Sonye G, Njenga SM, Mwandawiro C, Minakawa N, Takagi M (2012a) Preliminary evaluation of insecticide-impregnated ceiling nets with coarse mesh size as a barrier against the invasion of malaria vectors. *Japanese Journal of Infectious Diseases* 65 (3): 243-246

Kawada H, Dida GO, Sonye G, Njenga SM, Mwandawiro C, Minakawa N (2012b) Reconsideration of *Anopheles rivulorum* as a vector of *Plasmodium falciparum* in western Kenya: some evidence from biting time, blood preference, sporozoite positive rate, and pyrethroid resistance. *Parasites & Vectors* 5: 230 (1-8)

Kawada H, Higa Y, Futami K, et al. (2016) Discovery of point mutations in the voltage-gated sodium channel from African *Aedes aegypti* populations: potential phylogenetic reasons for gene introgression. *PLoS Neglected Tropical Diseases* 10 (6): e0004780 (1-21)

Kawahara AY, Plotkin D, Ohshima I, et al. (2017) A molecular phylogeny and revised higher-level classification for the leaf-mining moth family Gracillariidae and its implications for larval host-use evolution. *Systematic Entomology* 42 (1): 60-81

川村清久・豊田秀吉・杉本毅 (2003) RAPD-PCR 法による DNA 多型をもとにしたアリモドキゾウムシの識別．近畿大学農学部紀要 (36): 13-20

川村清久・大野豪・原口大・小濱継雄 (2009) PCR-RFLP 法によるアリモドキゾウムシの沖縄系統と小笠原系統の識別．日本応用動物昆虫学会誌 53 (2): 60-63

Kawamura K, Sugimoto T, Matsuda Y, Toyoda H (2002) Detection of polymorphic patterns of genomic DNA amplified by RAPD-PCR in sweet potato weevils, *Cylas formicarius* (Fabricius) (Coleoptera: Brentidae). *Applied Entomology and Zoology* 37 (4): 645-648

Kawamura K, Sugimoto T, Kakutani K, Matsuda Y, Toyoda H (2007a) Genetic variation of sweet potato weevils, *Cylas formicarius* (Fabricius) (Coleoptera: Brentidae), in main infested areas in the world based upon the internal transcribed spacer-1 (ITS-1) region. *Applied Entomology and Zoology* 42 (1): 89-96

Kawamura K, Sugimoto T, Matsuda Y, Toyoda H (2007b) A convenient estimation of the sources of sweet potato weevils, *Cylas formicarius* (Fabricius) (Coleoptera: Brentidae), in recently invaded areas in Japan, by random amplified polymorphic DNA technique. *Applied Entomology and Zoology* 42 (2): 297-303

Kfir R, Overholt WA, Khan ZR, Polaszek A (2002) Biology and management of economically important lepidopteran cereal stem borers in Africa. *Annual Review of Entomology* 47: 701-731

Khan ZR, Ampong-Nyarko K, Chiliswa P, et al. (1997a) Intercropping increases parasitism of pests. *Nature* 388 (6643): 631-632

Khan ZR, Chiliswa P, Ampong-Nyarko K, Smart LE, Polaszek A, Wandera J, Mulaa MA (1997b) Utilisation of wild gramineous plants for management of cereal stemborers in Africa. *Insect Science and Its Application* 17 (1): 143-150

Khan ZR, Pickett JA, Van den Berg J, Wadhams LJ, Woodcock CM (2000) Exploiting chemical ecology and species diversity: stem borer and striga control for maize and sorghum in Africa. *Pest Management Science* 56 (11): 957-962

Khan ZR, Pickett JA, Wadhams L, Muyekho F (2001) Habitat management strategies for the control of cereal stemborers and striga in maize in Kenya. *Insect Science and Its Application* 21 (4): 375-380

Khan ZR, Hassanali A, Overholt W, Khamis TM, Hooper AM, Pickett JA, Wadhams LJ, Woodcock CM (2002) Control of witchweed *Striga hermonthica* by intercropping with *Desmodium* spp., and the mechanism defined as allelopathic. *Journal of Chemical Ecology* 28 (9): 1871-1885

Khan ZR, Midega CAO, Hassanali A, Pickett JA, Wadhams LJ, Wanjoya A (2006a) Management of witchweed, *Striga hermonthica,* and stemborers in sorghum, *Sorghum bicolor,* through intercropping with greenleaf desmodium, *Desmodium intortum*. *International Journal of Pest Management* 52 (4): 297-302

Khan ZR, Pickett JA, Wadhams LJ, Hassanali A, Midega CAO (2006b) Combined control of *Striga hermonthica* and stemborers by maize–*Desmodium* spp. intercrops. *Crop Protection* 25 (9): 989-995

Khan ZR, Midega CAO, Amudavi DM, Hassanali A, Pickett JA (2008) On-farm evaluation of the 'push–pull' technology for the control of stemborers and striga weed on maize in western Kenya. *Field Crops Research* 106 (3): 224-233

Khan ZR, Midega CAO, Wanyama JM, Amudavi DM, Hassanali A, Pittchar J, Pickett JA (2009) Integration of edible beans (*Phaseolus vulgaris* L.) into the push–pull technology developed for stemborer and *Striga* control in maize-based cropping systems. *Crop Protection* 28 (11): 997-1006

Khan ZR, Midega CAO, Pittchar JO, Murage AW, Birkett MA, Bruce TJA, Pickett JA (2014) Achieving food security for one million sub-Saharan African poor through push–pull innovation by 2020. *Philosophical Transactions of the Royal Society B: Biological Sciences* 369: 20120284 (1-11)

黄川田隆洋・奥田隆 (2007) ネムリユスリカ—驚異的な乾燥耐性とその分子メカニズム．遺伝 61 (2): 82-86

Kikawada T, Minakawa N, Watanabe M, Okuda T (2005) Factors inducing successful anhydrobiosis in the African chironomid *Polypedilum vanderplanki*: significance of the larval tubular nest. *Integrative and Comparative Biology* 45 (5): 710-714

Kingdon J (1997) *The Kingdon Field Guide to African Mammals.* Academic Press, London, UK

Kingston TJ (1977) *Natural Manuring by Elephants in the Tsavo National Park, Kenya.* Ph.D thesis, University of Oxford, Oxford, UK

Klass K-D (2002) Mantophasmatodea: a new insect order? (Response to technical comment by Erich Tilgner). *Science* 297 (5582): 731

Klass K-D, Zompro O, Kristensen NP, Adis J (2002) Mantophasmatodea: a new insect order with extant members in the Afrotropics. *Science* 296 (5572): 1456-1459

Klass K-D, Picker MD, Damgaard J, van Noort S, Tojo K (2003) The taxonomy, genitalic morphology, and phylogenetic relationships of southern African Mantophasmatodea (Insecta). *Entomologische Abhandlungen* 61 (1): 3-67

Klassen W, Curtis CF (2005) History of the sterile insect technique. In: Dyck VA, Hendrichs J, Robinson AS (eds.) *Sterile Insect Technique: Principles and Practice in Area-Wide Integrated Pest Management.* Springer Netherlands, Dordrecht, Netherlands, pp. 3-36

小林仁 (1986)『サツマイモのきた道』(作物・食物文化選書 3) 古今書院　東京

小路晋作 (2007) 作物を昆虫から守る．日本 ICIPE 協会編『アフリカ昆虫学への招待』京都大学学術出版会　京都　pp. 217-231

Koji S, Khan ZR, Midega CAO (2007) Field boundaries of *Panicum maximum* as a reservoir for predators and a sink for *Chilo partellus. Journal of Applied Entomology* 131 (3): 186-196

国立環境研究所 (online) 侵入生物とは？—侵入生物データベース．[http://www.nies.go.jp/biodiversity/invasive/basics/index.html] (2018 年 6 月 4 日閲覧)

小西正泰 (2007)『虫と人と本と』創森社　東京

近雅博 (2006) タマオシコガネの自然史．丸山宗利編『森と水辺の甲虫誌』東海大学出版会　秦野　pp. 186-199

Kraemer MUG, Sinka ME, Duda KA, et al. (2015) The global distribution of the arbovirus vectors *Aedes aegypti* and *Ae. albopictus. eLife* 4: e08347 (1-18)

久万田敏夫・佐藤宏明 (2011) ホソガ科．駒井古実・吉安裕・那須義次・斉藤寿久編『日本の鱗翅類—系統と多様性』東海大学出版会　秦野　pp. 149-159

Kumano N, Kuriwada T, Shiromoto K, Tatsuta H (2013) Effect of male genital spines on female remating propensity in the West Indian sweet potato weevil, *Euscepes postfasciatus*. In: Lestrel PE (ed.) *Biological Shape Analysis: Proceedings of the 2nd International Symposium, Naha, Okinawa, Japan, 7-9 September 2011.* World Scientific, Singapore, pp. 35-54

Kwadaso Agricultural College (online) Brief History of Kwadaso Agricultural College. [https://kwadasoagriculturalcollege.wordpress.com/about/] (2017 年 5 月 19 日閲覧)

Landis DA, Wratten SD, Gurr GM (2000) Habitat management to conserve natural enemies of arthropod pests in agriculture. *Annual Review of Entomology* 45: 175-201

Larsen TB (1991) *The Butterflies of Kenya and their Natural History.* Oxford University Press, New York, NY

Leakey R, Morell V (2001) *Wildlife Wars: My Fight to Save Africa's Natural Treasures* St. Martin's Press, New York, NY

Lee Y, Cornel AJ, Meneses CR, Fofana A, Andrianarivo AG, McAbee RD, Fondjo E, Traoré SF, Lanzaro GC (2009) Ecological and genetic relationships of the Forest-M form among chromosomal and molecular forms of the malaria vector *Anopheles gambiae sensu stricto. Malaria Journal* 8: 75 (1-15)

Lehmann T, Licht M, Elissa N, Maega BTA, Chimumbwa JM, Watsenga FT, Wondji CS, Simard F, Hawley WA (2003) Population structure of *Anopheles gambiae* in Africa. *Journal of Heredity* 94 (2): 133-147

Letourneau DK, Armbrecht I, Rivera BS, et al. (2011) Does plant diversity benefit agroecosystems? A synthetic review. *Ecological Application*s 21 (1): 9-21

レヴィ=ストロース，クロード (1976)『野生の思考』みすず書房　東京

Lieberman DE (2013) *The Story of the Human Body: Evolution, Health, and Disease.* Vintage, New York, NY［塩原通緒訳 (2015)『人体 600 万年史—科学が明かす進化・健康・疾病』(上・下) 早川書房　東京］

Lindsay SW, Jawara M, Paine K, Pinder M, Walraven GEL, Emerson PM (2003) Changes in house design reduce exposure to malaria mosquitoes. *Tropical Medicine & International*

Health 8 (6): 512-517

Lomolino MV, Riddle BR, Whittaker RJ, Brown JH (2010) *Biogeography*. Sinauer Associates, Sunderland, MA

Longair R (2004) Tusked males, male dimorphism and nesting behavior in a subsocial Afrotropical wasp, *Synagris cornuta*, and weapons and dimorphism in the genus (Hymenoptera: Vespidae: Eumeninae). *Journal of the Kansas Entomological Society* 77 (4): 528-557

Lounibos LP, Bargielowski I, Carrasquilla MC, Nishimura N (2016) Coexistence of *Aedes aegypti* and *Aedes albopictus* (Diptera: Culicidae) in peninsular Florida two decades after competitive displacements. *Journal of Medical Entomology* 53 (6): 1385-1390

Machado-Allison CE, Craig Jr GB (1972) Geographic variation in resistance to desiccation in *Aedes aegypti* and *A. atropalpus* (Diptera: Culicidae). *Annals of the Entomological Society of America* 65 (3): 542-547

Machida R, Tojo K, Tsutsumi T, Uchifune T, Klass K-D, Picker MD, Pretorius L (2004) Embryonic development of heel-walkers: reference to some prerevolutionary stages (Insecta: Mantophasmatodea). *Proceedings of the Arthropodan Embryological Society of Japan* 39: 31-39

町田龍一郎・東城幸治・堤忠顕・内舩俊樹 (2005) カカトアルキ目の胚発生と系統. 生物科学 57 (1): 29-34

Maega BTA, Wondji CS, Simard F, Watsenga FT, Chimumbwa JM, Licht M, Elissa N, Lehmann T, Hawley WA (2003) Population structure of *Anopheles gambiae* in Africa. *Journal of Heredity* 94 (2): 133-147

前川文夫 (1943) 史前帰化植物について. 植物分類, 地理 (13): 274-279

前川文夫 (1980) 史前帰化植物考. 伊藤道人編『朝日百科 世界の植物 12―植物と人間文化』(第2版) 朝日新聞社　東京 pp. 3214-3217

前川文夫・湯浅浩史・鈴木時策・田代道彌・萩原秀三郎 (1981)『雲南の植物と民俗』工作舎　東京

前野ウルド浩太郎 (2012)『孤独なバッタが群れるとき―サバクトビバッタの相変異と大発生』(フィールドの生物 9) 東海大学出版会　秦野

前野ウルド浩太郎 (2017)『バッタを倒しにアフリカへ』(光文社新書 883) 光文社　東京

Magara HJO, Midega CAO, Otieno SA, Ogol CKPO, Bruce TJA, Pickett JA, Khan ZR (2015) Signal grass (*Brachiaria brizantha*) oviposited by stemborer (*Chilo partellus*) emits herbivore-induced plant volatiles that induce neighbouring local maize (*Zea mays*) varieties to recruit cereal stemborer larval parasitoid *Cotessia sesamiae*. *International Journal of Sciences: Basic and Applied Research* 19 (1): 341-357

Masendu HT, Hunt RH, Govere J, Brooke BD, Awolola TS, Coetzee M (2004) The sympatric occurrence of two molecular forms of the malaria vector *Anopheles gambiae* Giles *sensu stricto* in Kanyemba, in the Zambezi Valley, Zimbabwe. *Transactions of the Royal Society of Tropical Medicine and Hygiene* 98 (7): 393-396

Mashimo Y, Matsumura Y, Beutel RG, Njoroge L, Machida R (2018) A remarkable new species of Zoraptera, *Zorotypus asymmetristernum* sp. n., from Kenya (Insecta, Zoraptera, Zorotypidae). *Zootaxa* 4388 (3): 407-416

Matama-Kauma T, Schulthess F, Mueke JM, Omwega CO, Ogwang JA (2006) Effect of wild grasses planted as border rows on stemborer infestations in maize in Uganda. *Annales de la Société entomologique de France* 42 (3/4): 455-460

松井健 (1989)『琉球のニュー・エスノグラフィー』人文書院　京都

松井健 (1994) エスノ・サイエンス. 石川栄吉・梅棹忠夫・大林太良・蒲生正男・佐々木高明・祖父江孝男編『文化人類学事典』(縮刷版) 弘文堂　東京 pp. 103-104

松本義明 (1995) 昆虫と害虫・益虫. 松本義明・松田一寛・正野俊夫・腰原達雄編『応用昆虫学入門』川島書店　東京 pp. 1-4

松浦直毅 (2012)『現代の＜森の民＞―中部アフリカ, バボンゴ・ピグミーの民族誌』昭和堂　京都

Mattingly PF (1957) Genetical aspects of the *Aedes aëgypti* problem: I. Taxonomy and bionomics. *Annals of Tropical Medicine & Parasitology* 51 (4): 392-408

McBride CS, Baier F, Omondi AB, Spitzer SA, Lutomiah J, Sang R, Ignell R, Vosshall LB (2014) Evolution of mosquito preference for humans linked to an odorant receptor. *Nature* 515 (7526): 222-227

McClelland GAH (1974) A worldwide survey of variation in scale pattern of the abdominal tergum of *Aedes aegypti* (L.) (Diptera: Culicidae). *Transactions of the Royal Entomological Society of London* 126 (2): 239-259

Meikle WG, Markham RH, Nansen C, Holst N, Degbey P, Azoma K, Korie S (2002) Pest management in traditional maize stores in West Africa: a farmer's perspective. *Journal of Economic Entomology* 95 (5): 1079-1088

Melin AD, Kline DW, Hiramatsu C, Caro T (2016) Zebra stripes through the eyes of their predators, zebras, and humans. *PLoS ONE* 11 (1): e0145679 (1-18)

Mendelsohn J, el Obeid S, Roberts C (2000) *A Profile of North-Central Namibia*. Gamsberg Macmillan Publishers, Windhoek, Namibia

Messina JP, Brady OJ, Scott TW, et al. (2014) Global spread of dengue virus types: mapping the 70 year history. *Trends in Microbiology* 22 (3): 138-146

Midega CAO, Khan ZR (2003) Impact of a habitat management system on diversity and abundance of maize stemborer predators in western Kenya. *Insect Science and Its Application* 23 (4): 301-308

Midega CAO, Ogol CKPO, Overholt WA (2004) Effect of agroecosystem diversity on natural enemies of maize stemborers in coastal Kenya. *International Journal of Tropical Insect Science* 24 (4): 280-286

Midega CAO, Khan ZR, Van den Berg J, Ogol CKPO, Pickett JA, Wadhams LJ (2006) Maize stemborer predator activity under 'push-pull' system and Bt-maize: A potential component in managing Bt resistance. *International Journal of Pest Management* 52 (1): 1-10

Midega CAO, Khan ZR, Van den Berg J, Ogol CKPO, Dippenaar-Schoeman AS, Pickett JA, Wadhams LJ (2008) Response of ground-dwelling arthropods to a 'push-pull' habitat management system: spiders as an indicator group. *Journal of Applied Entomology* 132 (3): 248-254

Midega CAO, Khan ZR, Van den Berg J, Ogol CKPO, Bruce TJ, Pickett JA (2009) Non-target effects of the 'push–pull' habitat management strategy: Parasitoid activity and soil fauna abundance. *Crop Protection* 28 (12): 1045-1051

Midega CAO, Khan ZR, Amudavi DM, Pittchar J, Pickett JA (2010) Integrated management of *Striga hermonthica* and cereal stemborers in finger millet (*Eleusine coracana* (L.) Gaertn.) through intercropping with *Desmodium intortum*. *International Journal of Pest Management* 56 (2): 145-151

Midega CAO, Jonsson M, Khan ZR, Ekbom B (2014) Effects of landscape complexity and habitat management on stemborer colonization, parasitism and damage to maize. *Agriculture, Ecosystems & Environment* 188: 289-293

Midega CAO, Bruce TJA, Pickett JA, Khan ZR (2015a) Ecological management of cereal stemborers in African smallholder agriculture through behavioural manipulation. *Ecological Entomology* 40 (Suppl. 1): 70-81

Midega CAO, Bruce TJA, Pickett JA, Pittchar JO, Murage A, Khan ZR (2015b) Climate-adapted companion cropping increases agricultural productivity in East Africa. *Field Crops Research* 180: 118-125

Midega CAO, Pittchar JO, Pickett JA, Hailu GW, Khan ZR (2018) A climate-adapted push-pull system effectively controls fall armyworm, *Spodoptera frugiperda* (J E Smith), in maize in East Africa. *Crop Protection* 105: 10-15

Midingoyi S-KG, Affognon HD, Macharia I, Ong'amo G, Abonyo E, Ogola G, Groote HD, LeRu B (2016) Assessing the long-term welfare effects of the biological control of cereal stemborer pests in East and Southern Africa: Evidence from Kenya, Mozambique and Zambia. *Agriculture, Ecosystems & Environment* 230: 10-23

皆川昇・二見恭子 (2007) マラリアと蚊. 日本ICIPE協会編『アフリカ昆虫学への招待』京都大学学術出版会　京都　pp. 147-162

Minakawa N, Mutero CM, Githure JI, Beier JC, Yan G (1999) Spatial distribution and habitat characterization of anopheline mosquito larvae in Western Kenya. *The American Journal of Tropical Medicine and Hygiene* 61 (6): 1010-1016

Minakawa N, Sonye G, Mogi M, Githeko A, Yan G (2002) The effects of climatic factors on the distribution and abundance of malaria vectors in Kenya. *Journal of Medical Entomology* 39 (6): 833-841

Minakawa N, Dida GO, Sonye GO, Futami K, Kaneko S (2008) Unforeseen misuses of bed nets in fishing villages along Lake Victoria. *Malaria Journal* 7: 165 (1-6)

Minakawa N, Dida GO, Sonye GO, Futami K, Njenga SM (2012) Malaria vectors in Lake Victoria and adjacent habitats in western Kenya. *PLoS ONE* 7 (3): e32725 (1-9)

Minakawa N, Kongere JO, Dida GO, et al. (2015) Sleeping on the floor decreases insecticide treated bed net use and increases risk of malaria in children under 5 years of age in Mbita District, Kenya. *Parasitology* 142 (12): 1516-1522

南真木人 (2002) ネパール山地民マガールの藪林焼畑．寺嶋秀明・篠原徹編『エスノ・サイエンス』(講座生態人類学 7) 京都大学学術出版会　京都　pp. 187-214

Misof B, Liu S, Meusemann K, et al. (2014) Phylogenomics resolves the timing and pattern of insect evolution. *Science* 346 (6210): 763-767

三橋淳 (1984)『世界の食用昆虫』古今書院　東京

三橋淳 (2000) 文化昆虫学とは．遺伝 54 (2): 14-15

三橋淳 (2008)『世界昆虫食大全』八坂書房　東京

三橋淳 (2012)『昆虫食文化事典』八坂書房　東京

三橋淳編 (1997)『虫を食べる人びと』平凡社　東京

三橋淳・小西正泰 (2014)『文化昆虫学事始め』創森社　東京

宮本常一・安渓遊地 (2008)『調査されるという迷惑—フィールドに出る前に読んでおく本』みずのわ出版　神戸

Moiroux N, Gomez MB, Pennetier C, Elanga E, Djenontin A, Chandre F, Djegbe I, Guis H, Corbel V (2012) Changes in *Anopheles funestus* biting behavior following universal coverage of long-lasting insecticidal nets in Benin. *The Journal of Infectious Diseases* 206 (10): 1622-1629

Monaghan MT, Inward DJG, Hunt T, Vogler AP (2007) A molecular phylogenetic analysis of the Scarabaeinae (dung beetles). *Molecular Phylogenetics and Evolution* 45 (2): 674-692

Morell V (1995) *Ancestral Passions: The Leakey Family and the Quest for Humankind's Beginnings*. Simon & Schuster, New York, NY

守屋成一 (1995) イモゾウムシ，アリモドキゾウムシの根絶は可能か—根絶防除計画の現状．沖縄農業 30 (1): 65-71

Moriya S, Miyatake T, Kohama T, Shimoji Y (1997) Dispersal potential of male *Cylas formicarius* (Coleoptera: Brentidae) over land and water. *Environmental Entomology* 26 (2): 272-276

Muatinte B, Van den Berg J, Santos L (2014) *Prostephanus truncatus* in Africa: a review of biological trends and perspectives on future pest management strategies. *African Crop Science Journal* 22 (3): 237-256

Mugisha-Kamatenesi M, Deng AL, Ogendo JO, Omolo EO, Mihale MJ, Otim M, Buyungo JP, Bett PK (2008) Indigenous knowledge of field insect pests and their management around Lake Victoria basin in Uganda. *African Journal of Environmental Science and Technology* 2 (8): 342-348

Muller S, Rookmaaker LC (1991-1992) The South African insects described by Carl Peter Thunberg (1743-1828). *Journal, Namibia Scientific Society* 43: 81-106

Murayama D, Yamazawa T, Munthali C, Ephantus NB, Rodney LG, Jiwan PP, Tani M, Koaze H, Aiuchi D (2017) Superiority of Malawian orange local maize variety in nutrients, cookability and storability. *African Journal of Agricultural Research* 12 (19): 1618-1628

Mutamiswa R, Chidawanyika F, Nyamukondiwa C (2017) Dominance of spotted stemborer *Chilo partellus* Swinhoe (Lepidoptera: Crambidae) over indigenous stemborer species in Africa's changing climates: ecological and thermal biology perspectives. *Agricultural and Forest Entomology* 19 (4): 344-356

Muuthia H (2014) The Curious History of the Museum in Kenya. Kenya Geographic, 19 July 2014. [https://kenyageographic.com/curious-history-museum-kenya/] (2018 年 12 月 25 日閲覧)

National Museums of Kenya (online1) Brief History. National Museums of Kenya [http://www.museums.or.ke/brief-history/] (2018 年 12 月 23 日閲覧)

National Museums of Kenya (online2) The Invertebrates Zoology Section. National Museums of Kenya [http://www.museums.or.ke/the-invertebrates-zoology-section/] (2018 年 12 月 25 日閲覧)

National Museums of Kenya (online3) Centre for Biodiversity. National Museums of Kenya [http://www.museums.or.ke/centre-for-biodiversity/] (2018 年 12 月 25 日閲覧)

National Museums of Kenya (online4) Directorate Brief. National Museums of Kenya [http://www.museums.or.ke/directorate-brief/] (2018 年 12 月 24 日閲覧)

名和梅吉 (1903) 蟻形象鼻蟲に就いて. 昆蟲世界 (7): 327-330

Ndemah R, Gounou S, Schulthess F (2002) The role of wild grasses in the management of lepidopterous stem-borers on maize in the humid tropics of western Africa. *Bulletin of Entomological Research* 92 (6): 507-519

Neuenschwander P (2004) Harnessing nature in Africa. *Nature* 432 (7019): 801-802

Ngatia CM, Kimondo M (2011) Comparison of three methods of weight loss determination on maize stored in two farmer environments under natural infestation. *Journal of Stored Products and Postharvest Research* 2 (13): 254-260

日本 ICIPE 協会編 (日髙敏隆監修) (2007) 『アフリカ昆虫学への招待』京都大学学術出版会　京都

仁坂吉伸 (2000) 現代ヨーロッパ蝶事情—その 2：紅く，青くきらめくシジミチョウ．やどりが (184): 10-40

西口親雄 (2006) 『小さな蝶たち—身近な蝶と草木の物語』八坂書房　東京

西村正賢 (2008) ヤマトシジミの地理変異，季節変異，棲息環境などについての知見．蝶研フィールド 23 (1/2): 4-27

西村三郎 (1989) 『リンネとその使徒たち—探検博物学の夜明け』人文書院　京都

Nonaka K (1996) Ethnoentomology of the Central Kalahari San. *African Study Monographs, Supplementary Issue* 22: 29-46

野中健一 (1997) 中央カラハリ砂漠のグイ・ガナ＝ブッシュマンの食生活における昆虫食の役割．アフリカ研究 (50): 81-99

野中健一 (2001) 生活の中の虫との関わり．田中二郎編『カラハリ狩猟採集民—過去と現在』(講座生態人類学 1) 京都大学学術出版会　京都　pp. 116-138

野中健一 (2005) 『民族昆虫学—昆虫食の自然誌』(ナチュラルヒストリーシリーズ) 東京大学出版会　東京

野中健一 (2007) 『虫食む人々の暮らし』日本放送出版協会　東京

Nukenine E (2010) Stored product protection in Africa: Past, present and future. In: Carvalho MO, Fields PG, Adler CS, et al. (eds.) *10th International Working Conference on Stored Product Protection*. Julius Kühn-Institut, Berlin, Germany, pp. 26-41

Nweke OC, Sanders III WH (2009) Modern environmental health hazards: a public health issue of increasing significance in Africa. *Environmental Health Perspectives* 117 (6): 863-870

Nyasembe VO, Tchouassi DP, Kirwa HK, Foster WA, Teal PEA, Borgemeister C, Torto B (2014) Development and assessment of plant-based synthetic odor baits for surveillance and control of malaria vectors. *PLoS ONE* 9 (2): e89818 (1-10)

Nyirenda S, Sileshi G, Belmain S, Kamanula J, Mvumi B, Sola P, Nyirenda GKC, Stevenson PC (2011) Farmers' ethno-ecological knowledge of vegetable pests and pesticidal plant use in Malawi and Zambia. *African Journal of Agricultural Research* 6 (6): 1525-1537

Ochi S, Shah M, Odoyo E, et al. (2017) An outbreak of diarrhea in Mandera, Kenya, due to *Escherichia coli* serogroup O-nontypable strain that had a coding gene for enteroaggregative *E. coli* heat-stable enterotoxin 1. *The American Journal of Tropical Medicine and Hygiene* 96 (2): 457-464

Ogol CKPO, Spence JR, Keddie A (1999) Maize stem borer colonization, establishment and crop damage levels in a maize-leucaena agroforestry system in Kenya. *Agriculture, Ecosystems & Environment* 76 (1): 1-15

Okuda T (1989) Aggressive characteristics of diapausing larvae of a stem borer, *Busseola fusca* Fuller (Lepidoptera: Noctuidae) in artificially crowded conditions. *Applied Entomology and*

Zoology 24 (2): 238-239

奥田隆 (2010) 非常識な生物たち―深海から宇宙まで。驚異の生存能力．Newton 30 (4): 100-105

Ono M (2017) *Associations of Livestock, Wildlife, and Environmental Factors with Risk and Severity of Human Tungiasis in Kwale, Kenya*. M.Sc. thesis, Nagasaki University, Nagasaki, JP

大崎直太 (2007) カカメガの森にチョウのベイツ型擬態の謎を求めて．日本ICIPE協会編『アフリカ昆虫学への招待』京都大学学術出版会　京都　pp. 13-31

大崎直太 (2009)『擬態の進化―ダーウィンも誤解した150年の謎を解く』海游舎　東京

大瀧丈二 (2013a) 環境変化によるチョウの斑紋変化と進化―表現型可塑性から福島原発事故まで．昆虫と自然 48 (3): 14-19

大瀧丈二 (2013b) 原発事故の生物への影響をチョウで調査する．科学 83 (9): 1037-1044

Otaki JM, Hiyama A, Iwata M, Kudo T (2010) Phenotypic plasticity in the range-margin population of the lycaenid butterfly *Zizeeria maha*. *BMC Evolutionary Biology* 10: 252 (1-13)

Otieno NE, et al. (2014) Type catalogue of the zoological collections of the National Museums of Kenya (NMK), with a list of animal species from the Kakamega and Budongo Forest. *Bonn Zoological Bulletin-Supplementum* 60: 9-126

大鶴正満 (1975) 八重山群島の戦後マラリアによせて．日本医事新報 (2569): 67-69

Padi B, den Hollander J (1996) Morphological variation in *Planococcoides njalensis* occurring on cocoa in Ghana. *Entomologia Experimentalis et Applicata* 79 (3): 317-328

Pantenius CU (2011) Storage losses in traditional maize granaries in Togo. *International Journal of Tropical Insect Science* 9 (6): 725-735

Parolin P, Bresch C, Desneux N, Brun R, Bout A, Boll R, Poncet C (2012) Secondary plants used in biological control: A review. *International Journal of Pest Management* 58 (2): 91-100

Peel MC, Finlayson BL, McMahon TA (2007) Updated world map of the Köppen-Geiger climate classification. *Hydrology and Earth System Science* 11: 1633-1644

Pennetier C, Bouraima A, Chandre F, et al. (2013) Efficacy of Olyset® Plus, a new long-lasting insecticidal net incorporating permethrin and piperonil-butoxide against multi-resistant malaria vectors. *PLoS ONE* 8 (10): e75134 (1-11)

Petrova NA, Cornette R, Shimura S, Gusev OA, Pemba D, Kikawada T, Zhirov SY, Okuda T (2015) Karyotypical characteristics of two allopatric African populations of anhydrobiotic *Polypedilum* Kieffer, 1912 (Diptera, Chironomidae) originating from Nigeria and Malawi. *Comparative Cytogenetics* 9 (2): 173-188

Philips TK (2011) The evolutionary history and diversification of dung beetles. In: Simmons LW, Ridsdill-Smith TJ (eds.) *Ecology and Evolution of Dung Beetles*. Wiley-Blackwell, Chichester, UK, pp. 21-46

Philips TK, Pretorius E, Scholtz CH (2004) A phylogenetic analysis of dung beetles (Scarabaeinae : Scarabaeidae): unrolling an evolutionary history. *Invertebrate Systematics* 18 (1): 53-88

Phillips-Howard PA, Nahlen BL, Kolczak MS, et al. (2003) Efficacy of permethrin-treated bed nets in the prevention of mortality in young children in an area of high perennial malaria transmission in western Kenya. *The American Journal of Tropical Medicine Hygiene* 68 (Suppl. 4): 23-29

Phiri NA, Otieno G (2008) *Managing Pests of Stored Maize in Kenya, Malawi and Tanzania* (Survey Report). The MDG Centre East and Southern Africa, Nairobi, Kenya

Picker MD, Colville JF, van Noort S (2002) Mantophasmatodea now in South Africa. *Science* 297 (5586): 1475-1475

PICS (online) Purdue Improved Crop Storage Program. [https://picsnetwork.org/wp-content/uploads/2018/10/PICS-Overview-October-v2-2018.pdf] (2019年2月12日閲覧)

Posey DA (1978) Ethnoentomological survey of Amerind groups in lowland Latin America. *The Florida Entomologist* 61 (4): 225-229

Posey DA (1986) Topics and issues in ethnoentomology with some suggestions for the development of hypothesis-generation and testing in ethnobiology. *Journal of Ethnobiology* 6 (1):

99-120

Poveda K, Kessler A (2012) New synthesis: Plant volatiles as functional cues in intercropping systems. *Journal of Chemical Ecology* 38 (11): 1341-1341

Poveda K, Gómez MI, Martínez E (2008) Diversification practices: their effect on pest regulation and production. *Revista Colombiana de Entomología* 34 (2): 131-144

Powell JR, Tabachnick WJ (2013) History of domestication and spread of *Aedes aegypti*: a review. *Memórias do Instituto Oswaldo Cruz, Rio de Janeiro* 108 (Suppl. 1): 11-17

Predel R, Neupert S, Huetteroth W, Kahnt J, Waidelich D, Roth S (2012) Peptidomics-based phylogeny and biogeography of Mantophasmatodea (Hexapoda). *Systematic Biology* 61 (4): 609-629

Proches Ş (2014) Relictual distributions in southern and East Africa: a "Khoisan fringe" in heel-walkers (Mantophasmatodea). *North-Western Journal of Zoology* 10 (2): 300-304

Richards P (1985) *Indigenous Agricultural Revolution: Ecology and Food Production in West Africa*. Hutchinson, London, UK

Robinson GS, Ackery PR, Kitching IJ, Beccaloni GW, Hernández LM (2001) *Hostplants of the Moth and Butterfly Caterpillars of the Oriental Region*. The Natural History Museum, London, UK

Root RB (1973) Organization of a plant-arthropod association in simple and diverse habitats: the fauna of collards (*Brassica oleracea*). *Ecological Monographs* 43 (1): 95-124

Roth S, Molina J, Predel R (2014) Biodiversity, ecology, and behavior of the recently discovered insect order Mantophasmatodea. *Frontiers in Zoology* 11 (1): 70 (1-20)

Saini RK, Orindi BO, Mbahin N, Andoke JA, Muasa PN, Mbuvi DM, Muya CM, Pickett JA, Borgemeister CW (2017) Protecting cows in small holder farms in East Africa from tsetse flies by mimicking the odor profile of a non-host bovid. *PLoS Neglected Tropical Diseases* 11 (10): e0005977 (1-27)

阪口浩平 (1982) 『図説世界の昆虫 6 (アフリカ編)』保育社　大阪

Sakurai M, Furuki T, Akao K-I, Tanaka D, Nakahara Y, Kikawada T, Watanabe M, Okuda T (2008) Vitrification is essential for anhydrobiosis in an African chironomid, *Polypedilum vanderplanki*. *Proceedings of the National Academy of Sciences of the United States of America* 105 (13): 5093-5098

佐々木均 (2007) 家畜飼養と吸血性アブ類．日本ICIPE協会編『アフリカ昆虫学への招待』京都大学学術出版会　京都 pp. 115-127

Sasaki H, Kang'ethe EK, Kaburia HF (1995) Blood meal sources of *Glossina pallidipes* and *G. longipennis* (Diptera: Glossinidae) in Nguruman, southwest Kenya. *Journal of Medical Entomology* 32 (3): 390-393

Sato H (1997) Two nesting behaviours and life history of a subsocial African dungrolling beetle, *Scarabaeus catenatus* (Coleoptera: Scarabaeidae). *Journal of Natural History* 31 (3): 457-469

佐藤宏明 (2014) 昆虫．日本アフリカ学会編『アフリカ学事典』昭和堂　京都 pp. 440-443

佐藤宏明・今森光彦 (1987) ケニアに生息する大型タマオシコガネ *Kheper platynotus* と *K. aegyptiorum* の繁殖行動．アフリカ研究 (32): 1-17

Sato H, Imamori M (1987) Nesting behaviour of a subsocial African ball-roller *Kheper platynotus* (Coleoptera, Scarabaeidae). *Ecological Entomology* 12: 415-425

Schoville SD (2014) Current status of the systematics and evolutionary biology of Grylloblattidae (Grylloblattodea). *Systematic Entomology* 39 (2): 197-204

Schoville SD, Uchifune T, Machida R (2013) Colliding fragment islands transport independent lineages of endemic rock-crawlers (Grylloblattodea: Grylloblattidae) in the Japanese archipelago. *Molecular Phylogenetics and Evolution* 66 (3): 915-927

Schulthess F, Chabi-Olaye A, Gounou S (2004) Multi-trophic level interactions in a cassava–maize mixed cropping system in the humid tropics of West Africa. *Bulletin of Entomological Research* 94 (3): 261-272

Sekimura T, Nijhout HF (eds.) (2017) Diversity and Evolution of Butterfly Wing Patterns: An Integrative Approach. Springer Singapore, Singapore ［日本語版：関村利朗・藤原晴彦・大瀧丈二監修 (2017)『チョウの斑紋多様性と進化―統合的アプローチ』海游舎　東京］

瀬戸口明久 (2009) 『害虫の誕生―虫からみた日本史』(ちくま新書 793) 筑摩書房　東京

重田眞義 (1998) アフリカ農業研究の視点―アフリカ在来農業科学の解釈を目指して．高村泰雄・重田眞義編『アフリカ農業の諸問題』京都大学学術出版会　京都　pp. 261-285

篠原徹 (1990) 『自然と民俗―心意のなかの動植物』日本エディタースクール出版部　東京

Shinonaga S (2001) Filth flies collected by the late Dr. T. Ohse in Ethiopia and thirteen African countries together with a record of the late Dr. R. Kano's collection in Africa: I. Muscidae. *Medical Entomology and Zoology* 52 (1): 31-42

Shirai Y, Takahashi M (2005) Effects of transgenic Bt corn pollen on a non-target lycaenid butterfly, *Pseudozizeeria maha*. *Applied Entomology and Zoology* 40 (1): 151-159

白石壮一郎 (2013) 学振ナイロビ―「存続の危機」以降．アフリカ研究 (82): 35-39

白水隆 (2006) 『日本産蝶類標準図鑑』学習研究社　東京

Shorrocks B (2007) *The Biology of African Savannahs*. Oxford University Press, Oxford, UK

Silva DP, Spigoloni ZA, Camargos LM, de Andrade AFA, De Marco P, Engel MS (2016) Distributional modeling of Mantophasmatodea (Insecta: Notoptera): a preliminary application and the need for future sampling. *Organisms Diversity & Evolution* 16 (1): 259-268

Sim S, Jupatanakul N, Ramirez JL, Kang S, Romero-Vivas CM, Mohammed H, Dimopoulos G (2013) Transcriptomic profiling of diverse *Aedes aegypti* strains reveals increased basal-level immune activation in dengue virus-refractory populations and identifies novel virus-vector molecular interactions. *PLoS Neglected Tropical Diseases* 7 (7): e2295 (1-14)

Singano CD, Nkhata BT, Mhango V (online) National Annual Report on Larger Grain Borer Monitoring and Teretrius nigrescens Rearing and Releases in Malawi (Global Agricultural Research Archive). CABI [https://www.cabi.org/GARA/FullTextPDF/2008/20083327076.pdf] (2018 年 10 月 10 日閲覧)

進化生物学研究所 (2011) 生き物に聞く―進化生物学研究所の今日．『「食と農」の博物館展示案内』東京農業大学「食と農」の博物館　東京　pp. 329-344

Smith LB, Kasai S, Scott JG (2016) Pyrethroid resistance in *Aedes aegypti* and *Aedes albopictus*: important mosquito vectors of human diseases. *Pesticide Biochemistry and Physiology* 133: 1-12

Snyder WE, Tylianakis JM (2012) The ecology of biodiversity–biocontrol relationships. In: Gurr GM, Wratten SD, Snyder WE, Read DMY (eds.) *Biodiversity and Insect Pests: Key Issues for Sustainable Management*. John Wiley & Sons, Chichester, UK, pp. 23-40

Song N, Li H, Song F, Cai W (2016) Molecular phylogeny of Polyneoptera (Insecta) inferred from expanded mitogenomic data. *Scientific Reports* 6: 36175 (1-10)

Songa JM, Jiang N, Schulthess F, Omwega C (2007) The role of intercropping different cereal species in controlling lepidopteran stemborers on maize in Kenya. *Journal of Applied Entomology* 131 (1): 40-49

Steverding D (2008) The history of African trypanosomiasis. *Parasites & Vectors* 1: 3 (1-8)

Strickland A (1947) Coccids attacking cacao (*Theobroma cacao*, L.), in West Africa, with descriptions of five new species. *Bulletin of Entomological Research* 38 (3): 497-523

杉本毅 (2000) 2種のゾウムシ類の起源,分散,我が国への侵入．植物防疫 54 (1): 444-447

杉本毅・瀬戸口脩 (2008) 奄美大島におけるアリモドキゾウムシ根絶実証事業と残された課題．伊藤嘉昭編『不妊虫放飼法―侵入害虫根絶の技術』海游舎　東京　pp. 241-276

杉本毅・川村清久・香取郁夫 (2007) アリモドキゾウムシの世界的拡散と我が国における定着可能地域の推定．植物防疫 61 (10): 565-570

Sugiyama Y (1987) Maintaining a life of subsistence in the Bemba village of northeastern Zambia. *African Study Monographs, Supplementary Issue* 6: 15-32

杉山祐子 (1997) ベンバの人たちの食べる虫 (中南部アフリカ，ザンビア共和国)．三橋淳編『虫を食べる人びと』平凡社　東京　pp. 234-270

杉山祐子 (2007) 「お金の道」、「食物の道」、「敬意の道」―アフリカのミオンボ林帯に住む、焼畑農耕民ベンバにおける資源化のプロセスと貨幣の役割．春日直樹編『貨幣と資源』(資源人類学 5) 弘文堂　東京　pp. 147-187

Sukehiro N, Kida N, Umezawa M, et al. (2013) First report on invasion of yellow fever mosquito, *Aedes aegypti*, at Narita International Airport, Japan in August 2012. *Japanese Journal of Infectious Diseases* 66 (3): 189-194

鈴木芳人 (1966) ヤマトシジミの季節型決定要因について．印高生物 (7): 1-40
Sylla EH, Kun JF, Kremsner PG (2000) Mosquito distribution and entomological inoculation rates in three malaria-endemic areas in Gabon. *Transactions of the Royal Society of Tropical Medicine and Hygiene* 94 (6): 652-656
Sylla M, Bosio C, Urdaneta-Marquez L, Ndiaye M, Black IV WC (2009) Gene flow, subspecies composition, and dengue virus-2 susceptibility among *Aedes aegypti* collections in Senegal. *PLoS Neglected Tropical Diseases* 3 (4): e408 (1-14)
Tabachnick WJ (2013) Nature, nurture and evolution of intra-species variation in mosquito arbovirus transmission competence. *International Journal of Environmental Research and Public Health* 10 (1): 249-277
Tabachnick WJ, Munstermann LE, Powell JR (1979) Genetic distinctness of sympatric forms of *Aedes aegypti* in East Africa. *Evolution* 33 (1): 287-295
Tabachnick WJ, Wallis GP, Aitken TH, Miller BR, Amato GD, Lorenz L, Powell JR, Beaty BJ (1985) Oral infection of *Aedes aegypti* with yellow fever virus: geographic variation and genetic considerations. *The American Journal of Tropical Medicine and Hygiene* 34 (6): 1219-1224
Tachikawa T (1980) Discovery of a tick parasite, *Hunterellus segarensis* Geevarghese from Japan (Hymenoptera : Chalcidoidea-Encyrtidae). *Transactions of the Shikoku Entomological Society* 15 (1/2): 119-120
Tadesse A, Eticha F (2000) Insect pests of farm-stored maize and their management practices in Ethiopia. *Integrated Protection of Stored Products IOBC Bulletin* 23 (10): 45-57
高林純示・田中利治 (1995)『寄生バチをめぐる「三角関係」』(講談社選書メチエ 43) 講談社 東京
高田兼太 (2010) 文化甲虫学：甲虫の文化昆虫学概説．甲虫ニュース (170): 13-18
高田兼太 (2013) 文化昆虫学のススメ．Nature Study (59): 14-15
高田兼太 (2015) はじめての文化昆虫学――一般昆虫学と文化昆虫学の視座の違い：ある昆虫をモチーフとした絵画イメージを題材に．きべりはむし 37 (2): 62-64
Takasu K, Nakamura S (2008) Life history of the tick parasitoid *Ixodiphagus hookeri* (Hymenoptera: Encyrtidae) in Kenya. *Biological Control* 46 (2): 114-121
Takasu K, Takano S-I, Sasaki M, Yagi S, Nakamura S (2003) Host recognition by the tick parasitoid *Ixodiphagus hookeri* (Hymenoptera: Encyrtidae). *Environmental Entomology* 32 (3): 614-618
Takhtajan A (1986) *Floristic Regions of the World*. University of California Press, Berkeley, CA
Tamari N, Minakawa N, Sonye GO, Awuor B, Kongere JO, Munga S, Larson PS (2018) Antimalarial bednet protection of children disappears when shared by three or more people in a high transmission setting of western Kenya. *Parasitology* published online on 10 September 2018: (1-9)
Tamiru A, Bruce TJA, Woodcock CM, et al. (2011) Maize landraces recruit egg and larval parasitoids in response to egg deposition by a herbivore. *Ecology Letters* 14 (11): 1075-1083
田中二郎 (1971)『ブッシュマン』思索社　東京
Tanaka K, Mizusawa K, Saugstad ES (1979) A revision of the adult and larval mosquitoes of Japan (including the Ryukyu Archipelago and the Ogasawara Islands) and Korea (Diptera: Culicidae). *Contributions of the American Entomological Institute* 16: 1-987
田中誠二 (2007) 大発生するバッタと相変異．日本ICIPE協会編『アフリカ昆虫学への招待』京都大学学術出版会　京都　pp. 99-113
田中誠二 (2015) 群れると色が変わるサバクトビバッタ．日本昆虫科学連合編『昆虫科学読本―虫の目で見た驚きの世界』東海大学出版部　秦野　pp. 47-62
Tani M, Kato T, Gondwe RL (2012) Improvement on soil fertility and maize production. In: Project Team of Obihiro University of Agriculture and Veterinary Medicine (ed.) *Improvement on Food Productivity and Food Security by Crop-Livestock: Integrated Farming System Case Study in Dwale, Thyolo*. Dairy Japan Co. Ltd., Tokyo, JP, pp. 7-55
田付貞洋 (1995) 幕臣武蔵孫右衛門自製昆虫標本．大場秀章・西野嘉章編『動く大地とその生物』(東京大学コレクション II) 東京大学出版会　東京　pp. 142-144
田付貞洋 (2009) 序論―昆虫概説．田付貞洋・河野義明編『最新応用昆虫学』朝倉書店　東

京 pp. 1-8
Tatsuta H, Kumano N (2015) Sexual differences in distress sounds in the West Indian sweet potato weevil *Euscepes postfasciatus*. In: Lestrel PE (ed.) *Biological Shape Analysis: Proceedings of the 3rd International Symposium, Tokyo, Japan, 14-17 June 2013*. World Scientific, Singapore, pp. 79-89
Tefera T, Mugo S, Likhayo P, Beyene Y (2011) Resistance of three-way cross experimental maize hybrids to post-harvest insect pests, the larger grain borer (*Prostephanus truncatus*) and maize weevil (*Sitophilus zeamais*). *International Journal of Tropical Insect Science* 31 (1/2): 3-12
Tefera T, Mugo S, Beyene Y (2016) Developing and deploying insect resistant maize varieties to reduce pre-and post-harvest food losses in Africa. *Food Security* 8 (1): 211-220
寺嶋秀明 (1995) 分類・認識・行動―生態人類学における分類のとりあつかい．秋道智彌・市川光雄・大塚柳太郎編『生態人類学を学ぶ人のために』世界思想社　京都 pp. 86-110
寺嶋秀明 (2002) フィールドの科学としてのエスノ・サイエンス―序にかえて．寺嶋秀明・篠原徹編『エスノ・サイエンス』(講座生態人類学 7) 京都大学学術出版会　京都 pp. 3-12
Terashima H, Ichikawa M, Sawada M (1988) Wild plant utilization of the Balese and the Efe of the Ituri Forest, the Republic of Zaire. *African Study Monographs, Supplementary Issue* 8: 1-78
Tilgner E (2002) Mantophasmatodea: a new insect order? (Technical comment). *Science* 297 (5582): 731
Toda M, Njeru I, Zurovac D, Kareko D, Shikanga O, Mwau M, Morita K (2017) Understanding mSOS: a qualitative study examining the implementation of a text-messaging outbreak alert system in rural Kenya. *PLoS ONE* 12 (6): e0179408 (1-13)
東城幸治・町田龍一郎 (2003) 南アフリカの砂漠にマントファスマを求めて．日経サイエンス 33 (2): 50-54
Tojo K, Machida R, Klass K-D, Picker MD (2004) Biology of South African heel-walkers, with special reference to reproductive biology (Insecta: Mantophasmatodea). *Proceedings of the Arthropodan Embryological Society of Japan* 39: 15-21
東城幸治・町田龍一郎・Picker, M.D.・Klass, K.-D. (2005) カカトアルキ目の生物学―とくに分布，分類，繁殖と生態．生物科学 57 (1): 11-16
Tojo K, Sekiné K, Takenaka M, Isaka Y, Komaki S, Suzuki T, Schoville SD (2017) Species diversity of insects in Japan: Their origins and diversification processes. *Entomological Science* 20 (1): 357-381
Toure YT, Petrarca V, Traore SF, Coulibaly A, Maiga HM, Sankare O, Sow M, Di Deco MA, Coluzzi M (1998) The distribution and inversion polymorphism of chromosomally recognized taxa of the *Anopheles gambiae* complex in Mali, West Africa. *Parassitologia* 40 (4): 477-511
Trimen R (1887a) *South-African butterflies: A Monograph of the Extra-Tropical Species, Vol. I. Nymphalidæ*. Trubner, London, UK
Trimen R (1887b) *South-African butterflies: A Monograph of the Extra-Tropical Species, Vol. II. Erycinidæ and Lycænidæ*. Trubner, London, UK
Trimen R (1889) *South-African butterflies: A Monograph of the Extra-Tropical Species, Vol. III. Papilonidæ and Hesperidæ*. Trubner, London, UK
Trpis M, Hausermann W (1975) Demonstration of differential domesticity of *Aedes aegypti* (L.) (Diptera, Culicidae) in Africa by mark-release-recapture. *Bulletin of Entomological Research* 65 (2): 199-208
Trpis M, Hausermann W (1986) Dispersal and other population parameters of *Aedes aegypti* in an African village and their possible significance in epidemiology of vector-borne diseases. *The American Journal of Tropical Medicine and Hygiene* 35 (6): 1263-1279
Tscharntke T, Karp DS, Chaplin-Kramer R, et al. (2016) When natural habitat fails to enhance biological pest control – Five hypotheses. *Biological Conservation* 204: 449-458
津田良夫 (2002) 蚊の暮らしからわかること―ネッタイシマカの適応と分化．宮城一郎編『蚊の不思議―多様性生物学』東海大学出版会　東京 pp. 135-155
辻和希編 (2017) 『もっとも基礎的なことがもっとも役に立つ―生態学者・伊藤嘉昭伝』海游

舎　東京
辻本泰弘 (2015) アフリカ第一のコメ生産国マダガスカルの食文化．食品と容器 56 (1): 58-64
Tsutsumi T, Machida R, Tojo K, Uchifune T, Klass K-D, Picker MD (2004) Transmission electron microscopic observations of the egg membranes of a South African heel-walker, *Karoophasma biedouwensis* (Insecta: Mantophasmatodea). *Proceedings of the Arthropodan Embryological Society of Japan* 39: 23-29
塘忠顕・東城幸治・内舩俊樹・町田龍一郎 (2005) カカトアルキ目の卵巣構造・卵形成と系統．生物科学 57 (1): 23-28
内舩俊樹・町田龍一郎 (2005) カカトアルキ目との類縁が示唆されるガロアムシ目．生物科学 57 (1): 35-39
植木俊哉 (2015) 国際組織による感染症対策に関する国際協力の新たな展開．国際問題 (642): 17-27
Ujiyama S, Tsuji K (2018) Controlling invasive ant species: a theoretical strategy for efficient monitoring in the early stage of invasion. *Scientific Reports* 8: 8033 (1-9)
UK Parliament (online) Commons and Lords Hansard, the Official Report of Debates in Parliament 1803-2005. The United Kingdom Parliament [http://hansard.millbanksystems.com/commons/1910/mar/03/colonial-services#column_1045] (2017 年 6 月 11 日閲覧)
梅棹忠夫 (1971) アフリカ研究の十年―京都大学アフリカ学術調査の回顧と展望．今西錦司・梅棹忠夫編『アフリカ社会の研究―京都大学アフリカ学術調査隊報告』西村書店　東京 pp. 27-44
Uvarov BP (1921) A revision of the genus *Locusta*, L. (= *Pachytylus*, Fieb.), with a new theory as to the periodicity and migrations of locusts. *Bulletin of Entomological Research* 12 (2): 135-163
Van den Berg J, Van Hamburg H (2015) Trap cropping with Napier grass, *Pennisetum purpureum* (Schumach), decreases damage by maize stem borers. *International Journal of Pest Management* 61 (1): 73-79
van Huis A (1996) The traditional use of arthropods in sub Saharan Africa. *Proceedings of the Section Experimental and Applied Entomology of the Netherlands Entomological Society* 7: 3-20
van Huis A, van Itterbeeck J, Klunder H, Mertens E, Halloran A, Muir G, Vantomme P (2013) *Edible Insects: Future Prospects for Food and Feed Security* (FAO Forestry Paper 171). Food and Agriculture Organization of the United Nations, Rome, Itary
Vári L (1961) *South African Lepidoptera. Vol. 1: Lithocolletidae*. Transvaal Museum, Pretoria, South Africa
Waddington CH (1953) Genetic assimilation of an acquired character. *Evolution* 7 (2): 118-126
Wale M, Schulthess F, Kairu EW, Omwega CO (2007) Effect of cropping systems on cereal stemborers in the cool-wet and semi-arid ecozones of the Amhara region of Ethiopia. *Agricultural and Forest Entomology* 9 (2): 73-84
Watanabe K, Imanishi S, Akiduki G, Cornette R, Okuda T (2016) Air-dried cells from the anhydrobiotic insect, *Polypedilum vanderplanki*, can survive long term preservation at room temperature and retain proliferation potential after rehydration. *Cryobiology* 73 (1): 93-98
渡辺恭平・伊藤誠人・藤江隼平・清水壮 (online) Information Station of Parasitoid Wasps. [https://himebati.jimdo.com/] (2017 年 12 月 10 日閲覧)
Watanabe M, Kikawada T, Okuda T (2003) Increase of internal ion concentration triggers trehalose synthesis associated with cryptobiosis in larvae of *Polypedilum vanderplanki*. *Journal of Experimental Biology* 206: 2281-2286
WHO (World Health Organization) (2017) *World Malaria Report 2016: Summary* (WHO/HTM /GMP/2017.4). World Health Organization, Geneva, Switzerland
Wiebe A, Longbottom J, Gleave K, et al. (2017) Geographical distributions of African malaria vector sibling species and evidence for insecticide resistance. *Malaria Journal* 16: 85 (1-10)
Williams F-N (1991) *Precolonial Communities of Southwestern Africa: A History of Owambo Kingdoms, 1600-1920* (Archeia No. 16). National Archives of Namibia, Windhoek, Namibia
Wipfler B, Klug R, Ge S-Q, Bai M, Göbbels J, Yang X-K, Hörnschemeyer T (2015) The thorax of Mantophasmatodea, the morphology of flightlessness, and the evolution of the neopter-

an insects. *Cladistics* 31 (1): 50-70
Wipfler B, Theska T, Predel R (2017) Mantophasmatodea from the Richtersveld in South Africa with description of two new genera and species. *ZooKeys* 746: 137-160
Wolfe GW (1991) The origin and dispersal of the pest species of *Cylas* with a key to the pest species groups of the world. In: Jansson RK, Raman KV (eds.) *Sweet Potato Pest Management: A Global Perspective.* Westview Press, Oxford, UK, pp. 13-43
Woodhall S (2005) *Field Guide to Butterflies of South Africa.* Struik Nature, Cape Town, South Africa
Wyman LC, Bailey FL (1964) *Navaho Indian Ethnoentomology* (University of New Mexico Publications in Anthropology, No. 12). University of New Mexico Press, Albuquerque, NM
八木繁実 (1994) アフリカの暮らしと昆虫―サバクワタリバッタ．月刊アフリカ 34 (11): 25-29
八木繁実 (1997a) 西ケニアの農村でクンビクンビを食べる．一色清 編『動物学がわかる。』(AERA Mook「学問がわかる。」シリーズ 18) 朝日新聞社　東京 pp. 111-115
八木繁実 (1997b) 新・ICIPE 日記―1997 年春．インセクタリゥム 34 (7): 222-227
八木繁実 (2007) アフリカの昆虫食―ケニアにおけるシロアリの利用を中心に．日本 ICIPE 協会編『アフリカ昆虫学への招待』京都大学学術出版会　京都　pp. 199-213
八木繁実・岸田袈裟 (2000) アフリカで虫を食べる―栄養源としての昆虫食．月刊アフリカ 40 (11): 4-11
Yago M, Hirai N, Kondo M, Tanikawa T, Ishii M, Wang M, Williams M, Ueshima R (2008) Molecular systematics and biogeography of the genus *Zizina* (Lepidoptera: Lycaenidae). *Zootaxa* 1746: 15-38
山本佳奈 (2013) 『残された小さな森―タンザニア季節湿地をめぐる住民の対立』昭和堂　京都
吉田集而 (1994) エティック・エミック．石川栄吉・梅棹忠夫・大林太良・蒲生正男・佐々木高明・祖父江孝男編『文化人類学事典』(縮刷版) 弘文堂　東京 pp. 106-107
Zeddies J, Schaab RP, Neuenschwander P, Herren HR (2001) Economics of biological control of cassava mealybug in Africa. *Agricultural Economics* 24 (2): 209-219
《植保员手册》编绘组编 (1992) 『植保员手册』(第 2 版) 上海科学技术出版社　上海
Zompro O (2001) The Phasmatodea and *Raptophasma* n. gen., Orthoptera incertae sedis, in Baltic amber (Insecta: Orthoptera). *Mitteilungen des Geologisch-Paläontologischen Institutes der Universität Hamburg* 85: 229-261

あとがきにかえて―八木繁実さんのこと

　本書は，訳者も含めると 19 名の執筆者によって書かれている。しかし実をいうと，編者も含めてこのなかでアフリカ昆虫学を専門としているものはひとりもいない。残念ながら，「アフリカ昆虫学」という学問分野は日本では実体としてまだ確立していない。学会も存在しないので，アフリカ昆虫学で成果を上げた研究者は，既存の所属学会などで，やや異端のあつかいを受けながら細ほそと発表しているのが現状である。

　本書出版の母体である日本 ICIPE 協会は，ささやかではあるが，そのような研究成果に発表の機会を提供することを活動目的のひとつとしている。今回，前著『アフリカ昆虫学への招待』から 12 年ぶりに続編の出版が実現し，満を持して取り組んだことは言うまでもない。「出版か，さもなくば死か (Publish, or perish)」とはよく言われるが，「まえがき」で触れられているように，協会が存亡の危機に瀕した際に何とか存続にふみとどまったのも，本書のような成果発表の場を実現するためであったといっても過言ではないだろう。

　日本では「やや異端」な，アフリカ昆虫学に関わる研究者たちが，前著や本書の執筆者として参集したのは，日本 ICIPE 協会の初代事務局長であった八木繁実さんの存在に負うところが大きい。生前の八木さんのもとには，あたかも誘引トラップにおびき寄せられる昆虫のように，専門分野の枠をこえて数多くの人々が集まっていた。

　八木さんが亡くなったのは，前著の出版から 6 年半後の 2013 年 8 月だった。その「お別れの会」は，東京都内にあるアフリカ料理店でにぎやかに行われた。会場にはアフリカのバンドがはいり，参加者たちは故人の「遺言」で，「踊りやすい服装」でくるよう通達されていた。集まったのは昆虫学，アフリカ研究，アフリカン・ポップス，NGO 活動など，さまざまなジャンルで八木さんと縁のあった人たちである。

　この「あとがき」を書いている足達と佐藤はそれぞれ，日本 ICIPE 協会の現および前事務局長であり，八木さんの後任である。以下では，わたしたちの目に映った八木さんの姿から，かれがなぜアフリカ昆虫学者たちを引き寄せるトラップのはたらきをしたのかを解きあかしてみたい。なお，八木さんは故人であるとともに，わたしたちにとっては専門分野である昆虫学の大先輩でもある。本来なら「先生」や「博士」といった敬称を使うべきであろうが，生前わたしたちが呼んでいたとおり，「八木さん」で通させていただく。

　八木繁実さんは，1938 年に東京・下北沢で生まれた。東京教育大学理学部を卒業後，信州大学助手，東京教育大学助手，筑波大学助教授などをへて東京農工大学助教授になった。専門は昆虫生理学である。在任中の 1979 年に日本学術振興会 (学振) の ICIPE 派遣研究者となり，初めてアフリカの土をふんだ。ここで「アフリカ昆虫学

に出あった」と書けば，ごく普通の話の展開だが，意外なことに八木さんがナイロビで出あったのは，リンガラ音楽だった。

リンガラ音楽というのは，アフリカのポピュラー音楽のひとつで，現在のコンゴ民主共和国で発達した。現地のリンガラ語で歌われ，おもにダンス音楽として演奏される。八木さんはナイロビの街中を日中徘徊しては，リンガラのレコードを買いあさり，夜は夜でライブハウスに通ってダンスを踊っていた。こう書くと単なる浮かれ人のようだが，研究コミュニティーにもしっかりと関与していた。

当時の ICIPE はいまのナイロビ郊外のカサラニ地区ではなく，ナイロビ大学チロモ・キャンパスの構内にあった。学振の研究連絡センターもチロモにあり，八木さんはそこへ毎日のように顔を出していた。当時学振駐在員だった霊長類学者の山極寿一さんによれば，八木さんは日本からやってくる研究者にナイロビの情報を教えてくれる大切な存在だったという (山極 2013, アフリカ研究 83: 89-92)。これを単なる街の観光情報と受けとってはならない。研究者のなかには文化人類学者や社会学者もおり，学術研究のために有用な情報をもたらしていたということである。

農工大在職中に八木さんは，学振事業によって 2 度 ICIPE に派遣された。1986 年には日本 ICIPE 協会の幹事 (その後事務局長) に就任している。その後 1987 年に農林水産省の農業環境技術研究所をへて，熱帯農業研究センター (現・国立研究開発法人国際農林水産業研究センター，JIRCAS) に主任研究官として転出した。のちに本人に聞いたところによれば，大学教員をやめたのは，「アフリカへ行くチャンスをふやすため」だったという。

JIRCAS の研究官になってからも ICIPE に何度か出張し，退官後は国際協力事業団 (現・国際協力機構，JICA) の専門家としてガーナに派遣された。

日本でもアフリカでも，八木さんのまわりには多くの人が集まった。「飄々としていながら，社交的で他人に対する思いやりにみちた人」というのが，大方の人たちの八木さん評である。しかし奥さんの宏子さんによれば，アフリカに行くようになるまでは，まるで正反対の性格だったそうだ。アフリカで八木さんにいったい何があったのだろうか。

八木さんの書いた文章のなかに，そのヒントがある。「アフリカで学んだ精神」というもので，(1) 助け合いの精神，(2) ダメでもともとの精神，(3) そのときそのときをエンジョイする (そのときどきでベストを尽くす) という精神，(4) 女性に親切，というものである (八木 2000, 「少年ケニヤの友」東京支部編『アフリカを知る—15 人が語るその魅力と多様性』スリーエーネットワーク，pp. 193-202)。

ところで，わたしたちは一応昆虫学者だが，八木さんから昆虫学の研究について話を聞いたことはあまりない。書かれたものを読んだことも少ない。アフリカ音楽の話はよくうかがっており，著書をいただいたこともある。ちなみに八木さんは，アフリカの音楽や文化に関する文章を書くときは「八木繁美」というペンネームを使っていた。

大学教員だったころには，昆虫の休眠とホルモンの関係などについて，顕著な業績を上げていたのだが，転出後はそれらの研究を続けることはなかったようだ。本人はそのことをどう思っていたのだろうか。いまとなっては謎である。

　晩年にはケニアで昆虫食や土食の研究をしていた。これらの研究は栄養学者の岸田袈裟（けさ）さんと共同で行ったものである。

　岸田さんは 1943 年岩手県生まれ。著名な栄養学者である川島四郎博士の助手として，世界各地で栄養学の現地調査を行っていた。1975 年にナイロビ在住の実業家・岸田信高氏と結婚。ケニアにあるいくつかの孤児院に対する援助活動を行うかたわら，栄養学の調査に従事した。1994 年からは JICA 専門家としてケニア西部のヴィヒガ県 (Vihiga District，現在は County = 郡) にあるエンザロ (Enzaro) 村を中心に，簡易竈（かまど）の普及活動を行った。しかし，病をえて 2010 年 2 月におしくも亡くなった。

　昆虫食といえば，本書でも紹介されているように，昆虫学者や人類学者が取り組むエスノサイエンスのテーマのひとつである。だが当時は，昆虫学者と栄養学者の協力によるこのような調査は画期的だった。1996 年の調査では，シロアリ食が村人たちにとって単なる嗜好品や季節の風物ではなく，年間の食事カレンダーのなかで重要な栄養源となっていることがわかった。2013 年に国連食糧農業機構 (FAO) が発表した，世界の食糧問題解決のために昆虫食を推奨するというレポートよりも，実に 17 年も前のことである。

　そこで，これらの研究成果のなかで一般向けに書かれた記事を，関係者の了承を得たうえで補章として再録した。この本の生みの親ともいえる八木さんのご冥福を祈るとともに，これもまたアフリカ昆虫学の一面として味わってほしい。

　本書の出版にあたっては，多くの方がたからご協力とご援助をいただいた。なかでも，多摩アフリカセンター (八木宏子代表) からは，出版に関わる財政的支援をたまわった。日本 ICIPE 協会の会員諸氏からは本書の内容や執筆者に関するアドバイスをいただいた。一般社団法人アフリカ協会は，八木さんと岸田さんの記事を本書に転載することをこころよく承諾してくださった。東京農業大学国際食料情報学部国際農業開発学科熱帯作物保護学研究室学生の野村遥さんは，同記事の再録にあたってワープロの打ちこみを引きうけてくれた。それぞれ厚く感謝を申し上げる。

　株式会社海游舎の本間陽子さんには，編者の作業の遅れにより大変なご迷惑をかけた。出版までの導きに，心よりお礼申し上げます。

　　2019 年 1 月

足達太郎・佐藤宏明

節足動物分類表

クモ綱 Arachnida
　　サソリ目 Scorpiones
　　　　　　サソリ
　　クモ目 Araneae
　　　　　クモ
　　　　ハエトリグモ科 Salticidae
　　　　　　アリグモ (属) *Myrmarachne*
　　ダニ目 Acari
　　　　　ダニ
　　　　ヒメダニ科 Argasidae
　　　　　　カズキダニ属 *Ornithodoros*
　　　　　　Ornithodoros moubata Murray
　　　　マダニ科 Ixodidae
　　　　　　マダニ
　　　　　　キララマダニ属 *Amblyomma*
　　　　　　Amblyomma variegatum (Fabricius)
　　　　　　カクマダニ (属) *Dermacentor*
　　　　　　チマダニ (属) *Haemaphysalis*
　　　　　　フタトゲチマダニ *Haemophysalis longicornis* Neumann
　　　　　　イボマダニ (属) *Hyalomma*
　　　　　　マダニ (属) *Ixodes*
　　　　　　コイタマダニ (属) *Rhipicephalus*
　　　　ハダニ科 Tetranychidae
　　　　　　ハダニ
　　　　　　Mononychellus tanajoa (Bondar)
　　　　　　ナミハダニ *Tetranychus urticae* Koch
内顎綱
　　カマアシムシ目 (原尾目) Protura
昆虫綱 Insecta
　　旧翅類 Palaeoptera
　　　　トンボ目 (蜻蛉目) Odonata
　　　　　　トンボ
　　多新翅類 Polyneoptera
　　　　カワゲラ目 (襀翅目) Plecoptera
　　　　バッタ目（直翅目）Orthoptera
　　　　　　バッタ
　　　　　　バッタ科 Acrididae
　　　　　　　　アカアシホソバッタ亜科 Catantopinae
　　　　　　　　　　Abisares viridipennis (Burmeister)
　　　　　　　　イナゴ亜科 Oxyinae
　　　　　　　　　　イナゴ
　　　　　　　　トノサマバッタ亜科 Oedipodinae
　　　　　　　　　　Humbe tenuicornis (Schaum)
　　　　　　　　　　トビバッタ
　　　　　　　　　　サバクトビバッタ（＝サバクワタリバッタ）*Schistocerca gregaria* Forsskål
　　　　　　　　　　トノサマバッタ *Locusta migratoria* Linnaeus
　　　　ハサミムシ目 (革翅目) Dermaptera
　　　　　　ハサミムシ

クギヌキハサミムシ科 Forficulidae
    Diaperasticus erythrocephalus (Olivier)
ジュズヒゲムシ目 (絶翅目) Zoraptera
   ジュズヒゲムシ
    Zorotypus asymmetristernum Mashimo
シロアリモドキ目 (紡脚目) Embioptera
ナナフシ目 (竹節虫目) Phasmatodea
   ナナフシ
ガロアムシ目 (非翅目) Grylloblattodea
   ガロアムシ
カカトアルキ目 (踵行目) Mantophasmatodea
  Austrophasmatidae
  Mantophasmatidae
    Praedatophasma maraisi Zompro & Adis
    Tyrannophasma gladiator Zompro
  Tanzaniophasmatidae
  科の所属不明
    ムカシカカトアルキ (属) *Raptophasma*
    Raptophasma kerneggeri Zompro
カマキリ目 (蟷螂目) Mantodea
   カマキリ
ゴキブリ目 (網翅目) Blattodea
 オオゴキブリ亜目 Blaberoidea
   ゴキブリ
 ゴキブリ亜目 Blattoidea
   ゴキブリ
   シロアリ
  シロアリ科 Termitidae
    オオキノコシロアリ *Macrotermes*
    ヒメキノコシロアリ *Microtermes*
  シュウカクシロアリ科 Hodotermitidae
    Hodotermes mossambicus (Hagen)
準新翅類 Paraneoptera
 アザミウマ目 (総翅目) Thysanoptera
   アザミウマ
  アザミウマ科 Thripidae
    Megarlurothrips
    ミカンキイロアザミウマ *Frankliniella occidentalis* (Pergande)
 カメムシ目 (半翅目) Hemiptera
  腹吻亜目 Sternorrhyncha
   コナジラミ上科 Aleyrodoidea
    コナジラミ科 Aleyrodidae
     タバコナジラミ *Bemisia tabaci*（Gennadius）
     Paraleyrodes minei Iaccarino
   アブラムシ上科 Aphidoidea
    アブラムシ
   カイガラムシ上科 Coccoidea
    コナカイガラムシ科 Pseudococcidae
     コナカイガラムシ
     パパイヤコナカイガラムシ *Paracoccus marginatus* Williams & Granara de Willink
     キャッサバコナカイガラムシ *Phenacoccus manihoti* Matile-Ferrero
     Planococcoides njalensis (Laing)
  頸吻亜目 Auchenorrhyncha
   ハゴロモ上科 Fulgoroidea
    ウンカ科 Delphacidae

トビイロウンカ *Nilaparvata lugens* (Stål)
セミ上科 Cicadoidea
セミ科 Cicadidae
セミ亜科 Cicadinae
セミ
ニイニイゼミ族 Platypleurini
Platypleura lindiana Distant
ツノゼミ上科 Membracoidea
ヨコバイ科 Cicadellidae
Cicadulina
Empoasca
異翅亜目 Heteroptera
カメムシ
カスミカメムシ科 Miridae
カスミカメムシ
アメンボ科 Gerridae
ウミアメンボ (属) *Halobates*
コオイムシ科 Belostomatidae
タガメ亜科 Lethocerinae
タガメ
タイコウチ科 Nepidae
タイコウチ亜科 Nepinae
タイコウチ
ミズカマキリ亜科 Ranatrinae
ミズカマキリ (属) *Ranatra*
ノコギリカメムシ科 Dinidoridae
Coridius viduatus (Fabricius)
ヘリカメムシ科 Coreidae
Acanthomia
内翅類 Endopterygota (完全変態類 Holometabola)
コウチュウ目 (鞘翅目) Coleoptera
オサムシ上科 Caraboidea
ゲンゴロウ
オサムシ科 Carabidae
Thermophilum alternatum (Bates)
エンマムシ上科 Histeroidea
エンマムシ科 Histeridae
Teretrius nigrescens Lewis
ハネカクシ上科 Staphylinoidea
ハネカクシ科 Staphylinidae
ハネカクシ
コガネムシ上科 Scarabaeoidea
コブスジコガネ科 Trogidae
センチコガネ科 Geotrupidae
コガネムシ科 Scarabaeidae
マグソコガネ亜科 Aphodiinae
タマオシコガネ亜科 Scarabaeinae
マメダルマコガネ族 Canthonini
Anachalcos convexus (Boheman)
ダイコクコガネ族 Coprini
ナンバンダイコクコガネ (属) *Heliocopris*
ダルマコガネ族 Ateuchini
Pedaria
クモガタタマオシコガネ族 Eucraniini
カクガタタマオシコガネ族 Eurysternini

　　　　　　ヒラタタマオシコカネ族 Gymnopleurini
　　　　　　　　Gymnopleurus sericeifrons Fairmaire
　　　　　　ツノコガネ族 Oniticellini
　　　　　　　　Cyptochirus trogiformis Roth
　　　　　　ヒラタダイコクコガネ族 Onitini
　　　　　　　　Aptychonitis anomalus Gestro
　　　　　　エンマコガネ族 Onthophagini
　　　　　　　　コエンマコガネ (属) *Caccobius*
　　　　　　　　Proagoderus extensus (Harold)
　　　　　　ニジダイコクコガネ族 Phanaeini
　　　　　　タマオシコガネ族 Scarabaeini
　　　　　　　　アフリカヒラタオオタマオシコガネ *Kheper platynotus* (Bates)
　　　　　　アシナガタマオシコガネ族 Sisyphini
　　　　　　　　Sisyphus seminulum Gerstaecker
　　　　ハナムグリ亜科 Cetoniinae
　　　　　　ハナムグリ (属) *Cetonia*
　　　　カブトムシ亜科 Dynastinae
　　　　　　サイカブト (属)
　　　　　　Oryctes boas Fabricius
　　　　コフキコガネ亜科 Melolonthinae
　　　　　　Melolontha vulgaris (Fabricius)
タマムシ上科 Buprestoidea
　　タマムシ科 Buprestidae
　　　　フトタマムシ亜科 Julodinae
　　　　　　フトタマムシ *Sternocera orissa* Buquet
ナガシンクイムシ上科 Bostrychoidea
　　ナガシンクイムシ科 Bostrichidae
　　　　　　オオコナナガシンクイムシ *Prostephanus truncatus* (Horn)
　　　　　　コナガシンクイムシ *Rhyzopertha dominica* (Fabricius)
ホタル上科 Cantharoidea
　　ホタル科 Lampyridae
　　　　　　ホタル
ヒラタムシ上科 Cucujoidea
　　テントウムシ科 Coccinellidae
　　　　　　テントウムシ
　　ホソヒラタムシ科 Silvanidae
　　　　　　ノコギリヒラタムシ *Oryzaephilus surinamensis* (Linnaeus)
ゴミムシダマシ上科 Tenebrionoidea
　　ツチハンミョウ科 Meloidae
　　　　　　ツチハンミョウ *Coryna apicicornis* Guérin-Ménéville
　　ゴミムシダマシ科 Tenebrionidae
　　　　　　コクヌストモドキ属 *Tribolium*
　　　　　　コクヌストモドキ *Tribolium castaneum* (Herbst)
ハムシ上科 Chrysomeloidea
　　カミキリムシ科 Cerambycidae
　　　　　　カミキリムシ
　　　　　　Phantasis avernica Thomson
　　　　　　Tragocephala variegate Bertoloni
　　ハムシ科 Chrysomelidae
　　　　　　ハムシ
　　　　トビハムシ亜科 Alticinae
　　　　　　Diamphidia simplex Pringuey
　　　　マメゾウムシ亜科 Bruchinae
　　　　　　ミツバマメゾウムシ (属) *Acanthoscelides*
　　　　　　セコブマメゾウムシ (属) *Callosobruchus*

ヨツモンマメゾウムシ *Callosobruchus maculatus* (Fabricius)
ブラジルマメゾウムシ (属) *Zabrotes*
ゾウムシ上科 Curculionoidea
オトシブミ科 Attelabidae
キリンクビナガオトシブミ *Trachelophorus giraffa* Jekel
ミツギリゾウムシ科 Brentidae
Apion pullus (Fall)
Cylas brunneus (Fabricius)
アリモドキゾウムシ *Cylas formicarius* (Fabricius)
Cylas puncticollis (Boheman)
ゾウムシ科 Curculionidae
ゾウムシ亜科 Curculioninae
ワタミゾウムシ *Anthonomus grandis* Boheman
クチカクシゾウムシ亜科 Cryptorhynchinae
イモゾウムシ *Euscepes postfasciatus* (Fairmaire)
オサゾウムシ科 Rhynchophoridae
オオゾウムシ (属) *Sipalinus*
コクゾウムシ (属) *Sitophilus*
グラナリアコクゾウムシ *Sitophilus granaries* (Linnaeus)
ココクゾウムシ *Sitophilus oryzae* (Linnaeus)
コクゾウムシ *Sitophilus zeamais* Motschulsky
ハエ目 (双翅目) Diptera
カ亜目 (長角亜目) Nematocera
タマバエ科 Cecidomyiidae
イネノシントメタマバエ *Orseolia oryzae* (Wood-Mason)
ユスリカ科 Chironomidae
ユスリカ
Paraboniella tonnoiri Freeman
マンダラネムリユスリカ *Polypedilum pembai* Cornette et al.
ネムリユスリカ *Polypedilum vanderplanki* Hinton
カ科　Culicidae
ハマダラカ亜科 Anophelinae
ハマダラカ (属) *Anopheles*
ガンビエハマダラカ種群
Anopheles amharicus Hunt, Wilkerson & Coetzee
アラビエンシスハマダラカ *Anopheles arabiensis* Patton
Anopheles bwambae White
クラッツィハマダラカ *Anopheles coluzzi* Coetzee & Wilkerson
ガンビエハマダラカ *Anopheles gambiae* Giles
ミラスハマダラカ *Anopheles melas* Theobald
メラスハマダラカ *Anopheles merus* Dönitz
Anopheles quadriannulatus Theobald
フネスタスハマダラカグループ
フネスタスハマダラカ *Anopheles funestus* Giles
リブローラムハマダラカ *Anopheles rivulorum* Leeson
モチェティハマダラカ種群
バーボエツィハマダラカ *Anopheles bervoetsi* D'Haenens
モチェティハマダラカ *Anopheles moucheti* Evans
ニリハマダラカ種群
カーネバレイハマダラカ *Anopheles carnevalei* Brunhes & Geoffroy
ニリハマダラカ *Anopheles nili* Theobald
オベンゲンシスハマダラカ *Anopheles ovengensis* Awono-Ambene et al.
Anopheles somalicus (Rivola & Holstein)
ナミカ亜科 Culicinae
ネッタイシマカ *Aedes* (*Stegomyia*) *aegypti* Linnaeus

ヒトスジシマカ *Aedes* (*Stegomyia*) *albopictus* (Skuse)
イエカ (属) *Culex*
シマカ亜属 *Stegomyia*
チョウバエ科 Psychodidae
サシチョウバエ亜科 Phlebotominae
サシチョウバエ
ブユ科 Simuliidae
ブユ
ハエ亜目 (短角亜目) Brachycera
ツェツェバエ科 Glossinidae
ツェツェバエ (属) *Glossina*
アブ科 Tabanidae
吸血性アブ
ヤドリバエ科 Tachinidae
ヤドリバエ
Actia
Sturmiopsis parasitica (Curran)
ハモグリバエ科 Agromyzidae
ハモグリバエ
ショウジョウバエ科 Drosophilidae
キイロショウジョウバエ種群 *Drosophila melanogaster* species group
ミバエ科 Tephritidae
ウリミバエ *Bactrocera cucurbitae* (Coquillett)
ミカンコミバエ *Bactrocera dorsalis* (Hendel)
ノミ目 (隠翅目) Siphonaptera
ノミ
スナノミ科 Hectopsyllidae
スナノミ (属) *Tunga*
チョウ目 (鱗翅目) Lepidoptera
ホソガ科 Gracillariidae
ホソガ亜科 Gracillariinae
Callicercops
Cryptolectica
Spulerina
Systoloneura
コハモグリ亜科 Phyllocnistinae
キバガ科 Gelechiidae
バクガ *Sitotroga cerealella* (Olivier)
トマトキバガ *Tuta absoluta* (Meyrick)
イラガ科 Limacodidae
Coenobasis amoena Felder
マダラガ科 Zygaenidae
マダラガ
メイガ科 Pyralidae
Ephestia
Eldana saccharina Walker
Plodia
ノシメマダラメイガ *Plodia interpunctella* (Hübner)
ツトガ科 Crambidae
Chilo orichalcociliellus (Strand)
Chilo partellus (Swinhoe)
コブノメイガ *Cnaphalocrocis medinalis* (Guenée)
マメノメイガ *Maruca vitrata* (Fabricius)
カレハガ科 Lasiocampidae
カレハガ亜科 Lasiocampinae

カレハガ
カイコガ科 Bombycidae
クワコ *Bombyx mandarina* (Moore)
カイコ *Bombyx mori* (Linnaeus)
ヤママユガ科 Saturniidae
ヤママユガ
アフリカチャイロヤママユガ *Bunaea alcinoe* (Stoll)
モパネワームの1種 *Gynanisa maja* (Klug)
Heniocha
モパネワームの1種 *Imbrasia belina* (Westwood)
スズメガ科 Sphingidae
Celerio liaeata (Fabricius)
アゲハチョウ科 Papilionidae
ギフチョウ *Luehdorfia japonica* Leech
シジミチョウ科 Lycaenidae
シジミチョウ
キララシジミ亜科 Portiinae
コケシジミ亜科 Lipteninae
Cerautola crowleyi (Sharpe)
シジミチョウ亜科 Lycaeninae
ヒメシジミ族 Polyommatini
Freyeria trochylus (Freyer)
ハマヤマトシジミ *Zizeeria karsandra* (Moore)
アフリカヤマトシジミ *Zizeeria knysna* (Trimen)
ヤマトシジミ *Zizeeria maha* (Kollar)
ミドリシジミ族 Theclini
Lucia limbaria (Swainson)
タテハチョウ科 Nymphalidae
ドクチョウ亜科 Heliconiinae
ホソチョウ族 Acraeini
ホソチョウ
イチモンジチョウ亜科 (Limenitidinae)
ボカシタテハ (属) *Euphaedra*
モルフォチョウ亜科 Morphinae
モルフォチョウ (属) *Morpho*
タテハチョウ亜科 Nymphalinae
アオタテハモドキ *Junonia orithya* (Linnaeus)
シャクガ科 Geometridae
シャクガ
ヒトリガ科 Arctiidae
コケガ亜科 Lithosiinae
コケガ
ヤガ科 Noctuidae
Busseola fusca (Fuller)
オオタバコガ *Helicoverpa armigera* (Hübner)
Poeonoma
Sesamia calamistis Hampson
アフリカシロナヨトウ *Spodoptera exempta* (Walker)
ツマジロクサヨトウ *Spodoptera frugiperda* (Smith)
ハチ目 (膜翅目) Hymenoptera
トビコバチ科 Ixodiphagus
Apoanagyrus lopezi (De Santis)
Ixodiphagus
マダニトビコバチ *Ixodiphagus hookeri* Howard
タマゴコバチ科 Trichogrammatidae

タマゴコバチ (属) *Trichogramma*
コマユバチ科 Braconidae
Cotesia flavipes Cameron
Cotesia sesamiae (Cameron)
タマゴクロバチ科 Scelionidae
Telenomus
アリ科 Formicidae
　グンタイアリ亜科 Dorylinae
　　サスライアリ (属) *Dorylus*
　フタフシアリ亜科 Myrmicinae
　　シリアゲアリ (属) *Crematogaster*
　　ヒアリ *Solenopsis invicta* Buren
　ヤマアリ亜科 Formicinae
　　オオアリ (属) *Camponotus*
　　ハタオリアリ (＝アフリカツムギアリ) *Oecophylla longinoda* Latreille
　　ツムギアリ *Oecophylla smaragdina* Fabricius
　　トゲアリ (属) *Polyrhachis*
クモバチ科 (＝ベッコウバチ科) Pompilidae
　ベッコウバチ
スズメバチ科 Vespidae
　ルリジガバチ *Chalybion japonicum* (Gribodo)
Paragris
　アシナガバチ (属) *Polistes*
Synagris calida (Linnaeus)
　スズメバチ (属) *Vespa*
ドロバチ科 Eumenidae
　ドロバチ
　オオキバドロバチ *Synagris cornuta* (Linnaeus)
Synagris spiniventris (Illiger)
ミツバチ科 Apidae
　ハリナシバチ亜科 Meliponinae
　　ハリナシバチ
　ミツバチ亜科 Apinae
　　ミツバチ (属) *Apis*

植物分類表

配列は大場秀章『植物分類表』(アボック社) に依拠した。
ただし，和名の表記については，一部従っていないところがある。

被子植物基底群 Basal angiosperms
    スイレン目 Nymphaeales
        スイレン科 Nymphaeaceae
            スイレン *Nymphaea nouchali* Burm. f.
Mesangiospermae
    クスノキ目 Laurales
        クスノキ科 Lauraceae
            アボカド *Persea americana* Mill.
単子葉類 Monocots
    ヤマノイモ目 Dioscoreales
        ヤマノイモ科 Dioscoreaceae
            ヤム (イモ) *Dioscorea*
    ヤシ目 Arecales
        ヤシ科 Arecales
            ヤシ
            ドームヤシ *Hyphaene petersiana* Klotzsch ex Mart.
            アブラヤシ *Elaeis guineensis* Jacq.
            ラフィアヤシ *Raphia*
    イネ目 Poales
        ガマ科 Typhaceae
        カヤツリグサ科 Cyperaceae
        サンアソウ科 Restionacea
        イネ科 Poaceae
            シコクビエ *Echinochloa esculenta* (A. Braun) H. Scholz
            スズメガヤ (属) *Eragrostis*
            オオムギ *Hordeum vulgare* L.
            トウミツソウ *Melinis minutiflora* P. Beauv.
            ビロードキビ (属) *Brachiaria* (= *Moorochloa*)
            Brachiaria brizantha (Hochst. ex A. Rich.) Stapf
            Brachiaria cv mulato
            イネ (属) *Oryza*
            ギニアグラス *Panicum maximum* Jacq.
            チカラシバ属 *Pennisetum*
            トウジンビエ *Pennisetum glaucum* (L.) R. Br.
            Pennisetum polystachion (L.) Schult.
            ネピアグラス *Pennisetum purpureum* Schmach.
            サトウキビ *Saccharum officinarum* L.
            Sorghum arundinaceum (Desv.) Stapf
            ソルガム (= モロコシ) *Sorghum bicolor* (L.) Moench
            スーダングラス *Sorghum × drummondii* (Nees ex Steud.) Millsp. & Chase
            Sorghum versicolor Andersson
            コムギ (属) *Triticum*
            トウモロコシ (= メイズ) *Zea mays* L.
    ツユクサ目 Commelinales
        ミズアオイ科 Pontederiaceae
            ホテイアオイ *Eichhornia crassipes* (Martius) Solms-Laubach
    ショウガ目 Zingiberales
        バナナ *Musa*

真正双子葉類 Eudicots
  ナデシコ目 Caryophyllales
    ヒユ科 Amaranthaceae
      イノコズチ *Achyranthes bidentata* Blume var. *japonica* Miq.
      アマランサス（＝ヒユ）*Amaranthus thunbergii* Moq.
    ハマミズナ科 Aizoaceae
      ミルスベリヒユ *Sesuvium sesuvioides* (Fenzl) Verdc.
  フトモモ目 Myrtales
    シクンシ科 Combretaceae
      Combretum imberbe Wawra
    フトモモ科 Myrtaceae
      ユーカリ（属）*Eucalyptus*
      グァバ *Psidium guajava* L.
  キントラノオ目 Malpighiales
    トウダイグサ科 Euphorbiaceae
      トウダイグサ（属）*Euphorbia*
      キャッサバ *Manihot esculenta* Crantz
      トウゴマ *Ricinus communis* L.
  カタバミ目 Oxalidales
    カタバミ科 Oxalidaceae
      カタバミ *Oxalis corniculata* L.
  マメ目 Fabales
    マメ科 Fabaceae
      アカシア（属）*Acacia*
      アカシア *Acacia arenaria* Schinz
      キマメ *Cajanus cajan* (L.) Millsp.
      ヒヨコマメ *Cicer arietinum* L.
      モパネ *Colophospermum mopane* (Kirk ex Benth.) Kirk ex J. Léonard
      ホウオウボク *Delonix regia* (Boj. ex Hook.) Raf.
      デスモディウム *Desmodium*
      グリーンリーフ・デスモディウム *Desmodium intortum* (Mill.) Urb.
      Desmodium pringlei S. Watson
      Desmodium sandwichense E. Meyer
      シルバーリーフ・デスモディウム *Desmodium uncinatum* (Jacq.) DC.
      Dichrostachys cinerea Wight et Arn.
      マドルライラック *Gliricidia sepium* (Jacq.) Kunth ex Walp.
      ダイズ *Glycine max* (L.) Merr.
      ギンゴウカン *Leucaena leucocephala* (Lam.) de Wit
      インゲンマメ *Phaseolus vulgaris* L.
      マメ科の木本 *Tephrosia vogelii* Hook.f.
      ソラマメ *Vicia faba* L.
      ササゲ *Vigna unguiculata* (L.) Walp.
  バラ目 Rosales
    クロウメモドキ科 Rhamnaceae
      バードプラム *Berchemia discolor* (Kl.) Hemsley
    クワ科 Moraceae
      イチジク（属）*Ficus*
      エジプトイチジク *Ficus sycomorus* L.
  ウリ目 Cucurbitales
    ウリ科 Cucurbitaceae
      ニガウリ *Momordica charantia* L.
      スイカ *Citrullus lanatus* (Thunberg) Matsumura et Nakai
      カボチャ（属）*Cucurbita*
  アブラナ目 Brassicales
    パパイヤ科 Caricaceae

パパイヤ *Carica papaya* L.
フウチョウソウ科 Cleomaceae
　フウチョウソウ *Cleome gynandra* L.
アブラナ科 Brassicaceae
　アビシニアガラシ *Brassica carinata* Braun
　ケール *Brassica oleracea* L. var. *acephala* DC
　キャベツ *Brassica oleracea* L. var. *capitata* L.
アオイ目 Malvales
　アオイ科 Malvaceae
　　バオバブ *Adansonia*
　　ワタ (属) *Gossypium*
　　ハイビスカス *Hibiscus*
　　カカオノキ *Theobroma cacao* L.
ムクロジ目 Sapindales
　カンラン科 Burseraceae
　　ミルラノキ (属) *Bursera*
　ウルシ科 Anacardiaceae
　　マンゴー *Mangifera indica* L.
　　マルーラ *Sclerocarya birrea* (A. Rich.) Hochst.
　センダン科 Meliaceae
　　ニーム (＝インドセンダン) *Azadirachta indica* A. Juss.
ツツジ目 Ericales
　カキノキ科 Ebenaceae
　　ジャッカルベリー *Diospyros mespiliformis* Hochst. ex A. DC.
リンドウ目 Gentianales
　アカネ科 Rubiaceae
　　コーヒー (ノキ) *Coffea*
ナス目 Solanales
　ナス科 Solanaceae
　　ピーマン *Capsicum annuum* L. var. *grossum* (L.)
　　キダチトウガラシ *Capsium frutescens* L.
　　トマト *Solanum lycopersicum* L.
　　ジャガイモ *Solanum tuberosum* L.
　ヒルガオ科 Convolvulaceae
　　サツマイモ *Ipomoea batatas* L.
　　アサガオ *Ipomoea nil* (L.) Roth
　　グンバイヒルガオ *Ipomoea pes-caprae* (L.) R.Br.
シソ目 Lamiales
　キツネノマゴ科 Acanthaceae
　　Nelsonia canescens (Lam.) Spreng.
　ゴマ科 Pedaliaceae
　　ゴマ *Sesamum indicum* L.
　クマツヅラ科 Verbenaceae
　　ランタナ *Lantana camara* L.
　シソ科 Lamiaceae
　　クリスマスキャンドルスティック *Leonotis nepetifolia* (L.) R.Br.
　ハマウツボ科 Orobanchaceae
　　ストライガ (＝ストリガ) *Striga hermonthica* (Delile) Benth.
キク目 Asterales
　キク科 Asteraceae
　　アメリカブクリョウサイ *Parthenium hysterophorus* L.
　　コウオウソウ (属) *Tagetes*
　　ニトベギク (属) *Tithonia*
　　ショウジョウハグマ (属) *Vernonia*

事項索引

地名，国名，行政区名
国名は通称とし，外務省の表記に従った．

アイオン Aioun　253
アビジャン Abidjan　242
アラブコ・ソコケの森 Arabuko Sokoke Forest　261
アルジェ Algiers　40
アルジェリア Algeria　40
アンゴラ Angola　16, 29, 54, 69
アンダシベ Andasibe　141
アンタナナリボ Antanànarìvo　137, 139
イトゥリの森 Ituri Forest　24
イバダン Ibadan　242, 243
ヴィクトリア湖 L. Victoria　47, 166, 206, 208-212, 249, 250
ウィントフック Windhoek　56
ウウクワングラ Uukwangula　52-54, 62, 65-68
ウガンダ Uganda　15, 71, 173, 195, 199, 228, 266
ウジジ Ujiji　50
エチオピア Ethiopia　24, 45, 190, 199, 204, 207, 258
エボゴ Ebogo　103-105
エリトリア Eritrea　190
エンザロ Enzaro　35, 266, 267, 269, 270
オシャカティ Oshakati　67
オモ川 Omo River　258
オルドヴァイ峡谷 Olduvai Gorge　258
カカメガ Kakamega　114
ガーナ Ghana　41, 42, 62, 71, 72, 105, 195, 196, 231
ガボン Gabon　16, 30
カメルーン Cameroon　16, 18, 102-106, 108, 110, 112, 114-117, 173, 207
カラハリ砂漠 Kalahari Des.　6, 30, 35, 47, 68, 125
カンパラ Kampala　266
ガンビア Gambia　42, 215
キスム Kisumu　266
キトゥイ Kitui　77, 79-81
ギニア Guinea　95, 195
ギニアビサウ Guinea-Bissau　195
クマシ Kumasi　41
クワダソ Kwadaso　42
クワレ Kwale　249, 250
ケープタウン Cape Town　37
ケープ植民地 Cape Colony　37

ケニア Kenya　12, 13, 15, 18, 19, 30, 38, 43, 44, 46, 47, 74, 77, 78, 81, 82, 89, 93-96, 99-101, 114, 142, 160, 161, 166, 168, 169, 173, 181, 188, 190, 195, 196, 199, 206, 207, 210, 211, 215, 216, 221-223, 225, 227, 229, 231, 233, 236, 242, 247, 249, 250, 256-258, 262, 263, 266
コートジボワール Cote d'Ivoire　16, 209, 242
ゴールドコースト植民地 Gold Coast　42
コトヌー Cotonou　243
コンゴ共和国 Republic of Congo　16, 243
コンゴ盆地 Congo Basin　5, 210
コンゴ民主共和国 Democratic Republic of the Congo　16, 18, 24, 243
ザイール (現コンゴ民主共和国) Zaïre　24, 243
サハラ砂漠 The Sahara　5, 7, 204, 206, 209
サブサハラ (→サブサハラアフリカ)
サブサハラアフリカ Sub-Saharan Africa　8, 27, 37, 84, 170, 171, 180, 190, 224, 227, 229, 230, 233, 237, 238, 241-243
ザンジバル Zanzibar　170
ザンビア Zambia　30, 50, 53, 69, 74, 195, 199
ザンベジ川 Zambezi River　50
シアヤ Siaya　216
シエラレオネ Sierra Leone　39, 42
ジンバブエ Zimbabwe　15, 29, 69, 88, 195, 199, 260
スーダン Sudan　265
ズールーランド Zululand　39
ズンビツェーヴィバシ国立公園 Zombitse-Vohibasia N.P.　51
赤道ギニア Equatorial Guinea　16, 209
セネガル Senegal　195, 229, 253
ソマリア Somalia　207
ゾンバ Zomba　151
タフォ Tafo　42
タンガニーカ Tanganyika　45, 257, 260
タンザニア Tanzania　15, 18, 20, 24, 30, 45, 50, 77, 119, 124, 126, 130, 190, 195, 196, 199, 225, 257, 258
チャド Chad　265
中央アフリカ Central African　16
チョロ Thyolo　200
ツァヴォ西国立公園 Tsavo West N.P.　12, 13, 46
ツァヴォ東国立公園 Tsavo East N.P.　12
ツワイン Tshwane　31

事項索引

トゥルカナ湖 L. Turkana　258
トーゴ Togo　195, 196, 204
トランスマラ Trans Mara　161
ナミブ砂漠 Namib Des.　6
ナイジェリア Nigeria　16, 42, 47, 81, 84, 152, 195, 242
ナイロビ Nairobi　43, 45, 77, 80, 87, 94, 95, 114, 167, 204, 223, 236, 242, 247, 248, 256, 257, 263, 265, 266
ナトロン湖 L. Natron　258
ナマカランド Namaqualand　121
ナミビア Namibia　15, 29, 31, 52-54, 56, 67, 69, 119, 124-126, 130, 195, 207
ニジェール Niger　195
ニジェール川 Niger River　207
西ケープ Western Cape Province　120, 121
ニャンザ Nyanza　166
ヌジャメナ N'Djamena　265, 266
ハウテン Gauteng　31
ブエング Bwengu　200
ブルンジ Burundi　195
ブンブウェ Bumbwe　200
ベナン Benin　47, 190, 195, 204, 243
ボツワナ Botswana　22, 40, 59, 168

ポート・スーダン Port Sudan　265
ホマベイ Homa Bay　166, 167
マダガスカル Madagascar　2, 4, 7, 10, 12, 37, 45, 136-138, 141, 144
マラウイ Malawi　83, 191, 193, 195-200, 202, 215
マリ Mali　206, 255
マンポン Mampong　71
南アフリカ South Africa　15, 17, 31, 35, 37, 46, 54, 55, 67, 69, 70, 99, 119, 120, 124-126, 130, 154, 173, 195, 204
ムビタ Mbita　85, 211, 212, 214, 215, 216, 249, 256
モザンビーク Mozambique　47, 195, 196, 199, 225, 233
モロッコ Morocco　204, 255
モロンダヴァ Morondava　142
モンバサ Mombasa　233
ヤウンデ Yaundé　103, 104
ライキピア Laikipia　95
ラバイ Rabai　227, 228, 231, 234
リベリア Liberia　16, 95
ルワンダ Rwanda　195
ルンピ Rumphi　200
ングク Nguku　166, 167

略号

1 KITE プロジェクト，1000 Insect Transcriptome Evolution Project　127
CAB インターナショナル → CABI
CAB, Commonwealth Agricultural Bureaux (英連邦農業局)　41
CABI, CAB International (CAB インターナショナル)　34, 49
CCD, colony collapse disorder (蜂群崩壊症候群)　240
CGIAR, Consultative Group on International Agricultural Research (国際農業研究協議グループ)　241-244
COI (cytochrome oxidase subunit I) 領域　125, 152
DDT, Dichloro-diphenyl-trichloroethane　231
DNA　127, 152, 230
DNA バーコード領域　125
DNA マーカー (→ 分子マーカー)　242
DSC, differential scanning calorimeter (示差走査熱量計)　148
FAO, The Food and Agriculture Organization of the United Nations (国際連合食糧農業機関)　35, 74, 203, 252, 253

HIPV, herbivore-induced plant volatiles (植食者誘導性植物揮発成分)　180, 183
ICIPE, International Centre of Insect Physiology and Ecology (国際昆虫生理生態学センター)　43, 46, 48, 49, 82, 85, 161, 166, 167, 170, 181-183, 187, 188, 190, 217, 236-240, 250, 265, 266, 269
IITA, International Institute of Tropical Agriculture (国際熱帯農業研究所)　154, 242-246
ISS, International Space Station (国際宇宙ステーション)　154, 155, 157
JICA, Japan International Cooperation Agency (国際協力機構)　137, 199, 216, 247, 249, 267
JIRCAS, Japan International Research Center for Agricultural Sciences (国際農林水産業研究センター)　73, 74, 161, 265
JSPS, Japan Society for the Promotion of Science (→ 日本学術振興会)　161, 263
KEMRI, Kenya Medical Research Institute (ケニア中央医学研究所)　247-249, 250, 261
LEA (late embryogenesis abundant) タンパク質　46, 149
LGB, larger grain borer (オオコナナガシンクイム

シ) 189, 190, 195, 196, 198, 199, 201-203
MRC, Mpala Research Centre (ムパラ研究センター) 95
mRNA 127
NMK, National Museums of Kenya (ケニア国立博物館) 18, 38, 257, 259, 260
PCR, polymerase chain reaction (ポリメラーゼ連鎖反応) 206, 212, 214, 216
PHL, postharvest loss (ポストハーベスト・ロス) 190, 191, 194, 196, 199, 200, 203
PICS バッグ, purdue improved crop storage bag 199
RNA 127
rRNA 127, 152
tRNA 127
WHO, World Health Organization (世界保健機関) 102, 212, 237

事 項

アクテリック 197
亜社会性 14, 46
アバメクチン 197
アフラトキシン 239
アフリカ昆虫学 20, 34, 236
 エスノサイエンス, ──と 22, 29, 35, 71, 86
 系譜, ──の 21, 35, 36
 重要性, ──の 3, 14
 定義, ──の 21, 28
 展望, ──の 48, 49
 日本, ──と 35, 44-47, 131
 発展, ──の 18, 22, 27, 33
 範囲, ──の 35
 魅力, ──の 157
 歴史, ──の 36-44
アフリカ大陸 4, 34
アフリカ熱帯区 2, 8, 245
アミノ酸 127, 149
イエローカード 102
一塩基多型 230
遺伝子解析 123, 125, 135
遺伝子組換え 85, 99, 170
遺伝的交流 125
遺伝的同化 79, 92, 99
遺伝的浮動 125
移入種 133
移入生物 133
インセクタリープラント 172, 185
隠蔽色 (→ カモフラージュ) 87, 88
ウイルス感受性 229, 233, 234
馬伝染性貧血 88
衛生害虫 25, 159
英連邦農業局 (→ CAB)
エスノサイエンス 21-33, 261
 NMK での── 261
 アフリカ昆虫学, ──と 21, 22, 29, 35, 71

近代科学, ──と 21, 24
現代科学, ──と 82, 84
昆虫学, ──と 22, 27, 28
昆虫食, ──と 68
新民族誌としての── 23
定義, ──の 21, 22, 71
特徴, ──の 27
農業, ──と 85, 86
方法論としての── 23, 24
民族の科学, ──と 22, 23, 56
役割, ──の 32
領域, ──の 24
エチオピア区 8
エティック 27, 32
エボラ出血熱 95, 154
エミック 27, 32
黄熱 (病) 38, 102, 103, 220, 222, 229, 230, 231
おとり植物 172, 183
オバンボ 52-57, 61, 63-65
オリセット®ネット 210-212, 215
オリセット®プラス 212, 215
カーバメート 255
外来種 22, 31, 133, 134, 189, 244
外来生物 113, 133, 189
カカオ研究所 42
核 DNA 229
核遺伝子 127, 231
ガスクロマトグラフ直結触角電図法 183
カモフラージュ (→ 隠蔽色) 183
蚊帳 210-216, 218, 223
カラアザール 47
ガラス転移 148
環境保全型農業 82
間作 81, 83, 173, 180-182, 185, 239
感染症 203, 220-222, 231, 237, 249
感染症流行警戒システム 249-251

事項索引   311

感染症媒介 (蚊, 昆虫)　19, 88, 223, 234
カンバ (人)　78
キクユ (人, 語)　257, 258
気候区分, ケッペンの　5
気候 (区)
　　サバンナ気候 (区)　5, 6
　　ステップ気候 (区)　5, 6
　　温暖湿潤気候 (区)　5, 6
　　温暖冬季小雨気候 (区)　5, 6
　　砂漠気候 (区)　5, 6
　　地中海性気候 (区)　5, 6
　　熱帯雨林気候 (区)　5
気候変動　131, 240, 246, 261
寄主認識　163
寄生様式　169
季節型　90
擬態　46, 111, 114, 117, 157
　　化学——　107
キチン　271
キトサン　271
忌避　28, 183, 210
忌避因子　184
忌避効果　87
忌避剤　197, 238
忌避作物　47, 83
忌避作用　171, 180, 183
忌避成分　186
忌避植物　172, 181
キャトルポスト　31, 66, 67
吸血性　88, 115, 157, 208-211, 217
旧熱帯区　8
休眠 (→ daiapasue)　43, 146, 149, 154, 169
近代農法　81, 82
区系 (→ 植物区系)　7
　　ケープ——　7
草型　82
グリコーゲン　148-150, 152
クリプトビオシス　46, 147-149, 151
クレード　10
クワニャマ　55
クワンビ　55, 66
景観管理　82
警告色　87, 88
系統解析　124, 125, 131, 135, 142
　　形態——　3, 8
　　高次——　127, 128
　　分子——　4, 8, 10, 14, 123, 125, 126, 234
系統地理 (学)　3, 8, 11, 14, 100, 125, 230
血糖　147, 148
ケニア拠点　221, 223, 249-251
ケニア中央医学研究所 → KEMRI

ゲノム　46, 230
好蟻性　107, 111
高次系統 (→ 系統解析)　126-128
交尾 (行動)　96-98, 102, 109, 113, 122, 123, 143, 168, 225
交尾器　151
更新世　12
国際宇宙ステーション(→ ISS)
国際協力機構 (旧国際協力事業団) → JICA
国際昆虫生理生態学センター (→ ICIPE)
国際熱帯農業研究所 → IITA
国際農業研究協議グループ (→ CGIAR)
国際農林水産業研究センタ (→ JIRCAS)
国連食糧農業機関 (→ FAO)
古生代　129
コメ　72, 140, 191, 194
混作　33, 47, 81-85, 170-182, 184, 186
昆虫学　21, 22, 34, 35, 42, 73, 242-245, 248, 259
　　アフリカ—— → アフリカ昆虫学
　　医療——　36, 47
　　応用——　21, 25, 27, 29, 36, 265
　　基礎——　21, 27
　　農業——　36, 40, 46
　　日本の——　44, 131
　　文化——　25, 27
　　民族——　23-28, 35, 36, 39, 47, 261
昆虫食　27, 29-31, 33, 35, 47, 52, 53, 64, 65, 67, 68, 73, 86, 89, 264-267, 269-271
ゴンドワナ大陸　4, 8, 10, 136
　　西——　5, 10
　　東——　5, 10, 136
在来農業科学　33
在来農法　33, 81-86
在来 (品) 種　31, 170, 186, 200, 202
殺虫剤 (→ 抵抗性)　77, 80, 85, 170, 171, 190, 193, 196-198, 202, 216, 223, 231, 232, 238, 243, 245, 252, 254, 255
砂漠 (→ 気候)　57, 120, 121, 123, 125, 129
砂漠化　53, 157
砂漠帯　7
サバンナ　3, 7, 12, 28, 47, 52, 220
　　ウッドランド——　7
　　森林-——モザイク　7
　　疎開林——　7
　　草本-低木——　7, 12
　　低木-高木——　7
サバンナ帯　7, 12
サン人　35, 47, 125, 130
参加型村落調査法　32
産卵 (行動)　46, 60, 97, 98, 108, 123, 160-166, 168, 169, 181, 183, 184, 186, 202, 204, 226-230, 250

シェルター　172
ジカウイルス感染症　221
示差走査熱量計（→ DSC）
枝腫病　42
始新世　11
自然選択　83
シトクロム P450　211
シペルメトリン　197
姉妹群　119
ジメトエート　76, 197
ジメハイポ　76
社会性　102, 105, 106, 117
住血吸虫症　238, 250
重症熱性血小板減少症候群　159
集団遺伝学的解析　231
収量　80, 82, 170, 172, 180, 186, 191, 196, 201, 202, 236, 246
　　正味 ——　191, 203
種分化　126, 136, 152, 207
ジュラ紀　136
常畑　81
障壁植物　172, 173, 180, 185
情報化学物質　183, 184, 186
植食者誘導性植物揮発成分（→ HIPV）
植生　7, 12, 15, 54, 56, 57, 66, 67, 69, 82, 88, 125, 171-173, 186
植物区系　7
食用昆虫　27, 35, 54, 55, 62, 63, 67, 73, 261
シロアリ（の）塚　29, 47, 62, 106, 264, 267, 269, 270
シロアリ釣り　264
進化　46, 83, 88, 90, 99, 100, 104, 105, 112, 125, 127, 130, 131, 150, 207, 220, 231, 257
　　共 ——　129
　　系統 ——　120, 121, 123, 131
侵入，地域・国への ——　31, 84, 85, 112, 133-136, 144, 182, 189, 195, 196, 229, 231-233, 243-245
侵入害虫　84, 196, 239, 244-246
侵入種　133, 170
侵入生物　133
森林農業　240
人類学　23, 27, 33, 74, 77, 257
随時給餌　107, 108
随伴作物　172, 173, 182-184
睡眠病（→ ナガナ，眠り病）　39, 47
ズールー人　39
ステークホルダー　32
生活史　121, 123, 144, 159, 161, 168, 225
生息場所管理　171
生態工学　82
青年海外協力隊　71, 93, 216
生物多様性　2, 7, 16, 240, 244, 261

　　—— の保全　22, 261, 262
　　—— 条約　261
生物的防除　160, 185, 203, 238, 243-246, 255
世界保健機関 → WHO
石炭紀　129
漸新世　11
潜葉性　14
総合的害虫管理　36, 237, 239
側系統群　10, 125
ソト人　70
ソンゴーラ　24
第三紀　12
耐性　46, 246
　　害虫 ——　200, 202, 240
　　乾燥 ——　46, 147, 149, 150, 157, 204, 227
　　干魃 ——　182
多寄生性　162
多型　109, 227, 230
多系統群　8
単系統群　10, 125
単作　81, 82, 85, 172, 173, 181, 182, 185
炭疽　88
中新世　7
中生代　129, 136
抵抗性　85, 211, 212, 230, 231, 243
　　害虫 ——　85, 199, 240, 242, 246
　　殺虫剤 ——（→ 薬剤抵抗性）　77, 85, 231
　　代謝 ——　211, 212
　　ノックダウン ——　231
　　防虫剤 ——　211
　　薬剤 ——（→ 殺虫剤 ——）　77, 85
抵抗性遺伝子　211, 231
抵抗性品種　199, 242
適応，生物の ——　34, 121, 129, 150, 157, 161, 169, 189, 206, 227, 230
適応度　231
デルタメトリン　197
デルマトフィルス症　160
デング熱　3, 47, 221, 222, 229-234
動物地理区　7, 9
土地生産性　170
土着植物学　23
突然変異　83, 92, 93, 143, 211, 231
トビバッタ対策研究センター（→ ALRC）　41
トラップ　3, 47, 88, 215
　　シロアリ（の）——　267-269
　　フェロモン ——　47
　　ライト ——　105, 112, 212
ドラミング（行動）　123
トランスクリプトーム解析　127, 229
トリパノソーマ症　238

事項索引

トレハロース　46, 147-150, 152, 156, 157
トングウェ　24
ナイロビ国立公園　87, 247
長崎大学熱帯医学研究所ケニアプロジェクト拠点
　→ ケニア拠点
ナガナ (病)　39, 47, 88, 238
馴染み　30
ナバホ　20
ニイハ　30
日本 ICIPE 協会　44, 48, 74, 95
日本学術振興会 (＝学振，→ JSPS)　44, 45, 48, 77,
　　142, 161
日本学術振興会ナイロビ研究連絡センター　45, 77,
　　80, 94, 263
熱帯雨林　7, 16, 24, 157
熱帯雨林帯　7, 12
眠り病 (→ 睡眠病)　3, 238
ネライストキシン　76
農民参加型研究　82
農薬　40, 76, 80, 255
　　　化学──　46, 80-82, 85, 196
　　　植物──　198
媒介能力　210, 229, 233
配偶 (行動)　123, 135
ハイブリッド (品種)　199-202
培養細胞　156, 157
馬疫　88
白亜紀　136
パグウォッシュ会議　43, 236
博物館
　　　イジコ南アフリカ──　37, 119
　　　ウイント──　56
　　　ケニア国立── (→ NMK)　18, 38, 257
　　　コリンドン──　38, 257, 259
　　　ジンバブエ自然史──　260
　　　ドレスデン──
　　　ナイロビ国立──　256
　　　ロンドン自然史──　49
発生 (＝形態形成)　90, 99, 123, 143, 149
ハヌノー　23
バルト琥珀化石　130
バンカープラント　171, 185
パンゲア超大陸　4, 136
繁殖　14, 46, 47, 135, 207, 209
繁殖干渉　231
繁殖行動　46, 135
比較発生学　120, 124, 127
東アフリカ海岸熱　238
ピグミー　24
　　　バボンゴ・──　30
　　　ムブティ・──　29

肥培管理　200, 201
ピリミホスメチル　197, 198
肥料　82, 170, 193
ピレスロイド　197, 210, 211, 231
フィプロニル　197
フィラリア　221
フェロモン　47, 73, 107, 139
フェロモンルアー　139
プッシュ・プル (法)　47, 82, 83, 172, 173, 180-183,
　　185, 186, 239
ブッシュマン (→ サン人)　30, 35, 68, 125
不妊虫放飼法　143
フモニシン　239
プレート　4
プロテオーム　229
糞　12, 106, 168, 190, 199, 200
分化，種の──　10, 12, 126, 130, 131, 136, 152, 207,
　　230, 231
分化，遺伝的 (な)・集団の──　126, 231
分岐　10, 100, 130, 231
　　　系統──　3, 4, 14
分岐群 (→ クレード)　10
分散　3, 11, 12, 126, 129, 229, 230
分子マーカー (→ DNA マーカー)　125, 230
分断，地理的──　3, 14
分類学 (→ 民族分類)　4, 18, 19, 36, 45, 78, 124,
　　135
ヘキサン　163
ペルメトリン　197
ベンバ人　30, 31, 74, 78
蜂群崩壊症候群 → CCD
放散　2, 3, 14
放射線　46, 143, 154, 157
防除 (→ 生物的防除)　40, 42, 76, 80, 82, 83, 143,
　　170, 171, 180, 182, 185-187, 190, 191, 193, 196-199,
　　202, 203, 210, 237-239, 244, 252-255, 265
　　　感染症──　223, 231
　　　媒介虫──　19, 29, 234, 239
防虫剤　210, 212, 215, 218, 243
捕食寄生 (者)　180, 184, 243
捕食圧　46, 181
捕食者　129, 150, 180, 184, 185, 239
捕食者密度　180, 186
捕食性昆虫　78, 188
捕食性天敵　85, 198
捕食-被食関係　80
ポストハーベスト・ロス → PHL
ボディ　24
本草学　44
マイクロサテライト　230, 233
マガール　32

マダガスカル陸塊　4, 10
マラウイ大学チャンセラー校　151, 153
マラリア　3, 38, 39, 47, 50, 103, 204-206, 210, 216, 217, 218, 221, 223, 231, 237, 238, 250
　　サル——　206
　　ヒト——　205
　　熱帯熱——　39, 103, 205
マラリア媒介蚊調査システム　249
マラロン　103
ミトコンドリア遺伝子　125, 127
民族魚類学　23
民族昆虫学 → 昆虫学
民族誌　23, 25, 27, 29
民族植物学　23, 24
民族生物学　23
民族動物学　24
民族の科学　21-23, 28, 33, 56, 68
民族分類　24, 26, 27
ムパラ研究センター (→ MRC)
メタゲノム解析　127, 131
メタミドホス　76
メタンスルホン酸エチル　92
モーリタニア国立バッタ防除センター　252, 253
目, 昆虫の——　118
モデル
　　数理——　184
　　生態ニッチ——　131
　　予測——　232
モデル生物　113
モパネ植生帯　49, 69
焼畑　23, 24, 81
ヤシ酒　71, 72
誘引　47, 83, 88, 167, 168, 171, 183, 186, 228, 238, 239, 269
誘引剤　238
誘引物質　238
有機リン　76, 197, 255
養蚕　28, 240
養蚕学　34
養蜂　28, 240
養蜂学　34
予防接種　102, 220
リーシュマニア症　3
リン化アルミニウム　197
ルヒヤ (人)　47, 78, 266
レジリエンス　86
ローラシア大陸　4, 136
ワンカイトプロジェクト → 1 KITE プロジェクト
ンドンガ　55

生物名索引

1. 和名が併記されている族以上の学名は立項していない。
2. 和名のあとの学名は，本文にあるものだけを記した。
3. 和名が見当たらない場合は，語幹に相当する和名を引いてみること。たとえば，アリモドキゾウムシはゾウムシに立項されている。
4. 本文中で亜科以上の分類階級名が，和名で記された種の所属を示すために記されている場合は，その分類階級の頁を載録していない。たとえば，「タテハチョウ科のアオタテハモドキ」のタテハチョウ科がこの場合に当たる。

節足動物名

Abisares viridipennis 79
Acanthomia 79
Actia 178, 180
Anachalcos convexus 13, 14
Anopheles amharicus 206, 208
Anopheles bwambae 208
Anopheles quadriannulatus 208
Anopheles somalicus 209
Apion pullus 79
Apoanagyrus lopezi 243
Aptychonitis anomalus 13
Austrophasmatidae 126
Busseola fusca 3, 43, 79, 84, 170, 173, 175, 176, 181, 183
Callicercops 18
Celerio liaeata 59, 60
Cerautola crowleyi 2
Chilo orichalcociliellus 170, 175, 176
Chilo partellus 3, 47, 82, 84, 85, 170, 173, 181, 183, 186, 187
Cicadulina 242
Coenobasis amoena 59, 60
Coridius viduatus 59
Coryna apicicornis 79
Cotesia flavipes 178, 180
Cotesia sesamiae 178, 180, 185, 186
Cryptolectica 18
Cylas brunneus 136
Cylas puncticollis 136
Cylas 136
Cyptochirus trogiformis 13, 14
Diamphidia simplex 30
Diaperasticus erythrocephalus 185
Eldana saccharina 173, 175, 176
Empoasca 71
Ephestia 189
Freyeria trochylus 100
Gymnopleurus sericeifrons 13
Gynanisa maja 29, 59, 60, 69

Heniocha 29, 60
Hodotermes mossambicus 43
Humbe tenuicornis 79
Imbrasia belina 59, 60
Ixodiphagus 159
Kheper platynotus 13, 46
Liptenini 2
Lucia limbaria 100
Mantophasmatidae 126
Megarlurothrips 79
Melolontha vulgaris 143
Mononychellus tanajoa 243
Oryctes boas 60
Paraborniella tonnoiri 147
Paragris 105
Paraleyrodes minei 245
Pedaria 13
Phantasis avernica 50
Planococcoides njalensis 42
Platypleura lindiana 59
Plodia 189
Poeonoma 185
Praedatophasma maraisi 126
Proagoderus 13
Proagoderus extensus 13
Sesamia calamistis 170, 175, 176
Sisyphus seminulum 13
Spulerina 18
Sturmiopsis 180
Sturmiopsis prasitica 178
Synagris 102-105, 117
Synagris calida 105
Synagris spiniventris 104
Systoloneura 18
Tanzaniophasmatidae 126
Telenomus 178, 180
Teretrius nigrescens 199
Thermophilum alternatum 50
Tragocephala variegate 50

Trichogramma 178, 180
Tyrannophasma gladiator 126
Zorotypus asymmetristernum 46
アーミーワーム 61
アオタテハモドキ *Junonia orithya* 96
アザミウマ 79, 204, 242
　　　ミカンキイロ—— *Frankliniella occidentalis* 239
アシナガタマオシコガネ族 Sisyphini 10
アブ (科) 88
　　　吸血性アブ 88
アブラムシ 204, 242
アフリカシロナヨトウ *Spodoptera exempta* 84
アリ (科) 102, 109, 112, 137, 180, 181, 185, 188, 267
　　　アフリカツムギ—— *Oecophylla longinoda* 114
　　　オオ——属 *Camponotus* 140, 141
　　　グンタイ——亜科 Dorylinae 112
　　　サスライ—— (属) *Dorylus* 104, 112, 113, 117
　　　シリアゲ—— 109
　　　ツムギ—— *Oecophylla smaragdina* 113, 114
　　　トゲ—— 109
　　　ハタオリ—— *Oecophylla longinoda* 113, 114
　　　ヒ—— *Solenopsis invicta* 112, 134
アリグモ (属) *Myrmarachne* 114
イエカ 215, 221
イナゴ 61, 74, 264
イネノシントメタマバエ *Orseolia oryzae* 76
イモムシ 31, 61-65, 69, 74, 78, 104, 105, 108
イラガ (科) 59, 60, 62, 64, 68
ウミアメンボ属 *Halobates* 34
ウンカ 77
　　　イネ—— 76
　　　トビイロ—— *Nilaparvata lugens* 76
エンマコガネ族 Onthophagini 10
エンマムシ科 189
オオタバコガ *Helicoverpa armigera* 43, 79
オサムシ科 50
カ 53, 61, 115, 214, 224, 228, 238, 250
カイコ *Bombyx mori* 25, 34, 240, 271
カカトアルキ 118, 122-131
　　　ムカシ—— *Raptophasma kerneggeri* 130
　　　ムカシ—— (属) *Raptophasma* 131
　　　——目 Mantophasmatodea 122, 124, 127, 130
カクガタタマオシコガネ族 Eurysternini 10
カマアシムシ目 Protura 118
カマキリ (目) Mantodea 61, 126, 127
カミキリムシ (科) 29, 50
カメムシ (目) 61, 64, 76
　　　カスミ—— 42
　　　ノコギリ—— 63, 64
　　　ヘリ—— 79

狩りバチ 102-104, 106, 117
カレハガ 3
ガロアムシ 126-129, 131
　　　——亜目 Grylloblattodea 126
　　　——科 Grylloblattidae 126
　　　——目 Grylloblattodea 118, 126-131
カワゲラ目 Plecoptera 123
キイロショウジョウバエ種群 136
寄生バチ (蜂) 107, 108, 159-164, 169, 170, 180, 184-186, 243
ギフチョウ *Luehdorfia japonica* 44
キララシジミ亜科 Portiinae 2
キリンクビナガオトシブミ *Trachelophorus giraffa* 141
クサキリ 265, 266
クモ 61, 146, 159, 180, 185, 188
クモガタタマオシコガネ族 Eucraniini 10
クワコ 111, 112
ゲンゴロウ 61
甲虫 30, 143
コウチュウ目 49, 61, 189
コエンマコガネ属 *Caccobius* 12
コガネムシ 61, 204
　　　——上科 Scarabaeoidea 3
ゴキブリ 61
　　　——目 Blattodea, 狭義の 127
　　　——目 Dictyoptera, 広義の 127
コクヌストモドキ属 *Tribolium* 189
コクヌストモドキ *Tribolium castaneum* 79, 189, 194, 196, 198
コケガ亜科 Lithosiinae 2
コケシジミ (亜科) Lipteninae 2, 95, 110
コナカイガラムシ (科) 42, 204
　　　キャッサバ—— *Phenacoccus manihoti* 243, 244
　　　パパイヤ—— *Paracoccus marginatus* 245
コナジラミ (科) 242, 245
　　　タバココナジラミ *Bemisia tabaci* 71
コハモグリガ亜科 Phyllocnistinae 15
コフキコガネ 143
コブスジコガネ科 Trogidae 8
コマユバチ科 178, 180
昆虫綱 45
サイカブト 60, 62, 63
ザザムシ (ザザ虫) 74, 264
サシチョウバエ (亜科) Phlebotominae 3, 47
サソリ 117
シジミチョウ 3, 96, 100, 111
　　　——科 Lycaenidae 96
シマカ
　　　ネッタイ—— *Aedes* (*Stegomyia*) *aegypti* 3, 47,

221-233
ネッタイ ── の亜種 Aedes aegypti aegypti
(=Aaa) 224, 227-231, 233, 234
ネッタイ ── の亜種 Aedes aegypti formosus
(=Aaf) 224, 227-231, 233, 234
ヒトスジ ── Aedes (Stegomyia) albopictus
220, 223, 231
── 亜属 Stegomyia 223
シャクガ (科) 38, 112
ジュズヒゲムシ 46
── 目 Zoraptera 46, 118, 127
シラミ 102
シロアリ 3, 29, 30, 35, 47, 61, 62, 73, 78, 219, 266-270
オオキノコ ── (属) Macrotermes 60, 62, 269, 270
── 目 61, 127
ヒメキノコ ── 267, 269
シロアリモドキ目 Embioptera 127
ズイムシ 3, 43, 76, 82, 83, 157, 170-187, 236, 239, 242
スズメガ (科) 47, 62
スナノミ (属) Tunga 238, 250
セミ 61, 264
ニイニイ ── 63, 64
センチコガネ科 Geotrupidae 8
ゾウムシ 30
アリモドキ ── Cylas formicarius 2, 133-136, 138-140, 142, 143
イモ ── Euscepes postfasciatus 113
オオ ── Sipalinus 29
グラナリアコク ── Sitophilus granaries 199
コク ── Sitophilus zeamais 189, 190, 194, 196, 198
コク ── 属 Sitophilus 189
ココク ── Sitophilus oryzae 194
ミツギリ ── 科 Brentidae 133
ワタミ ── Anthonomus grandis 143
タイコウチ 61
ダイコクコガネ族 Coprini 8, 10
タガメ 61
多新翅類 Polyneoptera 119, 127
ダニ (→ マダニ) 238, 244, 249
カズキ ── 157
タマオシコガネ 12, 46
── 亜科 Scarabaeinae 2, 3, 8, 10, 12, 13
── 族 Scarabaeini 10
タマゴクロバチ科 178, 180
タマゴコバチ属 Trichogramma 180
ダルマコガネ族 Ateuchini 8
チョウ (目) 14, 61, 104, 118, 189

ツェツェバエ (属) Glossina 3, 39, 43, 47, 73, 88, 157, 236, 238
ツチハンミョウ (科) Meloidae 78, 79, 260
ツトガ科 Crambidae 170, 187
ツノコガネ族 Oniticellini 10
ツマジロクサヨトウ Spodoptera frugiperda (Smith) 84, 85, 182, 239, 242, 245, 246
テントウムシ 61
トビコバチ (科) Encyrtidae 159, 243
マダニ ── Ixodiphagus hookeri 161-169
トマトキバガ Tuta absoluta 238
トンボ (目) 61, 80, 118
ナガシンクイムシ
オオコナ ── Prostephanus truncatus 189
コナ ── Rhyzopertha dominica 189
ナナフシ (目) Phasmatodea 119, 121, 126, 127
ナンバンダイコクコガネ属 Heliocopris 12
ニジダイコクコガネ族 Phanaeini 10
ノコギリヒラタムシ Oryzaephilus surinamensis 189
ノミ 45, 120
ノメイガ
コブ ── Cnaphalocrocis medinalis 76
マメ ── Maruca vitrata 3, 43, 47, 204
媒介蚊 206-217, 219, 221, 223, 234, 250
ハエ 45, 53, 61, 187
── 目 143, 180
バクガ Sitotroga cerealella 194
ハサミムシ 180, 181, 185, 188
クギヌキ ── 科 185
── 目 118, 181, 188
ハダニ 204, 243
ナミ ── 204
ハチ(目) 61, 102, 118, 180
アシナガ ── (属) Polistes 105
オオキバドロ ── Synagris cornuta 105-110, 117
スズメ ── (属) Vespa 74, 105
スズメ ── 科 Vespidae 105
ドロ ── 105
ハリナシ ── (亜科) Meliponinae 3, 105, 240, 261
ベッコウ ── 116, 117
ミツ ── (属) Apis 3, 34, 236, 240
ルリジガ ── Chalybion japonicum 106
ハチの子 264
バッタ 30, 43, 47, 53, 61, 73, 76, 121, 134
サバクトビ ── (=サバクワタリ ──) Schistocerca gregaria 3, 40, 43, 46, 252, 253, 255, 265, 266, 269
サバクワタリバッタ→サバクトビバッタ
トノサマ ── Locusta migratoria 44, 46

トビ —— 40, 43, 46
—— 目 118, 120, 127, 130
ハナムグリ 61
ハネカクシ 112, 113
ハマダラカ (属) *Anopheles* 3, 39, 47, 204, 205-212, 215, 216, 221, 238
 アラビエンシス —— *Anopheles arabiensis* 207, 211, 216
 オベンゲンシス —— *Anopheles ovengensis* 209
 カーネバレイ —— *Anopheles carnevalei* 209
 ガンビエ —— *Anopheles gambiae* 206-211
 ガンビエ —— 種群 206, 207, 208
 クラッツィ —— *Anopheles coluzzi* 206
 ニリ —— *Anopheles nili* 209
 ニリ —— 種群 209
 バーボエツィ —— *Anopheles bervoetsi* 209
 フネスタス —— *Anopheles funestus* 208, 209, 211
 フネスタス —— グループ 208
 ミラス —— *Anopheles melas* 208
 メラス —— *Anopheles merus* 208
 モチェ —— *Anopheles moucheti* 209, 210
 リブローラム —— *Anopheles rivulorum* 209
ハムシ 30
ハモグリバエ 204
ヒラタダイコクコガネ族 Onitini 10
ヒラタタマオシコカネ族 Gymnopleurini 10
フトタマムシ *Sternocera orissa* 59, 60-64
ブユ 73, 238
フンコロガシ 12, 46
糞虫 3, 10-14
ボカシタテハ属 *Euphaedra* 110
ホソガ
 —— 亜科 Gracillariinae 18
 —— 科 Gracillariidae 4, 14-17
ホソチョウ 3, 95
ホタル 61
マグソコガネ亜科 Aphodiinae 8
マダニ 73, 159-169, 204
 イボ —— 属 *Hyalomma* 161

カク —— 属 *Dermacentor* 161
キララ —— *Amblyomma variegatum* 160-162, 167-169
コイタ —— 属 *Rhipicephalus* 161
チ —— 属 *Haemaphysalis* 161
フタトゲチ —— *Haemaphysalis longicornis* 159
—— 科 Ixodidae 159
—— 属 *Ixodes* 161
マダラガ 111
マメゾウムシ
 セコブ —— 属 *Callosobruchus* 194
 ブラジル —— 属 *Zabrotes* 194
 ミツバ —— 属 *Acanthoscelides* 194
 ヨツモンマメゾウムシ *Callosobruchus maculatus* 79
マメダルマコガネ族 Canthonini 8, 10
ミズカマキリ 61
ミバエ 204, 236, 239
 ウリ —— *Bactrocera cucurbitae* 143
 ミカンコ —— *Bactrocera dorsalis* 245
メイガ 189
 ノシメマダラ —— *Plodia interpunctella* 194
モパネワーム 3, 29, 63, 65, 66, 70
モルフォチョウ *Morpho* 3
ヤガ科 170, 187
ヤドリバエ (科) 43, 178, 180
ヤブカ属 *Aedes* 181
ヤマトシジミ 89-100
 アフリカ —— *Zizeeria knysna* 89, 94-100
 ハマ —— *Zizeeria karsandra* 100
 —— *Zizeeria maha* 89
 アフリカチャイロ —— *Bunaea alcinoe* 30
ヤママユガ (科) 3, 31, 47, 62-64, 66, 69, 74, 111, 270
ユスリカ 146, 150
 ネムリ —— *Polypedilum vanderplanki* 147-157
 マンダラネムリ —— *Polypedilum pembai* 151, 152
ヨコバイ 71, 242

生物名索引　　　　　　　　　　　　　　　　　　　　　　319

植物名

Acacia arenaria　54, 58
Brachiaria brizantha　186
Brachiaria cv mulato　173, 177
Desmodium pringlei　177
Desmodium sandwichense　177
Dichrostachys cinerea　62
Eragrostis　60
Nelsonia canescens　100
Pennisetum polystachion　175, 177, 179
Sorghum arundinaceum　175, 177, 179
Sorghum versicolor　175
Tephrosia vogelii　197
アカシア　54, 57, 61, 63, 65, 196
アサガオ　134
アビシニアガラシ　173, 174, 177
アブラヤシ Elaeis guineensis　72
アボカド　3, 245
アマランサス (属) Amaranthus thunbergii　97, 261
アメリカブクリョウサイ Parthenium hysterophorus　238
イチジク　61
イネ　75, 76
イネ科　60, 84, 122, 181, 184, 186, 187
イノコズチ　108
インゲンマメ　78, 80, 174, 177, 179
エジプトイチジク Ficus sycomorus　58
オオムギ　189, 190, 194
カカオ (ノキ)　42
カキノキ属 (→ジャッカルベリー)　58
カタバミ　96-100
カタバミ属 Oxalis　97, 100
カボチャ　61, 62
ガマ科　181
カヤツリグサ科　122, 170, 181
キク科　98
キダチトウガラシ Capsium frutescens　197
キツネノマゴ科　100
ギニアグラス　85, 175, 177, 179, 180, 185
キマメ　78
キャッサバ　42, 173, 174, 177, 179, 180, 191, 195, 196, 242, 243
キャベツ　239
ギンゴウカン　173, 174, 177, 179, 181
グァバ　3
グリーンリーフ・デスモディウム　173, 174, 177, 183
クリスマスキャンドルスティック Leonotis nepetifolia　238
クロヤナギ属 (→バードプラム)　58

グンバイヒルガオ　136
ケール　239
コウオウソウ属 Tagetes　197
コーヒー　239
ゴマ　174, 179
コムギ　190, 194
コンブレタム Combretum imberbe　58
ササゲ　3, 47, 78, 79, 81, 173, 174, 177, 179, 180, 242
サツマイモ　134, 136, 138, 139, 142, 143, 174, 177, 179, 180, 191, 195
サトウキビ　239
サンアソウ科 Restionacea　122
シコクビエ　182
ジャガイモ　173, 174, 177, 191
ジャッカルベリー (→カキノキ属)　61
ショウジョウハグマ属 Vernonia　197
シルバー・デスモディウム　173, 174, 177, 179-182, 186
スイカ　61, 62, 83, 143
スイレン Nymphaea nouchali　58, 60
スーダングラス　174, 177
ストライガ Striga hermonthica　180, 182, 187, 239
ソラマメ　174, 177
ソルガム (→モロコシ)　239, 269
ダイズ　173, 174, 179, 180
チカラシバ属 Pennisetum　175-177, 179
デスモディウム　83, 173, 180, 181, 183, 185
トウゴマ Ricinus communis　238
トウジンビエ　54, 60, 63, 173, 174, 177, 190
トウダイグサ Euphorbia　97, 197
トウミツソウ　173, 174, 177, 179-181, 183, 186
トウモロコシ　3, 35, 42, 43, 47, 80, 82, 84, 85, 99, 157, 170-174, 180-187, 190, 193, 195, 196, 199, 239, 240, 242, 299
ドームヤシ Hyphaene petersiana　53, 54, 58-60
トマト　69, 83, 115, 174
ニーム Azadirachta indica　197
ニガウリ　143
ニトベギク属 Tithonia　197
ネピアグラス　173-175, 177, 179, 181-183, 185
バードプラム (→クロヤナギ属)　61
ハイビスカス　114
バオバブ　142, 220
バナナ　242, 268
パパイヤ　3, 243, 245
ピーマン　83
ヒヨコマメ　196
ビロードキビ属 (→ブラキアリア) Brachiaria　173, 186

フウチョウソウ *Cleome gynandra* L. 58
ブラキアリア (→ ビロードキビ属) *Brachiaria* 239
ホウオウボク 196
ホテイアオイ 243
マドルライラック *Gliricidia sepium* 179, 181
マメ科 62, 97, 100, 197, 242
マルーラ *Sclerocarya birrea* 53, 54, 58-61
マンゴー 3, 239, 243
ミルスベリヒユ *Sesuvium sesuvioides* 58
ミルラノキ属 196

モパネ *Colophospermum mopane* 54, 57-61, 63, 66, 69, 70
モロコシ (→ソルガム) 59, 174, 182
モロコシ属 174, 175, 177, 179
ヤシ 61, 225
ヤムイモ 42, 196
ユーカリ *Eucalyptus* 197
ラフィアヤシ *Raphia* 73
ランタナ *Lantana camara* 197
ワタ 84, 239

原虫・ウイルス

Flavivirus 232
ウイルス 159, 220, 221, 229, 232-234, 242-246
 アルボ── 249
 黄熱── 229
 カカオ枝腫── 42
 デング── 221, 229, 232-234
 トウモロコシ条斑── 242
トリパノソーマ原虫 *Trypanosoma* 39, 43, 47

マラリア原虫 *Plasmodium* 39, 103, 208, 212, 214, 223, 237
 サル── *Plasmodium knowlesi* 206
 熱帯熱── *Plasmodium falciparum* 39, 103, 205, 212
 ヒト── 205-207, 210
リーシュマニア原虫 43, 47

■ 執筆者一覧 (五十音順)

相内大吾 (あいうち だいご) (13 章, コラム 5)
 現　在 帯広畜産大学グローバルアグロメディシン研究センター助教
 研究テーマ 昆虫寄生菌による生物防除, ベクターコントロール, ポストハーベスト・ロス

足達太郎 (あだち たろう) (編者, 3 章, 5 章, 17 章［訳］, 20 章, コラム 1, 3, あとがき)
 現　在 日本 ICIPE 協会事務局長, 東京農業大学国際食料情報学部国際農業開発学科教授
 研究テーマ 応用昆虫学, 総合的害虫管理, 野生動物と人間との軋轢と共存

岩田大生 (いわた まさき) (6 章)
 現　在 東京農業大学国際食料情報学部国際農業開発学科　日本学術振興会特別研究員 (PD)
 研究テーマ 進化生物学, 発生生物学, 環境変化と表現型との関係

奥田 隆 (おくだ たかし) (10 章)
 現　在 国際昆虫生理生態学センター (ICIPE) 理事, 鹿児島大学非常勤講師
 研究テーマ ネムリユスリカ保護活動

小路晋作 (こうじ しんさく) (12 章, コラム 4)
 現　在 新潟大学大学院自然科学研究科環境科学専攻准教授
 研究テーマ 農地の生物多様性, 保全型害虫管理

坂本洋典 (さかもと ひろのり) (7 章)
 現　在 国立研究開発法人国立環境研究所　生物・生態系環境研究センター任期付研究員
 研究テーマ 外来生物の侵入防止および防除技術の開発, 社会性昆虫, 希少種保全

佐藤宏明 (さとう ひろあき) (編者, 地図, 1 章, あとがき, 分類表, 索引)
 現　在 奈良女子大学理学部化学生物環境学科准教授
 研究テーマ 糞虫の生態, 潜葉性蛾類の生態と分類, 植物と動物の相互関係

サンデー・エケシ (Sunday Ekesi) (16 章)
 現　在 国際昆虫生理生態学センター (ICIPE) 研究・協力担当副所長
 研究テーマ 総合的害虫管理, 生物多様性

高須啓志 (たかす けいじ) (11 章)
 現　在 九州大学大学院農学研究院教授
 研究テーマ 昆虫生態学・行動学

田付貞洋 (たつき さだひろ) (編者, まえがき)
 現　在 日本 ICIPE 協会会長, 東京大学名誉教授, 帝京科学大学非常勤講師
 研究テーマ 応用昆虫学

立田晴記 (たつた はるき) (9 章)
 現　在 琉球大学農学部亜熱帯農林環境科学科教授
 研究テーマ 昆虫学, 進化生物学, 野生生物の保全と管理

東城幸治 (とうじょう こうじ) (8 章)
 現　在 信州大学学術研究院理学系教授 (兼・信州大学自然科学館館長)
 研究テーマ 昆虫の系統や進化・生態・分類・発生学, 系統地理学

中村　達 (なかむら　さとし) (16 章 [訳])
　　　現　在　　国際農林水産業研究センター再雇用職員
　　　研究テーマ　昆虫生態学，昆虫利用による食料循環

藤岡悠一郎 (ふじおか　ゆういちろう) (2 章，4 章，コラム 2)
　　　現　在　　九州大学大学院比較社会文化研究院講師
　　　研究テーマ　地理学，アフリカ地域研究，昆虫食

二見恭子 (ふたみ　きょうこ) (15 章，18 章)
　　　現　在　　長崎大学熱帯医学研究所病害動物学分野助教
　　　研究テーマ　感染症媒介蚊の生態学的・集団遺伝学的研究

前野ウルド浩太郎 (まえの　うるど　こうたろう) (19 章)
　　　現　在　　国立研究開発法人国際農林水産業研究センター研究員
　　　研究テーマ　昆虫学，サバクトビバッタの防除技術の開発

マヌエレ・タモ (Manuele Tamò) (17 章)
　　　現　在　　国際熱帯農業研究所 (IITA) ベナン支所長
　　　研究テーマ　昆虫生態学，作物害虫の生物的防除と生息地管理

皆川　昇 (みなかわ　のぼる) (14 章，コラム 6)
　　　現　在　　長崎大学熱帯医学研究所病害動物学分野教授
　　　研究テーマ　マラリア原虫媒介蚊の生態と防除，マラリア流行予測

アフリカ昆虫学
―生物多様性とエスノサイエンス―

2019年3月25日 初版発行

編 者	田付貞洋 佐藤宏明 足達太郎
発行者	本間喜一郎
発行所	株式会社 海游舎 〒151-0061 東京都渋谷区初台1-23-6-110 電話 03(3375)8567　FAX 03(3375)0922 http://kaiyusha.wordpress.com/

印刷・製本　凸版印刷(株)

© 田付貞洋・佐藤宏明・足達太郎 2019

本書の内容の一部あるいは全部を無断で複写複製することは，著作権および出版権の侵害となることがありますのでご注意ください。

ISBN978-4-905930-65-5　　PRINTED IN JAPAN